中 国 国 家 标 准 汇 编

2008 年修订-51

中国标准出版社　编

中 国 标 准 出 版 社

北　京

图书在版编目（CIP）数据

中国国家标准汇编：2008年修订．51/中国标准出版社编．—北京：中国标准出版社，2009

ISBN 978-7-5066-5498-2

Ⅰ.中…　Ⅱ.中…　Ⅲ.国家标准-汇编-中国-2008
Ⅳ.T-652.1

中国版本图书馆CIP数据核字（2009）第185254号

中国标准出版社出版发行
北京复兴门外三里河北街16号
邮政编码：100045
网址 www.spc.net.cn
电话：68523946　68517548
中国标准出版社秦皇岛印刷厂印刷
各地新华书店经销

*

开本 880×1230　1/16　印张 38.25　字数 1 138 千字
2009年11月第一版　2009年11月第一次印刷

*

定价 200.00 元

ISBN 978-7-5066-5498-2

9 787506 654982 >

出 版 说 明

1.《中国国家标准汇编》是一部大型综合性国家标准全集。自1983年起，按国家标准顺序号以精装本、平装本两种装帧形式陆续分册汇编出版。它在一定程度上反映了我国建国以来标准化事业发展的基本情况和主要成就，是各级标准化管理机构，工矿企事业单位，农林牧副渔系统，科研、设计、教学等部门必不可少的工具书。

2.《中国国家标准汇编》收入我国每年正式发布的全部国家标准，分为“制定”卷和“修订”卷两种编辑版本。

“制定”卷收入上年度我国发布的、新制定的国家标准，顺延前年度标准编号分成若干分册，封面和书脊上注明“20××年制定”字样及分册号，分册号一直连续。各分册中的标准是按照标准编号顺序连续排列的，如有标准顺序号缺号的，除特殊情况注明外，暂为空号。

“修订”卷收入上年度我国发布的、被修订的国家标准，视篇幅分设若干分册，但与“制定”卷分册号无关联，仅在封面和书脊上注明“20××年修订-1，-2，-3，……”字样。“修订”卷各分册中的标准，仍按标准编号顺序排列（但不连续）；如有遗漏的，均在当年最后一分册中补齐。需提请读者注意的是，个别非顺延前年度标准编号的新制定的国家标准没有收入在“制定”卷中，而是收入在“修订”卷中。

读者配套购买《中国国家标准汇编》“制定”卷和“修订”卷则可收齐上一年度我国制定和修订的全部国家标准。

3. 由于读者需求的变化，自1996年起，《中国国家标准汇编》仅出版精装本。

4. 2008年制修订国家标准共5946项。本分册为“2008年修订-51”，收入新制修订的国家标准39项。

中国标准出版社

2009年10月

目　　录

ICS 91.100.10
Q 62

中华人民共和国国家标准

GB/T 9776—2008
代替 GB/T 9776—1988

建筑石膏

Calcined gypsum

2008-06-30 发布　　　　2009-04-01 实施

中华人民共和国国家质量监督检验检疫总局
中国国家标准化管理委员会　发布

前　言

本标准代替 GB/T 9776—1988《建筑石膏》。

本标准与 GB/T 9776—1988 相比主要变化如下：

——增加了适用范围，包含了工业副产石膏的内容（1988 年版的第 1 章；本版的第 1 章）；

——增加了规范性引用文件（1988 年版的第 2 章；本版的第 2 章）；

——增加了术语和定义（本版的第 3 章）；

——增加了分类的内容（1988 年版的第 3 章；本版的 4.1）；

——增加了工业副产石膏作为原材料的内容（1988 年版的第 4 章；本版的 5.2）；

——修改了技术要求，包括取消产品分等，仅按强度分级；修订了相关技术指标；增加了组成的要求；规定了工业副产建筑石膏的放射性核素限量和限制成分的要求（1988 年版的第 5 章、5.1、5.2、5.3；本版的 6.1、6.2、6.3 和 6.4）；

——取消了试验方法中试验仪器与设备；修改了试样的内容；试验步骤中增加了组成的测定、工业副产建筑石膏放射性核素限量和限制成分的测定；补充和修改了细度和强度的试验方法；取消了松散容重的测定（1988 年版的 6.1、6.2、6.4.1、6.4.2、6.4.5 和 6.4.6；本版的 7.2、7.3.1、7.3.2、7.3.4、7.3.5 和 7.3.6）；

——修改了检验规则中批量的大小、抽样的数量和方法（1988 年版的 7.3 和 6.2.1；本版的 8.2.1 和 8.2.2）；

——取消了对超过贮存期产品的有关规定（1988 年版的 8.4；本版的 9.4）。

本标准由中国建筑材料联合会提出。

本标准由全国轻质与装饰装修建筑材料标准化技术委员会（SAC/TC 195）归口。

本标准负责起草单位：河南建筑材料研究设计院有限责任公司、瓮福（集团）有限责任公司、云南云天化国际化工股份有限公司。

本标准参加起草单位：河北隆西石膏有限公司、秦皇岛华瀛磷酸有限公司、上海宝田新型建材有限公司、美巢集团股份公司、北新集团建材股份有限公司、铜陵化学工业集团有限公司、北京建筑材料科学研究总院有限公司、山东奥宝化工集团有限公司、新疆建筑科学研究院、常州市建筑科学研究院有限公司、太原金龙凤建材科贸有限公司。

本标准主要起草人：郑建国、汪卓敏、袁运法、刘永川、霍申龙、周泳波、张应虎、潘廷彪、朱天明、于国宏、叶蓓红、杨桓、冯菊莲、张文才、单卫良、张经甫、胡成军、李万和、崔国庆、赵云龙、杨江金。

本标准委托河南建筑材料研究设计院有限责任公司负责解释。

本标准首次发布于 1988 年。本次为第一次修订。

建 筑 石 膏

1 范围

本标准规定了建筑石膏的术语和定义、分类与标记、原材料、技术要求、试验方法、检验规则以及包装、标志、运输和贮存。

本标准适用于天然石膏、烟气脱硫石膏和磷石膏制得的建筑石膏，其他工业副产建筑石膏可参照执行本标准。

2 规范性引用文件

下列文件中的条款通过本标准的引用而成为本标准的条款。凡是注日期的引用文件，其随后所有的修改单(不包括勘误的内容)或修订版均不适用于本标准，然而，鼓励根据本标准达成协议的各方研究是否可使用这些文件的最新版本。凡是不注日期的引用文件，其最新版本适用于本标准。

GB/T 5484—2000 石膏化学分析方法

GB 6566 建筑材料放射性核素限量

GB/T 17671—1999 水泥胶砂强度检验方法(ISO法)

GB/T 17669.1—1999 建筑石膏 一般试验条件

GB/T 17669.3—1999 建筑石膏 力学性能的测定

GB/T 17669.4—1999 建筑石膏 净浆物理性能的测定

GB/T 17669.5—1999 建筑石膏 粉料物理性能的测定

JC/T 700 制作胶结料的石膏石

3 术语和定义

下列术语和定义适用于本标准。

3.1

建筑石膏 calcined gypsum

天然石膏或工业副产石膏经脱水处理制得的，以β半水硫酸钙(β-$CaSO_4 \cdot 1/2H_2O$)为主要成分，不预加任何外加剂或添加物的粉状胶凝材料。

3.2

工业副产石膏 industrial by-product gypsum

化学石膏(许用) synthetic gypsum

工业生产过程中产生的富含二水硫酸钙的副产品。

3.2.1

烟气脱硫石膏 flue gas desulfurization gypsum

采用石灰或石灰石湿法脱除烟气中二氧化硫时产生的，以二水硫酸钙为主要成分的副产品。

3.2.2

磷石膏 phosphogypsum, phosphoric gypsum

采用磷矿石为原料，湿法制取磷酸时所得的，以二水硫酸钙为主要成分的副产品。

3.3

天然建筑石膏 calcined natural gypsum

以天然石膏为原料制取的建筑石膏。

3.4

工业副产建筑石膏　calcined gypsum from industrial by-product

以工业副产石膏为原料制取的建筑石膏。

3.4.1

脱硫建筑石膏　calcined gypsum from flue gas desulfurization

以烟气脱硫石膏为原料制取的建筑石膏。

3.4.2

磷建筑石膏　calcined gypsum from phosphogypsum

以磷石膏为原料制取的建筑石膏。

3.5

限制成分　limited constituent

建筑石膏中对石膏制品的生产和应用有不良影响,需加以限制的成分。

4　分类与标记

4.1　分类

4.1.1　按原材料种类分为三类,见表1。

表1　分类

类　别	天然建筑石膏	脱硫建筑石膏	磷建筑石膏
代　号	N	S	P

4.1.2　按2h强度(抗折)分为3.0、2.0、1.6三个等级。

4.2　标记

按产品名称、代号、等级及标准编号的顺序标记。

示例:等级为2.0的天然建筑石膏标记如下:建筑石膏 N 2.0 GB/T 9776—2008

5　原材料

5.1　生产天然建筑石膏用的石膏石应符合JC/T 700中三级及三级以上石膏石的要求。

5.2　工业副产石膏应进行必要的预处理后,方能作为制备建筑石膏的原材料。磷石膏和烟气脱硫石膏均应符合国家标准和行业标准的相关要求。

6　技术要求

6.1　组成

建筑石膏组成中β半水硫酸钙($\beta\text{-}CaSO_4 \cdot 1/2H_2O$)的含量(质量分数)应不小于60.0%。

6.2　物理力学性能

建筑石膏的物理力学性能应符合表2的要求。

表2　物理力学性能

等　级	细度(0.2 mm方孔筛筛余)/%	凝结时间/min		2h强度/MPa	
		初凝	终凝	抗折	抗压
3.0	≤10	≥3	≤30	≥3.0	≥6.0
2.0				≥2.0	≥4.0
1.6				≥1.6	≥3.0

6.3 放射性核素限量

工业副产建筑石膏的放射性核素限量应符合 GB 6566 的要求。

6.4 限制成分

工业副产建筑石膏中限制成分氧化钾(K_2O)、氧化钠(Na_2O)、氧化镁(MgO)、五氧化二磷(P_2O_5)和氟(F)的含量由供需双方商定。

7 试验方法

7.1 试验条件

试验条件应符合 GB/T 17669.1—1999 中 2.2 的规定。

7.2 试样

试样应在标准试验条件下密闭放置 24 h,然后再行试验。

7.3 试验步骤

7.3.1 组成的测定

称取试样 50 g,在蒸馏水中浸泡 24 h,然后在 40 ℃±4 ℃下烘至恒量(烘干时间相隔 1 h 的两次称量之差不超过 0.05 g 时,即为恒量),研碎试样,过 0.2 mm 筛,再按 GB/T 5484—2000 第 8 章测定结晶水含量。以测得的结晶水含量乘以 4.027 8,即得 β 半水硫酸钙含量。

7.3.2 细度的测定

按 GB/T 17669.5—1999 的相应规定测定。称取约 200 g 试样,在 40 ℃±4 ℃下烘至恒量(烘干时间相隔 1 h 的两次称量之差不超过 0.2 g 时,即为恒量),并在干燥器中冷却至室温。将筛孔尺寸为 0.2 mm的筛下安上接收盘,称取 50.0 g 试样倒入其中,盖上筛盖,按 GB/T 17669.5—1999 中 5.2 规定的操作方法进行测定。当 1 min 的过筛试样质量不超过 0.1 g 时,则认为筛分完成。称量筛上物,作为筛余量。细度以筛余量与试样原始质量之比的百分数形式表示。精确至 0.1%。重复试验,至两次测定值之差不大于 1‰,取二者的平均值为试验的结果。

7.3.3 凝结时间的测定

按 GB/T 17669.4—1999 第 6 章首先测定试样的标准稠度用水量并记录,然后按第 7 章测定其凝结时间。

7.3.4 强度的测定

按 GB/T 17669.3—1999 中 4.3 制备试件,按 4.4 存放试件,然后按第 5 和第 6 章分别测定试样与水接触后 2 h 试件的抗折强度和抗压强度,但抗压强度试件应为 6 块。试件的抗压强度用最大量程为 50 kN 的抗压试验机测定。试件的受压面为 40 mm×40 mm,按式(1)计算每个试件的抗压强度 R_C。

$$R_C = \frac{P}{1\ 600} \qquad \cdots\cdots(1)$$

式中:

R_C——抗压强度,单位为兆帕(MPa);

P——破坏荷载,单位为牛顿(N)。

试验结果的确定按 GB/T 17671—1999 中 10.2 进行。

7.3.5 放射性核素限量的测定

按 GB 6566 规定的方法测定。

7.3.6 限制成分含量的测定

按 GB/T 5484—2000 第 16 章测定氧化钾(K_2O)、氧化钠(Na_2O)的含量,按第 12 章测定氧化镁(MgO)的含量,按第 21 章测定五氧化二磷(P_2O_5)的含量,按第 20 章测定氟(F)的含量。

8 检验规则

8.1 检验分类

产品检验分出厂检验与型式检验。

8.1.1 出厂检验

产品出厂前应进行出厂检验。出厂检验项目包括细度、凝结时间和抗折强度。

8.1.2 型式检验

遇有下列情况之一者，应对产品进行型式检验。

(1) 原材料、工艺、设备有较大改变时；

(2) 产品停产半年以上恢复生产时；

(3) 正常生产满一年时；

(4) 新产品投产或产品定型鉴定时；

(5) 国家技术监督机构提出监督检查时。

型式检验项目包括6.1、6.2、6.3中所有项目。

8.2 批量和抽样

8.2.1 批量：对于年产量小于15万t的生产厂，以不超过60 t产品为一批；对于年产量等于或大于15万t的生产厂，以不超过120 t产品为一批。产品不足一批时以一批计。

8.2.2 抽样：产品袋装时，从一批产品中随机抽取10袋，每袋抽取约2 kg试样，总共不少于20 kg；产品散装时，在产品卸料处或产品输送机具上每3 min抽取约2 kg试样，总共不少于20 kg。将抽取的试样搅拌均匀，一分为二，一份做试验，另一份密封保存三个月，以备复验用。

8.3 判定

抽取做试验的试样按7.2处理后分为三等份，以其中一份试样按第7章进行试验。检验结果若均符合第6章相应的技术要求时，则判为该批产品合格。若有一项以上指标不符合要求，即判该批产品不合格。若只有一项指标不合格，则可用其他两份试样对不合格指标进行重新检验。重新检验结果，若两份试样均合格，则判该批产品合格；如仍有一份试样不合格，则判该批产品不合格。

9 包装、标志、运输、贮存

9.1 建筑石膏一般采用袋装或散装供应。袋装时，应用防潮包装袋包装。

9.2 产品出厂应带有产品检验合格证。袋装时，包装袋上应清楚标明产品标记，以及生产厂名、厂址、商标、批量编号、净重、生产日期和防潮标志。

9.3 建筑石膏在运输和贮存时，不得受潮和混入杂物。

9.4 建筑石膏自生产之日起，在正常运输与贮存条件下，贮存期为三个月。

ICS 25.220.40
A 29

中华人民共和国国家标准

GB/T 9789—2008/ISO 6988:1985
代替 GB/T 9789—1988

金属和其他无机覆盖层 通常凝露条件下的二氧化硫腐蚀试验

Metallic and other non-organic coatings—Sulfur dioxide test with general condensation of moisture

(ISO 6988:1985,IDT)

2008-06-19 发布　　2009-01-01 实施

中华人民共和国国家质量监督检验检疫总局
中国国家标准化管理委员会　发布

前　言

本标准等同采用国际标准 ISO 6988:1985《金属和其他无机覆盖层　通常凝露条件下的二氧化硫腐蚀试验》(英文版)。

本标准根据 ISO 6988:1985 翻译起草。为了便于使用,本标准作了如下编辑性修改:

——删除国际标准的前言,增加了我国标准前言;

——"本国际标准"一词改为"本标准"。

本标准代替 GB/T 9789—1988《金属和其他非有机覆盖层　通常凝露条件下的二氧化硫腐蚀试验》。与 GB/T 9789—1988 相比主要变化如下:

——用 GB/T 6461—2002《金属基体上金属和其他无机覆盖层　经腐蚀试验后的试样和试件的评级》取代 GB/T 6461—1988《金属覆盖层　对底材为阴极覆盖层　腐蚀试验后的电镀试样评级》;

——增加了引用标准 GB/T 16545—1996《金属和合金的腐蚀　腐蚀试样上腐蚀产物的清除》。

本标准由中国机械工业联合会提出。

本标准由全国金属与非金属覆盖层标准化技术委员会(SAC/TC 57)归口。

本标准起草单位:武汉材料保护研究所、马鞍山鼎泰稀土新材料股份有限公司、浙江新丰控股有限公司、北京永泰和防腐技术有限公司。

本标准起草人:张三平、安江峰、郑鹏华、史志民、郑秀林、刘冀鲁、张宏伟、郑秀海。

本标准所代替标准的历次版本发布情况为:

——GB/T 9789—1988。

金属和其他无机覆盖层　通常凝露条件下的二氧化硫腐蚀试验

1　范围

本标准规定了在含二氧化硫气氛和凝露条件下，材料或产品耐蚀性能的试验方法。

木标准适用于金属覆盖层和无机覆盖层的腐蚀试验。

本标准不适用于涂料和清漆覆盖层的腐蚀试验。

本试验结果不能直接作为被试验材料在使用时所遇到的各类环境中的耐蚀性指南，同样也不能作为不同材料在使用时相对耐蚀性的直接指导。

2　规范性引用文件

下列文件中的条款通过在本标准的引用而成为本标准的条款，凡是注日期的引用文件，其随后所有的修改单(不包括勘误的内容)或修订版均不适用于本标准，然而，鼓励根据本标准达成协议的各方研究是否可使用这些文件的最新版本。凡是不注日期的引用文件，其最新版本适用于本标准。

GB/T 6461　金属基体上金属和其他无机覆盖层　经腐蚀试验后的试样和试件的评级(GB/T 6461—2002,ISO 10289:1999,IDT)

GB/T 16545　金属和合金的腐蚀　腐蚀试样上腐蚀产物的清除(GB/T 16545—1996,idt ISO 8407:1991)

3　设备和材料

3.1　试验箱

最好使用容积为 300 dm^3 ±10 dm^3，其门应能严密封闭，并装配有 3.2、3.3、3.4 中所规定的部件。典型的门式和罩式试验箱见图 1。

3.1.1　结构材料

试验箱使用的一切结构材料都应耐潮湿的二氧化硫气氛的腐蚀，且这些材料本身也不得释放出对试样腐蚀有影响的任何气体或蒸汽。

箱底和箱壁下部应能耐热，并至少能容纳约 2.5 dm^3 溶有二氧化硫的水而不泄漏。包铅材料适用于这些部位及作为箱子的骨架和接头材料。

新箱用作试验之前，至少应先空载运转(不放入试样)一个周期，运转按正常步骤操作。但应通入 2 dm^3 二氧化硫气体，以减少箱内气氛因结构材料蒸汽而受到污染的危险。

3.1.2　形状

试验箱的形状允许有某些变化，但箱盖上的潮气凝露不可滴落到箱内的试样上，使箱顶与水平面大约成 12°的倾角，即可达到要求。

3.1.3　安装

试验箱应安装于气氛洁净的室内，并使其不受到太快或大幅度的温度波动与直接的阳光照射和强气流干扰(见 6.5.2)。

3.2　温度调节装置

温度调节装置，包括安在试验箱上部的温度传感器以及一根能从试验箱外读数的温度计，温度计的水银球离箱顶和箱门 150 mm，距最近箱壁的距离为 250 mm。

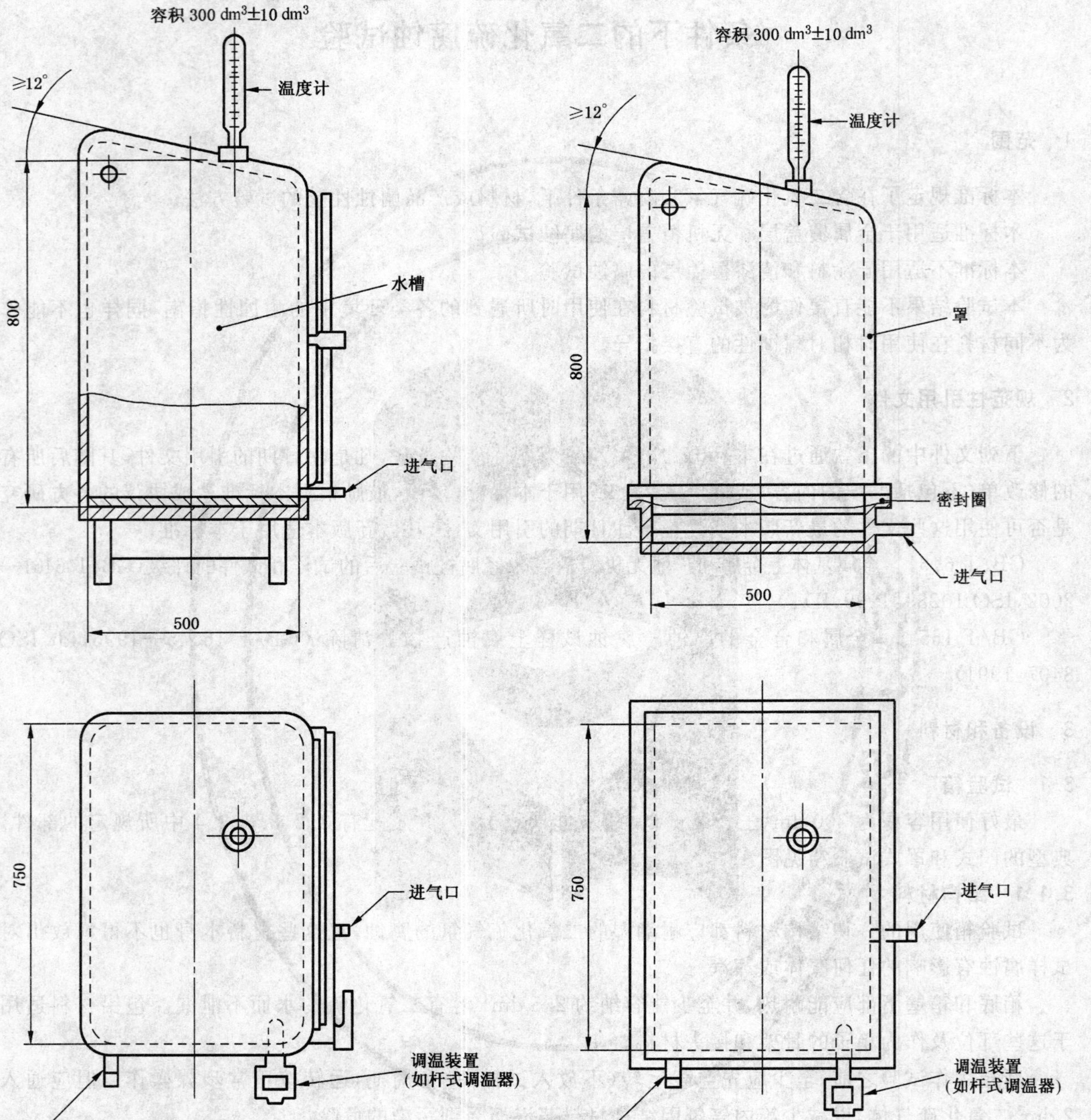

a) 门式试验箱　　　　b) 罩式试验箱

注：如果容积不是 300 dm³±10 dm³，只要试样所经受的试验条件一样，仍可使用。本标准所规定的细节仅说明适用于 300 dm³±10 dm³ 容积的试验箱，对于其他容积的试验箱，要做相应的细节修改。

图 1

3.3 **加热装置**

加热装置应能使试验箱内的温度在 1.5 h 内升到 40 ℃±3 ℃，并维持此温度(见 6.4)。

3.4 **气体导入管**

气体导入管位于箱底上方约 50 mm 处，气体经导入管进入试验箱内，在试验箱顶部或顶部附近有一阀门，当箱内气体超压时经此阀门排出。此外，在试验箱底部有一个排水龙头。

3.5 **气源**

瓶装液态二氧化硫是一种常用气源，也可用亚硫酸钠与硫酸反应在箱外产生二氧化硫气体。

3.6 **测量输入气体量的方法**

可采用任何一种方法来测量输入试验箱内的二氧化硫气体量。例如：

a) 用黏性液态石蜡作为压力控制液的气体滴定管法，所测量的气体量为 0.2 dm^3，测量时应避免各种原因所引起的误差。例如，滴定管与试验箱之间的导入管内的空气就会引起误差。

b) 将装有已知二氧化硫体积的气体瓶，放入试验箱内开启瓶盖。

c) 有一个经过校正的流量计。

4 试样

4.1 按照被试验的覆盖层或产品的规定，选择试样数量、类型、形状及尺寸。当无此规定时也可由有关方面协商选定。

4.2 试验前，要对试样作彻底清洁处理，所采用清洁处理方法要根据试样表面性质及污染情况而定，但不能使用会破坏试样表面的任何磨料或溶剂。试样在清洁处理后，不要作过多的或粗心的触摸或其他处理，以免再被污染。

4.3 如果试样要从已有覆盖层的大工件上切割下来，则在切割时要小心，不能让覆盖层受到损坏，特别是邻近切口的区域。除非另有规定，切口处要用在试验条件下稳定的适当覆盖层加以封闭，可使用蜡或胶带等覆盖此处，试样非受试部位或小件镀覆试样的边角也最好用上面的方法进行封闭处理。

5 试样曝露方式

5.1 将试样放入箱内支架上，试样之间的距离不得小于 20 mm；试样与箱壁或箱顶的距离不得小于 100 mm；试样下端与箱底水面的距离不得小于 200 mm。试样与支架的接触面积要尽可能小。

5.2 试样的布置要使试样或支架上的任何冷凝水不得滴落到置于下面的其他试样上。

5.3 曝露试样表面的倾斜度应严格控制。如试样为平板，除非另有规定，应使其与垂直方向成 15°±2° 角倾斜放置。

5.4 在任何一次试验中，受试验试样的总曝露面积要基本一致，除另有协议外，对于 3.1 所推荐的试验箱，受试总面积为 0.5 m^2±0.1 m^2。对其他容积的试验箱，则要按上述比例作适当的修改。

5.5 试样支架应采用非金属材料，如玻璃、塑料或进行过适当保护的木材。在箱子内用于悬挂试样的任何材料应是合成纤维或其他惰性绝缘材料，不得使用金属材料。

6 试验方法

6.1 将 2.0 dm^3±0.2 dm^3 电导率为(或低于)500 μs/m 的去离子水或蒸馏水盛于箱子底部。

注：水的数量取决于试验箱容积的大小。对于类似形状的试验箱，其容积改变时，水量可按比例改变。

6.2 将试样放好后，关闭试验箱。

6.3 将 0.2 dm^3 的二氧化硫气体通入试验箱内，并开始计时。

6.4 接通加热器，使箱内温度在 1.5 h 内升到 40 ℃±3 ℃，以后应使之保持在此范围。

6.5　以 24 h 为一个试验周期，但是在每个试验周期内，可以是在试验箱内连续曝露，或是在箱内光曝露 8 h，然后在室内环境大气中曝露 16 h。无论是采用哪种方式，在每 24 h 周期开始之前，必须更换试验箱内的水和二氧化硫气氛。

6.5.1　在试验箱内连续曝露超过 24 h 的试验情况下，每试验 24 h 后要更换一次水和二氧化硫气氛，更换时尽量不要干扰试样。

6.5.2　当采用一周期内规定部分时间在室内环境曝露时，室内环境条件应符合 3.1.3 中安装试验箱的试验室的要求，并且此室内要求大气温度为 23 ℃±5 ℃，相对湿度低于 75%。

7　试验周期数

试验周期数按试验材料或产品规格规定，或者由供需双方协商决定。

8　试验后试样的清洗

试验结束后，从箱内取出试样，在进行评价之前，将试样悬挂在一般室内大气中，直至液态的腐蚀产物干燥。首先在不除去腐蚀产物的情况下检查试样，然后进行清洁处理。清洁处理应根据试验结果的评定规范进行，金属覆盖层试样可按照 GB/T 16545 规定的方法进行清洁。

9　结果评定

可使用许多不同的试验结果评定标准，以满足各种特殊要求。例如，可采用质量变化、通过显微镜检查所揭示的变化或力学性能的变化来评定。一般在受试材料或产品说明中都注明了适当的检查标准。对于多数的常规试验工作而言，仅需考虑下述项目：

a)　试验后的外观；

b)　除去表面层腐蚀产物后的外观；

c)　腐蚀缺陷的数量和分布。腐蚀缺陷指针孔、裂纹、鼓泡等。这些可以按 GB/T 6461 所规定的方法予以评定；

d)　第一个腐蚀点出现以前经历的试验时间。

10　试验报告

10.1　试验报告要表明按照评定标准所得到的试验结果。要报告的每一试样结果，方便的时候，对一组重复试样还要有平均结果。根据要求，尚须附上试样的照片。

10.2　试验报告应当包括有关试验实施方面的资料，它们按照试验目的以及所规定的方法而有所不同，但是通常所要求的具体内容包含下列方面：

a)　基材规范；

b)　试样类型及尺寸或零件状态说明；

c)　试样的准备，包括所采用的任何清洁处理以及对边缘或其他特殊部位上所进行的保护处理；

d)　覆盖层的类型，同时注明它的表面精饰情况；

e)　受试验的每一种镀覆试样或产品数量；

f)　试验后，清洁处理试样时所采用的方法。必要时还要注明由于清洁处理所造成的试样质量的损失；

g)　试验箱曝露区的温度计读数；

h)　试验周期(见 6.5 和第 7 章)；

i)　曝露时，试样放置的倾斜角度；

j) 放在试验箱内,用以核对试验条件的任何参比试片的特性,以及这些参比试片的腐蚀试验结果;

k) 试验是连续的还是不连续的(见6.5);

l) 所用二氧化硫的浓度;

m) 全部检查结果。

ICS 77.140.75
H 48

中华人民共和国国家标准

GB/T 9808—2008
代替 GB/T 9808—1988

钻探用无缝钢管

Seamless steel tubes for drilling

2008-10-10 发布 2009-05-01 实施

中华人民共和国国家质量监督检验检疫总局
中国国家标准化管理委员会 发布

前　言

本标准与 JIS G 3465—2006《钻探用无缝钢管》(日文版)的一致性程度为非等效。

本标准代替 GB/T 9808—1988《水文水井钻探管材系列》。

本标准与 GB/T 9808—1988 相比，主要变化如下：

——修改了尺寸规格表；

——修改了钢的牌号；

——增加了钢管的尺寸允许偏差要求；

——增加了钢管的力学性能要求。

本标准的附录 A 为资料性附录。

本标准由中国钢铁工业协会提出。

本标准由全国钢标准化技术委员会归口。

本标准主要起草单位：鞍钢股份有限公司、攀钢集团成都钢铁有限责任公司、湖南衡阳钢管集团有限公司、宝山钢铁股份有限公司。

本标准主要起草人：章澎、张会轩、朴志民、晏如、赵斌、许晴、李奇。

本标准所代替标准的历次版本发布情况为：

——GB/T 9808—1988。

钻探用无缝钢管

1 范围

本标准规定了钻探用无缝钢管的代号、订货内容、尺寸、外形、重量、技术要求、试验方法、检验规则、包装、标志和质量证明书。

本标准适用于地质岩心钻探、水井钻探、水文地质钻探、工程钻探的套管料、岩心管料及套管接箍料用无缝钢管，普通钻杆料及钻杆接头料用无缝钢管，钢粒钻头料用无缝钢管，绳索取心钻杆料及钻杆接头料用无缝钢管，钻铤料及钻铤锁接头料用无缝钢管。

2 规范性引用文件

下列文件中的条款通过本标准的引用而成为本标准的条款。凡是注日期的引用文件，其随后所有的修改单(不包括勘误的内容)或修订版均不适用于本标准，然而，鼓励根据本标准达成协议的各方研究是否可使用这些文件的最新版本。凡是不注日期的引用文件，其最新版本适用于本标准。

GB/T 222 钢的成品化学成分允许偏差

GB/T 223.3 钢铁及合金化学分析方法 二安替比林甲烷磷钼酸重量法测定磷量

GB/T 223.59 钢铁及合金 磷含量的测定 锑磷钼蓝分光光度法

GB/T 223.61 钢铁及合金化学分析方法 磷钼酸胺容量法测定磷量

GB/T 223.62 钢铁及合金化学分析方法 乙酸丁酯萃取光度法测定磷量

GB/T 223.67 钢铁及合金 硫含量的测定 次甲基蓝分光光度法

GB/T 223.68 钢铁及合金化学分析方法 管式炉内燃烧后碘酸钾滴定法测定硫含量

GB/T 223.72 钢铁及合金 硫含量的测定 重量法

GB/T 228 金属材料 室温拉伸试验方法(GB/T 228—2002,eqv ISO 6892:1998)

GB/T 2102 钢管的验收、包装、标志和质量证明书

GB/T 2975 钢及钢产品 力学性能试验取样位置及试样制备(GB/T 2975—1998,eqv ISO 377:1997)

GB/T 4336 碳素钢和中低合金钢火花源原子发射光谱分析方法(常规法)

GB/T 5777 无缝钢管超声波探伤检验方法(GB/T 5777—2008,ISO 9303:1989,MOD)

GB/T 7735 钢管涡流探伤检验方法(GB/T 7735—2004,ISO 9304:1989,MOD)

GB/T 12606 钢管漏磁探伤方法(GB/T 12606—1999,eqv ISO 9402:1989、ISO 9598:1989)

GB/T 17395 无缝钢管尺寸、外形、重量及允许偏差(GB/T 17395—2008,neq ISO 1127:1992、ISO 4200:1991、ISO 5252:1991)

GB/T 20066 钢和铁 化学成分测定用试样的取样和制样方法(GB/T 20066—2006,ISO 14284:1996,IDT)

GB/T 20123 钢铁 总碳硫含量的测定 高频感应炉燃烧后红外吸收法(常规方法)(GB/T 20123—2006,ISO 15350:2000,IDT)

3 代号

钻探用无缝钢管钢牌号由钻探汉语拼音首位大写字母和规定非比例延伸强度最小值组成。如：

ZT380

ZT——钻探；

380——规定非比例延伸强度最小值，单位为兆帕(MPa)。

4 订货内容

按本标准订购钢管的合同或订单应包括下列内容：

a) 标准编号；

b) 产品名称；

c) 钢级；

d) 订购的数量(总重量或总长度)；

e) 交货状态；

f) 尺寸规格；

g) 特殊要求。

5 尺寸、外形及重量

5.1 外径和壁厚

5.1.1 钢管的公称外径(D)和公称壁厚(S)应符合表1的规定。

表1 钢管的公称外径和公称壁厚

产品名称	公称外径 D/mm	公称壁厚 S/mm	单位长度理论重量/(kg/m)
普通钻杆料	33	6.0	3.99
	42	5.0	4.56
	42	7.0	6.04
	50	5.6	6.13
	50	6.5	6.97
	60.3	7.1	9.31
	60.3	7.5	9.77
	73	9.0	14.20
	73	9.19	14.46
	89	9.35	18.36
	89	10.0	19.48
	114	9.19	23.75
	114	10.0	25.65
	127	9.19	26.70
	127	10.0	28.85
普通钻杆接头料、钢粒钻头料	75	9.0	14.65
	76	8.0	13.42
	91	8.0	16.37
	91	10.0	19.97
	110	8.0	20.12
	110	10.0	24.66

表 1（续）

产品名称	公称外径 D/mm	公称壁厚 S/mm	单位长度理论重量/(kg/m)
普通钻杆接头料、钢粒钻头料	130	8.0	24.07
	130	10.0	29.59
	150	8.0	28.01
	150	10.0	34.52
	171	12.0	47.05
	174	12.0	47.94
绳索取心钻杆料	43.5	4.75	4.54
	55.5	4.75	5.94
	70	5.0	8.01
	71	5.0	8.14
	89	5.5	11.33
	114.3	6.4	17.03
绳索取心钻杆接头料	45	6.25	5.97
	57	6.0	7.55
	70	10.0	14.80
	73	6.5	10.66
	76	8.0	13.42
	95	10.0	20.96
	120	10.0	27.13
套管料、岩心管料	35	2.0	1.63
	44	3.0	3.03
	45	3.5	3.58
	47.5	2.0	2.24
	54	3.0	3.77
	58	3.5	4.70
	60(60.32)	4.2	5.78
	60(60.32)	4.8	6.53
	60(60.32)	6.5	8.58
	62	2.75	4.02
	73(73.02)	3.0	5.18
	73(73.02)	4.5	7.60
	73(73.02)	5.5	9.16
	73(73.02)	7.0	11.39
	75	5.0	8.63
	76	5.5	9.56

表 1（续）

产品名称	公称外径 D/mm	公称壁厚 S/mm	单位长度理论重量/(kg/m)
套管料、岩心管料	89(88.90)	4.5	9.38
	89(88.90)	5.5	11.33
	89(88.90)	6.5	13.22
	95	5.0	11.10
	102(101.6)	5.7	13.54
	102(101.6)	6.7	15.75
	108	4.5	11.49
	114(114.3)	5.21	13.98
	114(114.3)	5.69	15.20
	114(114.3)	6.35	16.86
	114(114.3)	6.9	18.22
	114(114.3)	8.6	22.35
	127	4.5	13.59
	127	5.6	16.77
	127	6.4	19.03
	140(139.7)	6.2	20.46
	140(139.7)	7.0	22.96
	140(139.7)	7.7	25.12
	140(139.7)	9.2	29.68
	146	5.0	17.39
	168(168.28)	6.5	25.89
	168(168.28)	7.3	17.10
	168(168.28)	8.0	31.56
	168(168.28)	8.9	34.92
	177.8	5.9	25.01
	177.8	6.9	29.08
	177.8	8.1	33.90
	177.8	9.2	38.25
	194(193.68)	7.0	32.28
	194(193.68)	7.6	34.94
	194(193.68)	8.3	38.01
	194(193.68)	9.5	43.23
	194(193.68)	11.0	49.64
	219(219.08)	6.7	35.08
	219(219.08)	7.7	40.12

表 1（续）

产品名称	公称外径 D/mm	公称壁厚 S/mm	单位长度理论重量/(kg/m)
套管料、岩心管料	219(219.08)	8.9	46.11
	219(219.08)	10	51.54
	245(244.48)	7.9	46.19
	245(244.48)	8.9	51.82
	245(244.48)	10.0	57.95
	245(244.48)	11.0	63.48
	245(244.48)	12.0	68.95
	273(273.05)	7.1	46.56
	273(273.05)	8.9	57.97
	273(273.05)	10.0	64.86
	273(273.05)	11.0	71.07
	299(298.45)	8.5	60.89
	299(298.45)	9.5	67.82
	299(298.45)	11.0	78.13
	340(339.72)	8.4	68.69
	340(339.72)	9.7	81.57
	340(339.72)	11.0	89.25
	340(339.72)	12.0	97.07
	340(339.72)	13.0	104.84
套管接箍料	73	5.5	9.16
	73	6.5	10.66
	89	6.5	13.22
	89	8.0	15.98
	108	6.5	16.27
	108	8.0	19.73
	127	6.5	19.31
	146	6.5	22.36
	168	8.0	31.56
钻铤、锁接头料	68	20.0	23.67
	68	16.0	20.52
	76	19.0	26.71
	76	20.0	27.62
	83	25.0	35.76
	86	21.0	33.66
	89	25.0	39.46

表 1（续）

产品名称	公称外径 D/mm	公称壁厚 S/mm	单位长度理论重量/(kg/m)
钻铤、锁接头料	105	25.0	49.32
	105	25.5	49.99
	121	26.5	61.75
	121	28.0	64.21
注：括号内尺寸表示由相应的英制规格换算成的规格。			

5.1.2 根据需方要求，经供需双方协商，可供应其他外径和壁厚的钢管。

5.2 外径和壁厚的允许偏差

5.2.1 钢管的外径允许偏差应符合表 2 的规定。

表 2 钢管的外径允许偏差

单位为毫米

钢管种类	允许偏差
热轧（挤压）钢管	$^{+1.0\%D}_{-0.5\%D}$或$^{+0.65}_{-0.35}$，取其中较大者
冷拔（轧）钢管	±0.50%D 或 ±0.20，取其中较大者

5.2.2 钢管的壁厚允许偏差应符合表 3 的规定。

表 3 钢管的壁厚允许偏差

单位为毫米

钢管种类	钢管壁厚	允许偏差
热轧（挤压）钢管	≤10	$^{+15\%S}_{-10\%S}$或$^{+0.45}_{-0.35}$，取其中较大者
	>10	$^{+12.5\%S}_{-10\%S}$
冷拔（轧）	—	±8%S 或 ±0.15，取其中较大者

5.2.3 根据需方要求，经供需双方协商，并在合同中注明，可供应表 2、表 3 规定以外尺寸允许偏差的钢管。

5.3 长度

5.3.1 通常长度

钢管的通常长度为 4 000 mm～12 500 mm。根据需方要求，经供需双方协商，并在合同中注明，可交付长度大于 12 500 mm 的钢管。

5.3.2 定尺和倍尺长度

根据需方要求，经供需双方协商，并在合同中注明，钢管可按定尺长度或倍尺长度交货。钢管的定尺长度应在通常长度范围内，全长允许偏差应符合如下规定：

a) 定尺长度不大于 6 000 mm，0～10 mm；

b) 定尺长度大于 6 000 mm，0～15 mm。

钢管的倍尺总长度应在通常长度范围内，全长允许偏差为：$^{+20\ \mathrm{mm}}_{0\ \mathrm{mm}}$，每个倍尺长度应按下述规定留出切口余量：

a) 外径不大于 159 mm 时，切口余量为 5 mm～10 mm；

b) 外径大于 159 mm 时，切口余量为 10 mm～15 mm。

5.4 弯曲度

5.4.1 绳索取心钻杆料的每米弯曲度应不超过 1.0 mm，其他钢管的弯曲度应符合表 4 的规定。

表 4　钢管的弯曲度

钢管公称壁厚/mm	弯曲度/(mm/m)
≤15	≤1.5
>15	≤2.0

5.4.2　钢管的全长弯曲度应不大于钢管总长度的 1.5‰。

5.5　不圆度和壁厚不均

根据需方要求，经供需双方协商，并在合同中注明，钢管的不圆度和壁厚不均应分别不超过外径和壁厚公差的 80%。

5.6　通径要求

根据需方要求，经供需双方协商，并在合同中注明，用于绳索取心钻杆料的钢管可进行全长内通径检验。内通径检验的通径棒尺寸应符合表 5 的规定，通径棒应能自由通过钢管。

表 5　内通径棒尺寸

单位为毫米

通径棒直径	通径棒长度
$d-1.0$[a]	300
[a] d 为钢管的公称内径，$d=D-2S$。	

5.7　端头外形

5.7.1　外径不大于 60 mm 的钢管，其管端切斜应不超过 1.5 mm；外径大于 60 mm 的钢管，其管端切斜应不超过钢管外径的 2.5%，但最大应不超过 6 mm。钢管的切斜见图 1 所示。

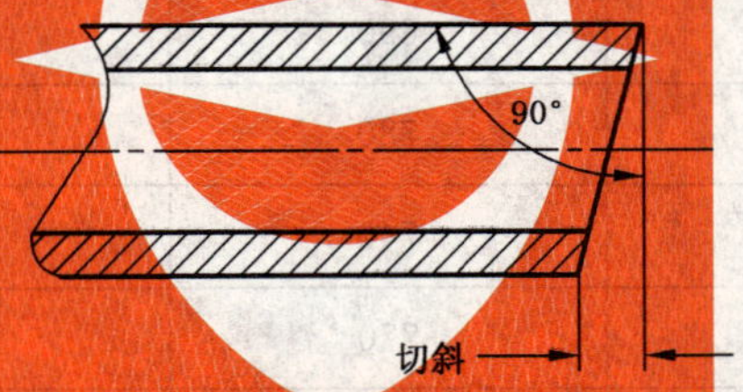

图 1　切斜

5.7.2　钢管的端头切口毛刺应予清除。

5.8　交货重量

5.8.1　钢管按实际重量交货，亦可按理论重量交货。钢管理论重量的计算按 GB/T 17395 的规定，钢的密度取 7.85 kg/dm^3。

5.8.2　根据需方要求，经供需双方协商，并在合同中注明，交货钢管的理论重量与实际重量的偏差应符合如下规定：

a)　单支钢管：±10%；

b)　每批最小为 10 t 的钢管：±7.5%。

6　技术要求

6.1　钢级和化学成分

6.1.1　钢管由钢级为 ZT380、ZT490、ZT520、ZT540、ZT590、ZT640 和 ZT740 的钢制造。

6.1.2　钢的化学成分(熔炼成分)应符合：P≤0.030%，S≤0.030%。

6.1.3　当需方要求做成品分析时，应在合同中注明，成品钢管的化学成分允许偏差应符合 GB/T 222 的规定。

6.2　制造方法

6.2.1　钢的冶炼方法

钢应采用电炉或氧气转炉冶炼。

经供需双方协商，钢也可采用其他冶炼方法。需方指定某一种冶炼方法时，应在合同中注明。

6.2.2 **管坯的制造方法**

管坯应采用连铸或热轧(锻)方法制造，钢锭也可直接用做管坯。

6.2.3 **钢管的制造方法**

钢管应采用热轧(挤压)或冷拔(轧)无缝方法制造。需方指定某一种方法制造钢管时，应在合同中注明。

6.3 交货状态

热轧(挤压)钢管以热轧状态或热处理状态交货。需方要求热处理状态交货时，应在合同中注明。冷拔(轧)钢管以热处理状态交货。

6.4 力学性能

交货状态下钢管的纵向拉伸性能应符合表 6 的规定。

表 6 钢管的力学性能

序号	钢级	抗拉强度 R_m/ MPa	规定非比例延伸强度 $R_{P0.2}$/ MPa	断后伸长率 A/ %
		不小于		
1	ZT380	640	380	14
2	ZT490	690	490	12
3	ZT520	780	520[a]	15[b]
4	ZT540	740	540	12
5	ZT590	770	590	12
6	ZT640	790	640	12
7	ZT740	840	740	10

[a] 钢级 ZT520 测量 $R_{P0.5}$。

[b] 钢级 ZT520 拉伸试样采用 GB/T 228 中的 S4、S5 或 S6。

6.5 表面质量

钢管的内外表面不允许有目视可见的裂纹、折叠、结疤、轧折和离层。这些缺陷应完全清除，清除深度应不超过公称壁厚的 10%，清理处的实际壁厚应不小于壁厚偏差所允许的最小值。

不超过壁厚负偏差的其他局部缺陷允许存在。

6.6 无损检测

供方应采用涡流检验、漏磁检验或超声波检验中的一种方法对钢管进行无损检测。用涡流检验时，应采用 GB/T 7735 中的验收等级 A；用漏磁检验时，应采用 GB/T 12606 中的验收等级 L3；用超声波探伤检验时，应采用 GB/T 5777 中的验收等级：冷拔(轧)管为 L2.5(C8)，热轧(挤压)管为 L3(C10)。

7 试验方法

7.1 钢管的尺寸和外形应采用符合精度要求的量具进行测量。

7.2 钢管的内外表面应在充分照明条件下进行目视检查。

7.3 钢管其他检验项目的取样方法和试验方法应符合表 7 的规定。

表 7　钢管的检验项目、试验方法、取样数量

序号	检验项目	取样数量	取样方法	试验方法
1	化学成分	每炉取 1 个试样	GB/T 20066	GB/T 223 GB/T 4336 GB/T 20123
2	拉伸试验	每批在一根钢管上取 1 个试样	GB/T 2975	GB/T 228
3	超声波检验	逐根	—	GB/T 5777
4	涡流检验	逐根	—	GB/T 7735
5	漏磁检验	逐根	—	GB/T 12606

8　检验规则

8.1　检查和验收

钢管的检查和验收由供方质量技术监督部门进行。

8.2　组批原则

8.2.1　钢管按批进行检查和验收。

8.2.2　若钢管在切成单根后不再进行热处理，则从一根管坯轧制的钢管截取的所有管段都应视为一根。

8.2.3　每批应由同一牌号、同一钢级、同一规格和同一热处理制度(炉次)的钢管组成。每批钢管的数量应不超过如下规定：

a)　外径不大于 76 mm，并且壁厚不大于 3 mm：400 根；

b)　其他尺寸：200 根。

8.2.4　剩余钢管的根数，如不少于上述规定的 50%时则单独列为一批，少于上述规定的 50%时可并入同一牌号和同一规格的相邻一批中。

8.3　取样数量

每批钢管各项检验的取样数量应符合表 7 的规定。

8.4　复验与判定规则

钢管的复验与判定规则应符合 GB/T 2102 的规定。

9　包装、标志和质量证明书

9.1　钢管标志位置应从钢管外表面距管端 400 mm～600 mm 处开始，标志的其他要求应符合 GB/T 2102 的规定。

9.2　钢管的包装和质量证明书应符合 GB/T 2102 的规定。

附 录 A
（资料性附录）
本标准与各相关标准的牌号对比

本标准与各相关标准的牌号对比见表 A.1。

表 A.1 牌号对比表

本标准	JIS G 3465—2006	相关行业标准
ZT380	—	DZ40
ZT490	—	DZ50
ZT520	STM-R780	—
ZT540	—	DZ55
ZT590	—	DZ60
ZT640	—	DZ65
ZT740	—	DZ75

ICS 29.120.50
K 31

中华人民共和国国家标准

GB 9816—2008/IEC 60691:2002
代替 GB 9816—1998

热熔断体的要求和应用导则

Thermal-links—Requirements and application guide

(IEC 60691:2002, IDT)

2008-04-24 发布　　2009-02-01 实施

中华人民共和国国家质量监督检验检疫总局
中国国家标准化管理委员会　发布

前言

本标准的全部技术内容为强制性。

本标准等同采用 IEC 60691:2002《热熔断体的要求和应用导则》(第三版)及其 2006 年的修订 1。

IEC 60691 第三版是在 IEC 60691 的第二版(1993 年)以及其修订 1、修订 2 的基础上作一定的更改,并整合美国的热熔断体国家标准 UL 1020 第五版中的大部分内容而构成的。

本标准是对 GB 9816—1998 的修订,本标准自实施之日起,代替并废止 GB 9816—1998。

本标准与 GB 9816—1998 相比较,主要差异如下:

1) 对标准的适用范围作了一定修改;
2) 和新增加的内容相对应,增加了若干引用标准,术语和定义;
3) 调整了试验的样品数量和分组,每个试验所对应的组别也做了相应调整;
4) 第 6 章中对热熔断体的分类作了一定调整;
5) 第 9 章中增加了 UL 1020 中的弯折/扭曲试验;
6) 第 10 章中对潮湿处理和断开电流试验作了一定修改,并增加了限定短路容量试验;
7) 第 11 章中的试验要求作了一定修改;
8) 增加了第 13 章和附录 C～附录 G。

在此版本的国家标准中,对于新增加的原属于 UL 1020 的内容全部作了保留,以作参考之用。

本标准附录 A、附录 B、附录 C、附录 E、附录 F 为规范性附录,附录 D、附录 G 为资料性附录。

本标准由中国机械工业联合会提出。

本标准由全国熔断器标准化技术委员会(SAC/TC 340)归口。

本标准负责起草单位:中国电器科学研究院。

本标准参加起草单位:广州威凯检测技术研究所、艾默生电气(深圳)有限公司、东莞市万江万成热保护器加工厂、东莞凤岗雁田华德电器厂、广州市番禺精科保险器件有限公司、厦门雅宝电子有限公司、佛山市南海区昌才电器元件厂、洪湖市蓝光电子有限公司、深圳市百胜电气有限公司、中山市小榄镇华声热保护器厂有限公司。

本标准主要起草人:孔睿迅、胡汝财、李勤伟、尤启明、黎志强、冯燕萍、常成、代柏林、黄恩琳、叶晖、罗佳文等。

本标准 1988 年首次发布,1998 年 8 月第 1 次修订。

IEC 前言

热熔断体的要求和应用导则

1） IEC（国际电工委员会）是由各个国家的电工委员会（IEC 国家委员会）组成的世界性标准化组织。IEC 的宗旨是在电气和电子领域的标准化相关问题上促进国际间的合作。为此目的，IEC 除了开展其他活动之外，还出版国际标准。这些标准的制订工作是委托各技术委员会来完成的。作为 IEC 成员的各国家委员会，只要对所要制订的标准感兴趣，均可参与其制订工作。与 IEC 有联系的国际性的、官方的或非官方的组织亦参与标准的制定工作。IEC 和世界标准化组织（ISO）遵照双方协议所规定的条件，密切合作。

2） 由于每个技术委员会中均有来自对相关问题感兴趣的国家委员会的代表，故 IEC 的有关技术议题的正式决议或协议都在最大限度上表达了国际上对于相关问题的一致看法。

3） 产生的文档以推荐的形式用于国际用途，并以标准、技术规范、技术报告或是导则的形式出版，并在此意义上为各国家委员会接受。

4） 为了促进国际上的统一，IEC 各国家委员会负责将 IEC 国际标准透明地、最大可能地转化为国家或地区性标准。IEC 标准和相应的国家或地区性标准之间如有任何差异，应在标准转化之后清楚地说明。

5） IEC 并未制订任何认可标志的程序，如有某设备宣称其符合 IEC 的某一项标准时，IEC 对此不负责任。

6） 值得注意的是本国际标准中的某些部分可能涉及专利权。IEC 对于鉴别某一或是全部的这一类专利权将不负责任[1]。

7） IEC 或是其领导人、雇员、服务人员或代理人，包括独立的专家和 IEC 技术委员会、各国家委员会，对于任何由于使用或是信任本 IEC 标准或其他 IEC 出版物而造成的人员伤亡、财产损失或其他对自然环境造成的伤害（不管这些损失是直接的还是间接的）不负担任何责任，对相应产生的费用和花费（包括法律费用）也不承担责任。

8） 要注意本标准所引用的相关标准。使用所引用的标准是正确应用本标准所必不可少的。

国际标准 IEC 60691 由 IEC 技术委员会 TC 32：熔断体的 IEC 32C：小型熔断体分会制定。

本第三版取消并取代 1993 年发布的第二版及其修订 A1(1995)和 A2(2000)。第三版组成一个技术修订本。

标准正文基于下述文件：

FDIS	投票报告
32C/321/FDIS	32C/329/RVD

2006 年的修订 1 基于下述文件：

FDIS	投票报告
32C/395/FDIS	32C/400/RVD

有关本标准及其修订表决通过的详细资料，请见上表所列的投票报告。

该出版物遵从 ISO/IEC 指令：第二部分。

---

1 IEC 60691 第三版的修订 1 中，增加了 7）至 9）条，但第 9）条和原有的第 6）条重复，应为编辑错误，故删之。

本标准是美国国家标准 UL 1020 第五版(2003 年废止)和 IEC 60691 第二版加上修订 1 和修订 2 两者协调的结果。

委员会决定本出版物的内容在 IEC 的网站 http://webstore.iec.ch 上标明的和特定出版物相关的下次修订日期之前保持不变[2]。而到了此日期,出版物将被:

- 再次确认;
- 取消;
- 被修订后的版本替代,或
- 修订。

2 本标准的 IEC 版本下一次修订的日期为 2009 年。

引　言

热熔断体——定义为一次性动作而不可复位的装置——广泛应用于设备的热保护，在故障条件下防止一个或多个部位达到危险的温度。

由于这些元器件与微型熔断体有若干相同之处，且可达到相近的保护等级，因此本标准力图为此类器件制订出一系列的基本要求。

热熔断体的要求和应用导则

1 范围和目的

本标准适用于安装在一般户内环境下使用的电器、电子设备及类似的组件中、用以防止它们在故障情况下出现超温的热熔断体。

注1:设备不一定是设计用来产生热量的。

注2:防止超温的有效性与热熔断体的安装位置和安装方法以及所承载的电流大小有关。

注3:应注意表3规定的外部爬电距离和电气间隙在某些情况下可能小于某些电器或设备标准规定的要求。在此情况下,当此类设备在安装热熔断体时,应考虑采取措施使爬电距离和电气间隙达到相应设备标准的规定值。

如果热熔断体所处环境的气候和其他条件和本标准所规定的相类似,则本标准也可用于非室内条件下使用的热熔断体。

本标准也适用于简单形状的热熔断体(如熔断片或熔断丝),只要其工作时排出的熔融材料不会影响设备的安全使用,尤其对于手持式或便携式设备,无论其位置如何,均不会影响它们的安全使用。

本标准适用于额定电压不超过交直流690 V、额定电流不超过63 A的热熔断体。

本标准的目的是:

a) 制定对热熔断体的要求;

b) 定义试验的方法;

c) 为热熔断体在设备中的应用提供有用的信息。

本标准不适用于腐蚀性或爆炸性大气等极端条件下使用的热熔断体。

本标准不适用于用在频率低于45 Hz或高于62 Hz的交流电路上的热熔断体。

2 规范性引用文件

下列文件中的条款通过本标准的引用而成为本标准的条款。凡是注日期的引用文件,其随后所有的修改单(不包括勘误的内容)或修订版均不适用于本标准,然而,鼓励根据本标准达成协议的各方研究是否可使用这些文件的最新版本。凡是不注日期的引用文件,其最新版本适用于本标准。

GB/T 5169.11—2006 电工电子产品着火危险试验 第11部分:灼热丝/热丝基本试验方法 成品的灼热丝可燃性试验方法(idt IEC 60695-2-11:2000)

GB/T 5169.17—2002 电工电子产品着火危险试验 第17部分:500 W火焰试验方法(idt IEC 60695-11-20:1999)

GB/T 5169.19—2006 电工电子产品着火危险试验 第19部分:非正常热 模压应力释放变形试验(idt IEC 60695-10-3:2002)

GB/T 5169.21—2006 电工电子产品着火危险试验 第21部分:非正常热 球压试验(idt IEC 60695-10-2:2003)

GB 8898—2001 音频、视频及类似电子设备 安全要求(eqv IEC 60065:1998)

GB/T 11026.1—2003 电气绝缘材料耐热性 第1部分:老化程序和试验结果的评定(idt IEC 60216-1:2001)

GB 14536.1—2008 家用和类似用途电自动控制器 第1部分:通用要求

GB 17196—1997 连接器件 连接铜导线用的扁形快速连接端头安全要求(idt IEC 61210:1993)

IEC 60065:2001+A1:2005 音频、视频及类似电子设备 安全要求

IEC 60085:2004 电气绝缘-热分类

IEC 60112:2003　固体绝缘材料相比电痕化指数和耐电痕化指数的测定方法

IEC 60664-1:1992+A1:2000+A2:2002　低压系统内设备的绝缘配合　第1部分:原理、要求和试验

IEC 60695-11-10:1999+A1:2003　电工电子产品着火危险试验　第16部分:50 W水平与垂直火焰试验方法

3　术语和定义

对于本标准确定采用下列术语和定义。

3.1

电气间隙　clearance

两导电部件之间通过空气测得的最短距离。

3.2

爬电距离　creepage distance

两导电部件之间沿绝缘材料表面测得的最短距离。

3.3

保持温度　holding temperature(T_h)

T_h

热熔断体在规定条件下,规定时间内不改变其导通状态的最高温度。

3.4

(热熔断体的)同质系列　homogeneous series(of thermal-links)

具有相同整体结构的一个系列的热熔断体,这一系列中的热熔断体的差异体现在如下所述的特性中:对于一个指定的试验,对此系列中的某种或不是全部的几种产品进行试验便能代表此系列中的全部产品。

3.5

断开电流　interrupting current(I_b)

I_b

在额定电压和规定的电路条件下,热熔断体能够安全断开的电流值。

3.6

最高极限温度　maximum temperature(T_m)

T_m

由制造厂规定的温度。在此温度下,热熔断体导电状态已改变,但其机械性能和电气性能在规定时间内不至于减弱。

3.7

辅助工作制　pilot duty

切换装置的指定的额定值。此切换装置是用来控制另外一个诸如螺线管、继电器或接触器之类电磁装置的线圈的。

3.8

便携式设备　portable equipment

操作时可以移动或当连接电源时能方便地从一处移动到另一处的设备。

3.9

额定电流　rated current(I_r)

I_r

用来对热熔断体进行分类的电流。

3.10

额定动作温度　rated function temperature(T_f)

T_f

在仅通以不超过 10 mA 的探测电流的条件下测得的使热熔断体导电状态改变的温度。

3.11

额定电压　rated voltage(U_r)

U_r

用来对热熔断体进行分类的电压。

3.12

热元件　thermal element

构成热熔断体一部分的金属或非金属的可熔性材料，可通过自身状态的改变。例如：由固体变为液体来响应某一已确定的温度值。

3.13

热熔断体　thermal-link

装有热元件的不可复位的器件，当它被暴露在超过所设计的温度下达到一个足够长的时间时会将电路断开。

3.14

瞬时过载电流　transient overload current(I_p)

I_p

在不削弱其特性的情况下，热熔断体能够承受的直流脉冲序列。

3.15

型式试验　type test

基于一个或多个样品的、代表实际生产的符合性试验。

3.16

扩展保持温度　extended holding temperature(T_{h-100})

T_{h-100}

在额定电压下、通以额定电流时，热熔断体能够在 100 周时间内保持导通状态而不动作的最高温度，符合扩展保持温度的评估(见附录 D)。

注：可作为用户在考察终端产品时所考虑的一个额定值。

3.17

导热老化试验　conductive heat ageing test，CHAT

评估使用于器具的热熔断体的试验(见附录 C)。

注：如果试验结果符合要求，热熔断体将被指派一个 CHAT 额定值。这一额定值作为整机用户考察终端产品之依据。

4　通用要求

设备的可靠热保护不仅取决于热熔断体的性能，而且在很大程度上取决于热熔断体在设备中的安装情况，因此，除了好的制造惯例之外，也应考虑附录 A 中有关应用导则的要求。

热熔断体应具有足够的电气和机械强度，且当在本标准所规定的要求下使用时，其结构应保证能承受在安装和正常使用时遇到的各种情况下的可能的操作。

当热熔断体改变其导电状态时，应无持续的电弧或火焰产生，也不应排出可能危及周围环境或是导致电击或着火危险的物质。

注：对于使用片状或丝状的热熔断体，应注意防止熔融材料造成短路或缩短爬电距离及电气间隙，以至于削弱设备

的绝缘系统。

在热熔断体动作后，在当其所处环境温度不超过最高极限温度 T_m 的情况下，热熔断体不会产生使设备防电击和电击穿性能削弱的损坏。

5 试验的一般说明

除非另有规定，所有试验应在下述大气条件下进行：

温度：15℃～35℃

相对湿度：25%～75%

气压：8.6×10^4 Pa～1.06×10^5 Pa

当上述涉及条件对试验的影响较大时，则这些条件在试验期间应保持不变。

如果本条款规定的温度范围对某些试验而言过宽，则在对试验结果有疑问的情况下，在(23±1)℃的温度下重复进行这些试验。

在每份试验报告中，均应注明试验的环境温度。如在试验期间未能满足本标准对相对湿度或气压的要求，则应在报告中予以说明。

如果试验的结果在一个可评估的范围内受到样品的安装位置和安装方法的影响，则应选择最不利的条件进行相关试验并予以记录。

如果热熔断体是专门设计并用于特殊类型的设备且不能被单独试验的，则本标准的试验需在此设备中、或是此设备的相关的部件上或类似的部件上进行。

当对同质系列的热熔断体进行试验时，最低和最高额定动作温度 T_f 的热熔断体应进行所有试验项目的测试。对额定动作温度 T_f 居中的热熔断体只需进行 10.6、11.2、11.3 和 11.4 的试验。

所需要样品的总数为 45 个。在 45 个样品中选取 15 个以备某些试验的重复进行。剩下 30 个样品分为 10 组，每组 3 个样品，并以字母标记为 A 到 J。一般来说，试验要按照表 1 所示的顺序进行，但当有要求时，试验可以重复，例如对于标志的试验(见第 7 章)。按照表 1 注 2 的要求可能需要额外的样品。

注 1：对于可选试验，根据附录的要求需要增加附加样品。

如果任意章节中的任意一个试验出现了不合格的情况，则必须明确出现不合格情况的原因并采取相应的整改措施。基于不合格情况的分析报告和所采取的整改措施，最低限度应取 2 倍数量的已整改的样品重复进行相关的试验，且不允许再出现不合格。

附录 C 的导热老化试验在制造商声明时适用。

例外：如果热熔断体是无触头的结构，则导热老化试验不必进行。

表 1 试验程序

标准章条	试验项目	样品组别									
		A	B	C	D	E	F	G	H	I	J
7*	标志(擦拭试验)	×	×								
9	机械要求										
9.2*	拉力	×									
9.3*	推力		×								
9.4*	弯折/扭曲			×							
10	电气要求										
10.1*	爬电距离和电气间隙						×	×			
10.2*	温度和湿度循环处理	×	×	×			×	×			
12*	防锈(仅铁质部件)	×	×	×							

表 1（续）

标准章条	试验项目	样品组别									
		A	B	C	D	E	F	G	H	I	J
10.3*	电气强度（如适用）	×	×	×			×	×			
10.4*	绝缘电阻（如适用）	×	×	×			×	×			
10.5*	耐电痕化				×	×					
10.6	断开电流						×	×			
10.7*	瞬时过载电流	×	×						×		
11	温度试验										
11.2	检查 T_f	×		×							
11.3	检查 T_m 并接以电气强度和绝缘电阻试验			×	×						
11.4	老化 第 1 步（选择性） 21 d 第 2 步（强制性） 21 d 第 3 步（强制性） 14 d 第 4 步（强制性） 7 d 第 5 步（强制性） 7 d 第 6 步（强制性） 24 h		×			×			×	×	×
10.3	电气强度	×	×			×	×	×	×	×	×
10.4	绝缘电阻	×	×			×	×	×	×	×	×
7*	标记（仅视检）	×	×								

注 1：对同质系列中间额定值的样品，带“*”的项目可不做。

注 2：如果 10.6.2 中 c)、d)、e)中所述的电压、功率和电流条件不能在一次试验内被涵盖，那么在每个测试条件下进行的测试应至少包含有 3 个样品。

6 分类

6.1 电气条件

对于电气条件，以下术语适用：

a) 电压

1) AC

2) DC

b) 电流

1) 电阻性

2) 电感性

——电动机

——辅助工作制

——放电灯

6.2 热条件

对于热条件，下列符号和简写适用：

a) T_f

b) T_h

c) T_m

d) CHAT

e) T_{h-100}

6.3 耐电痕化

对于耐电痕化，下列范围适用：

a) 耐电痕化指数为120～174；

b) 耐电痕化指数为175～249；

c) 耐电痕化指数大于或等于250。

注：耐电痕化试验方法按标准IEC 60112的规定。

7 标志

每个热熔断体应有如下标志：

a) 类型或参考目录；

b) 制造厂名或商标；

c) 额定动作温度 T_f，以 T_f 开始并接以摄氏温度为单位的数字(标以℃或C)，T_f 也可以忽略不标；

d) 识别产品的生产日期并且至少在十年内不重复的日期代码和生产厂地址或代码，这些标识可以标注在热熔断体本体或最小包装上。

注1：如果只有一个生产厂，生产厂地址可省略。

如果对于每一个不同的额定动作温度都用不同的类型或参考目录来表示，则额定动作温度 T_f 标识可省略。

如果尺寸允许，诸如接以字母V的额定电压值、接以字母A的额定电流值和一些需要的可选标记可以标识在热熔断体上。

标志应是清晰且耐磨的。

标志的耐磨性是通过用一块浸水的布片轻轻擦拭15 s时间、试着除去标志来进行检验的。清晰度通过视检确定。进行完11.4的老化试验后，标志是否符合要求通过视检确定。

注2：图G.1中所示的设备可替代“轻轻擦拭”来进行标志耐磨性试验。

如果样品的尺寸过小且预定不做更换，则上述a)、b)、c)和d)中规定的标志可以和本标准号一同印在包装袋上。

是否符合要求通过视检确定。

8 文档

制造商应在其技术文档、目录或是安装手册中提供除第7章中所需之外的如下的信息：

a) 按第6章的分类；

b) 对于每一种分类

1) 特性温度 T_f，T_h，T_m；

2) 特性电流 I_r，I_b，I_p；

3) 额定电压 U_r；

c) 密封、使用浸渍液体或清洁剂的适用性；

d) 在设备中安装热熔断体的相关信息；

e) 尺寸较小且预定不做更换的热熔断体。

注1：为了避免对热熔断体的可能的损坏，如果终端设备涉及密封或使用清洁剂，则应向制造商进行咨询。

注2：为安全起见，应在文档中清楚地标明：热熔断体为不可修复的元件；在进行更换时，应使用同一厂家相同参考目录的相同的产品，并以相同的方式进行安装。

注3：目录或是参考编号应定义那些诸如温度、电流和电压等联合在一起可以确定热熔断体分类的参数。

9 机械要求

热熔断体应具有足够的机械强度和稳定性，以便承受在操作、正常使用以及相应的终端设备的故障条件下可能遇到的各种应力。

插片端子的结构应符合标准 GB 17196—1997 的要求。

除了陶瓷以及其他那些在预期的温度范围内有足够的尺寸稳定性的材料外，载流部件的接触压力不应通过绝缘材料传递，除非相应的金属部件有足够的弹性来补偿非金属材料产生的收缩或变形。

载流部件应有足够的机械强度以承载额定电流，且其材料对于特定的应用应是可接受的。

对于载流部件，其温升限值应参考 GB 14536.1—2008 中表 14.1 的规定。

如果未绝缘的带电部件（包括端子）存在由于旋转或移动位置而导致相应的间隙减小到不满足本标准其余章节要求的危险的话，则不应依靠摩擦力来固定这些未绝缘的带电部件并使之用来支撑表面。触头装配的安全性应使触头对齐在位。

引线和端子部分应予以固定，使得在安装和正常使用中作用于其上的应力不会影响到热熔断体的动作。用在器具或部件中的带有成型引线并密封的热熔断体，其引线的弯曲离密封处的距离不应小于 3 mm。

例外：如果满足下列条件，则引线的弯曲离密封处可以小于 3 mm

a) 热熔断体制造商的弯曲设备和工序不会将压力传递到热熔断体的动作机构上，并且

b) 成型的试验样品应承受 9.4 所要求的引线牢固性的弯折/扭曲试验和按照 11.2 所要求的额定动作温度试验。

引线截面积小于 0.21 mm^2 的热熔断体应提供使用说明以指导使用者在考虑到热熔断体的温度响应的前提下如何在设备中进行安装。说明书还应包括器具内的移动和振动可能会作用于热熔断体的端子、连接处和其他安装部件上的指导。

用于锡焊连接的端子应提供诸如孔之类的手段，使得导体可以不依靠焊锡而保持在位。

如果可行，须提供牢固固定热熔断体的装置。

例外：预定嵌入绕组和类似用途的热熔断体不必提供安装装置。

螺钉、螺母或其他用来安装带有热熔断体的部件的紧固件应和那些用来固定此部件上的元件的紧固件相独立。

是否符合要求通过进行 9.1 的引线牢固性测试来判定。应随热熔断体向终端设备制造商提供符合附录 A 要求的安装和固定说明书。

9.1 引线牢固性测试

如果在热熔断体的引线上施加力会导致一个或多个部件的损坏，而这些部件的损坏会直接或间接地将应力传递到动作机构，那么热熔断体需要进行 9.2、9.3 和 9.4 的试验。进行完 9.2 和 9.3 的试验后，应不会产生使热熔断体重新接通或减小爬电距离或电气间隙的部件的移位。进行完 9.4 的试验后，除了引线外的其他部分不能有移位。

9.2 拉力试验

在任何方便且不会损坏热熔断体的方式下安装好样品，在每条引线上施加表 2 规定的拉力 1 min。

9.3 推力试验

在任何方便且不会损坏热熔断体的方式下安装好样品，在每条引线距热熔断体 2 mm 处施加表 2 规定的推力 1 min。

9.4 弯折/扭曲试验

热熔断体应有足够的刚性而不至于损坏。在距离热熔断体本体 10 mm 处，每条引线应被弯折 90° 之后，再将引线扭曲 180°，如图 1 所示。

表 2 端子强度 拉力推力试验所需的最小力

端子标称横截面积，A/mm^2	拉力/N	推力/N
不大于 0.05	1	0.25
大于 0.05 且不大于 1.2	$20\times A$	$5\times A$
1.2 以上	40	8
注：A 代表端子的标称横截面积，单位 mm^2。		

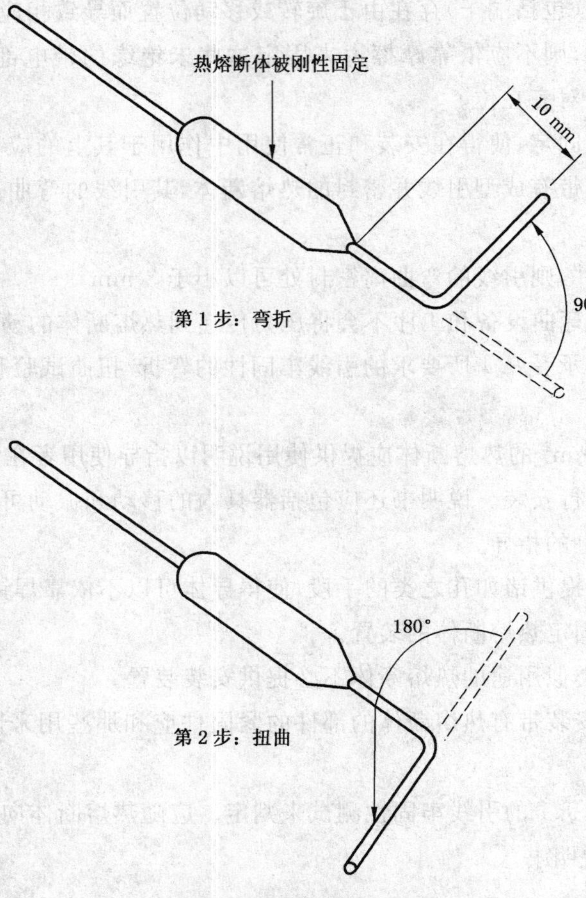

图 1 弯折/扭曲试验

10 电气要求

热熔断体应符合本章对试验电压、电流、绝缘电阻、爬电距离和电气间隙的相应要求。

热熔断体中用于电流路径的触头应能承受电路中电源电压所产生的电压应力。与端子连为一体的载流部件或触头通常用绝缘材料与诸如装配架、金属外壳等类似的金属部件相隔开。

如果热熔断体的装配架或外壳的金属部件是易触及的，或者是通过低阻抗连接至设备的可被使用者从外部触及的金属外壳上的，则热熔断体的载流部件与这些可导电的外壳之间在给定的环境温度和湿度条件下应有足够的绝缘。

如果有必要对绝缘材料进行评估，则应使用下述标准：IEC 60085，IEC 60695-11-10，GB/T 5169.11—2006，GB/T 5169.17—2002，GB/T 5169.19—2006，GB/T 5169.21—2006，GB/T 11026.1—2003。

例外：不是用来定位触头或是固定引线的密封胶和合成化合物，可按照附录 E 的规定进行密封老化试验。

注 1：制造厂声明的额定电压 U_r，用来确定试验电压的相关的值。

注 2：热熔断体的电压额定值必须由电路的电源电压来确定。可通过增加绝缘，例如用绝缘材料包裹热熔断体，来提高热熔断体载流部件和外壳之间绝缘的电压等级。

10.1 爬电距离和电气间隙

热熔断体的载流部件（触头及其端子）与外壳（包括外壳中绝缘的金属部件）之间的爬电距离和电气间隙应不小于表 3 中的规定值。表 3 中的值是已包含了制造公差在内的最小绝对值。

爬电距离不适用于热熔断体中断开的触头两端。

是否符合要求通过测量相关的距离来判定。

表 3 爬电距离和电气间隙（最小值）

额定电压，U_r/V	电气间隙/mm	爬电距离/mm
0～32	0.2	0.53
33～50	0.2	1.2
51～125	0.5	1.5
126～250	1.5	2.5
251～400	3.0	4.0
401～690	4.0	6.9

注 1：电气间隙和爬电距离的值按照 IEC 60664-1 的规定。

注 2：所确定的值是针对热熔断体的典型应用且假定：

a） 持续电压应力；

b） 海拔高度 2000 m；

c） 基本绝缘；

d） 不同范围；

e） 过电压类别Ⅱ；

f） 污染等级 2；

g） 材料组别Ⅲa。

注 3：如果条件和注 2 中的规定的不同，那么根据 GB/T 16935.1 进行调整是必要的。

10.2 潮湿处理

热熔断体不应在预期使用的环境条件下受到潮湿的影响。是否符合要求通过对试样按下述要求进行试验，并在试验之后立即进行电气强度试验（见 10.3）和绝缘电阻试验（见 10.4）来确定。

对于温度和湿度循环处理，热熔断体样品应经受 3 个完整的处理周期。每个周期包括在 T_h 温度下保持 24 h，紧接着（在 15 min 内）在（35±5）℃和（90±5）%相对湿度的环境下放置至少 24 h，最后在（0±2）℃下放置 8 h。

注：电气强度和绝缘电阻试验在样品从试验箱内取出后进行。

10.3 电气强度

无论是在热熔断体动作前后，还是在经受 10.2 规定的试验之后，热熔断体均应有足够的电气强度。

是否符合要求通过在完成了 10.2 的试验后立即进行下述的电压试验来确定，如果适用，亦通过在第 11 章的温度试验之后进行相同的电压试验来确定。

试验电压值应符合表4的规定。

绝缘经受频率在45 Hz至62 Hz之间的基本正弦波的试验电压。

先施加不超过规定值一半的电压，然后以约500 V/s的速度升至全值。

潮湿试验后，立即用金属箔包裹热熔断体的外壳，并在断开的触头之间、带电部件与金属箔之间施加试验电压1 min。

如无闪络或击穿发生，则认为样品满足要求。[3]

注：推荐使用输出功率不小于100 VA的电力变压器用于此试验。

表4 电气强度的试验电压

施加电压部位	试验电压
带电部件与外壳之间	$2U_r+1\,000$ V
断开的触头端子之间	$2U_r$

10.4 绝缘电阻

热熔断体在其导电状态改变前后以及经受了10.2的试验之后均应有足够的绝缘电阻。

是否符合要求通过在潮湿试验后以及在第11章的温度试验热熔断体动作前后测量其绝缘电阻来确定。应在导电路径与包裹金属箔的外壳之间（如适用）以及断开的触头端子之间施加$2U_r$的直流电压来测量绝缘电阻。

注：使用直流电压测量是为了消除电容电流的影响。

如在导电路径与外壳之间测得绝缘电阻不小于2 MΩ，在断开的触头端子之间测得绝缘电阻不小于0.2 MΩ，则认为样品满足要求。

10.5 耐电痕化

如果用于支承载流元件、触头和端子的绝缘材料在正常使用过程中暴露在潮气或灰尘沉积的条件下，则其应能耐电痕化。

除陶瓷材料外，是否符合要求通过按照IEC 60112:2003在试样或相同绝缘材料制成的平整的试片上进行电痕化试验来确定。PTI值应由厂家声明。

10.6 断开电流

10.6.1 通则

在10.6.2中a)至i)项规定的条件下，施加额定电压U_r的1.1倍，热熔断体应能分断表5中规定的适用的试验电流。热熔断体的引线不应损坏。密封元件的外壳应保持完整。10.6.2中a)和b)项提及的3 A熔断器不应动作（断开）。裸露部件和邻近的金属部件之间不应产生飞弧，不应有会对周围环境产生有害影响的物质排出。

10.6.2 规定条件

a) 属于热熔断体的固有部件的、且可能与终端设备暴露在外的正常情况下接地的部件有电气上的连接的非载流的金属部分，应该通过一个3 A熔断器接地。

b) 对于有元件暴露在外的热熔断体，应在距离热熔断体带电部件12.7 mm远处放置一金属板。金属板通过一个3 A的熔断器接至测试电路的另一极。距离的测量是当元件处于断开位置时、在金属板和元件的最近点之间测量所得。

例外：在基于热熔断体的实际应用的前提下，当制造商和终端用户都可接受时，金属板和元件之间的距离可以选取不同于12.7 mm的其他值。

c) 测试电路的开路电压值应在规定电压值的100%至105%之间，除非制造商和终端用户都同意采用更高的电压值。当测试电路以试样的额定电流闭合时，其闭路电压值应在规定的测试电

---

3 采用说明：

进行电气强度试验时，一般情况下推荐整定电流为100 mA。特殊情况可由测试机构和制造商协商解决。

压的 2.5%以内。

d) 如果热熔断体同一个电流额定值对应多于一个的电压值,则在最高电压下的测试认为可以代表其余较低电压下的测试。

e) 如果热熔断体在一个特定的功率因数范围内有多于一个的电压额定值,测试应该覆盖最大电压、功率和电流的各种条件。一个测试可以覆盖这些条件中的两个。

f) 对于有辅助工作制负载的热熔断体,测试负载应包括一个热熔断体预定要控制的具有代表性的电磁线圈。测试电流应是通过热熔断体的电压和伏安来确定的常态电流。对于用于交流电路的热熔断体功率因数应为 0.35 或更小,且线圈的浪涌电流的特性应该 10 倍于常态电流。测试应在线圈衔铁闭合的情况下进行。

g) 是否符合要求通过下述试验确定。对于额定动作温度小于等于 249℃的热熔断体,将样品置于烘箱内,烘箱内的温度保持在 T_f-12 K 或是制造商声明的温度下,但不高于动作温度公差范围下限值减 2 K。对于额定动作温度大于等于 250℃且动作温度公差范围为 $T_{f\ -20}^{\ 0}$ 的热熔断体,将样品置于烘箱内,烘箱内的温度保持在 T_f-22 K 或是制造商声明的温度下,但不高于动作温度公差范围下限值减 2 K。之后,所有的热熔断体,包括额定动作温度小于等于 249℃和大于等于 250℃的,应通电并使烘箱的温度以(2±1)K/min 的速率上升,直到热熔断体动作或是烘箱温度高于额定动作温度 30 K 为止。

注 1:热熔断体可能会在通电后即刻动作,在这种情况下,没有必要再让烘箱以(2±1)K/min 的速率升温,试验亦可停止。

h) 烘箱的温度可以通过附着于一个不通电的、靠近被测样品的同类型的热熔断体上的热电偶来监控。

i) 如果热熔断体在原先的断开电流的测试中,测试的功率因数为 0.5 或更小且在同一电压下的浪涌电流值不大于额定堵转电流(LRA)的 67%,则其用于交流电动机负载时的试验结果可代表辅助工作制的试验而无需进一步的试验。

注 2:本试验的主要目的是评估热熔断体在分断特定负载时的机械和电气完整性。

进行完这些试验后,热熔断体的绝缘电阻应满足 10.4 的要求。

表 5 断开电流试验的试验电流

负载类型	额定值类型	试验电流	功率因数
阻性	AC 电流值	1.5 倍额定电流	0.95～1.0
感性	AC 电流值	1.5 倍额定电流	0.60
	DC 电流值	电流	—
电动机	AC 堵转电流(LRA)	6 倍满载电流[a]	0.4～0.5
	DC 电流值	10 倍满载电流	—
辅助工作制	AC 伏安值	10 倍伏安值	0.35
电子放电灯	AC 电流值	4 倍额定电流	0.4～0.5

[a] 如果堵转电流未指明,可为其他指定值,例如马力。

10.7 瞬时过载电流

热熔断体应能经受在绝大部分应用中作为正常情况出现的浪涌电流的反复作用。

是否符合要求通过在第 5 章中规定的正常条件下(例如室温条件下)进行下述试验来确定。

在热熔断体的电流路径上连续施加宽度为 3 ms、幅值为 $15I_r$、间隔时间为 10 s 的直流电流脉冲 100 周期。

试验后,热熔断体不应动作且无本标准含义的任何损坏。

10.8 限定短路试验

10.8.1 通则

当制造商有要求时,热熔断器应按照10.8.2和10.8.3的规定进行试验,无论在试验过程中还是试验结束后,10.8.2中所述的棉花不应被点燃,也不应有着火或电击危险的迹象。

如果热熔断体已进行了本试验且结果合格,则在终端产品的验证中本试验可不必重复进行。

10.8.2 试验方法

取三个试样进行限定短路试验。测试应在额定电压的±5%的公差范围内进行。试样应和一个按照10.8.3的规定正确选择的不可复位的保险丝串联。此电路应将电流限制在表6中规定的适用值以内,且此电流值的确定是在试样未接入电路时进行的。此电路的功率因数值应在0.9~1.0的范围内,除非制造商和终端用户都同意采用更低的功率因数值。试样应以两根长度为915 mm的具有GB 14536.1—2008中表10.2.1所规定的截面积的铜线接入电路。在整个测试期间,应以棉花包裹试样,或以一铜制掩饰物定位于试样周围50 mm处;在制造商和终端用户都接受的前提下,此距离可比50 mm更近。每个试样进行一次测试。

表6 限定短路测试容量

热熔断体的组合额定值					短路容量(安培数)[a]	
伏安,单相	伏安,三相	伏安,直流	马力	kW	0 V~250 V	251 V~690 V
0~1176	0~832	0~648	0~0.5	0~0.375	200	1 000
1 177~1 920	833~1 496	649~1 140	>0.5~1	>0.375~0.75	1 000	1 000
1 921~4 080	1 497~3 990	1 141~3 000	>1~3	>0.750~2.250	2 000	5 000
4 081~9 600	3 991~9 145	3 001~6 960	>3~7.5	>2.250~5.600	3 500	5 000
9 601或更大	9 146或更大	6 961或更大	>7.5	>5.600	5 000	5 000

[a] 对于荧光灯镇流器,限定短路测试容量应为200 A。

10.8.3 熔断器规格(额定值)

用于限定短路试验的熔断器的规格应满足如下要求:

a) 对于额定电压值为0 V~125 V的热熔断体,选用20 A的熔断器;对于额定电压值为126 V~690 V的热熔断体,选用15 A的熔断器,除非在b)至f)中表明更大电流的熔断器是必须的。

b) 对于用于荧光灯镇流器的热熔断体,选用20 A的熔断器。此熔断器的特性应保证当它在承载40 A的电流时,在12 s内不会分断。

c) 对于有电动机额定值的热熔断体,如果电动机是非密封式的,熔断器的规格应取300%~400%满载电流之间的最大标准额定值;如果电动机是制冷用密封式的,则熔断器的规格应取175%~225%满载电流之间的最大标准规格。

d) 对于用于电动机群组电路的热熔断体,如果电动机是非密封式的,熔断器的规格应取除了最大额定值的电动机外其他所有电动机的满载电流之和与300%~400%最大额定值电动机的满载电流两者之和范围内最大的标准规格;如果电动机是制冷用密封式的,则熔断器的规格应取除了最大额定值的电动机外其他所有电动机的满载电流之和与175%~225%最大额定值电动机的满载电流两者之和范围内最大的标准规格。

e) 对于用于电空间加热器的热熔断体,熔断器的额定值为125%的安培额定值。如果对于125%的安培额定值没有对应的标准熔断器规格,则选取比125%安培额定值大的下一档规格的熔断器。

f) 对于有其他额定值的热熔断体,熔断器的额定值为比125%安培额定值大的下一档规格。

g) 如果终端产品的标准允许，则熔断器的额定值可以选取的比 a)至 f)中的小。

11 温度试验

热熔断体的温度特性应符合制造商声明的参数和容差并满足本标准的要求。

额定动作温度 T_f 不应受到热老化的影响。

是否符合要求通过按表 1 的顺序进行下述的一个或多个试验来确定。

用适当的信号装置显示热熔断体的动作，例如可用发光二极管串联电阻限制信号电流应不超过 10 mA 来实现。

应在试验每一步之后都检查热熔断体是否动作。

为了确保温度设定的精确度，在测试不高于 100℃ 的温度时试验设备的精确度为 ±1 K，在测试高于 100℃ 的温度时试验设备的精确度为标称温度的 ±1%。

尤其应该注意的是，烘箱内放置样品区域的温差不应超过下述范围：

——标称温度大于 200℃ 时，为标称温度的 ±0.5%；

——标称温度不超过 200℃ 时，为 ±1 K。

注：为了达到上述要求，可将试样放在一个厚壁铝盒里并防止铝盒与烘箱内壁直接接触。

11.1 保持温度 T_h

如果制造厂要求，那么试样在制造商规定的条件下保持一定的时间。

11.2 额定动作温度 T_f

热熔断体应被置于烘箱或油槽中，对于额定动作温度不大于 250℃ 的，烘箱或油槽的温度保持在 T_f-12 K 或是制造商声明的温度下，但不高于动作温度公差范围下限值减 2 K，直到相隔 5 min 连续读取的 2 个温度值相差不超过 1 K 也即温度稳定时为止。对于额定动作温度大于等于 250℃ 的热熔断体，烘箱或油槽的温度保持在 T_f-22 K 或是制造商声明的温度下，但不高于动作温度公差范围下限值减2 K，直到相隔 5 min 连续读取的 2 个温度值相差不超过 1 K 也即温度稳定时为止。之后，烘箱或油槽的温度以 0.5 K/min～1 K/min 的速率稳定上升，直至所有样品动作为止。对于额定动作温度小于 250℃ 样品，所记录的每个样品的动作温度值不应小于制造商所声明的值，而在制造商未声明时不小于 T_f-10 K。对于额定动作温度大于等于 250℃ 样品，所记录的每个样品的动作温度值不应小于制造商所声明的值，而在制造商未声明时不小于 T_f-20 K。无论额定动作温度值小于 250℃ 还是大于等于 250℃，所测得的动作温度值都不应大于 T_f。

注：推荐用来进行 11.2 试验的设备见 C.6 所示。

11.3 最高极限温度 T_m

样品应置于 $T_{m\,-5}^{\,0}$℃ 的温度下达 10 min。在样品温度还保持在 $T_{m\,-5}^{\,0}$℃ 的情况下，按照 10.3 和10.4 的要求分别进行电气强度试验和绝缘电阻试验。

应不发生闪络、击穿或重新动作。试验结束时，所有的样品应均已动作。

注 1：如果认为有必要克服样品和相关连接部件可能的热惯性的影响且利于将样品放置于合适的烘箱中的话，推荐可能的时候将试样放入一个温度保持在 T_m 的砂箱内进行。

注 2：T_f 和 T_m 的试验可以在不同的设备上进行，允许样品在由 T_f 试验转 T_m 试验的过程中冷却。

11.4 老化

为了验证高温下的老化试验是否会对热熔断体产生有害的影响，样品应经受如下所述的一系列试验。温度应在 ±1K 范围内保持恒定。每一阶段试验结束后尚未动作的样品要继续进行下一阶段的试验。如果所有试样在进行完前两阶段的试验之后均已发生动作，则被认为是符合要求的。

第一阶段 — 在制造商有要求时进行。将试样放在 T_f-15 K 至 T_h 之间的某一温度下历时三周。试验结束时，至少应有 50% 的试样仍未动作。

下述试验是强制性的：

第二阶段 — 样品在 T_f－15 K 下放置三周。试验结束时应至少应有 50%的试样未动作。除非已经过第一阶段的试验，在此情况下，允许所有试样都动作。

第三阶段 — 在 T_f－10 K 下放置 2 周。

第四阶段 — 在 T_f－5 K 下放置 1 周。

第五阶段 — 在 T_f－3 K 下放置 1 周。

第六阶段 — 在 T_f＋3 K 下放置 24 h。

上述试验完成后，样品在试验箱内冷却到 T_f－35 K 以下。

如果所有的样品均已动作，则认为试验是成功的。

12 防锈

铁质部件应该用涂瓷漆、镀锌、电镀或其他相当的方法使之避免受到腐蚀。

例外：不锈钢部件不需进行防腐蚀处理。

带有一个或多个铁质部件的热熔断体，不应受到铁质部件锈蚀的影响。

是否符合要求通过对进行完 10.2 温度和湿度循环处理试验的 A、B、C 三组样品进行视检确定。

试验后，在合适温度的空气中使样品干燥，铁质部件不应出现本标准含义内的任何可能影响热熔断体性能的锈迹。

13 制造商的确认程序

制造商应执行用于产品控制的常规检查，并按 13.1 和 13.2 的要求开展确认试验。

13.1

制造商应每两年对每个温度额定值各取 3 个样品进行 10.6 的断开电流、11.2 的额定动作温度和 11.3 的最高极限温度的试验，并紧接着 11.2 和 11.3 的试验进行 10.3 的电气强度和 10.4 的绝缘电阻试验。之前的第 9 章(机械要求)的预处理试验可以省略。

13.2

10.6 的试验应在以下规格的样品上进行：

a) 最高电压额定值；

b) 最大电流额定值；

c) a)和 b)的阻性和感性额定值。

任意一项试验出现不合格都要按照第 5 章的规定进行处理。

附 录 A
（规范性附录）
应用导则

应遵循热熔断体制造厂家规定的安装说明，特别是有涂层或用于浸渍绕组内的热熔断体。

选择热熔断体时，应使所有有关绝缘电阻、电气强度、空气中的爬电距离和电气间隙等主要的电气要求在正常工作和非正常工作条件下均满足相关标准特别是相应的设备标准的要求。例如，对电网电源供电的家用和类似一般用途的电子及有关设备，相应的电气要求可参见GB 8898—2001。

所选用的热熔断体处在安装位置上时，不应由于设备故障时产生的热过冲效应而使其电气和热绝缘性能减弱。

当热熔断体是采用熔片和熔丝形式时，应提供挡板防止熔片和熔丝的下垂以及可能的金属熔融物的滴落或溅射以避免发生危险。

如用螺钉、铆钉或端子将熔片、熔丝夹紧或压紧，应保证机械蠕变现象不应导致不可接受的电气接触。

注：本条要求对手持式或便携式设备适用而不考虑其位置。

当暴露于设备中的预计的温度范围时，电气连接应有预期的功能。

连接器和端子不应由于振动、冲击、热循环或其他类似应力的作用而易于松脱。

焊接连接的机械刚性不能仅依靠焊接合金，而应包括相应的机械固定措施，例如可将弯曲的引出线穿入端子的孔中来固定。

用来安装热熔断体的部件应具有足够的机械强度和刚性。用来安装热熔断体的支架、夹紧装置或螺钉应能承受设备在正常运行情况下可能遇到的推力、拉力、扭矩、振动和周期性温度变化的作用。

安装好的热熔断体应有足够的保护以防止设备的可能的液体的溢出带来的有害影响。

附 录 B
（规范性附录）
用于电熨斗的保持温度 T_h 大于 250℃ 的热熔断体的替代性老化试验

用于保护一旦发生故障时工作温度会很快上升到 300℃甚至更高的电熨斗的、其保持温度 T_h 为 250℃或以上的热熔断体，不要求按本标准 11.4 进行老化试验。

替代性的老化试验按照制造商的要求进行。

此外，本标准 11.2 规定的 T_f 允许偏差可由 −10 K 放宽至 −20 K。

为保持与本标准一致，标准的其他各项要求均需满足。

附　录　C
（规范性附录）
导热老化试验

在美国，本附录需被声明。对于其他所有国家，在申请人声明时本条款适用。

C.1　导热老化试验

下述导热老化试验应对 T_f 额定值为 175℃或以上的热熔断体上进行。对于 T_f 额定值小于 175℃的热熔断体，本附录的试验为可选。

例外：对于易熔合金类且无触头结构的热熔断体，本导热老化试验可忽略。

C.2　方法

30 个试样用于本试验。试样分为 3 组，每组各 10 个样品。试样应被固定在测试固定装置上并安放于按 C.6 中所示结构制作的电加热的静止空气的烘箱内。进行 C.2.1～C.4 中所示的试验。如图 C.2所示的测试烘箱的盖应被如图 C.1 所示测试固定装置所替代。如图 C.2 所示的铝质测试部件和陶瓷衬垫应从测试烘箱中移除。

C.2.1　典型测试固定装置

如图 C.1 所示的典型测试固定装置是由一块 229 mm×229 mm、厚 6.4 mm 的铝板加上置于其上的 10 个用来固定热熔断体的夹子所组成。夹子放置在铝板的四周用以将热熔断体固定在其表面上。两层厚为 0.075 mm 的聚酰胺薄片构成一标称厚度为 0.15 mm 的绝缘层包裹于热熔断体外，用以提供热熔断体和铝板之间的电气绝缘。每一个相邻的热熔断体的导线焊接在一起以串联成一个电路。将热熔断体连接至电气负载的导线的尺寸、类型以及端接的方式应不会明显影响连接至电气负载的热熔断体的温度。可对此测试设备进行适当的改动，以便使全部 30 个样品可以在同一测试装置上进行测试。可将样品分成多组并用多个测试装置进行试验。

C.2.2　温度设定

测试固定装置应作为上盖放置在热熔断体测试烘箱上，而热熔断体则被固定在铝板的外表面上。测试烘箱应对铝板进行加热，通过热传导对热熔断体本体进行加热。测试烘箱的额定值应为 10 A，120 V a.c. 或 230 V a.c.。

C.2.3　温度控制

铝板和热熔断体上的温度应通过测试烘箱加热元件的通电时间的长短来控制。在测试烘箱的加热元件通电的同时，因为热熔断体是和其串联在一起的，故热熔断体因在承载 10 A 120 V a.c. 的负载而被加热。

例外：如果热熔断体的额定值小于 10 A，则热熔断体应连接至一个外部的独立的、且额定值为其额定电流的负载上。负载电流的通断应和测试烘箱的加热元件同时通断循环。只要热熔断体动作，测试烘箱的加热元件应一直保持断电状态直到已动作的热熔断体被移除且热熔断体测试固定装置被旁路。

C.2.4　温度监控

每个热熔断体的温度应通过一个焊接在其本体上的热电偶来监控。所测得的温度为最高的热熔断体被用来控制测试烘箱加热元件的加电时间的长度。热熔断体本体上温度是否稳定应在测试开始后 24 h 后确定。在进行确定时，80％的热熔断体的温度应该在监控到的最高温度的 $_{-12}^{\ 0}$ K 的范围内。

C.3　老化

热熔断体应按如下步骤进行老化试验，试验时间为 8 周加一天或是到热熔断体全部动作为止：

步骤 A　336 h(2 周)-T_f－35 K；

步骤 B　336 h(2 周)-T_f-25 K；
步骤 C　168 h(1 周)-T_f-20 K；
步骤 D　168 h(1 周)-T_f-15 K；
步骤 E　168 h(1 周)-T_f-10 K；
步骤 F　168 h(1 周)-T_f-5 K；
步骤 G　24 h(1 天)-T_f+5 K。全部 30 个热熔断体应进行本步骤的试验。

T_f 是热熔断体的额定动作温度。对于每一步骤，在测试烘箱的加热和不加热期间烘箱内的温度保持在$_{-6}^{0}$ K 的公差范围内。

通过测试装置的负载电流的接通时间应按照制造商的声明保证至少 5 s 且不大于 10 s。在升温过程中这些接通时间的值可以被超过，只要用来控制测试烘箱加电时间长短的具有最高温度的热熔断体上的温度不超过此步骤(步骤 A 至步骤 G 允许$_{-6}^{0}$ K 的公差)所规定的温度值即可。在升温过程中，热熔断体可通电也可不通电。

C.3.1.1　冷却操作

每周 2 次，测试烘箱断电且其中的测试机构冷却至室温。冷却时间为 12 h 且选定在每周的第 3 天和第 5 天。每一步骤的总的老化时间应不包括冷却时间或测试烘箱由于热熔断体动作而导致的断电时间。

C.3.1.2　提前动作

如果有热熔断体在进行完所有老化步骤前已动作，此热熔断体应被旁路已保证串联电路的连续性。在进行电路重新连接的过程中，对剩余的未动作的热熔断体应不产生影响。新增加的导线的尺寸和类型应符合要求。

C.4　结果

试验结束后，热熔断体都应按预期那样的动作，提供电气上的断开；且按 C.5 进行电气强度试验时不发生击穿。

C.5　电气强度测试

如 C.4 中所述，每个热熔断体应按 10.3 的电气强度试验进行测试，测试在室温下进行，测试电压施加在已动作热熔断体的引线或端子之间。

尺寸：英寸(mm)

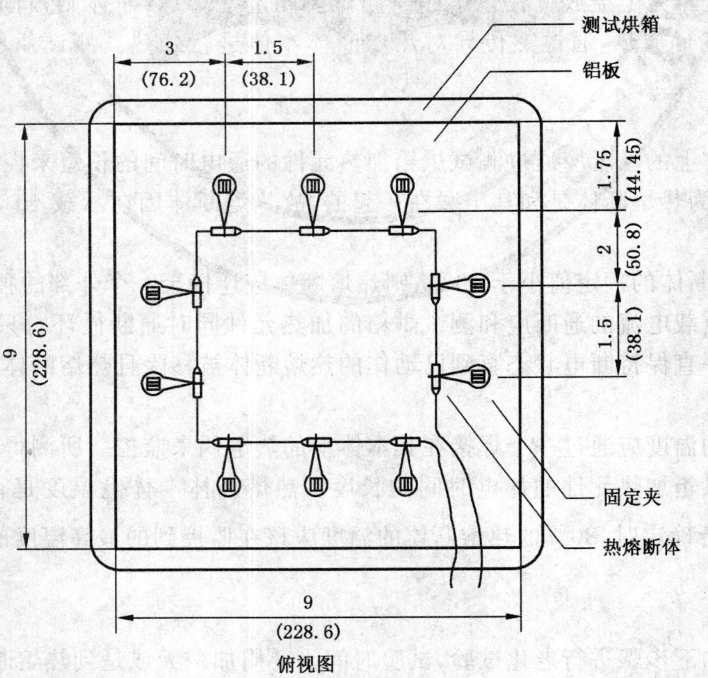

图 C.1　典型测试固定装置

C.6 测试烘箱

测试装置应是一个电加热的、静止空气的烘箱。一个此种烘箱的实例可以参见图 C.2。测试烘箱应置于无空气对流的空间内，且此空间的温度应在试验期间保持一定的稳定性。

图 C.2 中的烘箱的核心部分是由一个非金属的烘箱衬垫和一个金属测试盒构成。

图 C.2 中的烘箱的内壁由耐火砖或是类似的能够抵挡热辐射以减小热量损失的材料构成。热熔断体四周的温度应通过放置在金属测试盒内的热电偶进行监控。

烘箱的温度调节系统应保证测试点的温度的波动在 0.5 K 的范围内。

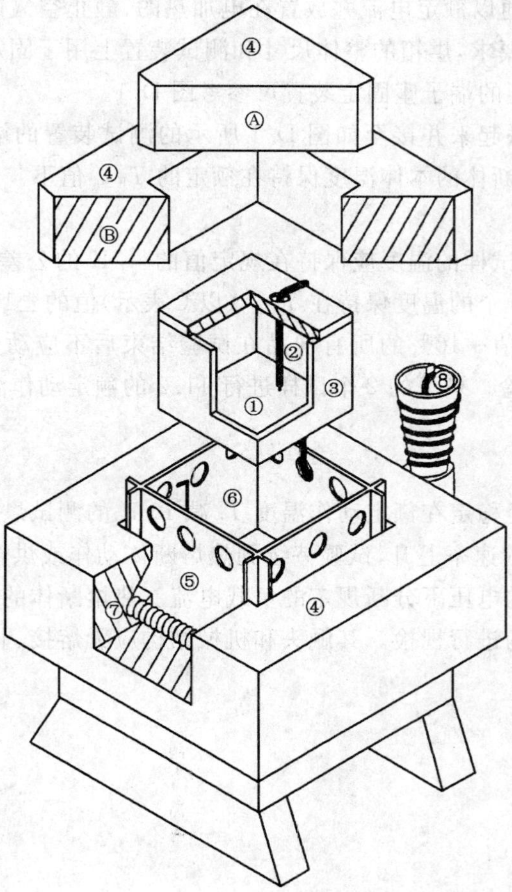

关键部件

1——测试样品空间；

2——温度监控和记录用热电偶；

3——铝制测试盒，由四个陶瓷柱支撑；

4——低密度耐火砖烘箱；

5——陶瓷烘箱衬垫层；

6——用来控制温度的热电偶插入到烘箱底面的测试盒和衬垫层之间；

7——加热元件嵌置于烘箱的内表面；

8——加热元件和烘箱加热器串联作为稳流电阻器；

A——烘箱上盖：6.35cm×6.35 cm×11.45 cm；

B——6.35 cm×22.85 cm×22.85 cm，孔的尺寸 8.25 cm×8.25 cm。

图 C.2 典型的热熔断体测试烘箱

附　录　D
（资料性附录）
扩展保持温度

当制造商声明时本附录适用。

D.1　扩展保持温度试验

25 个样品在额定电压下通以额定电流并放置在电加热的、静止空气的烘箱内 100 周。测试烘箱的结构符合 C.6 条和图 C.2 的要求，烘箱的整体尺寸和测试装置上用于固定热熔断体的端子座可以按具体情况作相应调整。一个典型的端子座固定装置可参考图 D.1。

应将每个热熔断体均串联起来并接至如图 D.1 所示的测试装置的端子上。测试烘箱内部空间应被加热，保证其间的每个热熔断体的本体温度保持在额定的 $T_{h\text{-}100}$ 值下。每个热熔断体上应都粘附有热电偶以监控本体温度。

试验的前 2 周所有 25 个试样的温度应保持在规定值的 $^{0}_{-10}$ K 的公差范围内，而在试验的其余阶段要保证 25 个试样中的至少 20 个的温度保持在 $T_{h\text{-}100}$（以℃表示）值的±10％的范围内。

温度没有超过 $T_{h\text{-}100}$ 额定值＋10％的所有样品在试验结束后不应动作。试验结束后，23 个试样应进行 D.2 的负载电流分断试验。剩下的 2 个试样进行 11.2 的额定动作温度试验。

D.2　负载电流分断试验

样品应被放置于温度已经稳定在额定动作温度 T_f 减 10 K 的测试烘箱中。之后每个热熔断体通电且烘箱温度以（2±1）K/min 的速率上升，试验持续到热熔断体动作或烘箱温度超过 T_f 达 30 K 为止。

每个热熔断体应在规定的电压下分断规定的负载电流。热熔断体的引线应不发生损坏。在分断试验后应对每个试样的内部机构进行视检。其触头和机械结构应无熔接、非预期的燃炙或凹陷。

注 1：各组热熔断体样品之间的互联以及通过盖板上的孔引入和导出电流均使用截面积为 3.3 mm² 的铜导线。

注 2：热电偶固定在热熔断体本体上，在盖板离烘箱最近的孔处引出。

图 D.1 典型的测试装置的端子固定装置

附　录　E
（规范性附录）
密封老化试验

在美国，本附录需被声明。对于其他所有国家，在申请人声明时本条款适用。

本测试适用于密封胶和合成化合物。在按下述要求进行完测试后，还要通过试验确定样品的关键的电气和机械特性有否改变。进行过老化试验的样品的测得的各个性能的平均值应不低于未经老化试验样品的相应值的50%。

例外：如果密封胶和合成化合物已满足相关标准的要求，则不需要进行测试。

对于每种需要评估的特性，取10个样品在按照图E.1中相应的热老化曲线确定的温度下放置1 000 h。温度系数通常通过动作温度或 T_h 来确定，但不应小于60℃。试验后样品应置于室温下。

例外：对于图E.1中的同一条热老化曲线，如果制造商和终端用户同意，可在较高温度下采用较短的时间进行试验，也可在较低的温度下采用较长的时间进行试验；但试验时间不能低于300 h。

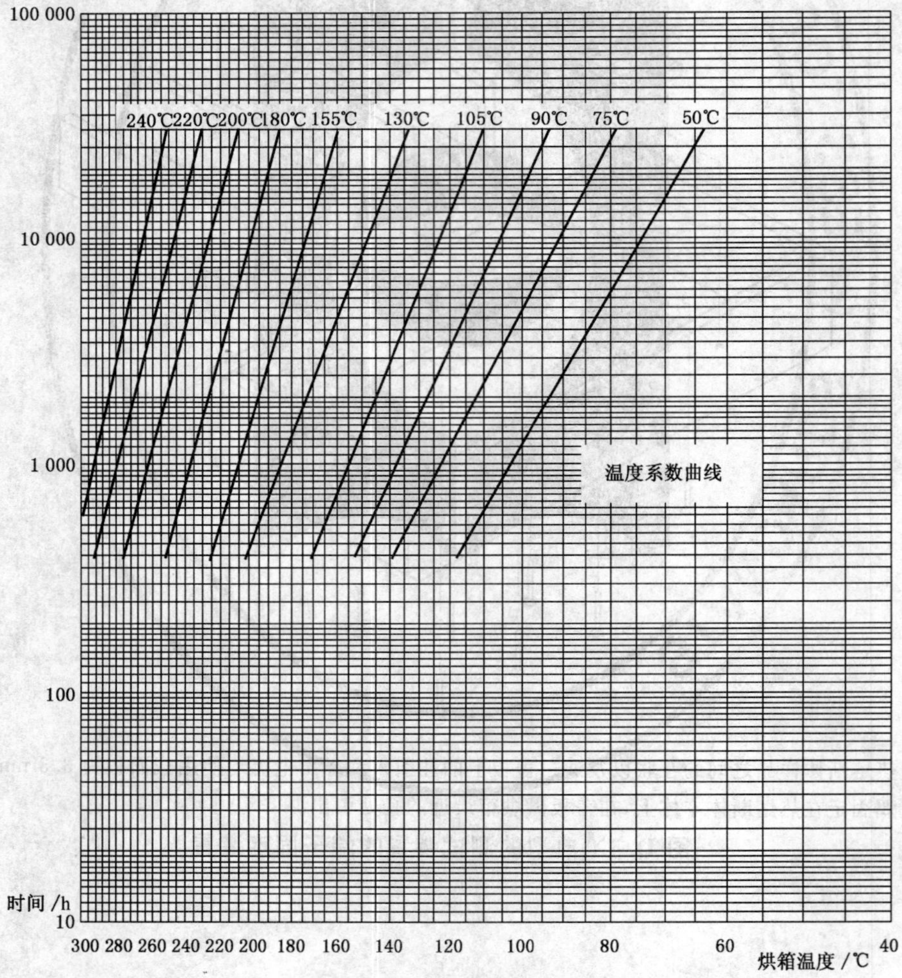

图 E.1　建议的温度曲线的时间和烘箱温度关系图

附 录 F
（规范性附录）
确认要求

在美国，本附录需被声明。对于其他所有国家，在申请人声明时本条款适用。

对于使用易熔合金作为感温体的热熔断体，取一定数量的样品按下述程序试验以进行确认。

通过带有差分热量计的热量分析仪器来对热熔断体的合金的热中子激发的放射性进行确认，并和参考物质进行比较，且此参考物质在所要比较的合金的温度额定值范围内是热惰性的。样品和参考物质的温度应该以一个预先设置好的速率上升，两种材料的热差别应以图表的形式被记录下来，Y 轴为2种材料的热差，X 轴为温度值。此图表应包括热活动的温度范围，例如样品材料的吸热性熔融温度。此温度点在图表上用一个向下的峰值来表示。

确认试验应在使用了有机物的热熔断体上进行。应通过红外分光光度计来获得材料的红外光谱。应记录抽样方法和获得红外光谱时仪器的设定参数值。

为了确认额外的密封性，取25个样品浸入温度保持在125℃的矿物油下25.4 mm并保持1 min。样品应无气泡产生以示密封性。此试验在已标示为密封的样品上进行。

附 录 G
（资料性附录）
标志耐磨性[4]

是否符合标志耐磨性的要求，可以通过下述所示的设备来进行检验；同时，使用此设备也可以作为短语"轻轻擦拭"的一种替代。该设备的主体部分为一白色的抛光硬毡轮盘，直径 65 mm，厚 7.5 mm。毡轮盘被锁定以防止转动，使其对被试表面施加 2.5 N 的力并在被试表面移动，移动距离为 20 mm。标准的测试应该在大约 15 s 内进行 12 个来回（也即是偏心轮转动 12 圈）。

试验期间，毡轮盘的合适部位包一层白色的浸渍了水的吸水绒布，并使有绒毛的一面向外。

尺寸为毫米

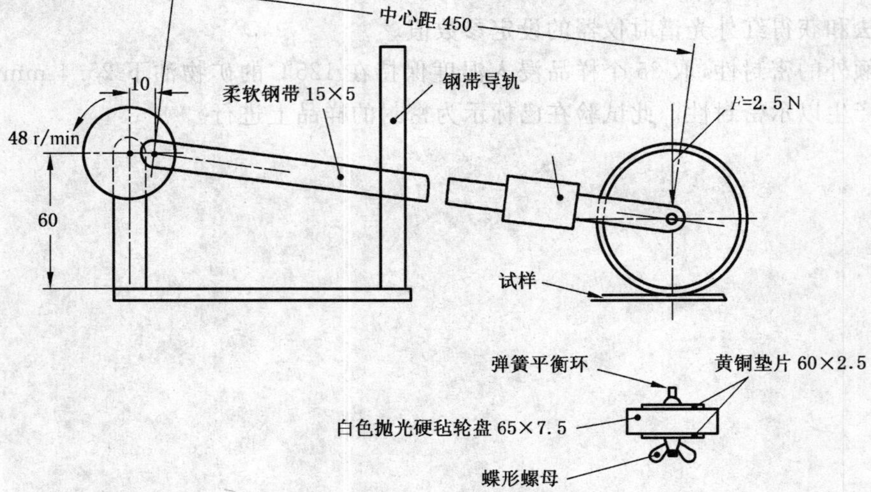

图 G.1 标志耐磨性测试设备

4 图 G.1 及其描述引用自 IEC 60730-1 中的图 8 和 A1.4 的第 2 和第 3 两段，稍作修改。

ICS 39.040.01
Y 11

中华人民共和国国家标准

GB/T 9820.2—2008/ISO 6426-2:2002
代替 GB/T 14256—1993

计时学术语
第2部分:技术和商业用定义

Horological vocabulary—Part 2:Technical and commercial definitions

(ISO 6426-2:2002,IDT)

2008-07-31 发布　　2009-05-01 实施

中华人民共和国国家质量监督检验检疫总局
中国国家标准化管理委员会 发布

前　言

GB/T 9820《计时学术语》分为两个部分：

——第1部分：科学技术定义；

——第2部分：技术和商业用定义。

本部分为GB/T 9820的第2部分，对应于ISO 6426-2:2002《计时学术语　第2部分：技术和商业用定义》(英文版)。

本标准等同采用ISO 6426-2:2002，技术内容上完全相同，仅作如下少量编辑性修改：

——“本国际标准”一词改为“本部分”；

——用小数点“.”代替作为小数点的逗号“,”；

——删除ISO 6426-2:2002的前言；

——将ISO 6426-2:2002/勘误1:2003并入本部分；

——对于ISO 6426-2:2002引用的其他国际标准中有被采用为我国标准的，本部分引用我国的这些国家标准代替对应的国际标准(见本部分第2章)。

本部分代替GB/T 14256—1993《计时学术语　第二部分　商业技术用定义》，本部分与GB/T 14256—1993相比，主要变化如下：

——标准名称由《计时学术语　第二部分　商业技术用定义》改为《计时学术语　第2部分：技术和商业用定义》；

——第2章“规范性引用文件”中增加了标准QB/T 1898—1993《钟表　防震手表》(idt ISO 1413:1984)和GB/T 18828—2002《潜水表》(idt ISO 6425:1996)；删除标准GB 6872《钟表用功能宝石和非功能宝石》；

——标准文本的编辑格式完全按照ISO 6426-2的格式，将GB/T 14256—1993中并入语句中的“注”从语句中分离出来；

——增加了38个新术语及其定义；

——将4.2“守时仪器”改为“计时器”，文本中其他相关用词作相应更改；

——将4.3“计时器”改为“测时器”，文本中其他相关用词作相应更改；

——将4.4“程序计时器”改为“程序时控器”，文本中其他相关用词作相应更改；

——将4.8“精密计时守时器”改为“测时计时器”，文本中其他相关用词作相应更改；

——将4.12“机械守时仪器”改为“机械计时仪器”，4.13～4.18的术语和定义中的“守时仪器”均改为“计时仪器”；

——将7.2.2.5“音响装置”改为“声响装置”，文本中其他相关用词作相应更改；

——将7.5“精密计时守时器功能”改为“精密计时仪器功能”；

——将7.6“报闹功能”改为“响闹功能”，文本中其他相关用词作相应更改；

——将8.10“钟表机心散装件”改为“钟表机心套件”；

——将8.12“印刷电路”改为“印制电路”；

——将8.17“表机心的零件”改为“钟表机心零件”；

——将8.23“钻”改为“宝石”；

——增加了“参考文献”。

本部分由中国轻工业联合会提出。

本部分由全国钟表标准化技术委员会归口。

本部分起草单位:轻工业钟表研究所、深圳市飞亚达精密计时制造有限公司、天津中鸥表业集团有限公司、西安高华科技有限公司、福建漳州市恒丽电子有限公司、福建省昇邦电子科技有限公司。

本部分主要起草人:李北、马广礼、金英淑、顾人益、邵跃明、吴文雪、王立新、鲍贤勇、孙秀佳。

本部分所代替标准的历次版本发布情况为:

——GB/T 14256—1993。

计时学术语
第2部分:技术和商业用定义

1 范围

GB/T 9820的本部分定义了用于钟表工业的主要技术和商业术语。

本部分适用于计时仪器和相关装置。

2 规范性引用文件

下列文件中的条款通过GB/T 9820的本部分的引用而成为本部分的条款。凡是注日期的引用文件,其随后所有的修改单(不包括勘误的内容)或修订版均不适用于本部分,然而,鼓励根据本部分达成协议的各方研究是否可使用这些文件的最新版本。凡是不注日期的引用文件,其最新版本适用于本部分。

GB/T 4032 具有摆轮游丝振荡系统的精密手表(GB/T 4032—1983,eqv ISO 3159:1976)

GB/T 18828 潜水表(GB/T 18828—2002,idt ISO 6425:1996)

QB/T 1897 钟表 防水手表(QB/T 1897—1993,ISO 2281:1990,IDT)

QB/T 1898 钟表 防震手表(QB/T 1898—1993,ISO 1413:1984,IDT)

QB/T 1899 钟表 防磁手表(QB/T 1899—2007,ISO 764:2002,IDT)

3 一般术语

3.1

时间 time

时间是一种媒介,物体在该媒介中经历的变化呈不可逆的发展,事件和现象在该媒介中按其相继顺序发生。

注:对应于该媒介有一个物理量 t,规定了事件在时间标尺上的时序。

3.2

时刻 date

时刻是时标上某一瞬时的标志。

注:实际应用中,该术语以年、月、星期和日来表示。

3.3

时段 duration

两个确定的时刻之间所经历的时间。

3.4

周期 period

具有重复特性的时段。

3.5

频率 frequency

每秒的周期数。

注:此值用赫兹(Hz)表示,例如:32.768 kHz=32 768 Hz,8 MHz=8 000 000 Hz。对于摆和摆轮游丝振荡系统,可给出每小时半周期次数,例如:2.5 Hz = 18 000 次/h。

3.6

半周期　alternation

振动物体在两极限位置之间位移所需的时间。

注1：这一概念也适用于表示任何周期现象。

注2：摆轮节拍通常以"每小时半周期次数"来确定，对于2.5 Hz的振荡器，半周期为五分之一秒，相当于每小时18 000个半周期。

3.7

振荡　oscillation

周期现象的完整循环（两个"半周期"）。

3.8

振幅　amplitude

振动物体在平衡位置与极限位置之间的角位移或线位移的数值。

注：这个概念也适用于表示任何周期现象。

3.9

等时性　isochronism

不受外界影响而以相等周期重复出现的现象的性能。

例如：振荡周期与其振幅无关。

3.10

温度补偿　thermal compensation

用于补偿因温度变化引起的计时仪器走时特性变化的装置。

3.11

自动　automatic

自身运行。

注：该术语用于不用手上条而能运行的机械计时仪器。作为自动手表的一个专用术语。

3.12

机心配壳尺寸　movement fitting

计时仪器的主夹板与外壳组件配合处的平面尺寸。

注：它一般比机心最大尺寸要小。

3.13

令　ligne 或 line

商业上用来近似标示机心尺寸的一种老的长度单位。

注：1令为2.256 mm。

3.14

调整　regulation

改善计时仪器精度的操作。

3.15

功耗　consumption

电子计时仪器在正常使用情况下所需的电流。

注：对于手表常用微安数来表示。

3.16

能量储备　power reserve

以时段表示。在这个时段内计时仪器能够依靠自身储备的能量运转，而不需再外加能量。

3.17

延续走时 autonomy

在正常条件下,计时仪器依靠自身一次性储备的最大能量所运行的能力。

注:本术语也用于表示这种能力所维持的时段。

3.18

防水性 water-resistance

计时仪器防止水侵入的能力,按 QB/T 1897 中的规定。

3.19

防磁性 magnetic-resistance

计时仪器抗磁场干扰的能力,按 QB/T 1899 中的规定。

3.20

实际电池寿命 practical battery life

没有新能源供给情况下计时仪器的使用寿命。

3.21

理论运走时间 theoretical running time

根据计算结果得出的计时仪器运走时段,它不考虑对计时仪器工作产生影响的因素。

4 计时术语

本章中的定义,与不同产品及其主要功能有关,还与习惯叫法或某些组成零件的性质有关。

4.1

计时仪器 time-measuring instrument

指示时刻或测量时段分别或同时进行的仪器。

4.2

计时器 timekeeping instrument

指示时刻的计时仪器。

注:计时器也可称为"守时仪器"。

4.3

测时器 time counter

测量时段的时间计量仪器。

注:它不能指示时刻(见 4.9)。

4.4

程序时控器 programmable time counter

以预定时段控制某种动作的计时仪器。

4.5

程序计时器 programmable timekeeping instrument

兼有计时器功能的程序时控器。

4.6

表 watch

可以佩戴,且在任何位置都能运行的计时器。

4.7

精密计时器 chronometer

按不同使用情况调整的精密计时器,例如 GB/T 4032 中的机械精密手表。

注:由独立官方机构检验精密守时仪器的精确度并颁发证书。如有必要,也可单独对机心检测并颁发证书。

4.8

测时计时器　chronograph

带有测时器的计时器，能测量和显示与走时无关的时段，能指示时刻。

注：它也可带有记录装置。

4.9

秒表　stopwatch

一种便携式的测时器。

4.10

带有秒表功能的数字显示表

能够测量时段的表。

注：在测量时段时，时刻会有部分或全部不显示，复位时才显示。

4.11

钟　clock

以固定位置工作的计时器。

4.12

机械计时仪器　mechanical timekeeping instrument

这种计时仪器的能源机构、振荡系统、走时和指示机构等主要组成部分都是机械的。

4.13

电机械计时仪器(电机械的)　electric timekeeping instrument (electromechanical)

这种计时仪器具有电能源和电-机械振荡系统(也就是有机械触点而没有电子控制的振荡器)。

4.14

电子计时仪器[1)]　electronic timekeeping instrument

这种计时仪器具有电能源和由电子控制的振荡器。

4.15

全电子计时仪器[1)]　solid state timekeeping instrument

这种计时仪器没有功能性的机械部件，显示器也没有机械组成部分。

注：调整系统可能是机械的，例如显示控制、复位等。

4.16

摆轮游丝计时仪器　spring balance timekeeping instrument

由摆轮游丝振荡器构成时间基准的计时仪器。

4.17

石英计时仪器[1)]　quartz timekeeping instrument

由石英振荡器构成时间基准的计时仪器。

4.18

音叉计时仪器[1)]　tuning fork timekeeping instrument

由电磁维持金属音叉振荡器构成时间基准的计时仪器。

4.19

镂空表　skeleton watch

通过透明的外壳可观察到机心的表，机心具有镂空部件，可看见其机械机构。

---

1)　考虑到计时仪器和商业广告的标记问题，所使用的"石英"、"音叉"、"电子"、"全电子"等均表示精确符合相应定义。

4.20

陀飞轮表　tourbillon watch

擒纵机构和调速机构(带游丝的摆轮)置于一个旋转框架内的表。

注:擒纵齿轴一般由固定的四轮(这里为秒轮)携带。框架一般 1 min 转一周,它转动时使表的垂直位置误差降至最低。

4.21

卡罗素表　carrousel watch

表中有一个类似陀飞轮的装置,但在装置中框架是由三轮驱动的。

4.22

非防水　non-water-resistant

表的外观件结构不允许其在水中使用。

注:这种表不满足 QB/T 1897 中定义的试验标准。

4.23

防震手表　shock-resistant watch

按 QB/T 1898 的规定,能承受机械震动的表。

4.24

潜水表　diver's watch

设计的外观件是用于潜水的表。它满足 GB/T 18828 中定义的试验方法的要求。

4.25

混合气体潜水表　diver's watch for mixed gas diving

在潜入至少 100 m 深水中时需防水并不受呼吸用混合气体超压影响的表。

[GB/T 18828—2002,附录 A]

4.26

小秒针计时仪器　timekeeping instrument with small seconds hand

秒针与时、分针不同轴的计时仪器。

4.27

数字式石英计时仪器　digital quartz timekeeping instrument

具有石英时间基准,用数字显示时间的计时仪器。

4.28

指针式石英计时仪器　analogue quartz timekeeping instrument

具有石英时间基准,用表盘和指针显示时间的计时仪器。

4.29

多功能计时仪器　multifunction timekeeping instrument

除显示时、分、秒、星期、日外,还有其他功能的计时仪器。

4.30

太阳能电池计时仪器　solar cell timekeeping instrument

利用光能作为电能源的计时仪器。

4.31

指针数字式石英计时仪器　analogue and digital quartz timekeeping instrument

以石英为基准,组合模拟(指针)显示与数字显示的计时仪器。

5 计时仪器的走时差术语

5.1

指示差　state

计时器在同一瞬间所指示的时刻与标准时刻的差值。

注：根据计时器所指时刻与标准时刻比较是走快还是走慢确定指示差是正或负。

5.2

走时差　rate

在给定时段计时器的两个指示差的单位时间差值。

注：如果走时差是正的，计时器走快；反之，走慢。

5.3

日差　daily rate

时间间隔 24 h 的两个指示差的差值。

例如：±1 s/日。

5.4

月差　monthly rate

时间间隔一个月的两个指示差的差值。

例如：±20 s/月。

5.5

年差　annual rate

时间间隔一年的两个指示差的差值。

例如：±2 min/年。

5.6

瞬时差　instantaneous rate

时间间隔极短的两个指示差的差值。

注：一般瞬时差实际上相当或然走时差，用秒/日表示。

5.7

或然走时差　probable rate

在规定的相似于使用情况的条件下使用或放置，计时仪器最可能具有的走时差。

注：或然走时差与时段有关。例如：

——24 h(或然日差)；

——一个月(或然月差)；

——一年(或然年差)。

5.8

日变差　variation of daily rate

特定时间间隔的两个日差的差值。

注：通常确定两个连续日差的变化量即为日变差。

5.9

偏差　deviation

走时差的累进和变化为时间的函数。

注：若计时仪器的走时差增大，偏差为正的，反之为负的。

5.10

漂移　drift

在一特定时间间隔内的偏差值的平均值。

5.11

精密计时稳定性　chronometric stability

在某一确定时间限度内计时仪器保持它走时差的能力。

5.12

模式　mode

多功能计时仪器所处的工作状态。

例如：响闹模式、精密计时模式。

6　主要组件和零件术语

6.1　能源　power supply

6.1.1

能源装置 power supply device

为计时仪器工作提供所需能量的装置。

注：该能量可以是机械能、电能、光能、热能或其他能量。

6.2　时间基准　time base

6.2.1

时间基准　time base

具有确定相等时间间隔功能的装置。

6.2.2

谐振器　resonator

具有足够稳定的周期，可用于计时仪器时间基准的振荡器。

例如：

——质量-重力：摆等；

——惯性-弹性：摆轮游丝系统，振动片、音叉、弯曲式石英、凸式石英、钽酸锂等；

——原子或分子谐振器：铯、脉塞等；

——光学：激光等。

注：把谐振器与保持其工作的部分连在一起，构成振荡器。

6.2.3

振荡器　oscillator

提供足够稳定频率或周期的装置（带或不带谐振器）。

6.3　显示　display

6.3.1

显示器　display

带有机械的、电的或电子控制的指示装置。

注1：例如显示器可以是指针、发光二极管（LED）或液晶显示（LCD）。

注2：特殊的显示装置可以触摸读出。在某些情况下，也可以用声音信息来代替显示。

注3：可以将不同形式的显示组合在一起。

6.3.1.1

模拟显示　analogue display

用时标和刻度盘的相对位移来显示所要指示的时间（通常为指针和表盘）。

6.3.1.2

数码显示　digital display

用数码（数字）或字母（文字和数字）或符号等形式来显示所要指示的时间。

6.3.1.3

字母显示　alphanumerical display

用字母形式(文字和数字)来显示所要指示的时间。

6.3.1.4

符号显示　symbol display

用符号形式来显示所要指示的时间。

6.3.1.5

主动显示　active display

发光的显示。

6.3.1.6

被动显示　passive display

需要外界光照的显示。

6.3.1.7

数码　digit

用线段、线段与点的组合来显示 0～9 的数字。

注:这个概念也可扩展应用于字母的显示。

6.3.1.8

显示装置　display device

用符号、数字或字母来显示指示值的元件。

6.4　外观件　casing

6.4.1

外观件　casing

附加到机心上,并对机心的外形、保护、固定、控制等起作用的所有零件(外壳、表盘、指针等)。

6.4.1.1

外壳　case

装配钟表机心的保护零件。

注:该术语被用作"手表壳"的缩写。

6.4.1.2

按钮　push-button

触发一个动作或接通电路的按键。

注:主要用作校正的按钮称校正器。

6.4.1.3

后窗　hatch

为便于装卸钟表内部零件(通常是电池)而设置在外壳上可拆卸的部分。

6.4.1.4

表盘　dial

具有一种或多种大小刻度的零件。一个指针或多个指针在其上移动,根据指针位置指示量值。

例如:时间(时、分、秒、时间间隔等)、温度、大气压、湿度等。

注:扩展到数字显示的表,这个术语也表示有指示标志或参考标志的外观件中的零件。

6.4.1.5

柄头　crown

外观件中一种滚花的或有凹槽的、没有规定形状的、用于手动上条、调整和其他作用的部件。

6.4.1.6

整体表壳　one-piece case

表壳的壳体和后盖为一体的表壳。

6.4.1.7

旋转前圈　rotating bezel

带有刻度的可以通过旋转来指示时间、指南针的方向、标尺等的前圈。

6.4.1.8

螺纹锁紧柄头　screw-down crown

靠螺纹紧固在表壳上以改善防水性能的柄头。

6.4.1.9

表盘圈　dial ring

带有刻度、字母、标记等固定在表盘周围的环。

6.4.1.10

螺纹锁紧按钮　screw-down push-button

靠螺纹紧固在表壳上以改善防水性能的按钮。

7　功能、指示方式和附加机构术语

7.1　概述

在商业上，功能应与指示方式和附加机构相区分，分别如表1所示。

注：表1可根据技术的发展加以补充。

表1　功能、指示和附加机构表

功能及商业名称	指示	附加机构
时刻显示	时、分、秒、分数秒	工作指示器(例如：闪秒器) 秒回零装置 快速调秒装置 秒指示自动校正装置 声响装置 重复声响装置
日历	日、星期、月、年、月相、潮汐	不包含2月29日的日历程序装置 包含2月29日的日历程序装置
其他时区显示	时刻(一种指示) 日历(一种指示)	世界时装置
时段测量 (精密计时仪器)	时、分、秒、分数秒	时段计时器 连续时段计时器 保留和读取的其他指示器 定时器(倒计时装置)
响闹	程序响闹的起动时间	响闹设定指示器 响闹信号校验装置 响闹强度控制装置 重复响闹信号装置

表 1(续)

功能及商业名称	指示	附加机构
计算器	—	—
生理参数测量	体温、心率、血压	—
—	—	几种功能共有的附加机构 声响信号、发光显示、电池寿命终止指示 走时差的外部调整装置 显示功能的指示装置 止动装置

7.2 **时刻显示功能 display of time of day function**

7.2.1

指示方式 indications

下列指示方式不论是单独使用或者一起使用,只认为是单一功能:

——时[24 h 或 12 h,带有或不带有 a.m. 和 p.m.(a.m. 表示上午,p.m. 表示下午)];

——分;

——秒;

——分数秒。

7.2.2 **附加机构 additional devices**

7.2.2.1

工作指示器 operating indicator

可检查机心工作的可视装置。

例如:闪秒点。

7.2.2.2

秒回零装置 seconds zero reset

使秒指示回零的调整装置,可使计时仪器调整到与时间信号完全同步。

7.2.2.3

快速调秒装置 fast seconds corrector

使秒指示快进或快退,校正到与时间信号同步的装置。

7.2.2.4

秒指示自动校正装置 seconds indication automatic correction

该装置以电子计数器为基准有规律的与秒针位置比较。

注:如果秒针位置受到干扰(震动、磁场),即可测出误差,并立即校正。

7.2.2.5

声响装置 acoustic information

用声响给出时刻信息的装置。

7.2.2.6

重复声响装置 repetition of acoustic information

重复给出时刻信息的声响装置。

7.2.2.7

自动复位 auto return

计时仪器在复位过程中没有受到任何外部干涉,机械复位装置自动返回到初始模式的功能。

7.2.2.8

时间快速修正　quick correction of time

允许顺时针和/或逆时针方向对时、分和秒针所指示的时间进行快速校对的功能。

7.2.2.9

系统重设　system reset

更换电池或发生故障时，通过微处理器(CPU)将石英计时仪器的所有指示器进行初始化的功能。

7.2.2.10

指针重设　hands reset to original position

使一些指针返回到它们初始位置的功能。

7.2.2.11

止秒　seconds hand stop

操作柄头或按钮，使秒针暂停的功能。

7.3　日历功能　calendar function

7.3.1

指示方式　indications

下列指示方式不论是单独使用或者一起使用，只认为是单一功能：

——日期；

——星期；

——月；

——年；

——月相；

——潮汐。

7.3.2　附加机构　additional devices

7.3.2.1

年历　auto calendar (annual)

在每个月末自动驱动更换日期的装置，不包括闰年 2 月 29 日。

7.3.2.2

万年历(闰年)　full auto calendar (leap year)

在每个月末自动驱动更换日期的装置，包括闰年 2 月 29 日。

7.3.2.3

月相　moon phases

显示月相变化的功能。

7.3.2.4

快拔日历　quick calendar correction

快速校正日、星期、月等的功能。

注：这种校正不影响时、分、秒准确时间的显示。

7.3.2.5

飞返日历　reverse calendar

在扇形刻度盘中指示日期，且日期指示可迅速返回刻度盘起始点的功能。

7.4

其他时区的显示功能　display of other time zones function

能够显示一个以上时区的时刻或日历的功能。

7.4.1

指示方式　indication

下列指示方式不论是单独使用或者一起使用，只认为是单一功能：

——时、分、秒、分数秒（对一个以上时区的指示）；

——日历（对一个以上时区的指示）。

7.4.2　**附加机构　additional devices**

7.4.2.1

世界时装置　global time

能够显示几个选定时区时刻的装置。

7.4.2.2

双时区　dual time

指示两个时区时间的功能。

7.5　**测时计时器功能　chronograph function**

7.5.1

指示方式　indications

下列指示方式不论是单独使用或者一起使用，只认为是单一功能：

——时；

——分；

——秒；

——分数秒。

7.5.2　**附加机构　additional devices**

7.5.2.1

时段计时器　split-time counter

显示由同一起点的若干个连续时段测量结果的装置，能补偿读数时间，而不影响测量。

7.5.2.2

连续时段计时器　lap-time counter

带瞬时回零的、能显示几个连续时段的装置，后一时段的起点为前一时段的终点。

7.5.2.3

保留和读取的其他指示器　retaining and reading of other indications

能读出全部或部分指示而不妨碍时段测量的装置。

7.5.2.4

定时器（倒计时装置）　timer（count down device）

按预定时段从大到小倒数计时的装置。

7.5.2.5

时间预选装置　time-preselecting device

可通过旋转前圈、数字指示器等来测定和指示时间的装置。

7.5.2.6

发声定时器　sound timer

用发声装置表示预定时间间隔结束的功能。

7.5.2.7

自动精密计时表　automatic chronograph

有精密计时功能并有自动上条装置的表。

7.6　**响闹功能　alarm function**

7.6.1

指示方式　indications

给出可设置的响闹信号启动时间(至少是时和分)的指示。

7.6.2　**附加机构　additional devices**

7.6.2.1

响闹设定指示器　alarm set indicator

预定响闹功能的装置。

7.6.2.2

响闹信号校验装置　alarm signal check

检验响闹信号的装置。

7.6.2.3

响闹强度控制装置　alarm intensity control

能改变响闹信号强度的装置。

7.6.2.4

响闹信号重播装置　alarm signal repeater

实现重复响闹的装置。

7.6.2.5

日响闹　daily alarm

每 24 h 自动响闹。

7.6.2.6

单响闹　one-shot alarm

每次响闹停止后,需要重新设定的响闹。

7.6.2.7

提醒响闹　snooze

即使制止响闹,也会在短暂间隔后再次响闹的功能。

7.6.2.8

打簧　repeater

按要求用机械声响指示时间的功能:

——小时;

——小时和半小时;

——小时、半小时和一刻钟;

——小时、半小时、一刻钟和分钟。

7.6.2.9

打点报时　grand strike

类似打簧功能,按设定用声音自动重复指示时、刻的功能。

7.7

计算器功能　calculator function

不论计算器的指示如何,这种功能只认为是单一功能。

7.8

生理参数测量功能　physiological quantities measurement

下列指示方式,不论是单独使用或者一起使用只认为是单一功能:

——体温;

——心率;

——血压。

7.9　**几种功能共有的附加机构　additional devices common to several functions**

7.9.1

声响信号装置　acoustic signal

不同于一般正常响闹或时间信息功能的装置。

例如:倒计时结束时发出声音的装置。

7.9.2

发光显示装置　display lighting

可以是电、辐射等发光装置。

7.9.3

电池寿命终止指示器　indication of end of battery life

指示电池已用尽的装置。例如:秒针每两秒钟前进一步或闪烁显示。

7.9.4

走时差的外部调整装置　external rate adjustment

7.9.5

显示功能的指示装置　indication of displayed function

7.9.6

止动装置　stop

7.9.7

电量指示器　charge level indicator

指示剩余可用电量的装置。

注:见能量储备(3.16)。

8　**零、部、组件及其他术语**

8.1

蓄电池　accumulator

用化学方法把提供的电能储存起来,再按需要释放能量的装置。

8.2

防震器　shock absorber

保护某些易损坏零件(例如:摆轴、轴颈)抗机械震动的装置。

8.3

擒纵叉部件　pallet assembly

机械计时仪器中,通过间歇交替变换位置来传递驱动力的部件。

注:机械手表中,擒纵叉部件把驱动力传给摆轮,常使用以下术语。擒纵机构的轮和叉都传递冲量的表,称为"叉瓦式擒纵机构(jewelled lever escapement or lever escapement)"表(细马表)。擒纵机构中只有轮传递冲量的表,称为"销钉式擒纵机构(pin pallet)"表(粗马表)。

8.4

“阿索特门特”擒纵件 assortment

共同行使一个给定功能的一组零件。

注：这个词用作命名具有擒纵功能的基本零件的简称。

8.5

自补偿 self-compensating

自身进行补偿。

注：例如这个术语用来描述作为游丝材料的某种合金具有其弹性受温度影响很小的特性，使计时仪器走时得到更好的调节。

8.6

磁屏 magnetic screen

为免受外部磁场的影响，对部分或整个机心起保护作用的组件或覆盖层。

8.7

日历 calendar

连续或同时显示日、星期、月等的装置。

8.8

型号 calibre

钟表机心的尺寸、形状和标志。

注：这些特点通常用数字或字母的形式给出。

8.9

太阳能电池 solar cell

把光能（一般为阳光）转换为电能的装置。

8.10

钟表机心套件 chablon

成套销售的钟表机心零件，带或不带字盘和指针，可以是部分组装好也可以是散件交付。

8.11

销钉 pin

固定在元件上的销子。

注：装在零件上的用来传递或接收力矩的轴、桩，例如销钉式手表中的两个叉销或摆轮小圆盘上的摆钉。

8.12

印制电路 printed circuit

固定在绝缘板上、用于支撑和联接元器件的导电金属沉积。

8.13

集成电路 integrated circuit

用于完成一种或多种功能的不可分割的一套电子元件。

注：该电路通常以硅片为基片，按专一的制造流程生产。用于钟表中的集成电路表面积仅有几个平方毫米。

8.14

混合电路 hybrid circuit

用不同工艺技术得到的电路。

例如：MOS、双极、薄膜、厚膜等电路。

8.15

调频器　frequency corrector

调节振荡器频率的装置。

例如:微调电容器。

8.16

音叉　tuning fork

有两只振动臂的零件其振动频率足够稳定。在音叉式计时仪器中用作谐振器。

注:某些石英手表中使用石英音叉。

8.17

钟表机心零件　ebauche

未装配出售的钟表机心零件。

8.18

擒纵机构　escapement

能传递能量和计算振荡次数的一种装置。

8.19

模块　module

能保证计时仪器的一个或多个特殊功能的组合件。

8.20

机心　movement

产生并维持周期现象从而能够计量时间的装置。

注:机心可以由部件组成。

8.21

步进电机　stepping motor

用电脉冲驱动的电机,至少有一个以步进方式位移的可动件。

8.22

叉瓦　pallet

接收擒纵轮冲量的擒纵叉部件上的零件。

注:在擒纵叉部件上的不同位置的叉瓦,分别称为进瓦和出瓦。目前,叉瓦几乎都是用红宝石制作。

8.23

宝石　jewel

通常指用于钟表的人造红宝石。

注:"功能宝石"是指仅用于改善接触面摩擦稳定性和减少磨损的天然宝石或人造宝石(见 QB/T 2541—2002)。

8.24

电池　battery

将化学能直接转换为电能的能源器件。

8.25

石英晶体　quartz

作谐振器用的、具有一定压电特性的氧化硅晶体。

8.26

红宝石　ruby

通常为红色氧化铝晶体。

注:人造红宝石常用于制造钟表宝石。

8.27

基板 substrate

安装电子或机械元器件并确保电路导通的支撑物。

8.28

调整杆 setting stem

用手控制某种功能的驱动杆，用来调整所显示的日期、时刻等。

注：调整杆用于电的或电子的计时仪器。

8.29

柄轴 winding stem

手动控制某种功能的轴，用来上条和调整所显示的日期、时刻等。

注：柄轴多用于机械手表中。

8.30

转换器 transducer (transformer)

将一种形式的能量转换为另一种形式的能量的装置。

注：转换器的类型可以为电磁的、电动的（电动机）、光电的（太阳能电池）、电化学的（电池）等。

8.31

微调电容器 trimmer

调节振荡器频率的可变电容器。

中 文 索 引

英文索引

A

B

C

D

E

F

G

H

参 考 文 献

[1] QB/T 2541—2002 钟表 功能和非功能宝石

ICS 67.060
B 20

中华人民共和国国家标准

GB/T 9822—2008
代替 GB/T 9822—1988

粮油检验 谷物不溶性膳食纤维的测定

Inspection of grain and oils—Determination of insoluble dietary fiber in cereals

2008-11-04 发布

2009-01-20 实施

中华人民共和国国家质量监督检验检疫总局
中国国家标准化管理委员会 发布

前　言

本标准修改采用美国谷物化学师协会 AACC 方法 32-20(1999)《不溶性膳食纤维》(英文版)。

本标准与 AACC 方法 32-20(1999)的主要技术差异如下：

——增加了纤维素测定仪法；

——增加了精密度要求；

——将标准的注 1 修改为本标准 5.17 的注。

本标准代替 GB/T 9822—1988《谷物不溶性膳食纤维测定法》。

本标准与 GB/T 9822—1988 的主要技术差异如下：

——天平的称量精度要求由 0.001 g 改为 0.000 1 g；

——样品的粉碎粒度由"全部通过 1 mm～2 mm 筛孔"改为"全部通过 1 mm 筛孔"；

——规定了 α-淀粉酶浓度为 2.5%；

——取消了作为加热过程中的消泡剂十氢萘；

——增加了纤维素测定仪法；

——修改了对精密度的要求。

本标准由国家粮食局提出。

本标准由全国粮油标准化技术委员会归口。

本标准起草单位：国家粮食储备局成都粮食储藏科学研究所。

本标准主要起草人：何学超、程建华、肖学彬、冯永建、姜涛、兰盛斌。

本标准所代替标准的历次版本发布情况为：

——GB/T 9822—1988。

粮油检验
谷物不溶性膳食纤维的测定

1 范围

本标准规定了测定谷物不溶性膳食纤维的术语和定义、原理、试剂和材料、仪器设备、操作步骤、结果计算，以及精密度的要求。

本标准适用于谷物中不溶性膳食纤维的测定。

2 规范性引用文件

下列文件中的条款通过本标准的引用而成为本标准的条款。凡是注日期的引用文件，其随后所有的修改单(不包括勘误的内容)或修订版均不适用于本标准，然而，鼓励根据本标准达成协议的各方研究是否可使用这些文件的最新版本。凡是不注日期的引用文件，其最新版本适用于本标准。

GB 5491 粮食、油料检验 扦样、分样法

GB/T 6682 分析实验室用水规格和试验方法(GB/T 6682—2008,ISO 3696:1987,MOD)

3 术语和定义

下列术语和定义适用于本标准。

3.1

不溶性膳食纤维 insoluble dietary fiber

在中性洗涤剂的消化作用下，样品中的糖、淀粉、蛋白质、果胶等物质被溶解除去后不能消化的残渣。主要包括纤维素、半纤维素、木质素、角质和二氧化硅及不溶性灰分等。

4 原理

谷物样品经中性洗涤剂溶液浸煮，残渣用热水充分洗涤后，加入 α-淀粉酶溶液以分解残留的结合态淀粉，再用水、丙酮洗涤并烘干，即为不溶性膳食纤维。

5 试剂和材料

除非另有规定，所有试剂均为分析纯，实验用水应符合 GB/T 6682 中三级水的规格。

5.1 乙二胺四乙酸二钠(EDTA)。

5.2 四硼酸钠(硼砂，$Na_2B_4O_7 \cdot 10H_2O$)。

5.3 十二烷基硫酸钠。

5.4 乙二醇-乙醚。

5.5 0.1 mol/L 磷酸氢二钠(Na_2HPO_4)：称取 14.2 g 磷酸氢二钠(Na_2HPO_4)溶于 100 mL 水中。

5.6 磷酸。

5.7 0.1 mol/L 磷酸二氢钠(NaH_2PO_4)：称取 12.0 g 磷酸二氢钠(NaH_2PO_4)溶于 100 mL 水中。

5.8 α-淀粉酶：酶活性不低于 800 A/mg。

5.9 无水亚硫酸钠。

5.10 精制玻璃纤维。

5.11 石油醚：沸程 30 ℃～60 ℃。

5.12 丙酮。

5.13 甲苯。

5.14 碘溶液：称取3.6 g碘化钾溶于20 mL水中，加入1.3 g碘，溶解后加水稀释至100 mL。

5.15 中性洗涤剂：将18.61 g乙二胺四乙酸二钠(5.1)和6.81 g四硼酸钠(5.2)混合，加入150 mL水加热溶解得到溶液1；另将30 g十二烷基硫酸钠(5.3)和10 mL乙二醇-乙醚(5.4)溶入700 mL热水中，然后加入到溶液1中。将4.56 g磷酸氢二钠(5.5)溶于150 mL热水中，也加入到溶液1中，混匀备用。

如果需要，用磷酸(5.6)调节pH至6.9～7.1。在储存过程中如果溶液产生沉淀，可加热到60 ℃使沉淀溶解。

5.16 磷酸盐缓冲溶液：用0.1 mol/L的磷酸氢二钠(5.5)溶液38.7 mL和0.1 mol/L的磷酸二氢钠(5.7)溶液61.3 mL，配制成100 mL 0.1 mol/L的磷酸盐缓冲液(pH为7.0)。

5.17 2.5%α-淀粉酶溶液：称取2.5 g α-淀粉酶(5.8)溶于100 mL pH7.0的磷酸盐缓冲溶液(5.16)中，离心，过滤，收集滤液备用。

注：应仔细选择α-淀粉酶，因为有些α-淀粉酶可抑制残留的半纤维素酶活性。α-淀粉酶活性测定可参考Summer方法：Methods of Enzymology，S. P. Colowick and N. D. Kaplan，eds.，1955，p. 149。

6 仪器设备

6.1 分析天平：分度值0.000 1 g。

6.2 锥形瓶：500 mL。

6.3 回流冷凝装置：能与500 mL锥形瓶瓶口相匹配。

6.4 消化提取装置：在可调节温度的电加热板或垫有石棉网的电炉上，安装500 mL锥形瓶(6.2)，瓶口上安装回流冷凝装置(6.3)。该电加热板能将25 ℃、200 mL的水在5 min～10 min内加热至沸腾。

6.5 过滤器：30 mL玻璃砂芯漏斗或与纤维测定仪匹配的玻璃坩埚(2号滤片)。

6.6 电烘箱：可控制温度110 ℃～130 ℃。

6.7 电热恒温培养箱：温度保持在37 ℃±2 ℃。

6.8 干燥器：装有有效干燥剂。

6.9 抽滤装置：由玻璃砂芯漏斗和吸滤瓶组成，用水泵或真空泵抽滤。

6.10 粉碎磨：能将样品粉碎，使其能完全通过筛孔为1 mm(相当于20目～30目)的筛。

6.11 纤维测定仪：测定结果与手工法测定结果相比较，其准确度满足本标准的要求，仪器的精密度也满足本标准的要求。

7 操作步骤

7.1 扦样

按GB 5491执行。

7.2 试样的制备

将分取的检验用样品用粉碎磨(6.10)粉碎，使其能全部通过1 mm筛孔，充分混合，储于塑料瓶中，放一小包樟脑精，盖紧瓶塞保存备用。

7.3 操作步骤

用手工操作方法，按7.3.1处理；用纤维素测定仪法，则按7.3.2处理。

7.3.1 手工测定方法

7.3.1.1 试样的预处理

称取约1.0 g制备好的样品，准确到0.000 1 g(m)，置于500 mL锥形瓶(6.2)中，如果样品粗脂肪含量超过10%，每克样品需用25 mL石油醚(5.11)分三次浸提。浸提时加入一定量石油醚，振摇

1 min，静置 5 min，振摇、静置三次后，倾出上清液，如此反复。最后一次倾出上清液后，置通风橱内让残留石油醚挥发。

7.3.1.2 试样的消化

将装有试样的锥形瓶安装在消化提取装置(6.4)上，先向锥形瓶中加入 100 mL 中性洗涤剂(5.15)，再加入 0.50 g 无水亚硫酸钠(5.9)，启动消化装置，在 5 min～10 min 内使锥形瓶内容物加热至沸腾，从沸腾开始记时，调节电热板温度，使锥形瓶内容物保持微沸 60 min，关闭消化装置。

7.3.1.3 过滤器准备

在洁净的玻璃砂芯漏斗(6.5)中加入 1.0 g～3.0 g 精制玻璃纤维(5.10)，并使其形成杯状，放入 110 ℃电烘箱(6.6)中至少干燥 4 h，取出，放进干燥器(6.8)中冷却至室温，称量，复烘至恒质，得到玻璃砂芯漏斗和玻璃纤维的质量 m_1。

7.3.1.4 第一次过滤

将烘至恒质玻璃砂芯漏斗联接到抽滤装置(6.9)上，把经消化处理的样品倾入玻璃砂芯漏斗中的玻璃纤维中间，抽滤，用至少 500 mL 90 ℃～100 ℃热水分数次清洗残渣，每次洗涤后抽滤去水。

7.3.1.5 酶解

取下玻璃砂芯漏斗，将一定量(约 50 mL)的 2.5%α-淀粉酶溶液(5.17)加到已过滤的中性洗涤纤维残余物中，使酶液完全浸泡全部样品，让约 10 mL 酶液滤出，以置换玻璃过滤器中残留的清洗水。用橡皮塞塞住玻璃砂芯漏斗的底部并加入几滴甲苯(5.13)，放入 37 ℃±2 ℃电热恒温培养箱(6.7)中恒温 18 h(过夜)。

7.3.1.6 第二次过滤

取出电热恒温培养箱中的玻璃砂芯漏斗，除去底部的塞子，并将其连接到过滤装置上，抽滤去除酶液，用至少 300 mL 90 ℃～100 ℃热水，分数次清洗残渣，以洗去残留酶液，用碘液(5.14)检查是否有淀粉残留，如有残留，则重复 7.3.1.5 的操作，加酶水解淀粉至淀粉全部除去。然后抽干样品。

7.3.1.7 丙酮浸提

取下玻璃砂芯漏斗，用橡皮塞塞住玻璃砂芯漏斗的底部，在玻璃砂芯漏斗中加入 20 mL 丙酮(5.12)浸提 10 min，除去底部的塞子，抽滤，再用 10 mL 丙酮分两次洗涤，抽干。

7.3.1.8 烘干及称量

将玻璃砂芯漏斗取下，于 110 ℃烘箱中干燥 2 h～4 h，取出，置于干燥器中冷却至室温，称量至恒质，得到残留物、玻璃砂芯漏斗和玻璃纤维的质量 m_2。

7.3.2 纤维素测定仪法

7.3.2.1 玻璃坩埚的准备

将玻璃坩埚(6.5)洗净，放入 110 ℃电烘箱(6.6)至少干燥 4 h，在干燥器(6.8)中冷却至室温，称量至恒质，得到空玻璃坩埚质量 m_1。

7.3.2.2 试样的预处理

称取约 1.0 g 制备好的样品，准确到 0.000 1 g(m)，放入准备好的玻璃坩埚中。如果样品粗脂肪含量大于 10%，每克样品需用 25 mL 石油醚分三次抽提。浸提用纤维素测定仪的冷抽提装置在室温下进行，每次抽提约 8 min。

7.3.2.3 试样的消化

将装有样品的玻璃坩埚安装在纤维测定仪(6.11)的相应位置，顺序加入 100 mL 中性洗涤剂(5.15)和 0.50 g 无水亚硫酸钠(5.9)。启动仪器开关，使之加热，在 5 min～10 min 内使玻璃坩埚内容物至沸，然后从沸腾开始记时，保持微沸 60 min。

7.3.2.4 第一次过滤

样品微沸消化 60 min 后，启动抽滤开关抽滤净全部液体，用至少 500 mL 90 ℃～100 ℃热水，分数次清洗残渣并抽滤净全部液体。

7.3.2.5 **酶解**

将玻璃坩埚从仪器上取下，放进 50 mL 小烧杯，将 2.5%α-淀粉酶溶液(5.17)加到玻璃坩埚中，使酶液超过并没过样品(约 30 mL)，加入几滴甲苯(5.13)，放入 37 ℃±2 ℃电热恒温培养箱(6.7)中，恒温 18 h(过夜)。

7.3.2.6 **第二次过滤**

将玻璃坩埚重新安装在纤维测定仪(6.11)上，启动仪器抽滤开关，抽滤净酶液，用至少 300 mL 90 ℃～100 ℃热水，分数次清洗残渣并抽滤净液体。

7.3.2.7 **丙酮抽提**

加入 20 mL 丙酮(5.12)浸提 10 min，抽滤，再加入 10 mL 丙酮分两次洗涤并抽滤净液体。

7.3.2.8 **烘干及称量**

将玻璃坩埚取下，于 110 ℃烘箱中干燥 2 h～4 h，取出，置于干燥器(6.8)中冷却至室温，称量至恒质，得到残留物和玻璃坩埚的质量 m_2。

8 结果计算

8.1 试样中不溶性膳食纤维含量按式(1)计算：

$$X = \frac{m_2 - m_1}{m} \times 100 \qquad \cdots\cdots (1)$$

式中：

X——试样中不溶性膳食纤维含量(以质量分数计)，%；

m_2——玻璃滤器及残留物烘干后的质量，单位为克(g)；

m_1——玻璃滤器烘干后的质量，单位为克(g)；

m——试样的质量，单位为克(g)。

8.2 两个平行样测定结果的绝对差值不应超过 1.0%，以平均值作为测定结果，结果保留到小数点后二位。

9 精密度

在同一实验室，由同一操作者使用相同设备，按相同的测试方法，并在短时间内对同一被测对象相互独立进行测试获得的两次独立测试结果的绝对差值不大于 1%的概率不低于 95%。

ICS 67.200
X 04

中华人民共和国国家标准

GB/T 9823—2008
代替 GB/T 9823—1988

粮油检验　植物油料饼粕总含氮量的测定

Inspection of grain and oils—Determination of total nitrogen content in plant oilseeds residues

2008-11-04 发布　　　　2009-01-20 实施

中华人民共和国国家质量监督检验检疫总局
中国国家标准化管理委员会　发布

前　言

本标准是对 GB/T 9823—1988《油料饼粕总含氮量的测定法》的修订。

本标准与 GB/T 9823—1988 的主要技术差异如下：

——将标准名称改为《粮油检验　植物油料饼粕总含氮量的测定》；

——增加了“术语和定义”；

——增加了“半/全自动凯氏定氮仪蒸馏”；

——增加了重复性要求。

本标准自实施之日起代替 GB/T 9823—1988。

本标准由国家粮食局提出。

本标准由全国粮油标准化技术委员会归口。

本标准负责起草单位：华中农业大学。

本标准主要起草人：黄文、张克田、刘吟、吴关威、何晓峰、梅光明、李孚杰、沈思、王益。

本标准所代替标准的历次版本发布情况为：

——GB/T 9823—1988。

粮油检验　植物油料饼粕
总含氮量的测定

1　范围

本标准规定了植物油料饼粕总含氮量测定的术语和定义、原理、试剂、仪器、试样制备、分析步骤、结果计算和重复性。

本标准适用于用压榨法或浸出法处理植物油料后得到的饼粕中总含氮量的测定。

本标准不适用于从植物油料饼粕所得的复合产品。

2　规范性引用文件

下列文件中的条款通过本标准的引用而成为本标准的条款。凡是注日期的引用文件，其随后所有的修改单(不包括勘误的内容)或修订版均不适用于本标准，然而，鼓励根据本标准达成协议的各方研究是否可使用这些文件的最新版本。凡是不注日期的引用文件，其最新版本适用于本标准。

GB/T 601　化学试剂　标准滴定溶液的制备

GB/T 10358　油料饼粕　水分及挥发物含量的测定(GB/T 10358—2008，ISO 771:1977，IDT)

GB/T 10360　油料饼粕　扦样(GB/T 10360—2008，ISO 5500:1986，IDT)

3　术语和定义

下列术语和定义适用于本标准。

3.1

植物油料饼粕　oilseed residues

经压榨或浸出处理后的植物油料残渣。

4　原理

在催化剂存在下，用硫酸消化试样中的有机物，使含氮物转化成硫酸铵。再加入强碱并蒸馏使氨逸出，用硼酸吸收后，用标准盐酸溶液滴定，计算总含氮量。

5　试剂

除非另有说明，所用试剂均为分析纯，实验用水为蒸馏水。

5.1　浓硫酸：18 mol/L。

5.2　硫酸铜($CuSO_4 \cdot 5H_2O$)。

5.3　硫酸钾。

5.4　400 g/L 氢氧化钠溶液：称取 40 g 氢氧化钠(NaOH)，加水溶解并定容至 100 mL。

5.5　20 g/L 硼酸溶液：称取 2 g 硼酸(H_3BO_3)，加水溶解并定容至 100 mL。

5.6　混合指示剂：1 份 1 g/L 甲基红乙醇(95%)溶液与 5 份 1 g/L 溴甲酚绿乙醇(95%)溶液均匀混合。

5.7　硼酸吸收液(全自动程序用)：10 g/L 硼酸水溶液 1 000 mL，加入 1 g/L 溴甲酚绿乙醇(95%)溶液 10 mL，1 g/L 甲基红乙醇(95%)溶液 7 mL，400 g/L 氢氧化钠水溶液 0.5 mL，混合均匀。

5.8　盐酸标准滴定溶液：c(HCl)=0.01 mol/L，按 GB/T 601 制备。

5.9　盐酸标准滴定溶液(半/全自动程序用)：c(HCl)=0.1 mol/L，按 GB/T 601 制备。

6 仪器

6.1 分析天平:分度值0.000 1 g。

6.2 实验室用粉碎机。

6.3 分样筛:孔径0.45 mm(40目)。

6.4 消煮炉或电炉。

6.5 微量凯氏定氮仪。

6.6 凯氏烧瓶:100 mL。

6.7 消化管:250 mL。

6.8 锥形瓶:100 mL。

6.9 容量瓶:100 mL。

6.10 滴定管:酸式,25 mL。

6.11 移液管:5 mL、10 mL。

6.12 定氮仪:基于凯氏定氮原理的各类型半自动/全自动凯氏定氮仪。

7 扦样

扦样按GB/T 10360执行。

8 样品制备

用四分法将样品缩分至200 g,粉碎后全部通过分样筛(6.3),装于密封容器中备用。

9 操作步骤

9.1 水分测定

试样水分含量的测定按GB/T 10358执行。

9.2 称样

称取试样0.3 g~0.5 g(精确到0.000 1 g)用于消化。

9.3 消化

9.3.1 常规消化

将试样放入凯氏烧瓶中,加入3 g硫酸钾(5.3)、0.2 g硫酸铜(5.2)和10 mL~13 mL浓硫酸(5.1)充分混匀,保证试样完全被硫酸浸湿。将凯氏烧瓶置于电炉(6.4)上加热,不时摇旋,待样品焦化,泡沫消失后,加大加热力度,至消化液呈透明的蓝绿色,再继续加热30 min,取出冷却后加入30 mL蒸馏水。

9.3.2 消煮炉消化

将试样放入消化管(6.7)中,加2片消化片(仪器自备)或3 g硫酸钾、0.2 g硫酸铜和10 mL~13 mL硫酸,于420 ℃下在消煮炉(6.4)上消化60 min。取出冷却后加入30 mL蒸馏水。

9.4 蒸馏

9.4.1 微量凯氏定氮仪

用蒸馏水将消化液转移至100 mL容量瓶中,定容至刻度,混匀备用。

吸取10 mL 20 g/L硼酸为吸收液于100 mL锥形瓶(6.8)中并加入2滴~3滴混合指示剂(5.6),放在冷凝管的下端,将冷凝管口下端插入硼酸液面以下,从加样漏斗处分别加入5 mL消化液(9.3.2)和8 mL 400 g/L氢氧化钠溶液(5.4)到蒸馏装置的反应室中,并分别用少量蒸馏水冲洗进样口。在漏斗中加满水,以防止漏气,立即通入蒸汽进行蒸馏。当氨气被蒸出并通过冷凝管进入锥形瓶时,硼酸溶液开始变蓝色,立即计时,5 min后将锥形瓶的位置放低,使之离开管口,用少量蒸馏水冲洗冷凝管的下端,继续蒸馏1 min,取下锥形瓶。

9.4.2 半/全自动凯氏定氮仪

采用全自动定氮仪时,按仪器说明书规定程序进行测定。

采用半自动定氮仪时,将带消化液的管子插在蒸馏装置上,以 25 mL 硼酸为吸收液,加入 2 滴混合指示剂,蒸馏装置的冷凝管末端要浸入装有吸收液的锥形瓶内,然后向消煮管中加入 50 mL 氢氧化钠溶液进行蒸馏。蒸馏时间以吸收液体积达到 100 mL 时为宜。降下锥形瓶,用蒸馏水冲洗冷凝管末端,洗液均需流入锥形瓶内。

9.5 滴定

立即用盐酸标准溶液(5.8 或 5.9)滴定,至溶液的颜色恰好从蓝色转为灰红色为终点,记下所耗盐酸标准溶液的体积。同上述分析步骤进行试剂空白试验。

10 结果计算

10.1 总含氮量计算

按 9.3.1 蒸馏,试样总含氮量按式(1)计算:

$$X=\frac{(V_2-V_1)\times c\times 0.014}{m\times(1-w)}\times\frac{V_4}{V_3}\times 100 \qquad (1)$$

按 9.3.2 蒸馏,试样总含氮量按式(2)计算:

$$X=\frac{(V_2-V_1)\times c\times 0.014}{m\times(1-w)}\times 100 \qquad (2)$$

式(1)、式(2)中:

X——试样中总氮占试样的质量分数,以干基计,%;

V_2——滴定时用去的盐酸标准溶液的体积,单位为毫升(mL);

V_1——空白试验用去的盐酸标准溶液的体积,单位为毫升(mL);

c——用于滴定的盐酸标准溶液的浓度,单位为摩尔每升(mol/L);

V_3——蒸馏时取用稀释的消化液的体积,单位为毫升(mL);

V_4——试样消化液稀释的体积,单位为毫升(mL);

m——试样的质量,单位为克(g);

w——试样的水分含量,%;

0.014——1.0 mL 硫酸[$c(1/2H_2SO_4)=1.000$ mol/L]或盐酸[$c(HCl)=1.000$ mol/L]标准滴定溶液相当的氮的质量,单位为克(g)。

10.2 结果表示

平行测定的结果用算术平均值表示,保留小数点后两位。

需用粗蛋白质表示结果时,将氮乘以蛋白系数。氮换算成蛋白质的换算系数:花生 5.46、大豆 6.25、菜籽 5.53、棉籽 5.30、葵花籽 5.30、芝麻 5.30、红花 5.30、蓖麻 5.30、椰子 5.30、其他 6.25。

11 重复性

在重复性条件下获得的两次独立测定结果的绝对差值不得超过算术平均值的 1%。

ICS 67.040
X 04

中华人民共和国国家标准

GB/T 9824—2008
代替 GB/T 9824—1988

油料饼粕中总灰分的测定

Determination of total ash in oilseed residues

(ISO 749:1977,Oilseed residues—Determination of total ash,MOD)

2008-11-04 发布

2009-01-01 实施

中华人民共和国国家质量监督检验检疫总局
中国国家标准化管理委员会 发布

前 言

本标准修改采用ISO 749:1977《油料饼粕中总灰分的测定》(英文版)。

本标准与ISO 749:1977的主要技术差异如下:

——增加第5章对试剂的要求;

——修改了6.5中马福炉的要求;

——将7.1.2中总灰分以干基计时的两个计算公式进行了整合。

为便于使用,本标准做了下列编辑性修改:

——"本国际标准"一词改为"本标准";

——用小数点"."代替作为小数点的逗号",";

——删除国际标准的前言。

本标准代替GB/T 9824—1988《油料饼粕总灰分测定法》。

本标准与GB/T 9824—1988相比主要变化如下:

——增加了"规范性引用文件";

——增加了对结果判定的要求;

——规范了数值、量和单位的表达使用。

本标准由国家粮食局提出。

本标准由全国粮油标准化技术委员会归口。

本标准主要起草单位:中华人民共和国湖北出入境检验检疫局、武汉工业学院。

本标准主要起草人:崔海容、王帆、郭坚、胡德聪、凌约涛、林雁飞。

本标准所代替标准的历次版本发布情况为:

——GB/T 9824—1988。

油料饼粕中总灰分的测定

1 范围

本标准规定了油料饼粕(复合产物除外)中总灰分含量测定的原理、试剂、仪器和器具、分析步骤以及结果计算。

本标准适用于经压榨法或浸出法提取油脂后的油料饼粕(复合产物除外)。

2 规范性引用文件

下列文件中的条款通过本标准的引用而成为本标准的条款。凡是注日期的引用文件,其随后所有的修改单(不包括勘误的内容)或修订版均不适用于本标准,然而,鼓励根据本标准达成协议的各方研究是否可使用这些文件的最新版本。凡是不注日期的引用文件,其最新版本适用于本标准。

GB/T 6682 分析实验室用水规格和试验方法

GB/T 9825 油料饼粕盐酸不溶性灰分测定法

GB/T 10358 油料饼粕 水分及挥发物含量的测定

GB/T 10360 油料饼粕 扦样

3 术语和定义

下列术语和定义适用于本标准。

3.1

总灰分 total ash

试样在规定的操作条件下,经 550 ℃±15 ℃灰化后得到的残留物。

4 原理

试样在 550 ℃±15 ℃温度条件下灰化完全,称量残留物的质量,计算其占试样的质量分数。

5 试剂

所用水应符合 GB/T 6682 中三级水的要求。

硝酸铵溶液,$c(NH_4NO_3)=200$ g/L:称取 20.0 g 硝酸铵(分析纯),用水溶解并稀释至 100 mL,混匀。

6 仪器和器具

6.1 分析天平:分度值 0.000 1 g。

6.2 粉碎磨:易于清理,可粉碎油料饼粕至完全通过孔径为 1 mm 的筛子(6.3),粉碎过程中不使物料升温,不应对水分、挥发物和含油量等产生可测影响。

6.3 筛子:孔径为 1 mm 的圆孔筛。

6.4 平底坩埚:直径约 60 mm,高度不超过 25 mm,材料为铂金、铂金-镀金、硅石或瓷质。

6.5 马福炉:可控制温度在 550 ℃±15 ℃。

6.6 干燥器:装有有效的干燥剂。

7 分析步骤

7.1 样品制备

按照 GB/T 10360 的方法分取所需样品。

将适量样品用粉碎磨(6.2)进行粉碎,弃去粉碎物,达到清洗粉碎磨的目的。将其余的样品用粉碎磨磨碎,使其全部通过 1 mm 的筛子,收集粉碎物,混合均匀,立刻进行测定。

7.2 坩埚称量

将平底坩埚(6.4)置于温度为 550 ℃±15 ℃的马福炉(6.5)中灼烧 15 min,于干燥器(6.6)中冷却至室温,称量。将平底坩埚再次移入马福炉中灼烧 30 min,如前冷却,并再次称量,如此操作直至前后两次称量相差不超过 0.002 g,记录坩埚质量(m_0)。

7.3 样品称量

称取 5 g 试样(7.1),精确至 0.001 g,放入已称量的平底坩埚中,使其均匀地分布于平底坩埚底,并迅速称量(m_1)。

上述操作应尽快完成,以避免产生水分变化。

注:如果总灰分测定后不用于盐酸不溶性灰分的测定(见 GB/T 9825),试样量可减少至 2 g。

7.4 灰化

将盛有试样的坩埚置于电炉或电热板上,逐渐加热使试样碳化,碳化完全后将坩埚移入 550 ℃±15 ℃的马福炉(6.5)中,灼烧至残留物呈白色、淡灰色或微红色且无碳粒时为止(通常至少需 2 h~3 h)。然后将坩埚取出置于干燥器中冷却至室温,并迅速称量。

将坩埚再次移入马福炉中灼烧 1 h,重复冷却,称量,如此操作直至两次连续称量之差小于或等于 0.002 g,记录坩埚和灰分质量(m_2)。

如果试样灰化不完全,可加数滴硝酸铵溶液(200 g/L)使残留物湿润后(不要过量,避免灰分飞扬或结团),再放入马福炉中进行干燥、灼烧。如有必要,可重复此操作,至灰化完全。

同一试样进行两次平行测定。

8 结果计算

8.1 计算方法和公式

8.1.1 总灰分含量按式(1)计算:

$$X=\frac{m_2-m_0}{m_1-m_0}\times 100 \qquad\cdots\cdots(1)$$

式中:

X——样品中总灰分含量(以质量分数计),%;

m_0——坩埚质量,单位为克(g);

m_1——坩埚和试样质量,单位为克(g);

m_2——坩埚和灰分质量,单位为克(g)。

如果平行测定的结果符合重复性(8.2)要求时,则取其算术平均值作为结果。否则,需另取两份试样,重新测定,如果重测结果的差异仍然大于 0.2%,而四个测定结果之间的最大差异不超过 0.5%,则取四次测定结果的算术平均数作为结果。

报告计算结果保留一位小数。

8.1.2 如果总灰分(X)以干基表示,可按式(2)计算:

$$X=\frac{m_2-m_0}{m_1-m_0}\times\frac{100}{100-U}\times 100 \qquad\cdots\cdots(2)$$

式中：

X——以干基表示的样品总灰分含量(以质量分数计)，%；

m_0——坩埚质量，单位为克(g)；

m_1——坩埚和试样质量，单位为克(g)；

m_2——坩埚和灰分质量，单位为克(g)；

U——试样的水分及挥发物的含量(以质量分数计)，%。具体测定方法见 GB/T 10358。

报告计算结果保留一位小数。

8.2 重复性

由同一分析者同时或连续进行的两次测定结果之差应不超过 0.2%。

ICS 67.200
X 04

中华人民共和国国家标准

GB/T 9825—2008
代替 GB/T 9825—1988

油料饼粕盐酸不溶性灰分测定

Oilseed residues—Determination of ash insoluble in hydrochloric acid

(ISO 735:1977,MOD)

2008-11-04 发布　　2009-01-20 实施

中华人民共和国国家质量监督检验检疫总局
中国国家标准化管理委员会　发布

前言

本标准修改采用ISO 735:1977《油料饼粕盐酸不溶性灰分测定》(英文版)。

本标准与ISO 735:1977的主要技术差异如下:

——增加了试剂的配制方法;

——修改了6.4中马福炉的要求;

——将7.2中"两次连续称量之差小于或者等于0.001 g"修改为"两次连续称量之差小于或等于0.002 g";

——将8.1.2中盐酸不溶性灰分以干基计时的计算公式进行了整合。

为便于使用,本标准做了下列编辑性修改:

——"本国际标准"一词改为"本标准";

——用小数点"."代替作为小数点的逗号",";

——删除了国际标准的前言。

本标准代替GB/T 9825—1988《油料饼粕盐酸不溶性灰分测定法》。

本标准与GB/T 9825—1988相比主要变化如下:

——增加了"规范性引用文件"及"试验报告"项;

——增加了对结果判定的要求;

——规范了数值、量和单位的表达使用;

——将7.2中"两次连续称量之差小于或者等于0.001 g"修改为"两次连续称量之差小于或等于0.002 g"。

本标准由国家粮食局提出。

本标准由全国粮油标准化技术委员会归口。

本标准起草单位:中华人民共和国湖北出入境检验检疫局。

本标准主要起草人:崔海容、凌约涛、郭坚、杨顺风、朱毅菲、叶诚。

本标准所代替标准的历次版本发布情况为:

——GB/T 9825—1988。

油料饼粕盐酸不溶性灰分测定

1 范围

本标准规定了油料饼粕中盐酸不溶性灰分的测定方法。

本标准适用于压榨法或浸出法从油料中提取油后，饼粕(复合产物除外)中盐酸不溶性灰分含量的测定。

2 规范性引用文件

下列文件中的条款通过本标准的引用而成为本标准的条款。凡是注日期的引用文件，其随后所有的修改单(不包括勘误的内容)或修订版均不适用于本标准，然而，鼓励根据本标准达成协议的各方研究是否可使用这些文件的最新版本。凡是不注日期的引用文件，其最新版本适用于本标准。

GB/T 6682　分析实验室用水规格和试验方法(GB/T 6682—2008，ISO 3696:1987，MOD)

GB/T 9824　油料饼粕中总灰分的测定(GB/T 9824—2008，ISO 749:1977，Oilseed residues—Determination of total ash，MOD)

GB/T 10358　油料饼粕　水分及挥发物含量的测定(GB/T 10358—2008，ISO 771:1977，IDT)

3 定义

下列术语和定义适用于本标准。

3.1

盐酸不溶性灰分　ash insoluble in hydrochloric acid

在本标准所述的操作条件下，总灰分用盐酸处理后所保留的不溶解部分。

4 原理

用盐酸处理总灰分，以除去可溶部分，然后将不溶解的残余物灼烧并称量。

5 试剂

除非另有说明，所用试剂为分析纯，所用水应符合 GB/T 6682 中三级水的要求。

5.1　3 mol/L 盐酸溶液：量取浓盐酸 27 mL，用水稀释至 100 mL。

5.2　10 g/L 硝酸银溶液：称取硝酸银 1.0 g，用水溶解并稀释至 100 mL，混匀，避光保存。

6 仪器和器具

6.1　分析天平：分度值 0.1 mg。

6.2　平底灰化皿：直径约 60 mm，高度不超过 25 mm，材料为铂、铂的合金、石英或瓷质。

6.3　定量滤纸：中速，无灰。

6.4　马福炉：可控温在 550 ℃±15 ℃。

6.5　干燥器：装有有效的干燥剂。

7 操作步骤

所有称量均应精确至 0.001 g。

7.1 试样的灰化

见 GB/T 9824。

7.2 测定

试样灰化后，取 10 mL 盐酸溶液(5.1)注入灰化皿中，以浸泡所得的总灰分，用一表面皿盖上此灰化皿。缓慢加热，取大约 50 mL 盐酸溶液(5.1)分数次洗涤表面皿和灰化皿，并将皿中的灰分及洗涤液定量地转移到 250 mL 烧杯中。加热至沸，保持微沸 10 min，然后用定量滤纸(6.3)过滤，并用沸水洗涤滤纸及残渣至无氯离子检出为止[用硝酸银溶液(5.2)检验]。

预先将灰化皿(6.2)在 550 ℃±15 ℃的马福炉(6.4)中灼烧 15 min～30 min，在干燥器(6.5)中冷却至室温并称量(m_1)。将滤纸和残渣置于灰化皿中，置于电热板或电炉上逐渐加热直至滤纸炭化，然后再移入 550 ℃±15 ℃的马福炉中，灼烧至残余物中无明显可见的炭质颗粒为止(通常为 1 h)。将灰化皿置于干燥器内冷却至室温，称量(m_2)，再将灰化皿放入马福炉中，于 550 ℃±15 ℃下灼烧 30 min 后，置于干燥器中冷却至室温并再次称量，如此操作直至恒质，即两次连续称量之差小于或等于 0.002 g。

同一试样进行两次测定。

8 结果计算

8.1 计算方法和公式

8.1.1 盐酸不溶性灰分按式(1)计算：

$$X = \frac{(m_2 - m_1)}{m_0} \times 100 \qquad \cdots\cdots(1)$$

式中：

X——试样中盐酸不溶性灰分的质量分数，%；

m_2——灰化皿和灼烧后所得残渣的质量，单位为克(g)；

m_1——灰化皿质量，单位为克(g)；

m_0——供测定总灰分的试样质量，单位为克(g)。

测定结果保留一位小数。

8.1.2 如果盐酸不溶性灰分以干基计，可按式(2)计算：

$$X_g = \frac{(m_2 - m_1)}{m_0} \times \frac{100}{100 - U} \times 100 \qquad \cdots\cdots(2)$$

式中：

X_g——试样中盐酸不溶性灰分(以干基计)的质量分数，%；

m_2——灰化皿和灼烧后的残余物的质量，单位为克(g)；

m_1——灰化皿质量，单位为克(g)；

m_0——供测定总灰分的试样质量，单位为克(g)；

U——试样中水分及挥发物的质量分数(具体测定方法见 GB/T 10358)，%。

8.2 重复性

平行测定两次盐酸不溶性灰分的结果之差不能超过 0.2%。如果平行测定的结果符合重复性要求，则取两次测定结果的算术平均值作为结果。否则，需另取两份试样，重新测定；如果重测结果的差值仍然大于 0.2%，而这四个测定结果之间的最大差值不超过 0.5%时，则取四次测定结果的算术平均值作为结果。

9 测试报告

测试报告应包括以下内容：

——完整地识别样品所需的所有信息；

——测定方法；

——所有在本标准中未详述或视为可选的测试条件，以及其他可能影响试验结果的情况；

——测定结果应明确是否以干基计；

——如果进行了重复性试验，列出结果。

ICS 67.040
B 20

中华人民共和国国家标准

GB/T 9826—2008
代替 GB/T 9826—1988

粮油检验　小麦粉破损淀粉测定　α-淀粉酶法

Inspection of grain and oils—Determination of starch damage in flour—Alpha-amylase method

2008-11-04 发布　　2009-01-01 实施

中华人民共和国国家质量监督检验检疫总局
中国国家标准化管理委员会　发布

前　言

本标准修改采用美国谷物化学师协会标准 AACC 76-30A(1999)《小麦粉破损淀粉测定》(英文版)。

本标准与 AACC 76-30A(1999)相比的差异如下：

——用 GB/T 5490—1985《粮食、油料及植物油脂检验　一般规则》附录 B 中的方法代替 AACC 76-30A(1999)中所引用 AACC 70-75 的方法标定硫代硫酸钠溶液。

本标准是对 GB/T 9826—1988《小麦粉破损淀粉测定法　α-淀粉酶法》的修订。

本标准代替 GB/T 9826—1998。

本标准与 GB/T 9826—1988 相比的主要变化：

——将 α-淀粉酶的作用时间由 60 min 调整为 15 min；

——规定了 α-淀粉酶的使用量；

——修改了破损淀粉值的计算公式。

本标准的附录 A 为规范性附录。

本标准由国家粮食局提出。

本标准由全国粮油标准化技术委员会归口。

本标准起草单位：国家粮食局科学研究院。

本标准主要起草人：孙长坡、林家永、薛雅琳。

本标准所代替标准的历次版本发布情况为：

——GB/T 9826—1988。

粮油检验　小麦粉破损淀粉测定 α-淀粉酶法

1　范围

本标准规定了 α-淀粉酶方法测定小麦粉破损淀粉的术语和定义、原理、仪器和用具、试剂、操作步骤、结果计算和重复性。

本标准适用于小麦粉破损淀粉的测定。

2　规范性引用文件

下列文件中的条款通过本标准的引用而成为本标准的条款。凡是注日期的引用文件，其随后所有的修改单(不包括勘误的内容)或修订版均不适用于本标准，然而，鼓励根据本标准达成协议的各方研究是否可使用这些文件的最新版本。凡是不注日期的引用文件，其最新版本适用于本标准。

GB/T 5490—1985　粮食、油料及植物油脂检验　一般规则

3　术语和定义

下列术语和定义适用于本标准。

3.1

破损淀粉　damaged starch

小麦中的淀粉颗粒在研磨过程中受到机械损伤而产生破损的淀粉。

4　原理

在研磨过程中小麦的淀粉颗粒会受到损伤，破损淀粉含量会影响小麦粉的吸水性和面团揉混特性。

本方法用于测定在小麦粉中易于被真菌 α-淀粉酶水解的破损粉颗粒的质量分数。以水分含量为 14%的小麦粉样品计算。

5　仪器和用具

5.1　恒温水浴：水温控制在 30 ℃±0.1 ℃。

5.2　耐热玻璃试管：ϕ25 mm×220 mm。

5.3　量筒：25 mL、50 mL。

5.4　玻璃漏斗及中速定量无灰滤纸。

5.5　天平：感量为 0.01 g。

5.6　移液管或移液器：1 mL、5 mL、10 mL。

5.7　pH 计或精密 pH 试纸：可测 pH4.6～4.8。

5.8　秒表。

5.9　滴定管：10 mL (精度为 0.1 mL)。

5.10　锥形瓶：150 mL。

5.11　玻璃棒。

6 试剂

除另有规定外，所用试剂均为分析纯，水为蒸馏水。

6.1 乙酸缓冲液：溶解 4.1 g 无水乙酸钠（CH_3COONa），再加入 3.0 mL 冰乙酸，用水定容至 1 000 mL，溶液 pH 为 4.6～4.8。

6.2 硫酸溶液：将 100 mL 浓硫酸（H_2SO_4）加入到大约 700 mL 水中，用水定容至 1 000 mL，溶液的浓度为 3.68 mol/L±0.05 mol/L。

6.3 钨酸钠溶液：称取 12.0 g 钨酸钠（$Na_2WO_4 \cdot 2H_2O$）溶于水中，并定容至 100 mL。

6.4 α-淀粉酶制品：由米曲霉（*Aspergillus oryzae*）制得的真菌酶（活力大于等于 10 U/mg），参见参考文献[1]。

7 操作步骤

7.1 将乙酸缓冲液（6.1）置于 30 ℃水浴中。称取 1.00 g（14%湿基）面粉样品置于 150 mL 锥形瓶（5.10）中。称取 0.050 g 酶，加入到锥形瓶中，再加入 45 mL 乙酸缓冲液（6.1）。用玻璃棒混匀。从加入溶液（6.1）起，在 30 ℃恒温水浴（5.1）中准确保温 15 min。

7.2 保温后，加入 3.0 mL 硫酸溶液（6.2）和 2.0 mL 钨酸钠溶液（6.3）。充分混合，静置 2 min，然后经滤纸过滤，弃去最初 8～10 滴滤液。

7.3 立即吸取 5.0 mL 滤液于试管中，并按照附录 A 测定还原糖的含量。

7.4 按 7.1～7.3 在不加面粉的条件下，测定试剂的空白。样品（7.3）中消耗硫代硫酸钠溶液体积减去空白实验（7.4）消耗的硫代硫酸钠溶液体积就是还原糖氧化 0.1 mol/L 铁氰化钾消耗的体积，并可在附录 A 的表 A.1 中查得消耗的铁氰化钾溶液体积换算成的麦芽糖的毫克数（m）。

8 结果计算

按式（1）计算试样的破损淀粉值（P），数值以%计：

$$P = \frac{1.64 \times 5 \times m}{100} = 0.082 \times m \quad \cdots\cdots\cdots\cdots (1)$$

式中：

m——由附录 A 得到的 10 g 淀粉中麦芽糖毫克数，单位为毫克（mg）；

5——样品稀释倍数；

1.64——61%的淀粉转化为麦芽糖，所以乘以 0.61 的倒数 1.64。

9 重复性

在相同条件下，两次测定结果之差不得超过平均值的 5%，测定结果保留小数点后两位。

附 录 A
（规范性附录）
还原糖与非还原糖的测定

A.1 范围

本附录适用于测定小麦粉或淀粉中的还原糖和非还原糖的含量。

A.2 仪器和用具

A.2.1 磨口带塞锥形瓶：100 mL 或 125 mL。

A.2.2 量筒：50 mL、25 mL。

A.2.3 移液器（管）：1 mL、5 mL。

A.2.4 玻璃漏斗。

A.2.5 耐热试管：直径 2 cm，高 20 cm。

A.2.6 水浴锅：沸水浴。

A.2.7 铁丝笼：放置试管。

A.2.8 微量滴定管：10 mL（最小刻度为 0.02 mL）。

A.2.9 分析天平：分度值 0.000 1 g。

A.3 试剂

A.3.1 乙醇：体积分数为 95 %。

A.3.2 乙酸缓冲液：溶解 3 mL 的冰乙酸，加入 4.1 g 的无水乙酸钠和 4.5 mL 的浓硫酸（H_2SO_4，密度为 1.84 g/mL），然后定容至 1 000 mL。

A.3.3 钨酸钠溶液：称取 12.0 g 钨酸钠（$Na_2WO_4 \cdot 2H_2O$）溶于水中，并定容至 100 mL。

A.3.4 0.1 mol/L 碱性铁氰化钾溶液：称取 32.9 g 干燥铁氰化钾［$K_3Fe(CN)_6$］与 44.0 g 无水碳酸钠（Na_2CO_3）用水定容至 1 000 mL，贮于棕色瓶中避光保存。

铁氰化钾溶液标定：准确量取 10.0 mL 的铁氰化钾溶液，并加入 25 mL 乙酸盐溶液和 1 mL 淀粉-碘化钾溶液。用 0.1 mol/L 的硫代硫酸钠溶液滴定至溶液蓝色完全消失。0.1 mol/L 硫代硫酸钠溶液的消耗量为 10.0 mL。

A.3.5 乙酸盐溶液：称取 70 g 氯化钾（KCl）和 40 g 硫酸锌（$ZnSO_4 \cdot 7H_2O$）于水中完全溶解后，并缓慢加入 200 mL 冰乙酸，定容至 1 000 mL。

A.3.6 可溶性淀粉-碘化钾溶液：用少量冷水调和 2 g 的可溶性淀粉，然后慢慢加入沸腾的水中（小于 50 mL）。溶液冷却后，加入 50 g 碘化钾（KI），用蒸馏水定容至 100 mL，并加入 1 滴饱和的氢氧化钠（NaOH）溶液。

A.3.7 0.1 mol/L 硫代硫酸钠溶液：称取 24.82 g 硫代硫酸钠（$Na_2S_2O_3 \cdot 5H_2O$）和 3.8 g 四硼酸钠（$Na_2B_4O_7 \cdot 10H_2O$）用水定容至 1 000 mL，贮于棕色瓶避光保存，按 GB/T 5490—1985 的附录 B 进行标定。

注：在每天测定样品时，应做相应的空白试验以测定铁氰化钾试剂的变化，并校正试剂中还原性杂质。首先把 45 mL的乙酸钠溶液和 3 mL 的 H_2SO_4 溶液、2 mL 的钨酸钠溶液混合均匀。再取 5 mL 以上混合液（代替 5 mL 的样品滤液），加入 10 mL 的铁氰化钾溶液和 1 mL 的淀粉-碘化钾溶液，该步骤与还原糖的测定同时进行，最终使溶液的蓝色完全消失所用的硫代硫酸钠溶液的量为 10 mL。如果硫代硫酸钠溶液的用量在 10 mL± 0.05 mL，铁氰化钾溶液仍可使用，但在还原糖含量计算时应该进行适当的校正。

A.4 操作步骤

A.4.1 准备样品提取

A.4.1.1 提取样品液：称取5.675 g的小麦粉至100 mL或125 mL的锥形瓶(三角瓶)中，振荡锥形瓶使样品处于同一侧，用5 mL的乙醇湿润面粉。振荡锥形瓶使湿润面粉位于上方，然后加入50 mL的乙酸盐缓冲液，直到将缓冲液全部加入后再让缓冲液与面粉接触。振荡锥形瓶，将湿润面粉变成悬浊液，立即加入2 mL的钨酸钠溶液并再一次彻底混匀。

A.4.1.2 立即过滤，并弃去最初的8～10滴滤液。

A.4.2 还原糖测定

A.4.2.1 氧化：吸取5 mL样品滤液至试管中。向试管中准确加入10 mL的铁氰化钾溶液，混合均匀，然后将试管浸入剧烈沸腾的水浴锅中，试管中的液面应低于沸水液面3 cm～4 cm。试管在沸水锅中准确煮沸20 min。

注：样品提取物的过滤处理与沸水浴处理的时间间隔不要超过15 min～20 min。进一步延迟可能引起蔗糖在酸溶液中的分解而导致测定错误。

A.4.2.2 滴定：取出试管立即用流水冷却。冷却后将试管中溶液倒入容积为100 mL或125 mL的锥形瓶中，并用25 mL乙酸盐溶液洗涤试管，并将洗涤液也加入锥形瓶。混匀后加入1 mL的淀粉-碘化钾溶液，并彻底混匀。然后用0.1 mol/L的硫代硫酸钠溶液滴定至溶液蓝色完全消失，并记录下消耗的硫代硫酸钠溶液体积(V_1)。

A.4.2.3 空白试验：吸取空白液5 mL代替样品液，同样按照A.4.2.1～A.4.2.2步骤操作，并记录消耗的硫代硫酸钠溶液体积(V_0)。

A.4.3 非还原糖的测定

A.4.3.1 吸取5 mL已澄清的样品滤液至试管中，然后浸入水浴锅中煮沸15 min。

A.4.3.2 用流水冷却试管并准确加入10 mL的铁氰化钾溶液，按照A.4.2还原糖测定方法用硫代硫酸钠溶液滴定。

A.5 结果计算

A.5.1 还原糖含量的计算

A.5.1.1 还原糖含量先按式(A.1)计算出氧化样品液中"还原糖"所需0.1 mol/L铁氰化钾溶液体积(V)，再根据此体积查表A.1，即可查得样品中含还原糖(以麦芽糖计算)的毫克数(mg)。按式(A.1)计算：

$$V = V_1 - V_0 \qquad \cdots\cdots\cdots\cdots\cdots\cdots(A.1)$$

式中：

V——氧化样品液中还原糖所需的0.1 mol/L铁氰化钾溶液体积，单位为毫升(mL)；

V_1——滴定样品液用去0.1 mol/L铁氰化钾溶液的体积，单位为毫升(mL)；

V_0——滴定空白液用去0.1 mol/L铁氰化钾溶液的体积，单位为毫升(mL)。

A.5.1.2 0.1 mol/L铁氰化钾的体积与还原糖含量对照可查表A.1。

A.5.2 非还原糖含量的计算

A.5.2.1 非还原糖含量先按式(A.2)计算出氧化样品液中"非还原糖"所需0.1 mol/L铁氰化钾溶液体积(V_3)，再根据此体积查附表A.1，即可查得试样中含非还原糖(以蔗糖计算)的毫克数(mg)。按式(A.2)计算：

$$V_3 = V_2 - V_1 \qquad \cdots\cdots\cdots\cdots\cdots\cdots(A.2)$$

式中：

V_3——氧化样品液中非还原糖所需0.1 mol/L铁氰化钾溶液体积，单位为毫升(mL)；

V_2——滴定样品液(还原糖和非还原糖)用去 0.1 mol/L 铁氰化钾溶液的体积,单位为毫升(mL);

V_1——滴定样品液(还原糖)用去 0.1 mol/L 铁氰化钾溶液的体积,单位为毫升(mL)。

A.5.2.2 0.1 mol/L 铁氰化钾的体积与非还原糖含量对照可查表 A.1。

表 A.1 铁氰化钾-麦芽糖-蔗糖的转换数据表

被还原的 0.1 mol/L 的铁氰化钾的本积/mL	每 10 g 淀粉中含有的麦芽糖的量/mg	每 10 g 淀粉中含有的蔗糖的量/mg	被还原的 0.1 mol/L 的铁氰化钾的体积/mL	每 10 g 淀粉中含有的麦芽糖的量/mg	每 10 g 淀粉中含有的蔗糖的量/mg
0.10	5	5	3.00	151	143
0.20	10	10	3.10	156	148
0.30	15	15	3.20	161	152
0.40	20	20	3.30	166	157
0.50	25	24	3.40	171	161
0.60	31	29	3.50	176	166
0.70	36	34	3.60	182	171
0.80	41	38	3.70	188	176
0.90	46	43	3.80	195	181
1.00	51	48	3.90	201	185
1.10	56	52	4.00	207	190
1.20	60	57	4.10	213	195
1.30	65	62	4.20	218	200
1.40	71	67	4.30	225	204
1.50	76	71	4.40	231	209
1.60	80	76	4.50	237	214
1.70	85	81	4.60	244	218
1.80	90	86	4.70	251	223
1.90	96	91	4.80	257	228
2.00	101	95	4.90	264	233
2.10	106	100	5.00	270	238
2.20	111	104	5.10	276	242
2.30	116	109	5.20	282	247
2.40	121	114	5.30	288	251
2.50	126	119	5.40	295	256
2.60	130	123	5.50	302	261
2.70	135	128	5.60	308	266
2.80	140	133	5.70	315	270
2.90	145	138	5.80	322	275

表 A.1（续）

被还原的0.1 mol/L的铁氰化钾的体积/mL	每10 g淀粉中含有的麦芽糖的量/mg	每10 g淀粉中含有的蔗糖的量/mg	被还原的0.1 mol/L的铁氰化钾的体积/mL	每10 g淀粉中含有的麦芽糖的量/mg	每10 g淀粉中含有的蔗糖的量/mg
5.90	328	280	7.30	418	347
6.00	334	285	7.40	425	352
6.10	341	290	7.50	431	357
6.20	347	294	7.60	438	362
6.30	353	299	7.70	445	367
6.40	360	304	7.80	451	372
6.50	367	309	7.90	458	377
6.60	373	313	8.00	465	382
6.70	379	318	8.10	472	387
6.80	385	323	8.20	478	392
6.90	392	328	8.30	485	397
7.00	398	333	8.40	492	402
7.10	406	337	8.50	499	407
7.20	412	342			
注：本表中数据由0.5 g面粉中测定的数据换算成10 g面粉中的含量获得的。					

参 考 文 献

[1] Beernfield P. 1995. Amylase, alpha and beta. Methods Enzymol, 1:149.

[2] Blish M. J. and Sandstedt R. M. 1993. An improved method for the estimation of flour diastatic value. Cereal Chem, 10:189.

[3] Donelson J. R. and Yamazaki W. T. 1962. Note on a rapid method for the estimation of damaged starch in soft wheat flours. Cereal Chem, 39:460.

[4] Donelson J. R. and Yamazaki W. T. 1968. Enzymatic determination of starch in wheat fractions. Cereal Chem, 45:177.

[5] AOAC International 1995. Official methods of analysis of AOAC international, 16th ed. Method, 939.03. The Asscotion, Arlington, VA.

ICS 67.080.01
B 08

中华人民共和国国家标准

GB/T 9829—2008
代替 GB/T 9829—1988

水果和蔬菜　冷库中物理条件定义和测量

Fruits and vegetables—Physical conditions in cold stores—Definitions and measurement

(ISO 2169:1981,MOD)

2008-06-17 发布　　　　2008-10-01 实施

中华人民共和国国家质量监督检验检疫总局
中国国家标准化管理委员会　发布

前 言

本标准修改采用 ISO 2169:1981《水果和蔬菜　冷库中物理条件　定义和测量》(英文版)。

考虑到我国国情,本标准在采用国际标准 ISO 2169:1981 时进行了修改。这些技术性差异用垂直单线标识在它们所涉及的条款的页边空白处。在附录 B 中给出了技术性差异及其原因的一览表以供参考。

为便于使用,对于 ISO 2169:1981,本标准还做了下列编辑性修改:

——删除 ISO 2169:1981 的前言和"0　引言";

——用"本标准"代替"本国际标准";

——用小数点"."代替 ISO 2169:1981 中作为小数点的","。

本标准代替 GB/T 9829—1988《水果和蔬菜　冷库中物理条件　定义和测量》。

本标准与 GB/T 9829—1988 相比主要修改如下:

——按照 GB/T 1.1《标准化工作导则　第 1 部分:标准的结构和编写规则》和 GB/T 20001.4《标准编写规则　第 4 部分:化学分析方法》对 GB/T 9829—1988 进行了结构调整和文字修改。

——增加了附录 A、附录 B 和附录 C。

——修改了"长期贮藏的最适温度"的定义。

本标准的附录 A、附录 B 和附录 C 为资料性附录。

本标准由中华人民共和国商务部提出并归口。

本标准起草单位:北京锦绣大地农业股份有限公司(检测中心)。

本标准主要起草人:赵海香、李以翠、田立峰、魏宝翠、邓维、赵孟彬。

本标准于 1988 年首次发布,本次为第一次修订。

水果和蔬菜　冷库中物理条件 定义和测量

1　范围

本标准规定了水果和蔬菜(以下简称为“冷藏品”)在冷库条件下物理因素的定义和物理参数的有效测量方法。这些物理因素包括:温度、相对湿度、空气循环流率和换气率。

本标准适用于水果和蔬菜在冷库贮藏中的有关物理因素的定义和有关测量方法的解释。

2　术语和定义

下列术语和定义适用于本标准。

2.1

致死温度　lethal temperature

导致冷藏品组织生理性冰冻并伴随组织死亡的冻结温度。

2.2

临界温度　critical temperature

在规定的贮藏期内能引起冷藏品(香蕉、黄瓜、鳄梨、柠檬等)内部褐变、组织质地改变等生理失调的温度。

2.3

长期贮藏的最适温度　opti mum long-term keeping temperature

在正常或控制空气条件下直到冷藏品销售前,使冷藏品维持完好品质的温度。

长期贮藏时,产品的贮藏温度必须高于致死温度,必要时高于临界温度。故果蔬长期贮存的最适温度是:致死温度加安全系数,或者临界温度加安全系数。

2.4

定点温度　temperature at a point

在冷库内某一规定位置上测量的空气温度。

2.5

实际平均温度　practical mean temperature

冷库内温度处于稳定期间的最高和最低温度的平均值。

在长期贮藏情况下,冷藏品的实际温度与周围大气的温度、冷藏品的特性、包装、冷库的装载量和冷库的大气的循环流量有关。

2.6

冷点　cold points

冷库内空气温度最低的位置点。在风冷式的冷库中冷点常在蒸发器附近的区域内。

冷点温度应该是等于或者略高于冷藏品的长期贮藏的最适温度。

2.7

热点　hot points

冷库内空气温度最高的位置点。

2.8

连续测量　continuous measurement

自动记录仪的测量。

2.9

间歇测量　intermittent measurement

定时测量或补充性测量。

2.10

相对湿度　relative humidity

在一定温度下，空气中实际水蒸气压与该温度时饱和水蒸气压的百分比。

2.11

冷库内空气循环　circulation of the atmosphere

冷库内空气的循环运动。

2.12

空气循环流率　air-circulation ratio

每小时内流过风扇口的空气体积与冷库空间体积之比，它随着冷藏品的贮藏期或温度保持平稳的时间长短而变化。

2.13

换气　the air change

将室外空气引入冷库内。

2.14

换气率　rate of air change

每小时内导入冷库内的外界空气的体积与冷库空间体积之比。换气率或换气次数可由库房的贮存量和冷藏品的种类和品种来决定。

3　温度的测量

3.1　测量原则

温度可以连续地或间歇地测量。

3.2　温度测量仪表

3.2.1　液体膨胀温度计。

3.2.2　双金属温度计。

3.2.3　电阻式温度计。

3.2.4　半导体温度计。

3.2.5　电热调节式温度计。

3.2.6　热电偶式温度计。

3.3　温度计的检定和检验

温度计要到经过授权的单位按照要求进行检定，以保证精确度和灵敏度。

为了减少误差，温度计的检验必须在制冷设备运转稳定期间进行。考虑到热敏元件的温度及其惯性在流动空气中比在静止的空气或缓慢流动空气中小，应在流动空气中进行检验。

在任何情况下，检验都要避免温度计受热辐射的影响(如人体、光源等)。

3.4　测量点

3.4.1　测量点的选择

测量点应选择在不受冷凝、异常气流、辐射、振动和可能冲击的地方。测量点的多少取决于冷库的容积。

温度计的灵敏元件应尽可能放在冷库中有代表性的位置点上(包括冷点和热点)。

3.4.2　测量的记录

每一次测量时都应注明冷藏品的温度、冷库空气温度和测量点位置。

4 相对湿度的测量

4.1 影响因素

相对湿度的影响因素包括：

4.1.1 冷藏品和包装的性质。

4.1.2 冷库的入库量。

4.1.3 蒸发器的表面积和结构，风机、风扇的表面积和排列。

4.1.4 蒸发器表面温度和空气实际平均温度的差值。

4.1.5 冷库的隔热状况。

4.1.6 通风系统(空气循环流率、冷库中空气循环的方式、换气次数等)。

4.1.7 制冷机工作时数的变化。

由于上述因素的影响，在整个贮藏期间相对湿度始终是在不断地变化着的。

4.2 测量原则

冷藏品在长期贮藏过程中，要尽量保持稳定的相对湿度。测量相对湿度应在入满库后，相对湿度变化小时进行测量。

相对湿度的测量参见附录C。

4.3 测量仪器

4.3.1 毛发湿度计

这种仪器在观测较高的相对湿度时(80%以上)精度较低，但使用方便。

4.3.2 干湿球湿度计

将干湿球湿度计长期固定在观测点上，要经常用软水保持湿球温度表棉纱套筒的湿润。当干球和湿球之间达到稳定的温度差时分别记录两个温度。若风扇不连续运转时，不要在冷风扇停止或启动时观测。

4.3.3 电子湿度计

电子探针式湿度计可进行远距离测量，它可以测量出货堆之间的相对湿度。当相对湿度不超过95%时，可获得准确的数据。

5 空气循环流率的测量

5.1 空气循环流率的作用

5.1.1 用于冷藏品预冷或刚入冷库冷藏品的冷却。

5.1.2 使冷库内冷藏品的温度和一定范围内的相对湿度保持均匀。

5.1.3 从包装容器内带出贮藏品新陈代谢所产生的气体和挥发性物质。

5.2 换气的作用

冷藏品在进入冷库期间和进入适温贮存阶段以前，以及处于成熟的冷藏品在贮藏期间的最后几周内，由于代谢作用旺盛将放出大量的二氧化碳、乙烯和挥发性物质。为了避免这些有害物质的积累故更换冷库内的气体。

5.3 空气流量和循环流率的测量原则

冷库中空气循环和换气是为了使冷藏品和空气之间达到充分接触，有利于降温和排除有害气体。因此，必须考虑以下两个因素：

5.3.1 在一定的时间内导入的空气流量(换气率)和循环的空气流量(空气循环流率)。

5.3.2 新鲜空气或循环空气分布的均匀度。

空气循环流率的测量应尽可能地在空气冷却器(蒸发器、冷风机)的空气出口或入口处进行；换气率的测量最好在冷库的空气入口处进行。

5.4 测量仪器

5.4.1 若空气流速在 2 m/s 以上，空气流速的测量用定向仪器测量空气动态压力(皮托压差计、杯式风速表等)。

5.4.2 若空气流速在 2 m/s 以下，空气流速的测量用非定向仪器测量(如热球式风速计等)。

附 录 A
（资料性附录）
本标准章条编号与 ISO 2169：1981(E)章条编号对照

表 A.1 给出了本标准章条编号与 ISO 2169：1981(E)章条编号对照一览表。

表 A.1 本标准章条编号与 ISO 2169：1981(E)章条编号对照

本标准章条编号	对应 ISO 2169：1981(E)章条编号
1	1
2	—
3	2.4
4	3
5	4.3
2.1	2.1.1a)
2.2	2.1.1b)
2.3	2.1.1c)
2.4	2.1.2a)
2.5	2.1.2b)
2.6	2.2.1,2.3
2.7	2.2.2
2.8	2.4.1
2.9	2.4.2
2.10	—
2.11	4.1.1
2.12	4.1.2
2.13	4.2.1
2.14	4.2.2
3	2.4
3.1	2.4
3.2	2.4.3
3.3	2.4.4
3.4	2.4.5
3.4.1	2.4.5.1
3.4.2	2.4.5.2
4	3
4.1	3.1
4.2	3.2
4.3	3.3

表 A.1(续)

本标准章条编号	对应 ISO 2169:1981(E)章条编号
4.3.1	3.3.1
4.3.2	3.3.2
4.3.3	3.3.3
5	4.3
5.1	4.1.1
5.2	4.2.1
5.3	4.3.1
5.4	4.3.2
附录 A	—
附录 B	—
附录 C	—

附 录 B
（资料性附录）
本标准与 ISO 2169:1981(E)技术性差异及其原因

表 B.1 给出了本标准与 ISO 2169:1981(E)技术性差异及其原因的一览表。

表 B.1 本标准与 ISO 2169:1981(E)技术性差异及其原因

本标准的章条编号	技术性差异	原　因
1	用"本标准规定了水果和蔬菜在冷库条件下物理因素的定义、最佳参数有效的测量方法。这些物理因素是：温度、相对湿度、空气循环流率和换气率。"代替"本国际标准定义了水果和蔬菜通常使用的工业冷库的物理因素（温度、相对湿度、空气循环流率和换气率），并提供了这些因素测量的有用信息。"	符合 GB/T 1.1 规定
2	增加第 2 章　术语和定义	
2.3	修改"长期贮藏的最适宜温度"的定义，删除了第 2 章中 2.1.1c)d 的部分内容"The danger of damage at a given temperature depends upon the duration of its application.（一个特定温度的危害程度依靠它所使用的时间）。"和举例说明内容"However，for certain fruits，such as Williams pears，the critical temperature concerning ripening may be above the optimum refrigeration temperature（然而，对于某种水果，例如威廉斯梨，它的催熟临界温度可能高于最佳冷藏温度。）"	符合 GB/T 1.1 规定。同时符合我国国情
2.6	ISO 2196:1981 中第 2 章中的 2.2.1 和 2.3 的内容表述在 2.6 冷点的定义中	符合 GB/T 1.1 规定。ISO 2196:1981 中的 2.2.1 和 2.3 都是对冷库冷点作出表述
2.11，2.13	从 ISO 2196:1981 第 4 章中的 4 Air circulation "A distinction should be made between the circulation or the atmosphere which takes place in a closed circuit and the air change which consists in introducing outside air into a cold store."定义为本标准中 2.11"库内空气循环"和 2.13"换气"	符合 GB/T 1.1 规定；与原标准相同，保持标准的连续性
3.2.4	删除 ISO 2196:1981 的 2.4.3 中的"vapour pressure thermometers"，改为本标准中 3.2.4"半导体温度计"	半导体温度计有利于实现冷库中各个点温度的自动采集。结合我国情况，与原标准相同，保持标准的连续性
3.3	删除 ISO 2196:1981 第 2 章 2.4.4 中的"It is recommended that the reference mercury thermometer be placed in a fixed position，at the cold point of a ventilation circuit，behind glass and near to the temperature-sensing element of a distant-reading thermometer. The thermometer is read through the glass，the thermometer being illuminated；this facilitates verification."推荐使用内容	结合我国情况，与原标准相同，保持标准的连续性

表 B.1(续)

本标准的章条编号	技术性差异	原　因
4.1	ISO 2196:1981 中第 3 章中的 3.1 General(通则)中修改为本标准中第 4 章的 4.1,同时删除了"NOTE"和"冷库的平均温度和制冷剂的温度差"的内容	符合 GB/T 1.1 规定。结合我国情况,并与原标准相同,保持标准的连续性
4.2	删除 ISO 2196:1981 中第 3 章中的 3.2 Principles of measurement(测量原则)中的"The state of equilibrium in relative humidity in a cold store may be influenced by(冷库中相对湿度的平衡状态可能受下列因素影响:)"等内容	本标准第 4 章 4.1 影响因素中已有规定
4.2	将 ISO 2196:1981 第 3 章中 3.3.1 中关于干湿球温度计的内容编写为附录 C 内容	符合 GB/T 1.1 规定。结合我国情况,并与原标准相同,保持标准的连续性
4.3.2	本标准将 ISO 2196:1981 第 3 章中 3.3.1 中关于干湿球温度计的内容和 3.3.3 的内容,改写为第 4 章 4.3.2 干湿球温度计	

附 录 C
(资料性附录)
相对湿度的测量

毛发湿度计在测量较高的相对湿度时(80%～90%)精密度和准确度都较低,但是毛发湿度计使用简单和方便。

为了使毛发湿度计的测量更加准确,可定期(每月一次)用干湿球湿度计(标准式或旋转式干湿球湿度计)校准毛发湿度计。

在植物源产品通常的冷藏条件下,标准化的湿度计不利于使用干湿球湿度计,因为干湿球湿度计的干球球茎和湿球球茎之间的温度差很小(例如,1℃,相对湿度达到85%和干球温度为+1℃)。

为了获得测量相对湿度的有利条件,建议参照以下条款:

——干湿球湿度计和它的配件放在测量现场保持一个足够的时间(例如测量前2 h)。

——用去离子水浸泡湿球温度计的套筒。

——当干球和湿球的温度达到一恒定的差值时,读出温度计和湿度计的温度。

——在相同的位置应作多次测量。

——当冷风机的叶片不能正常工作时,避免在停止或刚开始运转时进行测量。

如果标准式的或旋转式干湿球湿度计不容易获得,毛发湿度计可以用于测定湿度,毛发湿度计放在饱和的大气中至少48 h,刻度盘的指针或记录仪应该达到100%。当然,只给出一个检查点的湿度是不合理的。

如果相对湿度高,建议使用吸气湿度计或旋转式干湿球湿度计。

ICS 37.100.01
A 17

GB

中华人民共和国国家标准

GB/T 9851.1—2008
代替 GB/T 9851.1—1990

印刷技术术语　第1部分：基本术语

Terminology of graphic technology—Part 1：Fundamental terms

2008-07-02 发布　　　　2008-12-01 实施

中华人民共和国国家质量监督检验检疫总局
中国国家标准化管理委员会　发布

前　言

GB/T 9851《印刷技术术语》分为以下 7 个部分：

第 1 部分：基本术语；

第 2 部分：印前术语；

第 3 部分：凸版印刷术语；

第 4 部分：平版印刷术语；

第 5 部分：凹版印刷术语；

第 6 部分：孔版印刷术语；

第 7 部分：印后加工术语。

本部分为 GB/T 9851 的第 1 部分。

本部分代替 GB/T 9851.1—1990《印刷技术术语　第 1 部分：基础术语》。

本部分与 GB/T 9851.1—1990 相比主要修改如下：

——对原术语标准的门类划分和条目结构进行调整，将原来 9 个门类按照国际标准统一划分为印前、印刷和印后加工三大类，即基本术语、印前术语、平版印刷术语、凸版印刷术语、凹版印刷术语、孔版印刷术语、印后加工术语，共 7 部分。

——删除陈旧过时的条目，补充新技术术语，增加条目总量。

——对术语的英文对应词进行修改，使其与国际标准的英文名词一致。

——新增补的条目大多是等效采用了 ISO 国际标准中《基本术语》的条目，结合我国印刷技术的实际情况，参照 ISO 标准术语概念加以定义。同时保留了原标准的部分条目，并将原《特种印刷术语》标准的部分条目合并到《基本术语》中。

——修订后的《基本术语》标准突出新技术概念。由于新技术迅速发展，从根本上改变了传统印刷的概念。例如，国际标准的基本术语中“印刷”(printing)这个条目的概念和定义作了较大的修改。由于数字技术的出现，打破了印刷技术的传统单一模式，因此，把“印刷”定义改为“使用模拟或数字……”，突出了新技术概念，比较全面地表述了印刷的特征。

本部分由新闻出版总署提出。

本部分由全国印刷标准化技术委员会归口。

本部分起草单位：中国印刷科学技术研究所、北京印刷学院、上海印刷科学技术研究所。

本部分起草人：徐世垣、李家祥。

本部分于 1988 年首次发布，于 1990 年第一次修订，本次为第二次修订。

印刷技术术语　第1部分:基本术语

1　范围

GB/T 9851的本部分规定了印刷技术的基本专业用语,以保证在生产、教学和学术等活动中正确应用专业概念。

本部分适用于印刷行业及其相关专业编写标准、出版、教学、科研及供国内外技术交流中使用。

2　印刷

2.1

印刷　printing

使用模拟或数字的图像载体将呈色剂/色料(如油墨)转移到承印物上的复制过程。

2.2

数字技术　digital technology

向量和非向量数据的再现、传输和复制。

注:在一般应用中,数字处理有别于模拟处理,其原始图像可以被多次处理或存贮,并通过有版、无版或无墨的印刷方式,得到批量的印刷复制品。

[ISO 12637-1:2006,A.12]

2.3

数字印刷　digital printing

使用数据文件控制相应设备,将呈色剂/色料(如油墨)直接转移到承印物上的复制过程。

2.4

数据文件　data file

按逻辑排列数据的数字式图文集合。

2.5

模拟技术　analog technology

对连续性视觉信息(例如连续调原稿、胶片和照相图像)进行再现、传输和复制的技术。

2.6

模拟印刷　analog printing

使用印版为载体,利用呈色剂/色料(如油墨)将原稿上的图文信息转移到承印物上的复制过程。

2.7

图像载体　image carrier;image store

能够传递需印刷的原始视觉信息(如图文等)的介质(如印版、胶片、电子媒体等)。

2.8

图像元素　image element

可承载或传递印刷视觉信息的基本组成单元(如文字、线条、网点、网穴等)。

2.9

计算机直接制版　computer to plate

通过计算机和相应设备直接将图文记录到印版上的过程。

3 印刷技术

3.1

印刷技术 graphic technology

视觉信息复制再现的全部方式，包括印前、印刷、印后加工和分发等。

3.2

印刷适性 printability

承印物、印刷油墨以及其他印刷材料与印刷条件相匹配适合于印刷作业的总性能。

3.3

承印物 substrate

接受呈色剂/色料(如油墨)影像的最终载体。

3.4

印刷油墨 printing ink

用于印刷过程中在承印物上呈色的物质。

3.5

印刷压力 printing pressure

在印刷过程中通过机械手段在印版、转印体及压印体之间实施的相互作用的力。

3.6

套准 register

在多色印刷时，任意两色图像相应位置重合的准确度。

3.7

色令 color ream

印刷计量单位。以500张全张纸单面印一色计。

4 印前

4.1

印前 prepress

在印刷之前进行图文信息设计、输入、处理和输出等全部过程。

4.2

图像制备(模拟) **image preparation**(analog)

通过模拟技术，对图文原稿进行准备、组合，以便制作印版，以适应所选定的印刷技术和印后加工需要。

4.3

图像制备(数字) **image preparation**(digital)

通过数字技术，对图文原稿进行准备、组合，以便制作可用于印刷复制的数字文件，以适应所选定的印刷技术和印后加工需要。

4.4

图像处理(模拟) **image processing**(analog)

通过模拟技术，采用修版、定位、校色等操作过程，改变或改善阴图或阳图图像的质量，以便制作印版。

4.5

图像处理(数字) **image processing**(digital)

通过数字技术，利用特定的硬件设备和软件程序，采用各种处理手段，改变或优化图像的质量。

4.6

原稿　original

完成复制所依据的原始图文信息。

4.7

版式　layout

在页面中图文的编排要求，包括空间位置和尺寸，是印刷和复制的依据。

4.8

印版　printing plate

用于传递呈色剂/色料(如油墨)至承印物上的备印图文载体。

4.9

密度　density

以10为底的透或反射系数倒数的对数值。

4.10

相对密度　relative density

减去片基或未印刷承印的密度后的密度值。

[GB/T 18722—2002,3.24]

4.11

中心密度　core density

(网目调胶片)单个不透明图像元素(如网点或线条)中心的透射密度。

[GB/T 17934.1—1999,3.46]

4.12

阶调　tone gradation

图像明暗或颜色深浅变化的视觉表现。

4.13

网目调　halftone

用网点构成的图像阶调。

4.14

网屏　screen

为再现阶调层次，将连续调图像分解成网目调元素的工具。

4.15

网目调值　halftone value

用几何的或有效的(等效的)网点覆盖率评定网目调的量度。

4.16

连续调　continuous tone

在明度和阶调上有无限层次等级、未加网的图像。

4.17

连续调值　continuous tone value

评定连续调的量度，常用密度值表示。

4.18

分色　color separation

为制作一套多色印刷用的色版，将原稿图像分解成相应印刷油墨颜色成分的过程。

4.19

扫描　scanning

利用光电转换器件对原稿信息进行采集。

4.20

拷贝　copying

再现原图像复制品的过程。

4.21

模拟打样　analog proofing

用模拟技术检查印前处理质量并为印刷提供参考样张的方法，通常采用机械打样机或脱机打样设备。

4.22

数字打样　digital proofing

用数字技术检查印前处理质量并为印刷提供参考的方法，通常采用喷墨、热转印、静电或其他成像技术，以及彩色显示器上的“软打样”。

4.23

网点覆盖率　dot area coverage

网点覆盖面积与总面积之比。通常用百分数表示。

4.24

网目频率　screen frequency

在得出最高值方向上，单位长度内的网点或线条的数目。单位：cm^{-1}。

4.25

网目线数　screen ruling

特指调幅加网的网目频率。

4.26

网目角度　screen angle

不同色版网目轴与基准轴之间最小的夹角。

4.27

网点形状　dot shape

网点轮廓的几何形态，通常有方形、圆形、链形等多种。

4.28

印版制作　forme making

制作备印图文载体的工艺过程。

4.29

电子雕刻　electrographic engraving

利用机械和电子方法在凸印或凹印版材上产生图像和非图像区域。

5　印刷方式

5.1

印刷方式　printing process; printing method

依照技术功能区分的印刷工艺种类。印刷方式主要划分为模拟印刷和数字印刷两大类。

5.2

有版印刷　forme-based printing

将印版上的着墨图文直接或间接转移到承印物上的印刷方式，根据版型常分为凸印、凹印、平印、孔印等。

5.3

无版印刷　formeless printing

不使用印版，将图文直接或间接地转移到承印物上的印刷方式。

5.4

直接印刷　direct printing

印版上图文部分的油墨直接转移到承印物表面的印刷方式。

5.5

间接印刷　indirect printing

印版上图文部分的油墨,经中间载体的传递,转移到承印物表面的印刷方式。

5.6

单张纸印刷　sheet-fed printing

以单张纸或其他单张材料为承印物的印刷方式。

5.7

卷筒纸印刷　web printing

以卷筒纸或其他带状材料为承印物的印刷方式。

5.8

凸版印刷　relief printing

用图文部分高于非图文部分的印版进行印刷的方式。分为直接凸版印刷和间接凸版印刷。

5.9

干胶印　letterset printing

用凸版通过中间转移体将油墨转移到承印物上的印刷方式。

5.10

柔性版印刷　flexographic printing

用弹性凸印版将油墨转移到承印物表面的印刷方式。

5.11

平版印刷　planographic printing

印版的图文部分和非图文部分几乎处于同一平面的印刷方式。

5.11.1

胶印　offset printing

先将印版上的油墨传递到橡皮布上,再转印到承印物上的平版印刷方式。

5.12

金属印刷　metal decoration

以金属板为承印物的印刷方式。

5.13

凹版印刷　recess printing

印版的图文部分低于非图文部分的印刷方式。

5.14

孔版印刷　permeographic printing

印版在图文区域漏墨而非图文区域不漏墨的印刷方式。

5.14.1

网版印刷　screen printing

印版在图文区域呈筛网状开孔的孔版印刷方式。

5.15

静电印刷　electrostatic printing

以异性电荷相吸引的原理,利用带电荷色剂获取可视图像或文字。

5.16

喷墨印刷　ink jet printing

根据计算机的指令将细微的墨滴导向承印物的一定部位，使之产生可视文字或图像的无接触印刷方式。

5.17

热熔印刷　thermography

模拟压凸印的印刷方式。将尚未干燥的印张涂撒上树脂色粉，经热处理后，对应区域的树脂粉末被熔化，形成与压凸印相似的浮雕效果。

5.18

转移印刷　pad transfer printing

利用可适应承印物表面形状的柔性印头，将油墨从平面或曲面的硬质印版上，转移到承印物上。

5.19

热染料转移印刷　thermal dye transfer printing

用数字数据控制的热印头和涂有染料的色带，经加热升华，将图文转印到有特殊涂层的承印物上的无版印刷方式。

注：参考 ISO 12637-1:2006 的 A.70。

5.20

热敏印刷　thermal printing

由加热元件组成的打印头，在数字数据控制下，将图文转印到热敏承印物上的无版印刷方式。

[ISO 12637-1:2006，A.71]

5.21

热转移印刷　thermal transfer printing

用数字数据控制的热印头和涂有颜料蜡基的色带，加热熔化并在压力作用下转移到承印物上的无版印刷方式。

[ISO 12637-1:2006，A.72]

5.22

磁性印刷　magnetographic printing

利用数据控制的记录头在磁性滚筒表面上产生图像潜影，再用磁性的着色剂在滚筒上呈现出来，并将其转移或熔融到承印物上的印刷方式。

6　印刷机

6.1

印刷机　printing machine

将图文载体上的呈色剂/色料（如油墨）转移至承印物上的设备。

6.2

印版滚筒　plate cylinder

印版的圆柱形支承体。

6.3

压印滚筒　impression cylinder

承印物的圆柱形支承体。

6.4

输纸装置　infeed unit

将未印刷的承印物输送到印刷机组的机构。

6.5

输墨装置　inking unit

将油墨均匀传递到印版上的机构。

6.6

收纸装置　delivery

印刷机上收集印张或印帖的机构。

6.7

双面印刷　perfecting

一次给纸过程中完成正、反两面印刷的方式。

7　印刷缺陷

7.1

印刷缺陷　printing trouble

在印刷过程中影响生产正常进行或造成印刷品质量缺陷的现象之总称。

7.2

粘脏　set-off

印张上未干的油墨粘在相邻印张背面。

7.3

透印　print through

在背面可见印在正面的图文。

7.4

糊版　filling in

油墨和/或纸粉沉积在印版的细小空白区。

7.5

堆墨　ink piling

油墨和其他物质堆积在印刷机传递油墨的部件上。

7.6

重影　doubling

图文元素出现双重轮廓的一种缺陷。

7.7

套印不准　mis-register

在多色印刷过程中，不同色版的图像位置相对误差超过规定范围。

7.8

莫尔条纹　moire

由不同角度和/或不同空间频率的多组线条或多行网点交叉排列后形成的干扰性条纹。也称为“龟纹”。

8　印后

8.1

印后　postpress

使印刷品获得所要求的形状和使用性能以及产品分发的后序加工。

8.2

表面整饰　finishing

对印刷品进行上光、覆膜、烫箔、压凹凸或其他装饰加工的工艺总称。

8.3

纸制品加工　converting

采用包括模切、粘贴、装订以及其他方法在内的印后加工方式，产生不同于散页白纸或印张的产品。

[ISO 12637-1:2006,A.9]

9　分发

9.1

分发　distributing

通过联机或脱机处理，给印刷品贴标签、打包并送至目的地。

参 考 文 献

[1] ISO 12637-1:2006 印刷技术 术语 第1部分:基本术语.

[2] GB/T 17934.1—1999 印刷技术 网目调分色片、样张和印刷成品的加工过程控制 第1部分:参数和测试方法.

[3] GB/T 18722—2002 印刷技术 反射密度测量和色度测量在印刷过程控制中的应用.

中 文 索 引

英 文 索 引

A

C

D

E

F

G

H

I

L

M

O

P

ICS 37.100.01
A 17

中华人民共和国国家标准

GB/T 9851.2—2008
代替 GB/T 9851.2—1990,GB/T 9851.3—1990

印刷技术术语 第 2 部分:印前术语

Terminology of graphic technology—Part 2:Terms for prepress

2008-07-02 发布 2008-12-01 实施

中华人民共和国国家质量监督检验检疫总局
中国国家标准化管理委员会 发布

前 言

GB/T 9851《印刷技术术语》分为7个部分。

第1部分:基本术语;

第2部分:印前术语;

第3部分:凸版印刷术语;

第4部分:平版印刷术语;

第5部分:凹版印刷术语;

第6部分:孔版印刷术语;

第7部分:印后加工术语。

本部分为GB/T 9851的第2部分。

本部分代替GB/T 9851.2—1990《印刷技术术语　第2部分:文字排版术语》和GB/T 9851.3—1990《印刷技术术语　第3部分:图像制版术语》。

本部分与GB/T 9851.2—1990和GB/T 9851.3—1990两部分相比主要修改如下:

——将GB/T 9851.2—1990《印刷技术术语　第2部分:文字排版术语》和GB/T 9851.3—1990《印刷技术术语　第3部分:图像制版术语》两部分合并为印前术语。

——标准的结构形式按照GB/T 1.1—2000进行了修改。

——标准的词条根据技术的发展进行了删减与合并,并增加了部分新的词条。

本部分由新闻出版总署提出。

本部分由全国印刷标准化技术委员会归口。

本部分的起草单位主要有:北京印刷学院、中国印刷科学技术研究所、上海印刷科学技术研究所。

本部分的主要起草人:金杨、何晓辉。

本部分所代替标准的历次版本发布情况为:

——GB 9851.2—1988、GB/T 9851.2—1990;

——GB 9851.3—1988、GB/T 9851.3—1990。

印刷技术术语　第2部分:印前术语

1　范围

GB/T 9851的本部分规定了印前专业用语,以保证在生产、教学和学术等活动中正确应用专业概念。

本部分适用于印刷行业及其相关专业编写标准、出版、教学、科研及供国内外技术交流中使用。

2　基本术语

2.1

原色　primary colour

可混合生成其他色的三种基本颜色,这三种颜色中的任意一种均不能通过其他两色混合而生成。加色法三原色为:红、绿、蓝;减色法三原色为:青、品红、黄。

2.1.1

间色　secondary colour

由两种原色混合而成的颜色。

2.2

印刷原色　process colour

参与四色印刷复制的青、品红、黄三原色和黑色。

2.2.1

青色　cyan

等量绿光和蓝光混合产生的颜色感觉,印刷中用于从白光中吸收红光所使用的呈色剂/色料,印刷原色之一。

2.2.2

品红色　magenta

等量红光和蓝光混合产生的颜色感觉,印刷中用于从白光中吸收绿光所使用的呈色剂/色料,印刷原色之一。

2.2.3

黄色　yellow

等量红光和绿光混合产生的颜色感觉,印刷中用于从白光中吸收蓝光所使用的呈色剂/色料,印刷原色之一。

2.2.4

补色　complementary colour

以适当比例混合能产生非彩色(中性灰)的两种颜色。

注:在印刷工艺中,成对的补色是黄色和蓝色;品红色和绿色;青色和红色。

2.3

专色　spot colour

印刷原色以外的任何一种用于印刷复制的特定颜色。

2.4

色空间　colour space

表示颜色的三维空间。

[GB/T 5698—2001,4.57]

2.4.1

设备无关颜色　device independent colour

与设备、材料、工艺特性无关，仅与视觉特性相关的色空间颜色。如：用 CIE 1931 *XYZ*、CIE 1976 $L^*a^*b^*$ 等表示的颜色。

2.4.2

设备相关颜色　device dependent colour

与设备、材料、工艺特性相关的色空间颜色。如用 CMYK、RGB 等表示的颜色。

2.4.3

色域　colour gamut

由特定方法产生的所有可视色的范围。

2.4.4

扩展的色域　extended gamut

扩展到以 IEC 61966-2-1 所定义的标准 sRGB 阴极射线管显示器色域之外的色域。

2.4.5

CIE LAB 色空间　CIE LAB colour space

由 CIE 1931 *XYZ* 系统经非线性转换产生、视觉上近似均匀的颜色空间，用 L^*，a^*，b^* 表示，这里：L^* 表示相对亮度，a^* 表示红绿坐标轴，b^* 表示黄蓝坐标轴。

2.4.6

CIE LUV 色空间　CIE LUV colour space

由 CIE 1931 *XYZ* 系统经转换产生、视觉上大致均匀的颜色空间，用 L^*，u^*，v^* 来表示，这里：L^* 表示相对亮度，u^* 表示红绿坐标轴，v^* 表示黄蓝坐标轴。

2.4.7

伽玛值　gamma value

反映输入输出变化规律的指数值。反差大小的量度，当用于银盐照相时，表示某种胶片、相纸或显影技术的特性；当用于显示器时，表示显示颜色与数字量之间的关系。

2.5

色彩特性文件　colour profile

表达某种设备、材料、过程色彩传递及再现特征的数据文件，包含了设备相关颜色与设备无关颜色之间转换关系的数据信息。

2.5.1

ICC 色彩特性文件　ICC profile

符合国际颜色联盟（ICC = International Colour Consortium）文件格式要求的色彩特性文件。

2.5.2

特性文件连接色空间　profile connection space；PCS

建立设备颜色转换关系所使用的与设备无关的色空间。

2.6

灰平衡　gray balance

如果一幅在规定印刷条件下生产的印刷品在规定观测条件下呈灰色，该分色片上的青、品红和黄的阶调值（网点面积）就处于灰平衡状态。

[GB/T 17934.1—1999，3.17]

2.7

网点　dot

构成印刷图像的基本元素。通过其面积和/或空间频率的变化再现图像的阶调和颜色。

2.7.1

调幅网点　amplitude modulated dot；AM dot

具有一定的网目频率、网目角度和网点形状，通过网点覆盖率的变化再现图像阶调和颜色的网目结构。

2.7.2

调频网点　frequency modulated dot；FM dot

具有固定的网点大小和形状，通过网点空间频率的变化再现图像阶调和颜色的非周期性网目结构。

2.7.3

加网　screening

采用模拟或数字技术生成网目调的过程。

2.8

连续调　continuous tone

在明度和阶调上有无限层次等级、未加网的图像。

[GB/T 9851.1—2008，4.16]

2.9

阶调　tone

图像明暗或颜色深浅变化的视觉表现。

[GB/T 9851.1—2008，4.12]

2.9.1

光学密度　optical density

入射光通量与透射或反射光通量比值的常用对数值。

2.9.2

阶调值　tone value

图像阶调的数值量度。在印刷复制技术中，常以网点覆盖率表示。

2.9.3

阶调值总和　tone value sum

各印刷原色最大网点覆盖率之和。

2.9.4

极高光　catch light

图像中最明亮的阶调，一般以小面积区域出现。

2.9.5

亮调　highlight

图像中明亮的阶调。

2.9.6

中间调　middle tone

图像中介于亮调和暗调之间的阶调。

2.9.7

暗调　shadow

图像中深暗的阶调。

2.9.8

层次　gradation

图像中的明暗的变化。

2.9.9

反差 contrast

图像中不同部位的明暗差别。

2.9.10

最大反差 max contrast

原稿或复制品中最亮区域和最暗区域之间的阶调关系或差异程度。

2.10

图形 graphics

由人工或由计算机构造的、具有某种形体特征的视觉信息体。

2.11

图像 image

自然界存在或人工参与制作的，一般由大量像素组成的视觉信息。

2.11.1

栅格图像 rasterted image

经栅格图像处理获得的数字图像。

2.11.2

位图 bitmap image

像素是由1位二进制数据构成的图像。

2.11.3

矢量图像 vector image

按图形算法生成并以相关参数存储的图像。

2.12

清晰度 sharpness

在图像细节边缘部分，其亮度或色彩随空间位置变化的敏锐程度。

2.13

分辨力 resolution power

设备或材料对影像的细节的辨别或记录能力。一般用单位长度内，设备能够辨别像素的数量来衡量。

2.13.1

扫描分辨力 scanning resolution

单位长度内，图像扫描设备能够辨别的像素数。单位：像素/厘米(ppcm)或像素/英寸(ppi)。

2.13.2

记录分辨力 recording resolution

单位长度内，记录设备能够分辨的像素数。通常以线/英寸(dpi)或线/厘米(dpcm)表示，也可表示为像素/英寸(ppi)或像素/厘米(ppcm)。

2.14

莫尔条纹 moire

由不同角度和/或不同空间频率的多组线条或多行网点交叉排列后形成的干扰性条纹。也称为“龟纹”。

[GB/T 9851.1—2008，7.8]

2.15

页面描述语言 page description language

对文字、图形、图像等页面元素的属性及其在页面中的特征和相互关系进行描述的计算机语言。

2.16

TIFF 文件格式　TIFF

存储数字图像数据的一种规范，TIFF 为 tag image file format（标记图像文件格式）的缩写。

2.17

PDF 文件格式　PDF

用于存储页面信息对象(包括文字、图形、图像、音频和视频等)的一种文件格式规范，PDF 为 portable document format（便携文件格式）的缩写。

2.18

封装的 PostScript　Encapsulated PostScript；EPS

按照 PostScript 规范对文字、图形和图像信息进行描述，而将一个页面中所有信息封装在一个独立的、文件内部的一种文件格式。

2.19

数字工作流程　digital workflow

建立在数字信息处理和传输基础上，对印前、印刷、印后等工艺和相关过程进行管理和控制的系统。

2.20

CIP3

印前、印刷和印后过程整合(集成)的国际合作组织，即 International Cooperation for Integration of Prepress，Press and Postpress 的缩略语。

2.21

CIP4

印前、印刷、印后多种相关过程整合(集成)的国际合作组织，即 International Cooperation for the Integration of Processes in Prepress，Press and Postpress Organization 的缩略语。

2.22

印刷生产格式　print production format；PPF

用于传递从印前到印后整个过程中生产控制指令和数据的文件格式。

2.23

作业定义格式　job definition format；JDF

用于记录、传递、交互控制生产作业和其他过程所需要的数据和指令的文件规范。

2.24

颜色编码　colour encoding

对色空间变量数字化的方案。

2.24.1

彩色图像编码　colour image encoding

用颜色值表示数字图像信息的方案。

2.24.2

色空间编码　colour space encoding

色空间的数字化方案，包括数字编码方法的规格以及编码的范围。

2.25

色标　colour target

用于建立设备所呈现颜色及其输入值之间关系所用的一系列颜色值。

2.26

颜色值　colour value

特定颜色空间中表示颜色的一组数据。

2.27

控制块　control patch

用于测量或控制而制作的参照块(由网点、线条或实地等几何图形构成)。

[GB/T 18722—2002,3.3]

2.27.1

重影/模糊控制块　doubling/slur patch

评价实际压印状态的控制块。

[GB/T 18722—2002,3.7]

2.27.2

中间调平衡控制块　midtone balance control patch

测控条上的一个控制块,由原版上处于灰平衡状态的青、品红、黄网目调值组成,在平衡时青色调的数值通常在40%～60%之间,并选择品红和黄色调值来大致形成非彩色的颜色。

注:改写 GB/T 18722—2002 的 3.15。

2.27.3

测控条　control strip

一维排列的控制块集合。

[GB/T 18722—2002,3.4]

2.28

套准标记　register marks

附加在成品区域以外的细小参考图案,用于在印前、印刷和印后操作中对齐或套准各色版。

2.29

锯齿边缘　aliasing

栅格图像锯齿状或台阶状的效果。

2.30

数字样张　digital proof

由数字数据在显示器或某种基材上产生的软拷贝或硬拷贝。

2.31

全角　em

排字的度量单位,宽度等于所使用的文字的磅数(point),用做排版宽度水平方向的度量。

注:1 p=1/72 in,约等于 0.35 mm。

2.32

半角　en

排字的度量单位,宽度等于同一磅数全角的一半。

3　版式设计

3.1

版式设计　layout design

对版面编排样式的要求和规定。

3.2

版面　type area

印刷成品幅面中,图文和空白部分的总和。

3.3

版心　type page

印刷成品版面中的图文印刷区域(不含出血图像)。

3.4

天头 head margin

版心上沿至成品幅面上沿之间的空白区域。

3.5

地脚 bottom margin

版心下沿至成品幅面下沿之间的空白区域。

3.6

订口 binding edge

版心内侧边缘至成品幅面装订边缘之间的空白区域。

3.7

切口 cutting edges

版心外侧边缘至成品幅面裁切边缘之间的空白区域。

3.8

出血 bleed

超出成品幅面范围而被裁切掉的图像。

4 图文处理和制版

4.1

图文处理和制版 image and text processing and formemaking

对需要复制的文字、图形和图像信息进行处理并制作成印版的过程。

4.2

字体 font

具有相同形态风格的文字或图形符号的集合。

4.3

字号 type size

区分单个字符大小的表示方法。

4.4

文字排版 typesetting

按照版式设计的要求，将字符输入并安排在指定的位置或范围内。

4.5

数字化 digitizing

将模拟的图文信息转换成二进制代码的过程。

4.6

分色 colour separation

为制作一套多色印刷用的色版，将原稿图像分解成相应印刷油墨颜色成分的过程。

[GB/T 9851.1—2008，4.18]

4.7

抖动图像处理 dithering

通过在一个图像单元(像素集)内增加像素的数量来添加细节或增加阶调层次的数字像素平均法。

4.8

校色 colour correction

为满足设计和复制的要求，对图像颜色进行修正处理。

4.9

层次校正　gradation correction

为满足设计和复制的要求，对图像阶调和层次进行修正处理。

4.10

清晰度增强　sharpness enhancement

为满足设计和复制的要求，对图像细节进行强调的处理。

4.11

蒙版　mask

在照相制版技术中，用来修正原稿图像色彩、层次、清晰度的阳图或阴图遮盖片。在数字图像处理中，进行特定处理的图像选择区域。

4.12

蒙版工艺　masking

在照相制版技术中，通过阳图或阴图遮盖片对图像进行色彩、层次、清晰度修正处理的工艺方法。

4.13

底色去除　under colour removal; under colour reduction; UCR

在四色印刷复制中，在保持颜色不变的前提下，降低图像中间调到暗调区域内灰成分复制所使用的青、品红、黄三原色的比例，相应增加黑色量的处理方法。

4.14

灰色成分替代　gray component replacement; GCR

在四色印刷复制中，在保持颜色不变的前提下，降低图像整个阶调范围内灰成分复制所使用的青、品红、黄三原色比例，相应增加黑色量的处理方法。

4.15

底色增益　under colour addition; UCA

在四色印刷复制中，为弥补灰色成分替代引起的图像暗调密度不足，在图像暗调范围内增加相应的青、品红、黄色量的处理方法。

4.16

补漏白　trapping

为防止因印刷套印不准而引起的文字、图形、图像交界边缘露出承印物颜色的缺陷，对交界边缘进行收缩和/或扩张的处理方法。

4.17

页面元素　page element

图文页面中，与当前处理环境有关的复合实体子结构，如文字块、连续调图像或轮廓图形，其自身组成一个复合实体的最小逻辑元素。

4.18

组版　image assembly

将页面上各页面元素进行拼合和定位、构成完整页面的操作。

4.19

拼大版　imposition

按印版幅面和印后加工的要求，进行多页面或多联图案组合的处理方法。

4.20

印版制作　forme making

制作印刷所需印版的工艺过程。

[GB/T 9851.1—2008,4.27]

4.21

数字打样　digital proofing

用数字技术检查复制质量，为印刷提供参考的方法，通常采用喷墨、热转印、静电或其他成像技术，以及彩色显示器上的打样。

[GB/T 9851.1—2008,4.21]

4.22

模拟打样　analog proofing

用模拟技术检查复制质量、为印刷提供参考的方法，通常采用机械打样或脱机打样设备。

[GB/T 9851.1—2008,4.20]

4.23

软打样　soft proofing

使用彩色显示器进行页面图文预览，检查或确认页面复制质量的工艺方法。

4.24

硬拷贝打样系统　hard copy proofing system

使用硬拷贝成像设备来模拟印刷图像的系统，所用的设备可以与实际印刷生产所用的设备不同。

[ISO 12646—2002,3.3]

4.25

特征化　characterisation

用与设备无关的颜色数值定义输入、显示、输出设备颜色数值的过程。

4.26

作业传票　job ticket

用于生产工艺的电子化描述。

4.27

预览图像　preview image

用计算机显示器表现一个页面或版式组成的预览图。

4.28

色域映射　gamut mapping

源图像元素的色度坐标到目标设备的色度坐标映射，用于补偿源文件和输出设备/介质之间色域范围的差别。

4.29

局部色彩变化　partial colour change

只影响所选中图像的某个色彩范围，而其他区域保持不变。

4.30

整体颜色变化　global colour change

相对于图像中被选定区域的局部色彩变化，图像的所有部分的相关色彩均得以改变。

[GB/T 18721—2002,3.6]

4.31

字符轮廓　glyph

可识别的抽象图形符号，与任何特定的设计无关。

4.32

字符轮廓的度量规格　glyph metrics

在字符轮廓表达方式中用于定义字符轮廓形状的大小和位置的一套信息。

4.33

栅格化 rasterizing

从任意数字文件生成位图图像的处理过程。

5 印前设备

5.1

印前设备 prepress equipments

用于图文信息输入、处理和记录输出的装置。

5.2

制版照相机 reproduction camera

用于分色、加网、缩放等处理的照相设备。

5.3

电子分色机 colour separation scanner

用于图像扫描采集、图像修正/分色/缩放/加网等处理以及记录输出的设备。

5.4

桌面出版系统 desktop publishing system;DTP

对用于出版、印刷的图文信息进行输入、处理、输出的计算机硬件及软件系统。

5.5

扫描仪 scanner

对原稿图文信息进行逐点逐行数字化采集的设备。

5.6

栅格图像处理器 raster image processor;RIP

将页面描述语言描述的版面信息解释和转换成输出记录数据的软件和硬件。

5.7

激光照排机 imagesetter;recorder

通过激光曝光,在感光胶片上记录点阵位图信息的设备。

5.8

直接制版机 platesetter;platerecorder

直接在印版上记录点阵位图信息的设备。

5.9

电子雕刻机 electronic engraving machine

利用机械和电子方法在凸印或凹印版材上产生图像和非图像区域。

参 考 文 献

[1] GB/T 17934.1—1999 印刷技术 网目调分色片、样张和印刷成品的加工过程控制 第1部分:参数和测试方法.

[2] GB/T 5698—2001 颜色术语.

[3] GB/T 9851.1—2008 印刷技术术语 第1部分:基本术语.

[4] GB/T 18722—2002 印刷技术 反射密度测量和色度测量在印刷过程控制中的应用.

[5] GB/T 18721—2002 印刷技术 印前数据交换 CMYK 标准彩色图像数据(CMYK/SCID).

[6] ISO 12646:2002 印刷技术 彩色打样用显示器 性能指标和观测条件.

中 文 索 引

英 文 索 引

A

B

C

H

I

J

L

M

O

P

R

S

T

U

V

Y

ICS 37.100.01
A 17

中华人民共和国国家标准

GB/T 9851.3—2008
代替 GB/T 9851.4—1990

印刷技术术语 第3部分：凸版印刷术语

Terminology of graphic technology—
Part 3：Terms for relief printing

2008-07-02 发布

2008-12-01 实施

中华人民共和国国家质量监督检验检疫总局
中国国家标准化管理委员会 发布

前　言

GB/T 9851《印刷技术术语》分为7个部分。

第1部分：基本术语；

第2部分：印前术语；

第3部分：凸版印刷术语；

第4部分：平版印刷术语；

第5部分：凹版印刷术语；

第6部分：孔版印刷术语；

第7部分：印后加工术语。

本部分是GB/T 9851的第3部分。

本部分代替GB/T 9851.4—1990《印刷技术术语　第4部分：凸版印刷术语》。

本部分与GB/T 9851.4—1990相比主要修改如下：

——对国家明令淘汰的铅印工艺术语作大幅度删除，对柔性版印刷有关的术语，则作适当补充。共取消术语31条，修改术语9条，新增补术语20条。

——标准的结构形式按照GB/T 1.1—2000进行了修改。

本部分由新闻出版总署提出。

本部分由全国印刷标准化技术委员会归口。

本部分起草单位：上海印刷技术研究所、中国印刷科学技术研究所、中国印协柔印分会、上海胜宝包装公司。

本部分起草人：车茂丰、李家祥、龚仁俦、林逢铭、林嘉彦、蔡成基、郑其红。

本部分所代替标准的历次版本发布情况为：GB 9851.4—1988、GB/T 9851.4—1990。

印刷技术术语
第3部分:凸版印刷术语

1 范围

GB/T 9851的本部分规定了凸版印刷专业用语,以保证在生产、教学和学术等活动中正确应用专业概念。

本部分适用于印刷行业及其相关专业编写标准、出版、教学、科研及供国内外技术交流中使用。

2 凸版印刷

2.1

凸版印刷 relief printing

用图文部分高于非图文部分的印版进行印刷的方式。分为直接凸版印刷和间接凸版印刷。

[GB/T 9851.1—2008,5.8]

2.2

铅印 letterpress printing

用铅字或铅版进行直接印刷的方式。

2.3

间接凸版印刷 letterset printing

使用凸版通过中间转移体将油墨转移到承印物上的印刷方式。

2.4

柔性版印刷 flexographic printing

用弹性凸印版将油墨转移到承印物表面的印刷方式。

[GB/T 9851.1—2008,5.10]

3 柔印设备

3.1

柔印设备 flexographic printing equipment

柔性版印刷用的设备。

3.2

柔性版印刷机 flexographic press

进行柔性版印刷的机器。可分为:层架式、卫星式及机组式3种。多为卷筒式进纸,但机组式柔印机也有单张式进纸的。

3.3

瓦楞纸板柔版印刷 corrugated flexographic printing

使用柔性版在瓦楞纸板上印刷的工艺。

3.4

网纹辊 anilox roller

表面制有网穴、网墙以作为柔性版印刷定量供墨的传墨辊,有金属网纹辊和激光雕刻陶瓷网纹辊二种类型。

3.5

BCM Billion Cubic Microns per square inch

表示网纹辊传墨量的一种常用的计量单位，用于网纹辊网穴容积的计量，1 BCM 表示：每平方英寸网穴的总容积为 10 亿立方微米。

3.6

刮墨刀 doctor blade

刮除网纹辊表面上多余油墨的刀片，有正向、反向及腔式之分。

3.7

套筒式印版滚筒 sleeve forme cylinder

由压缩空气涨紧空心芯轴组成的适用于安装套筒式印版的版滚筒。

3.8

套筒印版 sleeve forme

圆筒形可在气涨式套筒轴上套卸的印版。

3.9

缩版量 distorted compensation value

用来补偿印版形变的参数。

3.10

装版设施 mounting device

供机外装版用的专用设备。

3.11

瓦楞纸板印刷开槽机 corrugated printing & rooving machine

使用柔性版在瓦楞纸板上进行印刷并连机开槽的印刷设备。

4 柔版印刷工艺

4.1

柔版印刷工艺 flexographic printing technology

有关柔性版制版及印刷的操作方法与技术。

4.2

柔版激光制版 laser flexographic forme-making

以计算机输出信息控制激光器直接制成柔性版的工艺，也属无软片制版法。其制版方法分为直接雕刻与黑膜烧蚀刻法。

4.3

背曝光 back exposure

对透明片基的感光树脂版或者感光柔性版从背面进行 UV 曝光，以决定印版底基固化后的厚度。

4.4

瓦楞纸箱预印工艺 corrugated board pre-printing

将瓦楞面纸事先用柔印或者凹印工艺进行表面装潢印刷，然后，将复卷后的面纸在瓦楞生产线上裱糊成瓦楞纸板，最后横切成单张印刷成品纸板供纸箱的后道成形加工。

5 凸印材料

5.1

凸印材料 relief printing material

供凸版印刷使用的材料，包括承印物、油墨和其他物料。

5.2

铜版　copper forme

以腐蚀或雕刻方法制成的铜质印版。

5.3

光聚合树脂版　photopolymer forme

以光聚合树脂为版材，通过紫外光曝光、用水或者溶剂冲洗而制成的凸印版。版材制作上有液体版与固体版两种工艺之分。版材的硬度一般在邵氏 A 95°以上，通常使用在采用长墨路结构的凸版印刷机上。

5.4

光聚合柔性版　flexographic forme

以合成橡胶型光聚合性树脂等弹性材料经 UV 曝光，以水或者溶剂冲洗而制成柔性凸版。版材选用的硬度范围为邵氏 A 30°～65°，通常使用在采用(网纹传墨辊)的短墨路结构的凸版印刷机上。

5.5

橡皮凸版　rubber relief plate

经模板压制或雕刻等方法制成的橡胶凸版。

5.6

贴版双面胶带　double-side adhesive tape

用来粘贴印版的双面压敏型胶带。

5.7

压敏标签纸　pressure-sensitive label paper

背面涂有不干胶的用于印制标签的纸张。

5.8

气垫式衬版　air backcushion

用于柔性版瓦楞纸板印刷的背衬，由无数均匀开孔的微孔结构聚氨酯材料制成。这种开孔互连的微孔结构，具有优良的可压缩性。

5.9

磁性版托　magnetic forme base

利用磁性吸力固定印版的底托。

5.10

瓦楞纸板　corrugated board

在瓦楞机压制出的瓦楞芯纸(剖面呈波浪状)的两面黏合面纸而形成的具有较高机械强度和抗压强度的纸板。

6　凸印故障

6.1

凸印故障　relief printing defect

在凸版印刷过程中影响生产正常进行或造成印刷品质量缺陷的现象的总称。

6.2

硬口　halo

文字、线条或色块周边出现浓色与白色双边的墨迹。

6.3

空心点　hickie

四成以下网点扩大并出现周边浓中心淡的墨色。

6.4

邵氏硬度 A　Hardness Shore A

邵氏硬度的测试方法：用邵氏硬度计插入被测材料，表盘上的指针通过弹簧与一个刺针相连，用针刺入被测物表面，表盘上所显示的数值即为硬度值。邵氏硬度分为邵氏 A 和邵氏 D，邵氏 D 表示的硬度较邵氏 A 硬。

6.5

耐摩性　abrasion resistance

印刷品表面的油墨层耐重复摩擦的程度。

6.6

油墨黏着力　adhesion test

印迹牢度的测试计量参数。

参 考 文 献

[1] GB/T 9851.1—2008 印刷技术术语 第1部分:基本术语.

中 文 索 引

英 文 索 引

M

P

R

S

ICS 37.100.01
A 17

中华人民共和国国家标准

GB/T 9851.4—2008
代替 GB/T 9851.5—1990

印刷技术术语
第4部分:平版印刷术语

Terminology of graphic technology—
Part 4:Terms for planographic printing

2008-07-02 发布 2008-12-01 实施

中华人民共和国国家质量监督检验检疫总局
中国国家标准化管理委员会 发布

前言

GB/T 9851《印刷技术术语》分为7个部分。

第1部分:基本术语;

第2部分:印前术语;

第3部分:凸版印刷术语;

第4部分:平版印刷术语;

第5部分:凹版印刷术语;

第6部分:孔版印刷术语;

第7部分:印后加工术语。

本部分为GB/T 9851的第4部分。

本部分代替GB/T 9851.5—1990《印刷技术术语 第5部分:平版印刷术语》。

本部分与GB/T 9851.5—1990相比主要修改如下:

——对原标准收入的67条术语作了全面调整,保留了原来的24条术语,采纳了6条国际标准术语,删除了一些陈旧过时的术语,如“磨版”、“平凹版”、“多层金属版”、“即涂感光版”等。将通用的术语合并到《基本术语》中。修订后的《平版印刷术语》共收入39条,比原来减少了28条。

——为了保持“平版印刷术语”的完整性,在《基本术语》中收入的有关平版印刷的术语条目,也重复收入到《平版印刷术语》中。

——对原术语标准名称对应的英文词进行修订,使其与国际标准的英文名词一致。

本部分由新闻出版总署提出。

本部分由全国印刷标准化技术委员会归口。

本部分起草单位:中国印刷科学技术研究所、北京印刷学院、上海印刷科学技术研究所。

本部分起草人:徐世垣、李家祥。

本部分所代替标准的历次版本发布情况为:GB 9851.5—1988、GB/T 9851.5—1990。

印刷技术术语
第4部分:平版印刷术语

1 范围

GB/T 9851的本部分规定了平版印刷专业用语,以保证在生产、教学和学术等活动中正确应用专业概念。

本部分适用于印刷行业及其相关专业编写标准、出版、教学、科研及供国内外技术交流中使用。

2 平版印刷

2.1

平版印刷 planographic printing

印版的图文部分和非图文部分几乎处于同一平面的印刷方式。

[GB/T 9851.1—2008,5.11]

2.2

石印 stone lithography

使用石板制成印版的直接印刷方式。

2.3

直接平版印刷 direct planographic printing

直接将油墨从印版上转移到承印物上的平版印刷方式。

2.4

间接平版印刷 indirect planographic printing

胶印 offset printing

将印版上的油墨先传递到转印体上(如紧包在滚筒上的橡皮布),再转印到承印物上的平版印刷方式。

2.5

珂罗版印刷 collotype printing

以玻璃板为版基,按照原稿层次制成硬化程度不同而吸墨量不同的明胶图纹作为印版的直接平版印刷方式。

2.6

金属印刷 metal decoration

以金属板为承印物的印刷方式。

[GB/T 9851.1—2008,5.12]

2.7

无水胶印 waterless offset printing

不用润版液的胶印方式。

2.8

亲水性 hydrophilic

印版表面非图文部分对水具有亲合力的性能。

2.9

疏水性　hydrophobic

印版表面图文部分对水具有排斥能力的性能。

2.10

湿压湿印刷　wet-on-wet printing

在多色印刷中，前一印色油墨未干，下一印色油墨随即在其表面叠印。

2.11

油墨叠印　ink trapping

两种或两种以上油墨叠合时的受墨状态。

2.12

实地　solid

网点覆盖率为100%的受墨区域。

2.13

水墨平衡　ink-water balance

在正常印刷状态下，油墨和润湿液之间的相对稳定关系。

2.14

相对反差值　relative contrast value

实地与特定网目调值区域的密度之差与实地密度的比值，也称 *K* 值。用以确定打样和印刷的给墨量。

2.15

网点增大　dot gain

印刷品上的阶调值与分色片上相应部分的阶调值之差。用百分数表示。

注：对于CTP制版，网点增大是指印刷品上的阶调值与印版上相应部分的阶调值之差。

[GB/T 17934.1—1999,3.20]

2.16

B-B式胶印　blanket-to-blanket offset

以一对橡皮布滚筒相互滚压的双面印刷方式。

2.17

润版　dampening

为了保持印版非图文区域的疏墨性，用润湿液将印版表面润湿。

3　胶印机

3.1

胶印机　offset press

通过橡皮布滚筒将印版图文转印到承印物上的一种平版印刷机。

3.2

印版滚筒　plate cylinder

印版的圆柱形支承体。

[GB/T 9851.1—2008,6.2]

3.3

压印滚筒　impression cylinder

承印物的圆柱形支承体。

[GB/T 9851.1—2008,6.2]

3.4

橡皮布滚筒　blanket cylinder

橡皮布的圆柱形支承体。

3.5

润湿装置　damping unit

传送和调节润湿液的装置。

3.6

滚压　rolling

胶印机橡皮布滚筒和印版滚筒或压印滚筒在压力下相对滚动。

3.7

滚枕　cylinder bearer

滚筒两端的凸起钢环，用以确定滚筒间隙，是调节滚筒中心距和确定包衬厚度的依据。

4　印刷材料

4.1

印刷材料　materials for planographic printing

印刷生产中使用的承印物及其他原辅料的总称。

4.2

橡皮布　blanket

由橡胶涂层和基材(如织物)构成的复合材料制品，在间接平版印刷中，用于将油墨从印版转移至承印物上。

4.3

印刷原色油墨　process colour ink

四色印刷规定使用的油墨，通常指黄、品红、青和黑色油墨。

4.4

润湿液　fountain solution

在印刷过程中使印版非图文部分保持疏墨性水溶液。

5　胶印故障

5.1

胶印故障　offset printing trouble

影响印刷正常进行或印张质量缺陷的总称。

5.2

条痕　streaks

常出现在平网区域、与滚筒轴向平行的带状印痕。

5.3

起脏　scumming

印版的非图文区域出现不应有的着墨现象。

5.4

堆墨　ink piling

油墨和其他物质堆积在印刷机传递油墨的部件上。

[GB/T 9851.1—2008,7.5]

5.5

脱墨　roller stripping

墨辊受润湿液浸蚀而排斥油墨的现象。

5.6

油墨乳化　ink emulsification

印刷过程中油墨吸附润湿液的现象。

5.7

重影　doubling

图文元素出现双重轮廓的一种缺陷。

[GB/T 9851.1—2008,7.6]

5.8

幻影　ghost image

因局部供墨不足在印张上产生的浅淡影像,俗称鬼影。

5.9

起毛　picking

印刷过程中因油墨黏性过大或纸张表面强度差,导致纸张纤维、填料或涂料从纸张表面脱落或被拉起的现象。

5.10

粘脏　set-off

印张上未干的油墨粘在相邻印张背面。

[GB/T 9851.1—2008,7.2]

5.11

糊版　filling in

油墨和/或纸粉沉积在印版的细小空白区。

[GB/T 9851.1—2008,7.4]

5.12

透印　print through

在背面可见印在正面的图文。

[GB/T 9851.1—2008,7.3]

参 考 文 献

[1] GB/T 9851.1—2008 印刷技术术语 第1部分:基本术语.

[2] GB/T 17934.1—1999 印刷技术 网目调分色片、样张和印刷成品的加工过程控制 第1部分:参数和测试方法.

中 文 索 引

英 文 索 引

ICS 37.100.01
A 17

中华人民共和国国家标准

GB/T 9851.5—2008
代替 GB/T 9851.6—1990

印刷技术术语 第5部分：凹版印刷术语

**Terminology of graphic technology—
Part 5: Terms for recess printing**

2008-07-02 发布 2008-12-01 实施

中华人民共和国国家质量监督检验检疫总局
中国国家标准化管理委员会 发布

前　言

GB/T 9851《印刷技术术语》分为7个部分。

第1部分：基本术语；

第2部分：印前术语；

第3部分：凸版印刷术语；

第4部分：平版印刷术语；

第5部分：凹版印刷术语；

第6部分：孔版印刷术语；

第7部分：印后加工术语。

本部分为GB/T 9851的第5部分。

本部分代替GB/T 9851.6—1990《印刷技术术语　第6部分：凹版印刷术语》。

本部分与GB/T 9851.6—1990相比主要修改如下：

——根据技术发展增加了滚筒抛光、套筒式印版、凹版雕刻机、故障等词条。

——删去了部分过时的词条，如：凹印网屏、乳白拷贝底片、晒网目、碳素纸敏化、晒阳图、腐蚀故障。删除过于细小的词条，如：刮墨刀行程、刮墨刀角度。

——修改：合并一些词条，如单浴腐蚀和多浴腐蚀并为滚筒腐蚀。

本部分由新闻出版总署提出。

本部分由全国印刷标准化技术委员会归口。

本部分起草单位：上海印刷技术研究所、中国印刷科学技术研究所。

本部分起草人：朱道源、李家祥。

本部分所代替标准的历次版本发布情况为：GB 9851.6—1988、GB/T 9851.6—1990。

印刷技术术语
第5部分:凹版印刷术语

1 范围

GB/T 9851的本部分规定了凹版印刷范围内的专业用语,以保证在生产、教学和学术等活动中正确应用专业概念。

本部分适用于印刷行业及其相关专业编写标准、出版、教学、科研、生产及供国内外技术交流中使用。

2 凹版印刷

2.1

凹版印刷 recess printing

印版的图文部分低于非图文部分的印刷方式。

[GB/T 9851.1—2008,5.13]

2.2

间接凹版印刷 indirect gravure printing

通过橡皮滚筒转印的凹版印刷方式。

2.3

线雕凹印 intaglio printing

在刚性平板或卷筒板上,图像区域被雕刻成低于非图像区域的线条,将油墨从线条中直接传递到承印物上的凹版印刷方式。

2.4

网目调凹印 halftone gravure

通过网穴大小和深浅变化来再现其阶调值的凹版印刷方式。

2.5

照相凹印 photogravure

经照相和腐蚀在印版上形成凹陷深度不同的图文印版的凹版印刷方式。

3 版滚筒制备

3.1

版滚筒制备 cylinder preparation

滚筒经表面镀铜、车磨、抛光工艺处理,以备用于雕刻或腐蚀工艺制作凹版。

3.2

镀基铜 basic coppering

在备用凹版滚筒的基材上镀铜的加工过程。

3.3

镀制版铜 skin coppering

在已抛光的凹版滚筒基铜层上镀制版铜层的加工过程。

3.4

滚筒车磨　cylinder griding

用特种车刀、砂轮、细砂纸等对凹版滚筒表面进行加工的方式。

3.5

光亮镀铜　geazed skin coppering

滚筒车磨后，在电解液中加入有机添加剂使镀成的铜层具有光泽的特殊工艺。

3.6

滚筒抛光　cylinder polishing

提高凹版滚筒表面光洁度的加工方式。

4　凹版制作

4.1

凹版制作　gravure forme making

在版滚筒表面用雕刻或腐蚀方式制成凹印印版的过程。

4.2

过版　transfer

把晒版后涂有感光胶层的炭素纸上的图文转移到凹印滚筒表面的工艺。

4.3

滚筒腐蚀　cylinder etching

用化学液处理凹版滚筒的方式。

4.4

修版　retouching

用机械、化学或手工等方法修正凹版滚筒缺陷的工艺。

4.5

滚筒镀铬　cylinder chrome-plating

为提高耐印率，凹版滚筒表面进行镀铬的工艺。

4.6

网穴　cell

凹版上的贮墨凹坑，依印刷墨量的需要改变凹坑的开口和深度。

4.7

网墙　cell wall

用于分隔网穴并支撑凹印刮墨刀的基体。

4.8

手工雕刻凹版　hand engraved intaglio plate

运用手工雕刻(或阳模挤压)工艺制成的凹印印版。

4.9

腐蚀凹版　etching gravure

运用化学液或电解液腐蚀工艺制成的凹印印版。

4.10

电子雕刻凹版　electronic engraved gravure

运用电子、激光等先进技术雕刻制成的凹印印版。

4.11

套筒式凹版　sleeve-type forme

以套筒制成的一种可方便装卸的凹印版。

5 凹印设备

5.1

凹印设备 gravure equipment

用于凹印制版或印刷的机器。

5.2

单张凹印机 sheet fed gravure press

适用于单张承印材料印刷的凹印设备。

5.3

卷筒凹印机 web gravure press

适用于卷筒承印材料印刷的凹印设备。

5.4

刮墨刀 doctor blade

凹版印刷机上用于刮去凹版滚筒表面多余油墨的薄片。

5.5

凹版雕刻机 engraving machine

采用机械、激光、电子束等技术雕刻制作凹印版的设备。

6 故障

6.1

故障 trouble

凹版印刷过程中导致印品上出现缺陷现象的通称。

6.2

刮墨刀线 doctor blade streaks

因刮墨装置不良,在印品上引起的沿滚筒旋转方向出现的条状墨线。

6.3

彗星条纹 comet streak

因网墙上的尘粒、墨皮或纸屑,在印品上引起的彗星状条影。

6.4

边缘发毛 feathering

印品图文边缘粗糙不光洁的现象。

参 考 文 献

[1] GB/T 9851.1—2008 印刷技术术语 第1部分:基本术语.

中 文 索 引

英 文 索 引

ICS 37.100.01
A 17

中华人民共和国国家标准

GB/T 9851.6—2008
代替 GB/T 9851.7—1990

印刷技术术语
第6部分:孔版印刷术语

Terminology of graphic technology—
Part 6: Terms for permeographic printing

2008-07-02 发布　　2008-12-01 实施

中华人民共和国国家质量监督检验检疫总局
中国国家标准化管理委员会　发布

前　言

GB/T 9851《印刷技术术语》分为7个部分。

第1部分：基本术语；

第2部分：印前术语；

第3部分：凸版印刷术语；

第4部分：平版印刷术语；

第5部分：凹版印刷术语；

第6部分：孔版印刷术语；

第7部分：印后加工术语。

本部分为GB/T 9851的第6部分。

本部分代替GB/T 9851.7—1990《印刷技术术语　第7部分：孔版印刷术语》。

本部分与GB/T 9851.7—1990相比主要修改如下：

——对原标准收入的50条术语作了全面调整，删除了一些陈旧过时的术语17，如“誊印版印刷”、“打印蜡版印刷”、“刻漆膜网印版”、“预涂漆”等，保留了原来的33条术语。

——对原术语标准的英文对应词进行了修改，使其与国际标准的英文名词相一致。

——新增补27个条目，其中25条是等效采用ISO 12637-2中的条目，结合我国实际情况，参照ISO国际标准术语概念加以定义。补充新技术术语2条，如“计算机直接制版”、“投影制版”。修订后的《孔版印刷术语》共收入59条，比原标准增加9条。

——为了保持“孔版印刷术语”的完整性，在《基本术语》中收入的有关孔版印刷的术语条目，也重复收入到《孔版印刷术语》中。

本部分由新闻出版总署提出。

本部分由全国印刷标准化技术委员会归口。

本部分起草单位：中国网印及制像协会、中国印刷科学技术研究所。

本部分起草人：裴桂范、徐世垣、李家祥。

本部分所代替标准的历次版本发布情况为：GB 9851.7—1988、GB/T 9851.7—1990。

印刷技术术语
第6部分：孔版印刷术语

1 范围

GB/T 9851 的本部分规定了孔版印刷专业用语，以保证在生产、教学和学术等活动中正确应用专业概念。

本部分适用于印刷行业及其相关专业编写标准、出版、教学、科研及供国内外技术交流中使用。

2 孔版印刷

2.1

孔版印刷　permeographic printing

印版在图文区域漏墨而非图文区域不漏墨的印刷方式。

[GB/T 9851.1—2008,5.14]

2.2

网版印刷　screen printing

印版在图文区域呈筛网状开孔的孔版印刷方式。

[GB/T 9851.1—2008,5.14.1]

2.2.1

静电网版印刷　electrostatic screen printing

利用静电场的作用，使墨粉通过金属网印版后被吸附到承印物表面上的印刷方式。

2.2.2

曲面印刷　curved surface screen printing

在圆柱形、球形和圆锥形等物体的表面上进行网版印刷的方式。

2.3

镂空版印刷　stencil printing

在木片、纸板、金属或塑料等片材上刻画出图文，制出镂空版，通过刷涂或喷涂方法使色料透过通孔，附着在承印物上的孔版印刷方式。也称型版印刷。

2.4

网距　off-contact distance

印刷时，网印版底面与承印物之间的距离。

2.5

油墨消耗量　ink consumption

使用某一印版印刷时所需要的油墨的湿体积。

2.6

置墨区　ink set

在网印版表面的上部放置油墨的非刮印区域。

2.7

剥离距离　ink trail

在刮印过程中，借助于油墨，承印物与网印版在一定的时间内保持接触，以完成油墨转移。由此，剥离距离是指在刮墨过程中从刮墨刀的后缘到承印物与网印版脱离点之间的长度。

2.8

印版回弹 snap-off

印刷过程中,网印版与附着于承印物上的油墨之间缓慢剥离的过程。

2.9

刮墨角度 squeegee angle

刮墨刀与承印物水平面或与压印辊接触点的切线之间的夹角。

2.10

刮墨区 squeegee area

刮墨刀在印版上刮墨运行的区域。

2.11

刮墨压力 squeegee pressure

刮墨刀在某一段行程内作用于印版上的线压力。

2.12

理论油墨容积 theoretical ink volume

丝网厚度与通孔面积的乘积。

2.13

回墨 flooding

在印刷之前使网印版的通孔充满油墨的操作。

2.14

印刷面 printing side

网印版与承印物相接触的一面。

2.15

刮墨面 squeegee side

网印版与刮墨刀相接触的一面。

3 网印版

3.1

网印版 screen forme

由版膜、版膜承载体和网框组成的、图文区域为筛网状通孔的一种印版。

3.2

版膜 stencil film

在网版承载体上附着的感光胶或其他材料的膜层。

3.3

圆网印版 cylinder screen forme

呈圆筒状的金属网印版。

3.4

丝网膜版 screen stencil

丝网与承载的感光胶膜、膜片或其他材料膜层的组合体。

3.5

膜版通孔面积 stencil open area

膜版上所有图文区域面积的总和。

3.6

版膜厚度　stencil film thickness

承载体上附着的感光胶膜或其他材料膜层的厚度，即膜版厚度与版膜承载体的厚度之差。

3.7

膜版承载体面积　stencil carrier area; stencil mesh area

承载版膜的网状承载体（丝网）的长与宽的乘积。

3.8

直接法制版　direct screen making

直接在网状承载体上涂布感光乳剂膜，然后晒制网印版的方法。

3.8.1

感光胶　photo-emulsion

刮涂于承载体上形成版膜的感光性乳剂。

3.9

间接法制版　indirect screen making

先将感光膜片固着在网状承载体上，然后晒制网印版的方法。

3.9.1

感光膜片　indirect photosensitive film

间接法制作网印版使用的一种带感光膜层的胶片。

3.10

直接-间接法制版　direct-indirect screen making

采用直接制版与间接制版组合的方法制作网印版。

3.11

计算机直接制版　computer to screen

借助于计算机图文处理技术，将页面信息直接输出到膜版上制作网印版的技术。

3.12

投影制版　projection screen making

利用投影放大技术，将阳图分色片放大投影到网印膜版上制作网印版的技术。

3.13

绷网机　stretching machine

将丝网绷紧在网框上的装置。

3.14

涂胶器　coating trough

将感光乳剂刮涂到膜版承载体上的装置。

3.15

网框　screen printing frame

固定并支撑膜版载体的框架装置。

3.15.1

固定式网框　fixed screen frame

用绷网机绷紧并固定版膜承载体的框架。

3.15.2

自绷式网框　self-stretching screen frame

自身能绷紧或能重复绷紧版膜承载体的框架。

3.16

丝网　screen mesh

一种用经纬线编制而成,具有大小相同开孔的版膜承载体。

3.16.1

研平丝网　calendared mesh

经过单面或双面压延处理,网丝的一面或两面呈现扁平状的丝网。

3.16.2

染色丝网　dyed mesh

能防止晒版时产生光折射的黄色或橘黄色的丝网。

3.16.3

丝网目数　mesh count

丝网单位长度内的网丝数量。单位为目/厘米(mesh/cm)。

3.16.4

丝网厚度　thickness of mesh

网印膜版承载体上下两面之间的距离。

3.16.5

丝网延伸率　relative mesh elongation

丝网延伸的长度与丝网原长度的比。

3.16.6

丝网张力　mesh tension

网印膜版的承载体处于受力状态下对网框所施加的拉力。

3.16.7

网孔宽度　width of mesh opening

在丝网水平位置上测得的两条相邻经线或纬线之间的距离。

3.16.8

丝网通孔率　open mesh area percentage

丝网网孔的总面积与相应的丝网总面积之比,用百分数表示。

4　网版印刷机

4.1

网版印刷机　screen printing machine

网版印刷用的机器。有平面印刷机和曲面印刷机、平网印刷机和圆网印刷机之分。

4.2

平面印刷机　flat surface screen printing machine

印刷平面承印物的网版印刷。

4.3

曲面印刷机　curved surface screen printing machine

印刷呈圆柱形、球形、椭圆形、圆锥形及不规则形状承印物的网版印刷机。

4.4

平网印刷机　flat screen printing machine

使用平面网印版的印刷机。

4.5

圆网印刷机　cylinder screen press

使用滚筒形网印版的印刷机。印版与承印物同线性速度运行,可印刷连续图形。由于是从滚筒印版内侧供墨，故刮墨刀装于滚筒印版内侧。

4.6

印刷台　printing table

网版印刷机放置、固定平面承印物，并与刮墨刀共同产生有效压印力的装置。

4.7

刮墨刀　squeegee

迫使网印版紧抵承印物，并使油墨透过网印版的通孔转移到承印物上，同时刮除印版上多余油墨的装置。

4.8

刮墨胶条　squeegee blade

刮墨刀的刀状橡胶部分。

4.9

回墨板　ink flooding blade

将刮墨刀刮到终端的油墨送回到刮墨刀起始位置的装置。

5　印刷故障

5.1

印刷故障　printing trouble

在网版印刷过程中，影响印刷正常进行或造成印品质量缺陷的问题总称。

5.2

堵版　filling in

油墨固着在网印版图像区域的开孔中，造成印品墨色不匀现象。

5.3

锯齿效应　saw-tooth effect

由于丝网网孔的影响，致使印版图文边缘呈现锯齿状，从而造成印刷品印迹不清晰的缺陷。

5.4

暗影　ghost image

网版印刷中，重复使用的版膜承载体由于受前一次印刷主色的影响，使印刷图像的颜色密度发生非预设性的局部变化，俗称鬼影。

5.5

重影　doubling

在印品上，一种颜色的线条或网点旁边出现同一色的浅色影像，导致印刷图像不清晰和色彩偏移的质量缺陷。

参 考 文 献

[1] GB/T 9851.1—2008 印刷技术术语 第1部分:基本术语.

中 文 索 引

英 文 索 引

ICS 37.100.01
A 17

GB

中华人民共和国国家标准

GB/T 9851.7—2008
代替 GB/T 9851.9—1990

印刷技术术语
第7部分:印后加工术语

Terminology of graphic technology—
Part 7: Terms for postpress

2008-07-02 发布　　　　2008-12-01 实施

中华人民共和国国家质量监督检验检疫总局
中国国家标准化管理委员会　发布

前　言

GB/T 9851《印刷技术术语》分为7个部分。

第1部分:基本术语;

第2部分:印前术语;

第3部分:凸版印刷术语;

第4部分:平版印刷术语;

第5部分:凹版印刷术语;

第6部分:孔版印刷术语;

第7部分:印后加工术语。

本部分是GB/T 9851的第7部分。

本部分代替GB/T 9851.9—1990《印刷技术术语　第9部分:印后加工术语》。

本部分与GB/T 9851.9—1990相比主要修改如下:

——增加了印后加工机械和包装成形两方面的术语。包括胶粘装订联动线、精装联动线、骑马装订联动生产线、折页机、配页机、制盒机、三面切书机、烫印机、模切机、切纸机、锁线机、覆膜机、糊壳机等和制袋、制盒、制箱、制罐、制杯、制信封等术语。

——删除了部分过细词条,如卷轴装、经折装和蝴蝶装等。

——增加部分更能反映印后加工技术的词条,如易撕线、裁切等。

本部分由新闻出版总署提出。

本部分由全国印刷标准化技术委员会归口。

本部分起草单位:上海印刷技术研究所、中国印刷科学技术研究所。

本部分起草人:朱道源、徐世垣、李家祥、王淮珠。

本部分所代替标准的历次版本发布情况为:GB 9851.9—1988、GB/T 9851.9—1990。

印刷技术术语
第7部分:印后加工术语

1 范围

GB/T 9851的本部分规定了印后加工专业用语,以保证在生产、教学和学术等活动中正确应用专业概念。

本部分适用于印刷行业及其相关专业编写标准、出版、教学、科研及供国内外技术交流中使用。

2 印后

2.1

印后 postpress

使印刷品获得所要求的形状和使用性能以及产品分发的后序加工。

[GB/T 9851.1—2008,8.1]

2.2

装订 binding

将印张加工成册所需的各种加工工序的总称。

2.3

表面整饰 finishing

对印刷品进行上光、覆膜、烫箔、压凹凸或其他装饰加工的工艺总称。

[GB/T 9851.1—2008,8.2]

2.4

包装产品成形 forming for packaging

将印品制作成物品包装容器的加工工艺。

2.5

印后设备 postpress equipment

在印后加工过程中采用的各种设备。

3 装订工艺

3.1

装订工艺 binding process

将印张加工成册所采用的各种方式。

3.2

平装 soft-cover binding

书芯经订联后,包粘软质封面、裁切成册的工艺方式。

3.3

精装 hard-cover binding

书芯经订联、裁切、造型后,用硬纸板作书壳的,表面装潢讲究和耐用、耐保存的一种书籍装订方式。

3.4

线装 Chinese thread sewing

用线将书页连封面装订成册,订线露在外面的中国传统装订方式。

3.5

活页装　loose-leaf binding

以各种夹、扎、穿等方式将散页和封面连接在一起并可分拆装订方式。

3.6

豪华装　costly binding

用贵重的装帧材料和特殊工艺技术制成的有保存价值和收藏价值的书籍装订方式。

3.7

胶粘订　perfect binding

将书帖、书页用胶黏剂粘联成册的订联方式。

3.8

锁线订　thread sewing

将书帖逐帖用线穿订成册的订联方式。

3.9

铁丝订　wire side-stitching

用金属丝将书帖订联成册的方法。

3.10

塑料线烫订　plastic thread sealing

用塑料线将书帖最后一折缝穿订并熔融成书帖的订联方式。

3.11

折页　paper folding

将印张按页码顺序折叠成书帖的工艺。

3.12

配页　gathering

将书帖或单页按顺序配集成册的工艺。

3.13

包本　covering

将订或粘好的书芯，在书背和订口上滴黏剂把封面包粘住的工艺。

3.14

扒圆　rounding

将裁切后的书芯背部加工成圆弧形的工艺。

3.15

起脊　backing

在扒圆的书脊部加工出一条隆起棱线的工艺。

3.16

书帖　signature

书籍印张按页码顺序折叠成一迭的书页。

3.17

书芯　bookblock

未上封面的书册。

3.18

天头　head margin

版心上沿至成品幅面上沿之间的空白区域。

[GB/T 9851.2—2008，3.4]

3.19

地脚　bottom margin

版心下沿至成品幅面下沿之间的空白区域。

[GB/T 9851.2—2008,3.5]

3.20

订口　binding edge

版心内侧边缘至成品幅面装订边缘之间的空白区域。

[GB/T 9851.2—2008,3.6]

3.21

切口　cutting edges

版心外侧边缘至成品幅面裁切边缘之间的空白区域。

[GB/T 9851.2—2008,3.7]

3.22

书背　book back

指书帖配册后需粘联的部分。

3.23

环衬　end paper

书芯前后各粘的一折两页的纸张。

3.24

飘口　overhang cover edges

精装书壳超出书芯切口的部分。

3.25

书壳　book case

一种用硬纸板或软质封面、经加工后制成书籍封面。

3.26

护封　jacket

保护书籍封面的外套。

3.27

勒口　flap

书籍封面沿切口向里折叠的部分。

4　整饰工艺

4.1

整饰工艺　finishing process

在书籍封面或其他印刷品上进行装饰性加工的方式。

4.2

压凹凸　embossing

用模具将凹凸图案或纹理压到印品上的工艺。

4.3

压痕　creasing

用模具在印品上压出线痕的工艺。

4.4

易撕线　tear line

用模具在印张规定位置加工出的断续轧压线。

4.5

上光　coating

在印品表面涂布透明光亮材料的工艺。

4.6

覆膜　film laminating

将涂有黏合剂的塑料薄膜覆合到印品表面的工艺。

4.7

烫印　hot foil-stamping

在纸张、纸板、纸品、涂布类等物品上，通过烫模将烫印材料转移在被烫物上的加工。

4.8

裁切面装饰　decoration of cutting edges

在书籍的裁切面上加工金属箔、颜色或花纹图案的工艺。

4.9

分切　slitting

将成卷材料或印品裁成所需宽度卷材的工艺。

4.10

模切　die cutting

用模具将印品切成所需形状的工艺。

4.11

裁切　cutting

将纸张、印张、书册等按所需尺寸切开的工艺。

4.12

三面切　three-knife trimming

用三面切书机将书册按要求尺寸切齐的工艺。

5　包装成形工艺

5.1

包装成形工艺　forming process for packaging

将印品制作成物品包装容器的加工过程。

5.2

制袋　bag-making

用粘合、缝纫和热合等方法制袋的工艺。

5.3

制盒　box-making

用锁、粘、订联等方法制成盒的工艺。

5.4

制箱　carton-making

用开槽、订、粘、套合、折叠等方法制成箱的工艺。

5.5

制罐　tin-making

用螺旋式卷绕和平卷式卷绕方法制成罐的工艺。

5.6

制杯　cup-making

将杯体和杯底胶合成复合型纸杯的工艺。

5.7

制信封　envelop-making

用模切成型和粘合方法制成信封的工艺。

6　印后加工设备

6.1

印后加工设备　postpress equipment

用于印刷后加工的机械设备的总称。

6.2

联动线　producing line

多种工艺、工序在同一生产线上完成的机械设备。

6.2.1

胶粘装订联动线　adhesive binding line

从配帖、压平、铣背、上胶、包封面，到三面切齐连线作业的加工线，有的还连接堆积机和打包机。

6.2.2

精装联动线　hard-cover binding line

从压平、扒圆起脊、贴书背纸、粘书背布、上环衬、粘堵头、上书壳、压槽成形到上护封的连线加工线。

6.2.3

骑马装订联动生产线　saddle stitching line

由配搭机、铁丝订书机、切书机组合成的，采用骑马订书形式的联动机。

6.3

折页机　paper folding machine

将印张按页码顺序折成书帖的机械。

6.4

配页机　gathering machine

将书帖依顺序组成册的机器。

6.5

制盒机　box and case making machine

用锁、粘、订联等方法制成盒的设备。

6.6

三面切书机　three-knife trimmer

一次将书册三面切口切净的机器。

6.7

烫印机　hot foil-stamping machine

将烫印材料或印版图文经热压转移到被烫物体上的机器。

6.8

模切机 die-cutting machine

在纸张或纸板上，按模具图文形状加工成不同式样规格产品的机器。

6.9

切纸机 paper-cutting machine

一种裁切各幅面纸张、纸板的切纸刀。

6.10

锁线机 book-sewing machine

使用线逐帖连接书册的机器。

6.11

覆膜机 film laminating machine

将塑料薄膜与纸张粘合在一起的机器。

6.12

糊壳机 book case making machine

将软质封面与硬质纸板粘合在一起，制成书壳的机器。

7 故障

7.1

故障 trouble

在印后加工过程中影响生产正常进行或造成印刷成品质量缺陷的现象的总称。

7.2

八字皱 splay crimple

书帖在折页过程中出现八字型的皱折。

7.3

折缝空 interstitial signature

书帖折后折缝处不实，有空隙的现象。

7.4

错帖 disordered signature

没按书帖顺序配成的书册的现象。

7.5

掉页 page pulling off

书册装订完成后书芯中页张脱落的现象。

7.6

书芯断裂 bookblock breakaway

书册装订后翻阅时出现书芯分离散开的现象。

7.7

小页 shrunken page

书册装订裁切后书芯内有的页张缩进小于书册尺寸的现象。

7.8

书壳翘曲 book-case warping

精装书制成后书壳表面不平向上弯曲的现象。

7.9

起泡　bubble

覆膜后塑料薄膜与印刷品之间出现气泡的现象。

注：修改 CY 42—2007 的 3.9。

7.10

褶皱　creases

覆膜产品出现的不可展开的重叠现象。

[CY 42—2007,3.6]

7.11

起膜　delamination

覆膜后出现的局部或全部的塑料薄膜与印刷品分离的现象。

注：修改 CY 42—2007,3.3。

参 考 文 献

[1] GB/T 9851.1—2008 印刷技术术语 第1部分:基本术语.
[2] GB/T 9851.2—2008 印刷技术术语 第2部分:印前术语.
[3] CY 42—2007 纸制印刷品覆膜过程控制及检验方法 第1部分:基本要求.

中 文 索 引

英 文 索 引

ICS 71.040.30
G 62

中华人民共和国国家标准

GB/T 9853—2008
代替 GB/T 9853—1988

化学试剂　无水硫酸钠

Chemical reagent—Sodium sulfate anhydrous

(ISO 6353-2:1983, Reagents for chemical analysis—Part 2: Specifications—First series, NEQ)

2008-05-15 发布　　　　2008-11-01 实施

中华人民共和国国家质量监督检验检疫总局
中国国家标准化管理委员会　发布

前 言

本标准与 ISO 6353-2:1983《化学分析试剂——第 2 部分:规格 第 1 系列》中 R35“无水硫酸钠”的一致性程度为非等效。

本标准代替 GB/T 9853—1988《化学试剂 无水硫酸钠》,与 GB/T 9853—1988 相比主要变化如下:

——澄清度试验的规格由“合格”调整为“3 号”、“5 号”(1988 年版的 3.3;本版的第 4 章);

——澄清度试验、水不溶物、氯化物、磷酸盐、总氮量、铁、重金属 7 项改用化学试剂通用方法测定(1988 年版的 4.3.1、4.3.2、4.3.4、4.3.5、4.3.6、4.3.9、4.3.10;本版的 5.5、5.6、5.8、5.9、5.10、5.13、5.14);

——增加了测定灼烧失量的计算公式(1988 年版的 4.3.3,本版的 5.7);

——增加了附录 A(本版的附录 A)。

本标准的附录 A 为资料性附录。

本标准由中国石油和化学工业协会提出。

本标准由全国化学标准化技术委员会化学试剂分会(SAC/TC 63/SC 3)归口。

本标准起草单位:广东光华化学厂有限公司。

本标准主要起草人:张志斌、陈群清。

本标准于 1976 年首次发布,于 1988 年第一次修订。

化学试剂 无水硫酸钠

分子式：Na_2SO_4

相对分子质量：142.04（根据2005年国际相对原子质量）

1 范围

本标准规定了化学试剂中无水硫酸钠的性状、规格、试验、检验规则和包装及标志。

本标准适用于化学试剂中无水硫酸钠的检验。

2 规范性引用文件

下列文件中的条款通过本标准的引用而成为本标准的条款。凡是注日期的引用文件，其随后所有的修改单（不包括勘误的内容）或修订版均不适用于本标准，然而，鼓励根据本标准达成协议的各方研究是否可使用这些文件的最新版本。凡是不注日期的引用文件，其最新版本适用于本标准。

GB/T 601 化学试剂 标准滴定溶液的制备

GB/T 602 化学试剂 杂质测定用标准溶液的制备（GB/T 602—2002，ISO 6353-1：1982，NEQ）

GB/T 603 化学试剂 试验方法中所用制剂及制品的制备（GB/T 603—2002，ISO 6353-1：1982，NEQ）

GB/T 609 化学试剂 总氮量测定通用方法（GB/T 609—2006，ISO 6353-1：1982，NEQ）

GB/T 6682 分析实验室用水规格和试验方法（GB/T 6682—2008，ISO 3696：1987，MOD）

GB/T 9723—2007 化学试剂 火焰原子吸收光谱法通则

GB/T 9724 化学试剂 pH值测定通则（GB/T 9724—2007，ISO 6353-1：1982，NEQ）

GB/T 9727 化学试剂 磷酸盐测定通用方法（GB/T 9727—2007，ISO 6353-1：1982，NEQ）

GB/T 9729 化学试剂 氯化物测定通用方法（GB/T 9729—2007，ISO 6353-1：1982，NEQ）

GB/T 9735 化学试剂 重金属测定通用方法（GB/T 9735—2008，ISO 6353-1：1982，NEQ）

GB/T 9738 化学试剂 水不溶物测定通用方法（GB/T 9738—2008，ISO 6353-1：1982，NEQ）

GB/T 9739 化学试剂 铁测定通用方法（GB/T 9739—2006，ISO 6353-1：1982，NEQ）

GB 15346 化学试剂 包装及标志

HG/T 3484 化学试剂 标准玻璃乳浊液和澄清度标准

HG/T 3921 化学试剂 采样及验收规则

3 性状

本试剂为无色透明结晶或粉末，溶于水。

4 规格

无水硫酸钠的规格见表1。

表1

名称	分析纯	化学纯
含量（Na_2SO_4），w/%	≥99.0	≥98.0
pH值（50 g/L，25℃）	5.0～8.0	5.0～8.0

表 1（续）

名　称	分析纯	化学纯
澄清度试验/号	≤3	≤5
水不溶物，w/%	≤0.005	≤0.02
灼烧失量，w/%	≤0.2	≤0.5
氯化物(Cl)，w/%	≤0.001	≤0.005
磷酸盐(PO_4)，w/%	≤0.001	≤0.002
总氮量(N)，w/%	≤0.000 5	≤0.001
钾(K)，w/%	≤0.01	—
钙(Ca)，w/%	≤0.002	≤0.005
铁(Fe)，w/%	≤0.000 5	≤0.001 5
重金属(以 Pb 计)，w/%	≤0.000 5	≤0.002

5　试验

5.1　警告

本试验方法中使用的部分试剂具有毒性和腐蚀性，一些试验过程可能导致危险情况，操作者应采取适当的安全和健康措施。

5.2　一般规定

本章中除另有规定外，所用标准滴定溶液、标准溶液、制剂及制品，均按 GB/T 601、GB/T 602、GB/T 603 的规定制备，实验用水应符合 GB/T 6682 中三级水规格，样品均按精确至 0.01 g 称量，所用溶液以“%”表示的均为质量分数。

5.3　含量

称取 0.2 g 样品，精确至 0.000 1 g。溶于 20 mL 水中，注入强酸性阳离子交换柱（处理及再生方法见附录 A），以约 5 mL/min 的流速进行交换，交换液收集于锥形瓶中，用水洗涤交换柱，洗至滴下溶液呈中性，收集交换液及洗涤液，加 2 滴酚酞指示液（10 g/L），用氢氧化钠标准滴定溶液[c(NaOH)＝0.1 mol/L]滴定至溶液呈粉红色。

无水硫酸钠的质量分数 w，数值以%表示，按式(1)计算：

$$w=\frac{V\times c\times M}{m\times 1\ 000}\times 100 \qquad \cdots\cdots(1)$$

式中：

V——氢氧化钠标准滴定溶液体积的数值，单位为毫升(mL)；

c——氢氧化钠标准滴定溶液浓度的准确数值，单位为摩尔每升(mol/L)；

M——无水硫酸钠摩尔质量的数值，单位为克每摩尔(g/mol)[$M(\frac{1}{2}Na_2SO_4)=71.02$]；

m——样品质量的数值，单位为克(g)。

5.4　pH 值

按 GB/T 9724 的规定测定。

5.5　澄清度试验

称取 12 g 样品，溶于 100 mL 水中，其浊度不得大于 HG/T 3484 中规定的下列澄清度标准：

分析纯……………………………………………………3 号；

化学纯……………………………………………………5 号。

5.6 水不溶物

称取 20 g 样品，溶于 200 mL 沸水中，冷却至室温后，按 GB/T 9738 的规定测定。

5.7 灼烧失量

称取 2 g 样品，精确至 0.000 1 g，置于已在 600℃灼烧至恒量的坩埚中，于 600℃的高温炉中灼烧至恒量。

灼烧失量的质量分数 w_1，数值以%表示，按式(2)计算：

$$w_1 = \frac{m_1 - m_2}{m_1} \times 100 \qquad \cdots\cdots(2)$$

式中：

m_1——灼烧前样品质量的数值，单位为克(g)；

m_2——灼烧至恒量后样品质量的数值，单位为克(g)。

5.8 氯化物

称取 1 g 样品，溶于 20 mL 水中，按 GB/T 9729 的规定测定。溶液所呈浊度不得大于标准比浊溶液。

标准比浊溶液的制备是取含下列数量的氯化物标准溶液：

分析纯……………………………………………………………………0.01 mg Cl；

化学纯……………………………………………………………………0.05 mg Cl。

与样品同时同样处理。

5.9 磷酸盐

称取 2 g 样品，溶于适量水中，加 2 滴饱和 2,4-二硝基酚指示液，用硝酸溶液(13%)中和至黄色消失，稀释至 20 mL。取 10 mL，按 GB/T 9727 的规定测定。溶液所呈蓝色不得深于标准比色溶液。

标准比色溶液的制备是取含下列数量的磷酸盐标准溶液：

分析纯……………………………………………………………………0.01 mg PO_4；

化学纯……………………………………………………………………0.02 mg PO_4。

稀释至 10 mL，与同体积试液同时同样处理。

5.10 总氮量

称取 2 g 样品，按 GB/T 609 的规定测定。溶液所呈黄色不得深于标准比色溶液。

标准比色溶液的制备是取含下列数量的氮标准溶液：

分析纯……………………………………………………………………0.01 mg N；

化学纯……………………………………………………………………0.02 mg N。

与样品同时同样处理。

5.11 钾

按 GB/T 9723—2007 的规定测定。

5.11.1 仪器条件

光源：钾空心阴极灯；

波长：766.5 nm；

火焰：乙炔-空气。

5.11.2 测定方法

称取 2 g 样品，溶于水，稀释至 100 mL。取 10 mL，共 4 份。按 GB/T 9723—2007 中 7.2.2 的规定测定，结果按 7.2.3 的规定计算。

5.12 钙

按 GB/T 9723—2007 的规定测定。

5.12.1 仪器条件

光源：钙空心阴极灯；

波长：422.7 nm；

火焰：乙炔-空气。

5.12.2 测定方法

称取 20 g 样品，溶于水，稀释至 100 mL。取 20 mL，共 4 份。按 GB/T 9723—2007 中 7.2.2 的规定测定，结果按 7.2.3 的规定计算。

5.13 铁

称取 2 g 样品，溶于 15 mL 水中，用盐酸溶液(15%)调节溶液的 pH 值至 2 后，按 GB/T 9739 的规定测定。溶液所呈红色不得深于标准比色溶液。

标准比色溶液的制备是取含下列数量的铁标准溶液：

分析纯……………………………………………………………………0.01 mg Fe；

化学纯……………………………………………………………………0.03 mg Fe。

与样品同时同样处理。

5.14 重金属

称取 4 g 样品，溶于水，稀释至 20 mL，取 15 mL，按 GB/T 9735 的规定测定。溶液所呈暗色不得深于标准比色溶液。

标准比色溶液的制备是取剩余的 5 mL 样品溶液及含下列数量的铅标准溶液：

分析纯……………………………………………………………………0.01 mg Pb；

化学纯……………………………………………………………………0.04 mg Pb。

稀释至 15 mL，与同体积样品溶液同时同样处理。

6 检验规则

按 HG/T 3921 的规定进行采样及验收。

7 包装及标志

按 GB 15346 的规定进行包装、贮存与运输，并给出标志，其中：

包装单位：第 4 类；

内包装形式：NB-4、NBY-4、NB-5、NBY-5、NB-7、NB-8、NB-10、NB-11、NB-13、NB-15；

隔离材料：GC-2、GC-3、GC-4；

外包装形式：WB-1、WB-2、WB-3。

附　录　A
（资料性附录）
强酸性阳离子交换树脂的处理及再生方法

A.1　仪器

A.1.1　交换柱材料：玻璃管或聚乙烯管。

A.1.2　交换柱内径：10 mm～20 mm。

A.1.3　树脂床高度：约 400 mm（膨胀后树脂体积占交换柱高度的 2/3）。

A.1.4　树脂颗粒度：0.2 mm～0.8 mm。

A.2　处理方法

取适量的强酸性阳离子交换树脂于烧杯中（干树脂，应先用饱和氯化钠溶液浸泡，再逐步稀释氯化钠溶液，以免树脂膨胀而破碎），用水漂洗至澄清后，加水浸泡 12 h～24 h，使其充分膨胀。排去水后，加入"乙醇（95%）"（体积分数）浸泡 24 h。用水洗至无醇味后，加入盐酸溶液（1+3）浸泡 2 h～3 h，用水洗至中性，加入氢氧化钠溶液（100 g/L），浸泡 2 h～3 h，水洗至中性，再用盐酸溶液（1+3）漂洗，并浸泡 24 h，经常搅拌。用盐酸溶液（1+3）漂洗三次。

将经上述处理的树脂装入交换柱中，用 400 mL 盐酸溶液（1+3）以 10 mL/min 的流量洗涤树脂，再用水洗至洗液呈中性。用水浸泡，备用。

A.3　再生方法

将失效的强酸性阳离子交换树脂移入烧杯中，用盐酸溶液（1+3）漂洗三次，并浸泡 24 h，经常搅拌。将盐酸溶液排尽，再用盐酸溶液（1+3）漂洗三次。

将经上述处理的树脂装入交换柱，用 400 mL 盐酸溶液（1+3）以 10 mL/min 的流量洗涤树脂，再用水洗至滴下溶液呈中性。用水浸泡，备用。

ICS 71.040.30
G 63

中华人民共和国国家标准

GB/T 9854—2008
代替 GB/T 9854—1988

化学试剂 二水合草酸(草酸)

Chemical reagent—Oxalic acid dihydrate

(ISO 6353-2:1983, Reagents for chemical analysis—
Part 2: Specifications—First series, NEQ)

2008-05-15 发布 2008-11-01 实施

中华人民共和国国家质量监督检验检疫总局
中国国家标准化管理委员会 发布

前　言

本标准与 ISO 6353-2:1983《化学分析试剂——第 2 部分:规格　第 1 系列》中 R20“二水合草酸”的一致性程度为非等效。

本标准代替 GB/T 9854—1988《化学试剂　草酸》,与 GB/T 9854—1988 相比主要变化如下:

——标准名称改为“二水合草酸(草酸)”;

——澄清度试验的规格由“合格”调整为“2 号”、“3 号”、“5 号”(1988 年版的 3.2,本版的第 4 章);

——水不溶物、灼烧残渣、硫酸盐、总氮量、重金属 5 项改用化学试剂通用方法测定(1988 年版的 4.2.2、4.2.3、4.2.5、4.2.6、4.2.9;本版的 5.5、5.6、5.8、5.9、5.12)。

本标准由中国石油和化学工业协会提出。

本标准由全国化学标准化技术委员会化学试剂分会(SAC/TC 63/SC 3)归口。

本标准负责起草单位:北京益利精细化学品有限公司。

本标准主要起草人:赵玉峰、赵秀华。

本标准于 1965 年首次发布,于 1976 年第一次修订、1988 年第二次修订。

化学试剂 二水合草酸(草酸)

分子式:$C_2H_2O_4 \cdot 2H_2O$

相对分子质量:126.07(根据2005年国际相对原子质量)

1 范围

本标准规定了化学试剂中二水合草酸的性状、规格、试验、检验规则和包装及标志。

本标准适用于化学试剂中二水合草酸的检验。

2 规范性引用文件

下列文件中的条款通过本标准的引用而成为本标准的条款。凡是注日期的引用文件,其随后所有的修改单(不包括勘误的内容)或修订版均不适用于本标准,然而,鼓励根据本标准达成协议的各方研究是否可使用这些文件的最新版本。凡是不注日期的引用文件,其最新版本适用于本标准。

GB/T 601 化学试剂 标准滴定溶液的制备

GB/T 602 化学试剂 杂质测定用标准溶液的制备(GB/T 602—2002,ISO 6353-1:1982,NEQ)

GB/T 603 化学试剂 试验方法中所用制剂及制品的制备(GB/T 603—2002,ISO 6353-1:1982,NEQ)

GB/T 609 化学试剂 总氮量测定通用方法(GB/T 609—2006,ISO 6353-1:1982,NEQ)

GB/T 6682 分析实验室用水规格和试验方法(GB/T 6682—2008,ISO 3696:1987,MOD)

GB/T 9728 化学试剂 硫酸盐测定通用方法(GB/T 9728—2007,ISO 6353-1:1982,NEQ)

GB/T 9735 化学试剂 重金属测定通用方法(GB/T 9735—2008,ISO 6353-1:1982,NEQ)

GB/T 9737 化学试剂 易炭化物质测定通则(GB/T 9737—2008,ISO 6353-1:1982,NEQ)

GB/T 9738 化学试剂 水不溶物测定通用方法(GB/T 9738—2008,ISO 6353-1:1982,NEQ)

GB/T 9741—2008 化学试剂 灼烧残渣测定通用方法(ISO 6353-1:1982,NEQ)

GB 15346 化学试剂 包装及标志

HG/T 3484 化学试剂 标准玻璃乳浊液和澄清度标准

HG/T 3921 化学试剂 采样及检验规则

3 性状

本试剂为无色结晶,在温热、干燥的空气中风化,溶于水和乙醇。

4 规格

二水合草酸的规格见表1。

表 1

名　　称	优级纯	分析纯	化学纯
含量($C_2H_2O_4 \cdot 2H_2O$),w/%	≥99.8	≥99.5	≥99.5
澄清度试验/号	≤2	≤3	≤5
水不溶物,w/%	≤0.002	≤0.005	≤0.01
灼烧残渣(以硫酸盐计),w/%	≤0.01	≤0.02	≤0.05

表 1（续）

名　称	优级纯	分析纯	化学纯
氯化物(Cl)，w/%	≤0.000 5	≤0.002	≤0.005
硫酸盐(SO_4)，w/%	≤0.001	≤0.002	≤0.005
总氮量(N)，w/%	≤0.001	≤0.002	≤0.005
钙(Ca)，w/%	≤0.001	≤0.003	≤0.005
铁(Fe)，w/%	≤0.000 2	≤0.000 5	≤0.002
重金属(以 Pb 计)，w/%	≤0.000 2	≤0.000 4	≤0.001
易炭化物质	合格	合格	合格

5　试验

5.1　警告

本实验方法中使用的部分试剂具有毒性和腐蚀性，一些实验过程可能导致危险情况，操作者应采取适当的安全和健康措施。

5.2　一般规定

本章中除另有规定外，所用标准滴定溶液、标准溶液、制剂及制品，均按 GB/T 601、GB/T 602、GB/T 603 的规定制备，实验用水应符合 GB/T 6682 中三级水规格，样品均按精确至 0.01 g 称量，所用溶液除“乙醇(95%)”为体积分数外，以“%”表示的均为质量分数。

5.3　含量

称取 0.2 g 样品，精确至 0.000 1 g。溶于 100 mL 含有 8 mL 硫酸的水中，用高锰酸钾标准滴定溶液[$c(\frac{1}{5}KMnO_4)=0.1$ mol/L]滴定，近终点时加热至 65℃，继续滴定至溶液呈粉红色，保持 30 s。同时作空白试验。

二水合草酸的质量分数 w，数值以%表示，按式(1)计算：

$$w=\frac{(V_1-V_2)\times c\times M}{m\times 1\ 000}\times 100 \qquad \cdots\cdots(1)$$

式中：

V_1——高锰酸钾标准滴定溶液体积的数值，单位为毫升(mL)；

V_2——空白试验消耗高锰酸钾标准滴定溶液体积的数值，单位为毫升(mL)；

c——高锰酸钾标准滴定溶液浓度的准确数值，单位为摩尔每升(mol/L)；

M——二水合草酸摩尔质量的数值，单位为克每摩尔(g/mol)[$M(\frac{1}{2}C_2H_2O_4\cdot 2H_2O)=63.04$]；

m——样品质量的数值，单位为克(g)。

5.4　澄清度试验

称取 12 g 样品，溶于 100 mL 水中，其浊度不得大于 HG/T 3484 中规定的下列澄清度标准：

优级纯……………………………………………………2 号；

分析纯……………………………………………………3 号；

化学纯……………………………………………………5 号。

5.5　水不溶物

称取 50 g 样品，溶于 400 mL 沸水中，冷却至室温后，按 GB/T 9738 的规定测定。

5.6　灼烧残渣

称取 10 g 样品，按 GB/T 9741—2008 中 4.2 的规定测定，结果按第 5 章的规定计算。

5.7 氯化物

称取 2 g(化学纯取 1 g)样品，溶于 25 mL 水，加 5 mL 硝酸及 1 mL 硝酸银溶液(17 g/L)，摇匀，放置 10 min。溶液所呈浊度不得大于标准比浊溶液。

标准比浊溶液的制备是取含下列数量的氯化物标准溶液：

优级纯……………………………………………………………0.01 mg Cl；

分析纯……………………………………………………………0.04 mg Cl；

化学纯……………………………………………………………0.05 mg Cl。

与样品同时同样处理。

5.8 硫酸盐

称取 2 g(化学纯取 1 g)样品，置于蒸发皿中，加 2 mL 水、0.5 mL 无水碳酸钠溶液(50 g/L)、3 mL “30%过氧化氢”及 0.5 mL 硝酸，盖上表面皿，在水浴中保温 1 h，蒸干，加 5 mL 盐酸溶液(20%)再蒸干，残渣溶于 20 mL 水中(必要时过滤)，加 0.5 mL 盐酸溶液(20%)酸化后，按 GB/T 9728 的规定测定。溶液所呈浊度不得大于标准比浊溶液。

标准比浊溶液的制备是含取下列数量的硫酸盐标准溶液：

优级纯……………………………………………………………0.02 mg SO_4；

分析纯……………………………………………………………0.04 mg SO_4；

化学纯……………………………………………………………0.05 mg SO_4。

与样品同时同样处理

5.9 总氮量

称取 2 g(化学纯取 1 g)样品，溶于 140 mL 水中，按 GB/T 609 的规定测定。溶液所呈黄色不得深于标准比色溶液。

标准比色溶液的制备是取含下列数量的氮标准溶液：

优级纯……………………………………………………………0.02 mg N；

分析纯……………………………………………………………0.04 mg N；

化学纯……………………………………………………………0.05 mg N。

与样品同时同样处理。

5.10 钙

称取 1 g(优级纯取 2 g)样品，置于铂坩埚中，加 1 mL 硫酸，加热至样品全部挥发，于 800℃灼烧 20 min，冷却，加 5 mL 盐酸加热溶解，在水浴上蒸干，残渣溶于 50 mL 水。取 10 mL，加 10 mL“乙醇(95%)”、0.5 mL 混合碱及 1 mL 乙二醛缩双邻氨基酚乙醇溶液(2 g/L)，放置 5 min，用 5 mL 三氯甲烷萃取(温度不超过 30℃)，立即比色。有机层所呈紫红色不得深于标准比色溶液。

标准比色溶液的制备是取含下列数量的钙标准溶液：

优级纯……………………………………………………………0.004 mg Ca；

分析纯……………………………………………………………0.006 mg Ca；

化学纯……………………………………………………………0.010 mg Ca。

稀释至 10 mL，与同体积试液同时同样处理。

5.11 铁

称取 2.5 g 样品，溶于 40 mL 水中，加 2 mL 5-磺基水杨酸溶液(100 g/L)，摇匀，加 8 mL 氨水，摇匀，溶液所呈黄色不深于标准比色溶液。

标准比色溶液的制备是取含下列数量的铁标准溶液：

优级纯……………………………………………………………0.005 mg Fe；

分析纯……………………………………………………………0.013 mg Fe；

化学纯……………………………………………………………0.050 mg Fe。

与样品同时同样处理。

5.12 重金属

称取 5 g 样品，置于蒸发皿中，加 3 mL 水、5 mL 硝酸及 5 mL“30%过氧化氢”，盖上表面皿，在水浴上保温 1 h，蒸干，加 2.5 mL 硝酸及 2.5 mL 水再蒸干，残渣溶于 20 mL 水中，用氨水溶液(10%)调节溶液 pH 值至 4 后，按 GB/T 9735 的规定测定。溶液所呈暗色不得深于标准比色溶液。

标准比色溶液的制备是取含下列数量的铅标准溶液：

优级纯……………………………………………………………0.01 mg Pb；

分析纯……………………………………………………………0.02 mg Pb；

化学纯……………………………………………………………0.05 mg Pb。

与样品同时同样处理。

5.13 易炭化物质

称取 1 g 样品，置于干燥的蒸发皿中，加 10 mL 硫酸，加热至硫酸蒸气开始逸出，冷却。溶液所呈颜色不得深于标准比色溶液。

标准比色溶液的制备是取含下列体积的 GB/T 9737 中规定的 P 号标准色：

优级纯…………………………………………………0.8 mL P 号标准色；

分析纯…………………………………………………1.2 mL P 号标准色；

化学纯…………………………………………………2.0 mL P 号标准色。

用盐酸标准溶液[c(HCl)＝0.1 mol/L]稀释至 10 mL。

6 检验规则

按 HG/T 3921 的规定进行采样及验收。

7 包装及标志

按 GB 15346 的规定进行包装，贮存及运输，并给出标志，其中：

包装单位：第 4、5 类；

内包装形式：NB-4、NBY-4、NB-5、NBY-5、NB-7、NB-8、NB-10、NB-11、NB-13、NB-15；

隔离材料：GC-2、GC-3、GC-4；

外包装形式：WB-1、WB-2、WB-3。

ICS 71.040.30
G 63

中华人民共和国国家标准

GB/T 9855—2008
代替 GB/T 9855—1988

化学试剂
一水合柠檬酸（柠檬酸）

Chemical reagent—
Citric acid monohydrate

（ISO 6353-2:1983，Reagents for chemical analysis—
Part 2:Specifications—First series，NEQ）

2008-05-15 发布　　2008-11-01 实施

中华人民共和国国家质量监督检验检疫总局
中国国家标准化管理委员会　发布

前言

本标准与 ISO 6353-2:1983《化学分析试剂——第 2 部分:规格　第 1 系列》R8“一水合柠檬酸”的一致性程度为非等效。

本标准代替 GB/T 9855—1988《化学试剂　柠檬酸》,与 GB/T 9855—1988 相比主要变化如下:

——标准名称改为“一水合柠檬酸(柠檬酸)”;

——澄清度试验的规格由“合格”调整为“2 号”、“4 号”、“6 号”(1988 年版的 3.2,本版的第 4 章);

——水不溶物、灼烧残渣、氯化物、硫酸盐、草酸盐、铁 6 项改用化学试剂通用方法测定(1988 年版的 4.2.2、4.2.3、4.2.4、4.2.5、4.2.7、4.2.9,本版的 5.5、5.6、5.7、5.8、5.10、5.12);

——调整了硫酸盐(化学纯)、磷酸盐(化学纯)的取样量(1988 年版的 4.2.5、4.2.6,本版的 5.8、5.9)。

本标准由中国石油和化学工业协会提出。

本标准由全国化学标准技术委员会化学试剂分会(SAC/TC 63/SC 3)归口。

本标准起草单位:上海三爱思试剂有限公司。

本标准主要起草人:谢吉、柯德宏、陈静娟。

本标准于 1960 年首次发布,于 1977 年第一次修订、1981 年第二次修订、1988 年第三次修订。

化 学 试 剂
一水合柠檬酸(柠檬酸)

分子式:$C_6H_8O_7 \cdot H_2O$

相对分子质量:210.14(根据 2005 年国际相对原子质量)

1 范围

本标准规定了化学试剂中一水合柠檬酸的性状、规格、试验、检验规则和包装及标志。

本标准适用于化学试剂中一水合柠檬酸的检验。

2 规范性引用文件

下列文件中的条款通过本标准的引用而成为本标准的条款。凡是注日期的引用文件,其随后所有的修改单(不包括勘误的内容)或修订版均不适用于本标准,然而,鼓励根据本标准达成协议的各方研究是否可使用这些文件的最新版本。凡是不注日期的引用文件,其最新版本适用于本标准。

GB/T 601 化学试剂 标准滴定溶液的制备

GB/T 602 化学试剂 杂质测定用标准溶液的制备(GB/T 602—2002,ISO 6353-1:1982,NEQ)

GB/T 603 化学试剂 试验方法中所用制剂及制品的制备(GB/T 603—2002,ISO 6353-1:1982,NEQ)

GB/T 6682 分析实验室用水规格和试验方法(GB/T 6682—2008, ISO 3696:1987,MOD)

GB/T 9723—2007 化学试剂 火焰原子吸收光谱法通则

GB/T 9728 化学试剂 硫酸盐测定通用方法(GB/T 9728—2007,ISO 6353-1:198,NEQ)

GB/T 9729 化学试剂 氯化物测定通用方法(GB/T 9729—2007,ISO 6353-1:198,NEQ)

GB/T 9730 化学试剂 草酸盐测定通用方法(GB/T 9730—2007,ISO 6353-1:198,NEQ)

GB/T 9737 化学试剂 易炭化物质测定通则(GB/T 9737—2008,ISO 6353-1:1982,NEQ)

GB/T 9738 化学试剂 水不溶物测定通用方法(GB/T 9738—2008,ISO 6353-1:1982,NEQ)

GB/T 9739 化学试剂 铁测定通用方法(GB/T 9739—2006,ISO 6353-1:1982,NEQ)

GB/T 9741—2008 化学试剂 灼烧残渣测定通用方法(ISO 6353-1:1982,NEQ)

GB 15346 化学试剂 包装及标志

HG/T 3484 化学试剂 标准玻璃乳浊液和澄清度标准

HG/T 3921 化学试剂 采样及验收规则

3 性状

本试剂为无色结晶或白色颗粒,在干燥空气中易脱水,在潮湿空气中易吸潮,高温下易分解。

4 规格

一水合柠檬酸的规格见表 1。

表 1

名　　称	优级纯	分析纯	化学纯
含量($C_6H_8O_7 \cdot H_2O$),w/%	≥99.8	≥99.5	≥99.0
澄清度试验/号	≤2	≤4	≤6
水不溶物,w/%	≤0.002	≤0.005	≤0.01
灼烧残渣(以硫酸盐计),w/%	≤0.01	≤0.02	≤0.07
氯化物(Cl),w/%	≤0.000 5	≤0.000 5	≤0.005
硫酸盐(SO_4),w/%	≤0.002	≤0.005	≤0.02
磷酸盐(PO_4),w/%	≤0.001	≤0.001	≤0.005
草酸盐(C_2O_4),w/%	≤0.05	≤0.05	—
钙(Ca),w/%	≤0.002	≤0.005	≤0.02
铁(Fe),w/%	≤0.000 3	≤0.000 5	≤0.001
铜(Cu),w/%	≤0.000 5	≤0.000 5	—
铅(Pb),w/%	≤0.000 5	≤0.000 5	≤0.001
易炭化物质	合格	合格	—

5 试验

5.1 警告

本试验方法中使用的部分试剂具有毒性和腐蚀性，一些试验过程中可能导致危险情况，操作者应采取适当的安全和健康措施。

5.2 一般规定

本章中除另有规定外，所用标准滴定溶液、标准溶液、制剂及制品，均按 GB/T 601、GB/T 602、GB/T 603 的规定制备，实验用水应符合 GB/T 6682 中三级水规格，样品均按精确至 0.01 g 称量，所用溶液以"%"表示的均为质量分数。

5.3 含量

称取 2.5 g 样品，精确至 0.000 1 g。溶于 100 mL 水中，加 2 滴酚酞指示液(10 g/L)，用氢氧化钠标准滴定溶液[c(NaOH)=1 mol/L]滴定至溶液呈粉红色，保持 3 min。

一水合柠檬酸的质量分数 w，数值以%表示，按式(1)计算：

$$w=\frac{V\times c\times M}{m\times 1\,000}\times 100 \qquad (1)$$

式中：

V——氢氧化钠标准滴定溶液体积的数值，单位为毫升(mL)；

c——氢氧化钠标准滴定溶液浓度的准确数值，单位为摩尔每升(mol/L)；

M——一水合柠檬酸摩尔质量的数值，单位为克每摩尔(g/mol)[$M(\frac{1}{3}C_6H_8O_7 \cdot H_2O)=70.05$]；

m——样品质量的数值，单位为克(g)。

5.4 澄清度试验

称取 30 g 样品，溶于 100 mL 水中，其浊度不得大于 HG/T 3484 中规定的下列澄清度标准：

优级纯……………………………………2 号；

分析纯……………………………………4 号；

化学纯……………………………………6 号。

5.5 水不溶物

称取 30 g(优级纯取 50 g)样品,溶于 100 mL 水中,在水浴上保温 1 h 后,按 GB/T 9738 的规定测定。

5.6 灼烧残渣

称取 10 g 样品,按 GB/T 9741—2008 中 4.2 的规定测定,结果按第 5 章的规定计算。保留残渣用于钙的测定。

5.7 氯化物

称取 2 g(化学纯取 1 g)样品,溶于 20 mL 水中,按 GB/T 9729 的规定测定。溶液所呈浊度不得大于标准比浊溶液。

标准比浊溶液的制备是取含下列数量的氯化物标准溶液:

优级纯、分析纯……………………………………………………0.01 mg Cl;

化学纯……………………………………………………………0.05 mg Cl。

与样品同时同样处理。

5.8 硫酸盐

5.8.1 试验溶液Ⅰ的制备

称取 7 g 样品,置于烧杯中,加入 0.2 mL 偏钒酸铵溶液(10 g/L)、15 mL 硝酸,盖上表面皿,于水浴上保温 1 h,取下表面皿,蒸干。加 10 mL 硝酸,于水浴上加热蒸发。加 5 mL 盐酸溶液(20%),蒸发至干。残渣溶于 1 mL 盐酸溶液(20%)及适量水中,稀释至 50 mL(必要时过滤)。

5.8.2 参比溶液Ⅰ的制备

称取 2 g 样品,加入下列数量的硫酸盐标准溶液:

优级纯……………………………………………………………0.10 mg SO_4;

分析纯……………………………………………………………0.25 mg SO_4;

化学纯……………………………………………………………1.0 mg SO_4。

按试验溶液Ⅰ的制备方法与样品同时同样处理。

5.8.3 测定方法

量取 10 mL 试验溶液Ⅰ(化学纯取 2.5 mL,稀释至 10 mL),加 0.5 mL 盐酸溶液(20%)酸化后,按 GB/T 9728 的规定测定。溶液所呈浊度不得大于标准比浊溶液。

标准比浊溶液的制备是量取 10 mL 参比溶液Ⅰ(化学纯取 2.5 mL,稀释至 10 mL),与同体积试验溶液Ⅰ同时同样处理。

5.9 磷酸盐

5.9.1 参比溶液Ⅱ的制备

称取 2 g 样品,加入下列数量的磷酸盐标准溶液:

优级纯、分析纯……………………………………………………0.05 mg PO_4;

化学纯……………………………………………………………0.25 mg PO_4。

按试验溶液Ⅰ的制备方法与样品同时同样处理。

5.9.2 测定方法

量取 10 mL 试验溶液Ⅰ(5.8.1)(化学纯取 2 mL,稀释至 10 mL),加 2 滴饱和 2,4-二硝基酚指示液,滴加氨水溶液(10%)至溶液刚呈现黄色,滴加硝酸溶液(13%)至黄色消失,移入分液漏斗中,加 10 mL 硝酸溶液(13%)及 2 mL 钼酸铵溶液(100 g/L),摇匀,放置 20 min。加 10 mL 乙酸丁酯,萃取,静置分层,弃去水相。有机相用盐酸溶液(5%)洗涤两次,每次 5 mL,弃去水相。在有机相中加入 0.2 mL 氯化亚锡-抗坏血酸溶液,轻轻摇动,静置分层,弃去水相。于有机相中加入 1 mL 无水乙醇,混匀。溶液所呈蓝色不得深于标准比色溶液。

标准比色溶液的制备是量取 10 mL 参比溶液Ⅱ(化学纯取 2 mL,稀释至 10 mL),与同体积试验溶液Ⅰ同时同样处理。

5.10 草酸盐

称取 0.2 g 样品，溶于 5 mL 水，按 GB/T 9730 的规定测定。溶液所呈红色不得深于标准比色溶液。

标准比色溶液的制备是取含 0.1 mg 的草酸盐(C_2O_4)标准溶液，与样品同时同样处理。

5.11 钙

按 GB/T 9723—2007 的规定测定。

5.11.1 仪器条件

光源：钙空心阴极灯；

波长：422.7 nm；

火焰：乙炔-空气。

5.11.2 测定

5.11.2.1 试验溶液(Ⅱ)的制备

于灼烧残渣(5.6)测定后的残渣中，加 5 mL 盐酸溶液(10%)，盖上盖，于水浴上加热 15 min，溶解，稀释至 25 mL。

5.11.2.2 测定方法

取 5.0 mL 试验溶液(Ⅱ)(化学纯取 2.5 mL)，稀释至 100 mL，按 GB/T 9723—2007 中 7.2.1 的规定测定，结果按 7.2.3 的规定计算。

5.12 铁

称取 2 g 样品，溶于 15 mL 水中，按 GB/T 9739 的规定测定。溶液所呈红色不得深于标准比色溶液。

标准比色溶液的制备是取含下列数量的铁标准溶液：

优级纯……………………………………………………………0.006 mg Fe；

分析纯……………………………………………………………0.010 mg Fe；

化学纯……………………………………………………………0.020 mg Fe。

与样品同时同样处理。

5.13 铜

按 GB/T 9723—2007 的规定测定。

5.13.1 仪器条件

光源：铜空心阴极灯；

波长：324.7nm；

火焰：乙炔-空气。

5.13.2 测定方法

量取 5.0 mL 试验溶液(Ⅱ)(5.11.2.1)，稀释至 25 mL。按 GB/T 9723—2007 中 7.2.1 的规定测定，结果按 7.2.3 的规定计算。

5.14 铅

按 GB/T 9723—2007 的规定测定。

5.14.1 仪器条件

光源：铅空心阴极灯；

波长：283.3 nm；

火焰：乙炔-空气。

5.14.2 测定方法

量取 10 mL 试验溶液(Ⅱ)(5.11.2.1)，按 GB/T 9723—2007 中 7.2.1 的规定测定，结果按 7.2.3

的规定计算。

5.15 易炭化物质

按 GB/T 9737 的规定测定。其中：称取 0.3 g 样品，置于 25 mL 干燥比色管中，加 10 mL 硫酸（优级纯，95%±0.5%），将此混合物于 110℃（饱和氯化钠溶液中）加热 10 min。溶液所呈颜色不得深于同体积 H 号标准色。

6 检验规则

按 HG/T 3921 的规定进行采样及验收。

7 包装及标志

按 GB 15346 的规定进行包装、贮存与运输，并给出标志，其中：

包装单位：第 4、5 类；

内包装形式：NBY-4、NBY-5、NBY-7、NBY-8、NBY-10、NBY-11、NBY-13、NBY-15；

隔离材料：GC-2、GC-3、GC-4；

外包装形式：WB-1、WB-2、WB-3。

ICS 37.040.20
G 80

中华人民共和国国家标准

GB/T 9861—2008/ISO 18914:2002
代替 GB/T 9861—1988

成像材料　照相胶片和相纸 照相乳剂湿抗划伤的测量方法

Imaging materials—Photographic film and papers—Method for determining the resistance of photographic emulsions to wet abrasion

(ISO 18914:2002,IDT)

2008-09-24 发布　　2009-05-01 实施

中华人民共和国国家质量监督检验检疫总局
中国国家标准化管理委员会　发布

前　言

本标准等同采用 ISO 18914:2002《成像材料——照相胶片和相纸——照相乳剂湿抗划伤的测量方法》(英文版)。

本标准等同翻译 ISO 18914:2002。

为便于使用,本标准做了以下编辑性修改:

a) “本国际标准”一词改为“本标准”;

b) 用小数点“.”代替作为小数点的逗号“,”;

c) 删除 ISO 18914:2002 的前言,重新编写本标准的“前言”;将国际标准的引言直接翻译作为本标准的引言。

本标准修订并代替 GB/T 9861—1988《感光胶片冲洗过程中抗划伤力测定方法》。

本标准与 GB/T 9861—1988 相比,主要变化如下:

——标准编写格式按 GB/T 1.1—2000 的要求进行;

——增加了前言和引言;

——增加了附录 A。为方便使用,增加了“附录 A 测量结果的单位转换”;

——GB/T 9861—1988《感光胶片冲洗过程中抗划伤力测定方法》虽然其测试方法与国际标准一致,但是在技术内容及编辑叙述方面与国际标准有较大差别,由于本标准等同翻译国际标准,因此本标准与国家标准 GB/T 9861—1988《感光胶片冲洗过程中抗划伤力测定方法》主要有以下几点较大差别:

- 在 GB/T 9861—1988 中定义的是抗划伤力,也就是“被测涂层表面被划破时,针头所施加的压力”,单位为牛顿(N),而本标准的抗划伤性能是按乳剂层被划破时,划针上负载的重量,单位是克,两者在本质上并无区别,但选用的单位不同;
- 文本编辑上没有对应,GB/T 9861—1988 是吸收了国际标准的技术内容后,自行编写的,从文本逻辑上,本标准较规范化,而 GB/T 9861—1988 较实用化;
- GB/T 9861—1988 规定了方法重复性,要求测量的相对标准偏差不大于 15%,而本标准只规定了评价值的显著性水平;
- 标准名称上有差别。标准名称由 1988 版的《感光胶片冲洗过程中抗划伤力测定法》改为《成像材料　照相胶片和相纸　照相乳剂湿抗划伤的测量方法》。GB/T 9861—1988 突出抗划伤“力”,本标准只是说抗划伤性能。GB/T 9861—1988 说明“冲洗过程中”,而本标准仅限定在“湿”状态。

本标准附录 A 为规范性附录。

本标准由中国石油和化学工业协会提出。

本标准由全国感光材料标准化技术委员会(SAC/TC 102)归口。

本标准起草单位:中国乐凯胶片集团公司。

本标准主要起草人:唐志健、程媛。

本标准所代替标准历次版本发布情况为:

——GB/T 9861—1988。

引　言

照相材料的精胶乳剂与冲洗加工机械中任何静止不动的部件互相摩擦，就有可能在加工中造成划伤。用手工盘冲洗胶片或相纸时，由于精胶层太软而可能被外部颗粒、各种尖角或手指甲擦划而出现划伤。

照相乳剂在湿状态下比干状态下更易于被划伤，湿乳剂和精胶背层比支持材料更易于划伤。本标准的测试方法，只能适用于这种湿乳剂层和湿精胶层。干抗划伤可参见参考文献[1]。

照相乳剂和精胶层随时间发生物理变化，这些涂层的湿抗划伤取决于它们在制造时固有的内在性能。在加工前干燥状态下的不同的处理，例如存储温度和含湿量也有影响。

加工过程中抗划伤的情况不仅取决于乳剂的固有特性，加工液的类型、温度和浸泡时间对它也有影响(见参考文献[2]的描述)。测量乳剂抗划伤时这些因素必须仔细控制。

湿抗划伤试验的结果要根据各个材料最终用途来确定其重要性。例如，有些胶片在湿状态下观察，虽然一般胶片和照片是在干燥后才观察或作他用。有些材料在干燥后检查时划伤的影响就较湿状态下小。必须选择最合适的评价方法，并在结果中清楚的说明。

本标准的试验方法提供良好的手段来比较乳剂在不同老化程度、类型、加工液、加工浸泡时间和温度以及后期处理效果等方面的结果。但是不管是连续式、槽式还是盘式加工，许多因素涉及设备工艺，它们不能在试验程序中加以考虑。某个加工系统的抗划伤能力的分析，只能使用该加工系统来操作。

本试验方法也适用于测定精胶乳剂层在正常或加速老化后的物理牢固性，用作此目的时，浸泡在蒸馏水中测定湿抗划伤。

成像材料　照相胶片和相纸 照相乳剂湿抗划伤的测量方法

1　范围

本标准规定了照相乳剂或精胶背层在冲洗加工过程中抗划伤能力的实验室试验方法。

本方法适用于测定加工液性能变化，精胶层特性，加工液温度和加工时间等因素以及这些因素组合一起后对精胶层湿抗划伤能力的影响。

本方法也适用于测定照相乳剂湿状态下的牢固性，但是不适用于评价支持材料的抗划伤性能。

2　设备

2.1　部件

设备应具有下列部件：

——试样可浸泡在蒸馏水或加工液中的样品槽。样品槽可在水平面上平滑移动至少 30 mm 而没有侧向位移。样品槽可以手工推动，也可电机驱动。

——安装在悬臂末端的球形蓝宝石或金刚石划针。依靠悬臂，划针可下降至与试样接触，当样品槽在划针下运动时，在试样表面划出一条直线。划针应与放在溶液槽内的试样垂直接触，对于照相胶片片基上的乳剂可用半径 0.38 mm 的划针，对于照相相纸纸基上的乳剂可用划针针头球半径 0.20 mm 的划针。划针悬臂应能反向平衡以便悬臂下降划针置于乳剂表面时划针上没有负载。

注：在 ISO 18922 中描述，干抗划伤测试设备经过修改后，也能用于本试验。

2.2　设备设计

2.2.1　概要

设备可按两种方式制造。

2.2.2　恒定负载仪器

恒定负载仪器中，配重直接置于一个托盘上。其设计应保证所加配重的重心直接位于划针上，所加配重的范围可以从 1 g～210 g。转臂的转动轴位于带滚花钮螺杆的铰链上或者采用其他措施使划针能横向定位，这样就能在同一试样上划出许多平行线条。也可以采用带横向定位的样品架而划针臂只带简单转轴。

2.2.3　可变负载仪器

也可使用可变负载仪器(举例如图 1)。悬臂下降时，滑块就与下面的滑动架扣住。当滑动架带着样品槽从悬臂轴向外移动时，滑块与它一起运动，这样就能使样品槽随滑动架移动时划针端点的负重不断增加。滑动架全程移动 180 mm，负重从 0 g 增加到 70 g。为扩展设备的测试范围，可在划针正上方的螺杆上直接旋上 50 g、100 g 和 150 g 的配重。

恒定负载仪器和可变负载仪器最好使用不锈钢或其他不生锈材料制作，便于浸入水中清洗。

可在样品槽底部放一块玻璃板，给试样提供一个光滑平整的表面。

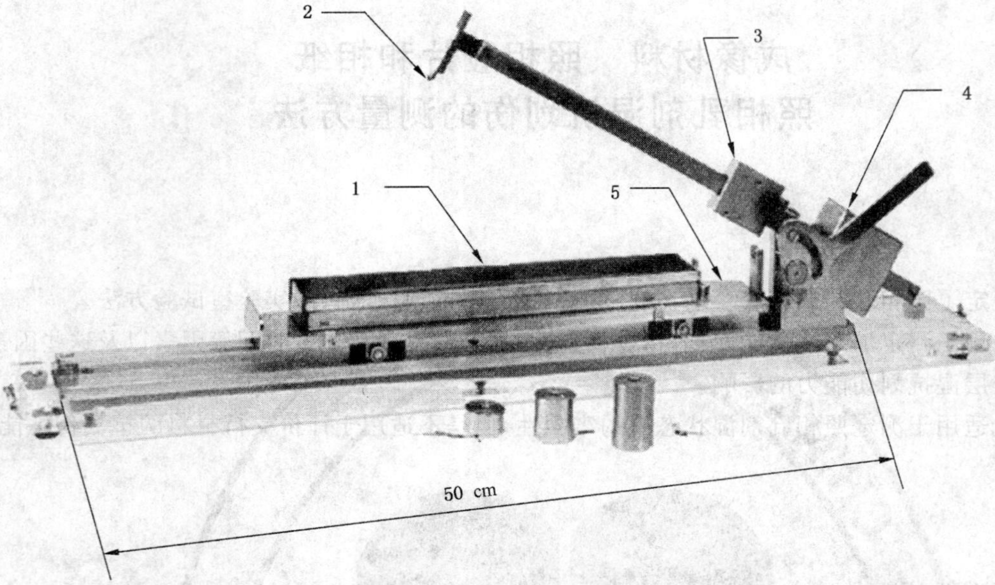

1——35 mm×50 mm 胶片样品槽；
2——划针；
3——滑块；
4——平衡块；
5——滑动架。

图 1 抗划伤试验设备

3 试样准备

不管是未加工的、已加工透明的或已加工最大密度的试样都可以测定它的湿抗划伤，试样应能代表被评价材料的性能。

试样尺寸应为宽 35mm，长约 250mm。如试样的宽度较窄，试样槽横向尺寸应作相应修改。

4 试验方法

4.1 试验步骤

试样放在样品槽的玻璃板上面，受试表面向上，槽里面最好有卡头使试样保持平整，这些卡头不能妨碍划针的工作区域。盘中应加入加工液或蒸馏水。

恒定负载仪器中，经适当加工时间后用把手将划针放下。

注：为了避免占有仪器，可将试样在另一盘中预先经加工液浸泡后再转到该设备中进行评价。

划针与试样表面接触后，将样品槽向前拉，样品槽运动速度保持在 1 s～2 s 内走完全程，每个负载划三条至少长 30 mm 间隔约 6 mm 的线，有时可以一组 4 条线，负载范围因试验材料而不同。

注：如果加工时间太短，在此浸泡时间内也许只能划二条线，如果使用热加工液，有必要将加工液加热至加工温度后再加入加工槽。

使用可变负载仪器时(见图 1)，应在样品盘运动前在试验样品上标示划针的位置。样品盘运动的距离与划针上滑块产生的负载成正比。

如果在透射光下看不到划伤，就在划针上方的螺杆上逐个旋上配重，直至出现划伤。划针上的总负载是配重和滑块产生负载的总和。划针上的最大配重为 150 g，每个试样做三个划线。

为了在一个加工工艺的某一加工液中试验样品，试样在放入评价抗划伤性的那个加工液之前。应在此加工步骤之前每个加工液中浸泡相应的加工时间。例如，一个乳剂样品要做水洗水试验，就要将按常规经过显影定影等步骤后再放入水洗水中做抗划伤试验。

注：如果在一系列加工液中，浸泡时间非常短，也许有必要使加工槽达到所需温度后，再插入试样，然后将此加工槽放入比它大的保温槽中，保温槽中有达到要求温度的加工液。当到达加工过程某一要求的步骤时，再将盛有加工液和试样的加工槽从保温槽中取出，放入仪器做划伤试验。

4.2 评价

湿抗划伤值是划针能挖破乳剂层时划针上负载的质量，单位为克。

可以要求在划伤操作后将正常加工顺序全部完成后进行评价，可以使用反射光线或透射光线观察，试样可以在湿状态或干燥后再进行评估，选择何种条件取决于研究目的。

有些乳剂表面上，划针在首次划破乳剂层后时常会跳出来，看不到一条连续的划破线，此时应对首次划破的重量及能划出连续线的重量都给出评估。

恒定负载仪器的结果与可变负载仪器的结果可能没有可比性。

4.3 结果分析

抗划伤评定值之间差值的显著性是随这些测量值所处范围而不同的。

在 20 g 以下，仅 5 g 的差值就是可复现的稳定差别，在 40 g～100 g 之间，也许 10 g 差值才是显著的，大于 100 g，通常出现 20 g 的差值为显著的。

通常用显著性表示试验结果的真实可测量的差别，对于它在实际应用中的意义没有任何关系。

单位转换，见附录 A。

5 试验报告

试验报告是每个试样多次重复的平均值，以及评价条件的说明，说明包括加工液（或水）、温度和浸泡时间。评定值还要包含下列内容：

——划针的球面半径；

——用反射或透射光观察；

——乳剂状态在湿或干状态下评定；

——试验前和试验后评定前的所有处理步骤；

——使用恒定负载仪器或连续可变负载仪器。

附　录　A
（规范性附录）
测量结果的单位转换

本标准测量结果采用的单位为质量单位 g(克)，实际上相当于重力。g(克)与 N(牛顿)之间的转换关系见式(A.1)：

$$1\,000\ \text{g} = 9.8\ \text{N} \quad \cdots\cdots\cdots\cdots\cdots\cdots\cdots\cdots\cdots\text{(A.1)}$$

按照本标准对抗划伤值的显著性水平的评价标准，在 20 g 以下，仅 5 g 的差值就是可复现的稳定差别，即允许的最大误差为 25%。在 40 g～100 g 之间，也许 10 g 差值才是显著的，即允许的误差在 10%～25%。大于 100 g，通常出现 20 g 的差值为显著的，即允许的最大误差为 20%。如果将式(A.1)近似取为 1 000 g=10 N，引入的误差小于 2%，因此式(A.1)可近似为式(A.2)：

$$100\ \text{g} = 1\ \text{N} \quad \cdots\cdots\cdots\cdots\cdots\cdots\cdots\cdots\cdots\text{(A.2)}$$

依据原标准 GB/T 9861—1988《感光胶片冲洗过程中抗划伤力测定方法》设计的测量仪器，其抗划伤测量结果可采用式(A.2)进行单位转换。

参 考 文 献

[1] ISO 18922 照相材料——冲洗照相胶片——抗划伤测试方法

[2] PARKER,J. T. 和 SUGDEN,L. J. 测量照相乳剂加工过程抗损坏. 照相科学和工程,1963,1-27:41-47;1963 年 1-2

ICS 37.040.20
G 80

中华人民共和国国家标准

GB/T 9864—2008
代替 GB/T 9864—1988

胶片、相纸、乳剂、定影液、污水、淤泥或残留物的银量测定方法

Method for determination of silver in photographic films, papers, emulsions, fixing baths, effluents, sludges or residues

2008-09-24 发布 2009-05-01 实施

中华人民共和国国家质量监督检验检疫总局
中国国家标准化管理委员会 发布

前　言

本标准等同采用美国国家标准 ANSI/PIMA IT4.42:1998《摄影加工过程——银量的测定》(英文版)。本标准等同翻译 ANSI/PIMA IT4.42:1998。

本标准的技术内容和编写格式与 ANSI/PIMA IT4.42:1998 保持一致,为便于使用,本标准做了下列编辑性修改:

a) 为了与原国家标准名称一致而改变标准名称;

b) 删除 ANSI/PIMA IT4.42:1998 的前言,改为本标准的"前言";将引言直接翻译作为本标准的引言;

c) 用 GB/T 1.1—2000 规定的规范性引用文件的引导语代替 ANSI/PIMA IT4.42:1998 的规范性引用文件的引导语。

本标准修订并代替 GB/T 9864—1988《胶片、相纸、乳剂、定影液、污水、淤泥或残留物的银量测定方法》。

本标准与 GB/T 9864—1988 相比,主要变化如下:

——按 GB/T 1.1—2000 的要求编写范围及规范性引用文件;

——增加了原理、准确度、安全和操作预防措施等内容(本版第 3 章、第 4 章、第 5 章,1988 年版第 3 章"方法提要");

——修订了采样、样品保存和处理、结果计算等过程(本版第 6 章、第 8 章、第 9 章、第 10 章,1988 年版第 6 章、第 7 章、第 8 章);

——删除了硫代乙酰胺电位滴定法(1988 年版 8.3);

——删除了附录 B。

本标准附录 A 为规范性附录。

本标准由中国石油和化学工业协会提出。

本标准由全国感光材料标准化技术委员会(SAC/TC 102)归口。

本标准起草单位:中国乐凯胶片集团公司。

本标准主要起草人:曹永丽、冯军。

本标准所代替标准历次版本发布情况为:

——GB/T 9864—1988。

引　言

就产品质量来说,黑白或彩色胶片、相纸中少量未被还原和未被定影的银,是对其在高温、潮湿和辐射等各种条件下的稳定性起作用的因素。对彩色产品,未被还原和未被定影的微量银盐以及未漂白和未定影的银,对染料影像造成了不必要的灰雾密度。

当然定影液中的银含量从经济和质量的角度来看也很重要。是定影液循环使用所必需的。就银回收而言,淤泥、残留物、报废的相纸和胶片中的含银量价值巨大。另外在评估未加工的、部分加工和完全加工的产品时,知道银含量是必要的。

常规的样品保存技术对感光材料样品不适合。在冲洗加工的溶液中,银通常以可溶性的硫酸盐形式存在。分析废液样品的重金属时,一般用硝酸来稳定,但硝酸能氧化硫酸盐引起银沉淀。在缺乏硝酸时,废液中的其他成分甚至与银的络合物相互作用,生成一种包含各种可溶性和不溶性银的不稳定的系统。碘化氰溶液是使摄影废液中的银保持可溶性和稳定性最有效的试剂[1)]。碘化氰溶液同样可用于分析其他摄影加工过程中产生的样品(淤泥、残留物等)。

需要提醒的是,本标准方法可用于分析金属银。但是这些方法对于通常使用火法试金的贵金属商人不能作为仲裁方法。贵金属的采样应更小心地处理,以保证采集有代表性的典型样品。

本标准包括火焰原子吸收光谱法(AAS)[2)]和碘化物的电位滴定法(PT)两种分析方法。方法中提供了样品保存和处理的方法。

样品一旦被碘化氰溶液固定,通常采用AAS法分析样品。而碘化物滴定法要求消化来溶解银,并去除伴随着浓缩样品的煮沸步骤(消化处理A)带来的干扰因素。

推荐用盐酸的标准消解方法不适用于银分析的样品制备。

---

1)　见参考文献[5]。

2)　仪器方法如:电感偶合等离子体发射光谱法(DCP)、直接等离子体发射光谱法(ICP)和X-射线荧光光谱法均可以使用。用户有责任建立其相关性。

胶片、相纸、乳剂、定影液、污水、淤泥或残留物的银量测定方法

1 范围

本标准规定了各种摄影产品及其生产、加工过程中产生的银泥、残留物、冲洗加工溶液及废液中银量的测定方法，包括采样、样品保存和分析方法。

原子吸收光谱测定法(AAS)能直接用于许多类型的样品。消解法 A 适用于低盐分的废液和洗涤水，消解法 B 适用于胶片、相纸、淤泥、树脂及浓缩的加工废液。

2 规范性引用文件

下列文件中的条款通过本标准的引用而成为本标准的条款。凡是注日期的引用文件，其随后所有的修改单(不包括勘误的内容)或修订版均不适用于本标准，然而，鼓励根据本标准达成协议的各方研究是否可使用这些文件的最新版本。凡是不注日期的引用文件，其最新版本适用于本标准。

GB/T 20432.1—2006 摄影 照相级化学品 试验方法 第1部分 通则(ISO 10349-1:2002,IDT)

ISO 6353-1:1982 化学分析试剂 第1部分：一般试验方法

ISO 6353-2:1983 化学分析试剂 第2部分：规范 第一系列

ISO 6353-3:1987 化学分析试剂 第3部分：规范 第二系列

3 原理

3.1 火焰原子吸收光谱分析法(AAS)

银空心阴极灯加热时被激发，发射出包含银原子的紫外波段的光谱辐射。溶液中的银离子被吸入火焰中，当银灯发射出的光通过火焰时，银离子将按照比尔定律关系吸收银的光谱辐射见式(1)：

$$c_{Ag} = k \cdot \lg(t/t_0) \qquad \cdots\cdots(1)$$

式中：

c_{Ag}——银离子的浓度；

t——光通过吸入样品的火焰后在特定波长的光强；

t_0——光通过不含银的参比试样后，在特定波长的光强；

k——常数。

通常用建立校准曲线的方法来明确表示这种关系。

3.2 电位滴定分析法(PT)

用碘化物溶液滴定含银离子的溶液时，将按如下关系式形成碘化银沉淀：

$Ag^+ + I^- \rightarrow AgI$(固体)

无论是用银棒制成的银电极(10.1.2)还是用有适当参比电极的碘化物选择电极制成的银电极，在含有银离子的溶液中都产生电位。

过量的碘化物离子出现时，银离子浓度见式(2)：

$$c_{Ag} = Ksp/c_1 \qquad \cdots\cdots(2)$$

式中：

Ksp——碘化银的溶度积；

c_1——碘离子的浓度。

滴定时，在从银离子过量到碘离子过量的溶解过程中，产生电位突变。

4 准确度

银分析的实际最小检出限(近似值)如下：

直接火焰原子吸收光谱分析法 AAS	0.1 mg/L
电位滴定 PT，消解法 A(样品 500 mL，0.001 mol/L 碘化钾滴定剂)	0.2 mg/L
电位滴定 PT，消解法 B(样品 1.0 mL，0.001 mol/L 碘化钾滴定剂)	100 mg/L

AAS 或消解法 B，胶片、相纸中银的实际最小检出限为 0.01 g/m^2(1.00 $\mu g/cm^2$)

废液样品的银含量为(0.2～4.0)mg/L 时，实验室内测定消解法 A 的 2 σ(2 倍置信限)值为±0.12 mg/L。这些结果基于 6 个不同实验室的 17 个数据计算得出[3]。这个值对于碘化物电位滴定法，无论是用 pH 计的手工操作还是用滴定速度为 0.1mL/min 的自动滴定计，都是真实的。

对于银含量为(0.02～0.05)mg/L 的摄影废液，直接吸入减少 5 倍样品体积的样品时，火焰法 AAS 的 2 倍置信限(2 σ)值为±0.007 mg/L。

5 安全和操作预防措施

本标准给出的银含量分析的测试过程，要求有经验的操作人员细心操作。由于碘化氰稳定剂和其他溶液的危险和/或毒性，样品和试剂溶液的保存和安全处理都要求小心。由于在碘化物电位滴定时，过强地摇动可能使溶液飞溅造成损失，要求操作过程必须小心控制。独有的要求和大量单独类型的条款归纳在随后的操作预防措施中列出。

5.1 危险警告

测试过程中列出的一些化学药品具腐蚀性、有毒或有其他方面的危险。实验室安全惯例要求在处理化学药品时要恰当地使用安全眼镜或护目镜、橡胶手套和其他防护用品，如面罩和工作围裙。对于特别危险的材料，在正文和脚注中已详细列出了危险警告，在执行任何化学品操作时都应始终执行标准的预防措施。

测试过程中一种危险材料第一次提及时，危险将通过单词“危险”及跟在其后面的一个由包含一个字母的角括号“〈〉”组成的符号来指明。双括号“《》”用来表示特别危险的情况。在后续的陈述中包含了危险性物质的处理方法，但只用由括号和字母组成的危险符号标记。此外，对于一个特定的原材料，一个章节内危险性符号只用一次。

危险警示符号不用于用量小于 1 L 的普通有机溶剂，除非它们具有特别的危险性。

详细的处置化学品及其稀释液的警示符号不包含在本部分的范围中。

企业应按法律要求提供培训和健康、安全资料。

本部分采用的危险符号系统只是为使用者提供资料，并不是法律规定的符号，因为各个国家的规定是不同的。

我们极力建议：任何使用这些化学品的人应从制造商那里获取化学品的危险性、处理方法、使用方法和废弃物处置方法。

5.2 危险警示符号

〈B〉吸入伤害。避免吸入粉尘、蒸汽、烟雾或气体。使用时必须有适当的通风设备。

〈C〉接触伤害。避免接触到眼睛、皮肤及衣物。触摸后彻底清洗。

〈F〉易燃。远离热源、火花及明火。使用时要有适当的通风设备。

〈O〉氧化剂。与其他材料接触可能会引起火灾。不要贮存于易燃物附近。

〈S〉吞咽有害。接触后彻底清洗。如不慎吞咽，应立即就医。

---

3) 关于数据如何处理的解释，参见参考文献[6]。

《S》如果吞咽,可能会致命。如果吞咽,立即去就医。

5.3 安全预防措施

5.3.1 所有的吸量管操作时都应使用洗耳球或使用活塞式吸量管。不遵守这条危险警告会导致氰化物中毒。这是一条关键性的安全警告。

5.3.2 消解步骤应在排风量足够大的通风橱内进行。氰化氢或其他有毒物质可以被放出。

5.3.3 所有试验室工作都应佩戴安全眼镜。

5.3.4 碘化氰用次氯酸钠处理可以被分解。

5.4 操作预防措施

5.4.1 在移取测试样品前,应提前足够的时间将碘化氰(CNI)银溶剂加入批量样品中,以保证闭塞或沉淀的银能完全溶解。如果样品是酸性的,在加入碘化氰(CNI)前应先中和。加入碘化氰(CNI)后最少反应时间为 1 h。碘化氰(CNI)可以在批量采样时加入。处理后的样品可保持稳定。

5.4.2 通过加入大量的 CNI(直到加入物达到 20%),批量样品中含有的大量的银会溶解,在加入 CNI 之前的批量采样时间,应做好最初的批量采样体积的标记。测试时 6.2.1.3 给出的稀释系数应与 AAS 值同时使用,来计算试样的真实浓度。对于因颗粒物造成的银浓度很高的样品,建议反应时间是前一天晚上。为了获得真实的银含量,应取具有代表性的典型样品,包括固体和颗粒物质。代表性的采样还应考虑容器壁上吸附或沉淀的银。转移样品时对容器壁进行适当处理是必要的。

5.4.3 使用保护剂 CNI 时,样品容器材料没有特别重要的关系。既然如此,宁愿选择塑料容器从而可以避免破损。不论怎样,样品容器都应完全清洁(见 5.4.5)。

5.4.4 分析样品中溶解的银,要求采样后马上过滤并使用过滤后不会影响银浓度的支持设备。可采用 0.45 μm 的薄膜过滤介质和不锈钢支架。搪瓷玻璃和陶瓷过滤器过滤时可能吸附银,因此不建议使用。

5.4.5 应尽可能使用方便的塑料杯。实验用的玻璃仪器应用 1∶1 的硝酸溶液浸泡 4 h,然后用蒸馏水(见 7.1.3)漂洗数次。从而避免容器壁上吸附的银释放出来,干扰样品测定。

5.4.6 消解应完全,以消除与滴定剂碘化钾起反应的干扰物质。

5.4.7 到达终点前碘化钾的滴定速率不应超过 0.1 mL/min。最后的滴定速率不应超过 0.05 mL/min。这样的滴定速率适用于自动滴定设备。如果银的浓度低,化学反应速率慢,快的滴定速率将会使结果明显升高。

5.4.8 执行规定的清洁和包盖银电极的步骤,将提供正确的硫化物涂层厚度(见 10.1.2)。硫化物试剂的超期使用,能过分包盖电极,从而导致反应速度变慢,结果明显偏高。

5.4.9 消解后的样品量在滴定前应为 150 mL 或更少。样品量过多会降低滴定终点所要求的电位突越,对于银含量低的样品尤其如此。

5.4.10 滴定时样品应强力搅拌,以帮助反应完全。如果不这么做,会导致分析结果失去意义。

5.4.11 所有的容器均应贴上标签并标注日期。适当的警告标签应贴在容器上。

6 采样和样品预处理

本标准包含了分析方法的选择和样品预处理步骤。为了确保分析产生富有意义的结果,恰当的选择和决定是必需的。因此,本条款打算提供系统的、合理的方法使下列内容与材料类型和分析技术的选择一致:

a) 代表性的采样;

b) 采样量的确定;

c) 样品制备。

表 1 提供一个基于样品类型选择处理和分析方法的综述。对 AAS 法,样品的任何处理都是有效的。但适当时,为了简单更倾向于选择 CNI 处理。PT 法要求消解处理,适当时更倾向于选择较弱的消解法 A。对于高固体含量的样品,当 CNI 法不适合后面的操作时,PT 法和 AAS 法要求

更强力的消解法 B。

6.1 采样和样品保存

不管分析何种类型的材料,分析典型的具有代表性的样品都是必要的。为达到这一目的,依照材料类型,呈现出各种程度的复杂性。未曝光的摄影涂层通常是均匀的,采样困难少。另一方面,淤泥和残留物通常是不均匀的,得到有代表性的样品非常困难。尽管冲洗加工溶液采样容易,有高度信心获得有代表性的样品,采集加工过程排放的废水或车间排放的废水可能包括许多困难,应小心注意。

6.1.1 废水

采样应在典型的操作条件下进行,正常状态下采集的样品应能全面代表工厂所排放的废水。能真实代表其排放废水的日常样品要求采样时间要大于 24 h,并且采样量与废水流速成比例。

在意外排放或非常规操作时采集的样品,其结果不具有代表性。

分析方法和对分析结果的要求将决定样品的保存需要。通常推荐所有打算分析银含量的废水样品都用 CNI 处理。值得注意的是打算装运的样品可能违反运输的规章制度。如果这样,可以在到达后再用 CNI 处理,要求是至少在分析前 1 h 处理。使用 CNI 起稳定作用的标准处理方法要求 CNI 的加入率为每 100 mL 样品中加入 1.0 mL 稀释后的(1/20)CNI 工作溶液(A.1.2.3)。

AAS 分析法用 CNI 来稳定样品。加入 CNI 稳定剂后的样品通常可以直接使用。CNI 用于 PT 分析法的样品,来避免容器壁的吸附作用造成材料丢失。PT 分析法要求一个消解过程,只要没有因吸附作用而损失的银,不需要 CNI 稳定剂。

6.1.2 胶片和相纸

未曝光的胶片和相纸通常是均匀的材料,采样困难少。AAS 法要用预先准备好的稀释后的(1/20)CNI 工作溶液(A.1.2.3)处理适当尺寸的样品,随后分析此稳定溶液。PT 法要求消解处理(见 8.3.2,消解法 B)适当的样品。

6.1.3 冲洗加工溶液

冲洗加工溶液通常在采样中不会出现问题。然而为保证溶液均匀,样品溶液应混合(1~2)min,以减少采样误差。某些含高浓度银的溶液,例如定影液(见 6.2.3.1 和表 7)要求使用浓缩的 CNI 原液(A.1.2.2)。按照表 7,银含量低的溶液可使用稀释后的(1/20)CNI 工作溶液(A.1.2.3)处理。如果用 PT 法分析,要求消解处理(见 8.3.1,消解法 B)样品。

6.1.4 离子交换树脂,金属,残留物和淤泥

这些材料是高固态样品的典型代表。通常是不均匀的,须采取适当步骤使样品具有代表性。这些步骤包括多点取样和增大取样量。取样量大,需稀释,但随之样品量增大。这种样品可通过消解法 B 调节。一些残留物和淤泥可以用大量的浓缩的 CNI 原液(A.1.2.2)代替消解法处理后用 AAS 法分析。

6.2 采样量和样品预处理

分析技术的实际最低限度,AAS 法是 0.1 mg/L,PT 法是 0.2 mg/L(见 8.2.2,消解法 A)。AAS 法的最小试样量是 10 mL,相当于 0.001 mg 银。PT 法需要的滴定剂最小量等于 1 mL 浓度为 0.001 mol/L 的碘化钾溶液,这相当于 0.1 mg 银。按照这个要求,滴定法测银要求含银 0.2 mg/L 的最初样品 500 mL。当试着免除浓缩步骤或限制样品量时,分析技术可能扩展到更低的范围[(0.1~0.2)mg/L]。

本标准给出的步骤适用于银含量高的范围。这个范围被认为能更好地适合样品的处理和分析技术。考虑到这点,在随后的步骤中,稀释可能是必要的,但方便和可靠性的增长证明额外的步骤是必要的。

大多数 AAS 仪器操作在银含量(0.1~3.0)mg/L 的范围内呈线性。本标准提供适当的稀释来达到这点。使用不同线性范围的仪器操作,需要对稀释倍数进行适当的调整。为了方便计算,将 1.0 mg/L 用作目标点。适合的样品吸出量是 50 mL(最小量是 10 mL),即 50 mL 样品中含

0.05 mg 银。

滴定时消耗 0.001 mol/L 的碘化钾溶液 10 mL 时，PT 法分析银含量是方便准确的。这相当于 1.08 mg 银，为了获得比较明显的终点，样品量不应超过 150 mL。

一定条件下，可以从样品中直接获得银含量，并且在分析过程中准备好的最初的溶液是适用的。这点在用 AAS 法分析废水、胶片和相纸时尤其可靠。这时，CNI 处理后的适量样品可直接用于 AAS 分析法。

某些情况下，消解步骤或消解后的浓缩步骤是必需的。这时，所取样品中应含有近 0.1 mg 银，对于高固体含量的材料，应含有近 0.5 mg 银。高固体含量的样品，应处理成近似于 100 mg/L 或 500 mg/L 的溶液。这些最初的溶液被稀释成近似于 1.0 mg/L(AAS 法)或 10 mg/L(PT 法)的溶液，用于分析。

显而易见，第一步要求估计样品的银含量。如估计值高于实际值，遇到的问题将是得到低于期望值的银量。这可能会使得结果接近或低于工作限，需要重新采样测试。另一方面，如果估计值低于实际值，将会得到高于分析的工作范围上限的溶液。这时，样品稀释将会提供在分析的工作范围内的溶液。为此，宁愿使银含量的估计值低于希望预期值。

其余的条款包括在依照样品类型和处理方法决定的样品量的测试方法中。表 1 是方法概述并提供了基于样品类型、处理和分析方法所作选择的综述。实际分析既要求样品测量，又要求测量校准。在附录 A 中给出了 AAS 法样品校准的准备方法(见 A.2)。

表 1　方法概述

样品类型	处置	分条款	分析方法	分条款
废水/水洗水	CNI	6.2.1.2 或 6.2.1.3	AAS 法	9.3
	消解法 A	6.2.1.4,8.2.2	AAS 法或 PT 法	9.3 或 10.2
	消解法 B	6.2.1.4,8.3.1	AAS 法或 PT 法	9.3 或 10.2
胶片和相纸	CNI	6.2.2.2	AAS 法	9.3
	消解法 B	6.2.2.3,8.3.2	AAS 法或 PT 法	9.3 或 10.2
加工溶液	CNI(稀释后的)	6.2.3.2	AAS 法	9.3
	消解法 B	6.2.3.3,8.3.2	AAS 法或 PT 法	9.3 或 10.2
高固体废水	消解法 B	6.2.4,8.3.2	AAS 法或 PT 法	9.3 或 10.2

6.2.1　废水和水洗水样品

6.2.1.1　银含量

废水的银含量可能高于 1 000 mg/L，但通常低于 10 mg/L。测试样品时按照表 2，在银含量估计值的基础上取样。

表 2　废水和水洗水用 AAS 法或消解过程所需的测试样品量

银含量估计值/(mg/L)	消解法 A 的测试样品体积/mL	AAS 法稀释倍数
200～1 000	1.0	1.0∶1 000
50～250	5.0	1.0∶100
20～100	10.0	1.0∶100
5～25	50.0	10.0∶100
2～10	100.0	10.0∶100
0.2～2.5	500.0	不稀释
0.1～0.2	1 000.0	不稀释
低于 0.1	浓缩样品	

6.2.1.2 **AAS 法样品制备**

废水含银量在(0.1～3.0)mg/L,可用 AAS 法直接分析。批量样品用稀释后的(1/20)CNI 工作溶液(危险:《S》〈B〉〈C〉)照 100mL 样品中加入 1 mL CNI 试剂的比例进行处理。处理后的溶液放置至少 1 h,然后混匀,直接吸入分光光度计中(见 9.3)。如果需要稀释样品,将其稀释到(0.1～3.0)mg/L 的范围。废水或水洗水样品含银量低于 0.1 mg/L 时,要求按照 8.2.1 对样品进行浓缩,调整到合适的量。

6.2.1.3 **用 AAS 法分析含有重要特定物质样品的预处理**

一些废水可能含有有效量的特定物质。使用 AAS 法时,这些样品可以用修改的 CNI 步骤来处理,可以避免消解步骤。处理含有大量特定物质的批量样品,用浓缩的 CNI 原液(A.1.2.2)(危险:《S》〈B〉〈C〉)。最大用量为批量样品量的 20%。

使用以下采样步骤和修正公式。为计算稀释因子,必须知道表 3 给出的使用的具体量。

a) 如果批量样品是酸性的,先中和它。然后在样品中加入 CNI(危险:《S》〈B〉〈C〉)。放置反应到清澈透明,或放置过夜。

注:过夜处理对溶解银有意义,但可能不会使溶液清澈透明。

b) 强力摇动或混合样品并迅速倒入标好刻度的量筒内,相当于直接测试样品＋该样品的 CNI 加入量(见表 3 中步骤 5)。确定包含代表性样品的特定物质。记录样品量。

c) 通过烧结玻璃或瓷玻璃料吸滤样品,用 CNI(危险:《S》〈B〉〈C〉)和蒸馏水冲洗过滤装置。将滤液倒入标好刻度的量筒,得到溶液体积(见表 3 中步骤 6)。记录溶液总体积。

d) 按式(3)计算稀释系数 K:

$$K = V_6 / V_4 \qquad \cdots\cdots(3)$$

式中:

V_4——直接测试样品量,单位为毫升(mL)(见表 3 中步骤 4);

V_6——过滤后样品总量,单位为毫升(mL)(见表 3 中步骤 6)。

实例:

参阅表 3,稀释系数为

$$K = 750/500 = 1.5$$

因为加入额外的 CNI 来溶解总量样品中的银,所以必须计算稀释系数。AAS 法和电位滴定终点值都要用到稀释系数。AAS 法使用稀释系数的正确公式见式(4):

$$\rho_{Ag} = K \times c_{DR} \qquad \cdots\cdots(4)$$

式中:

ρ_{Ag}——银的质量浓度,单位为毫克每升(mg/L);

K——稀释系数;

c_{DR}——从分光光度计直接读出的质量浓度,单位为毫克每升(mg/L)。

表 3 样品预处理举例

步骤	条 款	容量/mL
1	批量样品	2 000
2	加入 CNI;批量样品的 20%	400
3	总量(步骤 1＋步骤 2)	2 400
4	直接测试样品量(25%的原始批量样品)	500
5	将加入量标刻于量筒上(步骤 3 的 25%)	600
6	过滤和冲洗后的总量	750

6.2.1.4 **PT 分析法的样品预处理**

本法要求初步的消解(见 8.2.2 消解法 A 或 8.3.2 消解法 B)。浓缩步骤(见 8.2.1)用于低银含量且低盐含量的样品,例如水洗水和废水。

6.2.2 胶片和相纸样品

6.2.2.1 **银含量**

胶片和相纸因为材料类型不同及是否经过加工,其银含量各不相同。这类样品可用 AAS 法(用 CNI 处理后)分析,或者消解处理(见 8.3.2)后用 AAS 法或 PT 法分析。直接 AAS 法的适用范围是 100 mL 溶液含有 0.10 mg 银,等于 1.0 mg/L。消解过程的适用范围是 1 L 溶液大约含有 100 mg 银。

加工后的材料图像水平有很大不同,推荐增大采样量来增大可靠性。如果在不同的区域交替采样,最后的样品容量将会成适当的比例。

表 4 对于估计胶片的银含量提供了十分重要的指南。表 5 对于确定胶片和相纸的采样面积有帮助。

表 4 胶片和相纸银含量

产品类型	未加工的/(g/m²)[a]	加工过的/(g/m²)[a]
X-光片		
医用	3.5~6.0	1.7~3.0
工业用/牙医用	5.0~20.0	2.5~10.0
形象艺术胶片	2.0~6.0	0.4~5.0(注)
微型胶片	1.0~2.0	0.5~1.0
彩色胶片		
负片	2.5~11.0	—
反转片	3.0~5.5	—
正片	1.5~2.5	—
黑白胶片	2.5~8.5	1.0~4.0
黑白相纸	0.8~1.5	0.4~0.7
彩色相纸	0.5~2.0	—

注:加工过的形象艺术胶片其银含量的范围很大,因为这些胶片用来做正和负的图象构成。因此,加工后残留的银量在原有银含量的(20~80)%之间变化。

[a] 下面的因数为从 g/m² 转换到 mg/dm²、μg/cm² 和 oz/1 000 ft² 和提供了方便。

转换前	转换为 g/m² 乘以	转换为 mg/dm² 乘以	转换为 μg/cm² 乘以	转换为 oz/1 000 ft² 乘以
g/m²	1	10	100	2.987
mg/dm²	0.10	1	10	0.298 7
μg/cm²	0.010	10	1	0.029 87
oz/1 000 ft²	0.335	3.35	33.5	1

表 5 胶片和相纸银含量测定参数

[用稀释的(1/20)CNI 工作溶液(A.1.2.3)处理后 AAS 法测定(不消解)]

银含量估计值/(g/m²)	采样量/cm²	容量瓶/mL	CNI 溶液体积/mL
10~20	0.5	500	80
2~10	0.5	200	40
0.5~2.5	1.0	100	20
0.2~1.0	1.0	50	10

6.2.2.2 **AAS 法样品处理**

采用 AAS 法时，将测试样品（见表 5）放入单标线容量瓶中，如果需要，将样品切成小片以使其能放入容器。折叠样品（乳剂面在里）以避免乳剂与容器或与其他样品片粘连。按要求加入稀释后的（1/20）CNI 工作溶液（A.1.2.3）。至少搅拌（10～15）s（对于银泥和悬浮固体含量高的样品需搅拌 1 min）。放置至少 30 mim（如果 CNI 溶液不能盖过样品，可适当加些水），加水稀释到刻度。盖好容量瓶的塞子，颠倒数次，摇匀，最少放置 1 h。将溶液再颠倒数次，准备分析（见 9.3）。

6.2.2.3 **PT 法样品处理**

采用消解时，将测试样品（见表 6）切下后按照 8.3.2 给定的步骤处理（消解法 B）。

表 6 用消解法和 PT 法测定的胶片相纸样品量

银含量估计值/（g/m²）	银含量估计值/（μg/cm²）	消解样品量/cm²	KI 滴定液（0.001 mol/L）消耗估计值/mL
2～10	200～1 000	1.0	2～10
0.5～2.5	50～250	2.0	1～5
0.2～1.0	20～100	5.0	1～5

6.2.3 **冲洗加工溶液**

6.2.3.1 **银含量**

各种冲洗加工溶液可能含银，但只有定影液（海波）含有可知数量的银。因此，对于定影液来讲银含量的分析是非常重要的。溶液浓度很低时，例如冲洗水，样品可按照 6.2.1 废水的方法处理，正常的冲洗加工液溶解的固体含量高，应用 8.3.2 中的消解步骤处理（消解法 B）。

冲洗加工溶液的银含量可能在 10 g/L 以上。

6.2.3.2 **AAS 法样品处理——一般程序**

通常，冲洗加工溶液需要 8.2.3 的消解步骤（消解法 B）除去存在的有机物。特殊情况包括低盐分溶液，例如废水（见 6.2.1）或稀释的冲洗加工液（见 6.2.3.3）。

银含量的估计值已经给出。表 7 为测试用样品量。

表 7 AAS 法分析浓缩液时的样品稀释和 CNI 的加入量

一次稀释				二次稀释		
银含量估计值/（g/L）	样品体积/mL	CNI 体积/mL	最终样品体积/mL	一次稀释样品体积/mL	CNI 体积/mL	最终样品体积/mL
2～10	2.0	1[a]	100	1.0	1.0[b]	100
0.5～2.5	10.0	1[a]	100	1.0	1.0[b]	100
0.2～1.0	20.0	1[a]	100	1.0	1.0[b]	100
0.05～0.25	1.0	1[b]	100	无二次稀释要求	无二次稀释要求	无二次稀释要求
0.01～0.05	1.0	1[b]	100			

a 浓缩的 CNI 原液（A.1.2.3）。

b 1/20 稀释的 CNI 工作液（A.1.2.3）。

6.2.3.3 **AAS 法样品处理——稀释溶液程序**

对于稀释的水洗水和可知银含量的定影液，需要稀释的倍数较大，直接 AAS 法可采用简单的 CNI 处理。

直接 AAS 法将适量样品加入 100 mL 单标线容量瓶，按照表 7 加入适当浓度的 CNI 溶液。对含银量超过 0.2 g/L 的样品，需要二次稀释。样品放置 1 h 后，准备分析（见 9.3）。

如需在短时间内获得结果，可测量摇匀后间隔（3～5）s 的样品，或采用厂家推荐的经第三方同意的方法。表 7 和表 8 列出了分析需用的样品量。

表 8　用消解法 B 测定浓缩液所需的样品量和滴定剂浓度

银含量估计值/(g/L)	样品体积/mL	KI 浓度/(mol/L)	大约消耗滴定剂体积/mL
2～10	1.0	0.010 0	2～10
0.5～2.5	1.0	0.001 0	5～25
0.2～1.0	1.0	0.001 0	2～10
0.05～0.25	3.0	0.001 0	1～8
0.01～0.10	10.0	0.001 0	1～10

6.2.3.4　**PT 法样品处理**

消解过程(消解法 B)见 8.3.2。表 8 给出了大约的样品量。

6.2.4　**离子交换树脂、金属、残留物和银泥**

对含固体量高的材料,采样时最重要的是获得具有代表性的样品。这些材料要求用 8.3.2 给出的消解程序处理(消解法 B)。根据估计的含银量在表 9 中找出应用于测量的适当的样品量,消解样品。估计含银量时可用以下范围:

离子交换树脂:质量分数最高 20%;

金属:质量分数最高 100%;

残留物和银泥:质量分数最高 80%。

表 9　高固体材料的样品量

银含量质量分数估计值/%[a]	约含 500 mg 银的样品量/g
20～100	0.5
5～25	2.0
2～10	5.0
0.5～2.5	20.0
0.2～1.0	50.0

[a] 样品含银量与总的样品质量的百分比,即质量分数。

7　试剂和材料

7.1　通则

7.1.1　**处置和标识**

试剂应按照包装容器上标注的或从其他途径获得的健康和安全预防措施处置。适当的制备好的试剂标识有:化学名称、制备日期、失效期、重新标定日期、制备人和适当的健康和安全预防措施。试剂的废弃处置应遵从相应的环境法律、法规。

7.1.2　**纯度**

除非另有规定,试验中所使用的试剂均应为试剂级化学品或满足适用的标准的化学品,以及分析过程可接受的纯度的化学品。细节见 ISO 6353-1:1982,ISO 6353-2:1983 和 ISO 6353-3:1987。

7.1.3　**水**

除非另有规定,试验中只使用蒸馏水或相当纯度的水。

7.1.4　**试剂的浓度**

7.1.4.1　酸和氢氧化铵均为浓溶液,除非另有规定。

7.1.4.2 当需要使用标准溶液时，其溶液浓度用物质的量浓度(mol/L)表示，物质的量浓度的有效数字的位数应足够多，能够保证试剂不影响测试方法的有效性。

7.1.4.3 当不需要标准溶液时，它的质量浓度用每升中含的克数(g/L)表示，数字具有适当的有效数字位数。

7.1.4.4 当溶液被稀释时，稀释液表示为($X+Y$)，即 X 体积的试剂的或浓溶液，用 Y 体积的水(7.1.3)稀释。

7.1.5 玻璃仪器

7.1.5.1 所有用于加热的玻璃仪器均应由耐热的硅硼玻璃制成[4)]。

7.1.5.2 吸管和其他容量玻璃仪器应符合 GB/T 20432.1—2006 中规定的要求。

7.2 原子吸收光谱法(AAS)所用试剂

7.2.1 碘化氰溶液(CNI)(危险：《S》〈B〉〈C〉)[5)]。

7.2.2 银标准溶液：0.5 mg/L，1.0 mg/L，3.0 mg/L，5.0 mg/L[5)]。

7.3 电位滴定法(PT)所用试剂。

7.3.1 乙酸(CH_3COOH)(危险：〈B〉〈C〉)：$\rho\approx1.05$ g/mL。

7.3.2 氢氧化铵(NH_4OH)(危险：〈B〉〈C〉)：$\rho\approx0.91$ g/mL。

7.3.3 过氧化氢(H_2O_2)(危险：〈C〉〈B〉〈O〉)：H_2O_2 质量分数约为 30%。

7.3.4 硝酸(HNO_3)(危险：〈B〉〈C〉〈O〉)：HNO_3 的质量分数约为 70%。

7.3.5 碘化钾标准溶液(KI)：0.1 mol/L，0.01 mol/L，0.001 mol/L[5)]。

7.3.6 硝酸钾溶液(KNO_3)：饱和的。

在 100 mL 水中加入 50 g 硝酸钾。搅拌 5 min 然后加热到室温。试剂容器中保持多余的不溶解的硝酸钾晶体。

7.3.7 硝酸银标准溶液($AgNO_3$)：0.100 mol/L，0.010 mol/L，0.001 mol/L[5)]。

7.3.8 硫酸(H_2SO_4)(危险：《C》)：$\rho\approx1.84$ g/mL。

8 试样准备

给出三种样品准备方法。第一种方法(见 8.1)，是用 CNI 处理各种类型样品的简化方法，通常适用于 AAS 法的直接分析。第二和第三种方法是消解技术。第一种消解技术(见 8.2)包括浓缩和消解过程，适用于分析稀释材料的两种方法(AAS 法或 PT 法)。第二种消解技术(见 8.3)是一种更强力的消解法，对于有高固体含量材料的废水是必需的。如果拿不准，应采用第二种消解步骤。

8.1 碘化氰(CNI)处理

用 AAS 法，CNI 保存方法通常去除了消解预处理的必要。一个例外可能是样品含有大量的特定物质或胶体悬浮液。这种情况下，可以尝试着加入更多量的 CNI(批量样品体积 20% 以上的 CNI 浓缩原液(A.1.2.2)(危险：《S》〈B〉〈C〉)(见 6.2.1.3)，并使用恰当的修正量。

8.2 浓缩和消解(消解法 A)

本技术适用于低银含量和低盐分含量的废水(用容量瓶控制样品浓度，见表 10)。

警告——所有蒸发操作需在有充分通风设施的排风罩内进行。在消解步骤中，放出的浓厚的白烟(SO_3)是有毒的，因此应避免吸入。

---

4) Pyrex® 公司是适用的玻璃仪器生产企业之一。为了便于用户使用，本标准提供此资料，并不意味着是 PIMA 或 ANSI 对产品的认可。

5) 这些溶液的制备步骤在附录 A 中给出。

表 10　容量瓶内样品浓度

容量瓶内样品质量浓度/(mg/L)	加入 100 mg/L 银贮备液的体积/mL
0.5	0.5
1.0	1.0
3.0	3.0
5.0	5.0

8.2.1　**样品浓缩**

用带刻度的量筒将 500 mL 样品加入含有 5～10 粒玻璃珠的 1 L 带刻度的烧杯中。在有充分通风的排风罩内，用蒸汽浴或加热板在温度约为 95 ℃(不允许沸腾)的条件下将样品蒸发至约 50 mL。将烧杯从加热板上拿下，在室温下放置 5 min，使溶液冷却。

8.2.2　**样品消解(消解法 A)**

警告——使用带有安全护罩的排风罩。本操作要戴手套、安全眼镜和工作围裙。加热要在有充分通风设施的排风罩内进行。酸和过氧化物加入时，可能会发生迸溅。发出的浓厚的白烟(SO_3)是腐蚀性的和有毒的，因此应避免接触和吸入。

向装有浓缩样品的 1 000 mL 烧杯中，边搅拌边用带刻度的量筒缓慢加入 5 mL 硫酸(7.3.8)(危险:《C》)。向烧杯中用带刻度的量筒缓慢加入 5 mL 硝酸(7.3.4)(危险:〈B〉〈C〉〈O〉)。然后再用带刻度的量筒或尖端吸管缓慢加入 4 mL 30%的过氧化氢(7.3.3)(危险:〈C〉〈B〉〈O〉)。将没有加盖的烧杯放在加热板上在 300 ℃加热 2 min，到出现浓厚的白烟(SO_3)。将烧杯从加热板上拿下，在室温下放置 5 min，使溶液冷却。

8.2.3　**调节消解样品的 pH 值**

8.2.3.1　将 1 000 mL 烧杯中的物质，用蒸馏水定量地转移到 250 mL 烧杯中。最终体积应近似于 100 mL。用带刻度的量筒缓慢地小心加入氢氧化铵(7.3.2)(危险:〈B〉〈C〉)直到样品正好变碱性(红色的石蕊试纸变蓝)。大约需要(25～40)mL 氢氧化铵。用带刻度的量筒加入乙酸(7.3.1)(危险:〈B〉〈C〉)直到样品正好为酸性(蓝色的石蕊试纸变红)。然后再加入 2 mL 乙酸。将溶液定量地转移到 1 000 mL 的单标线容量瓶并用水稀释到刻度。AAS 法按 9.3.3.2，PT 法按 10.2 继续操作。

8.3　**强力消解(消解法 B)**

8.3.1　**高溶质含量溶液的浓缩**

在烧杯中加入至少两倍样品体积的代表性样品，加入 5～10 粒玻璃珠。在有充分通风的排风罩中用加热板将蒸发样品至 50 mL。将烧杯从加热板上拿下，放置，使溶液冷却至室温。

注：本条款用于消解前需要预先浓缩的样品，例如冲洗加工溶液(见 8.3.2)。如果样品量少于 60 mL，直接按照 8.3.2 进行。

8.3.2　**样品消解(凯氏烧瓶)**

警告——使用带有安全护罩的排风罩。本操作要戴手套、安全眼镜和工作围裙。加热要在有充分通风设施的排风罩内进行。酸和过氧化物加入时，可能会发生迸溅。确保烧瓶瓶颈朝向排风罩后面。发出的浓厚的白烟(SO_3)是腐蚀性的和有毒的，小心操作避免吸入。

在排风罩内放置一个 100 mL 的凯氏烧瓶(Kjeldahl flake)。烧瓶瓶颈应与铁架支持棒成大约 30°～45°角。插入一片瓷板或加入数粒玻璃珠，以防止迸溅。将获得的样品引进凯氏烧瓶。

用带刻度的量筒非常缓慢地向凯氏烧瓶加入(4～6)mL 硫酸(7.3.8)(危险:《C》)。非常缓慢地用带刻度的量筒，向凯氏烧瓶加入(4～6)mL 硝酸(7.3.4)(危险:〈C〉〈B〉〈O〉)。逐滴加入(4～6)mL 30%的过氧化氢(7.3.3)(危险:〈B〉〈C〉〈O〉)，旋动烧瓶搅拌摇动里面的溶液。用本生灯(即煤气灯)或其他合适的热源轻轻地加热烧瓶，设法使样品分解。继续交替加入过氧化氢(7.2.3)和加热，直到溶液变清澈。

煮沸溶液直到固体物质完全溶解。溶液可能变无色或浅黄色。持续沸腾，直到从烧瓶嘴中冒出浓厚的白烟，并持续大约 30 s(不要把一开始出现的水蒸气与这些白烟相混淆)。冷却后加入过氧化氢(7.3.3)(危险：〈C〉〈B〉〈O〉)，然后再加热。交替进行，直到溶液变澄清。

8.3.2.1 定影液样品

煮沸样品，直到所有的硫已被明显氧化或挥发成为澄清的溶液，有褐色的极小的液滴漂浮在液面上。继续煮沸，直到从烧瓶嘴中冒出浓厚的白烟，并持续大约 30 s(不要把一开始出现的水蒸气与这些白烟相混淆)。

8.3.2.2 胶片、相纸、银泥或残留物样品

加热直到固体完全溶解。溶液可能变无色或浅黄色。持续沸腾，直到从烧瓶嘴中冒出浓厚的白烟，并持续大约 30 s(不要把一开始出现的水蒸气与这些白烟相混淆)。冷却后加入过氧化氢(7.3.3)(危险：〈C〉〈B〉〈O〉)，然后再加热。交替进行，直到溶液变澄清。

8.3.2.3 不溶物样品

如果烧瓶中的溶液不澄清，停止加热，并放至室温。小心的加入(3～5)mL 硫酸(7.3.8)(危险：《C》)和(3～5)mL 30%的过氧化氢(7.3.3)(危险：〈B〉〈C〉〈O〉)。重复煮沸，直到溶液变澄清。某些样品中由片基和纸基中的颜料物质造成的轻微混浊，可忽略不计。

8.3.3 调节样品的 pH 值

警告——如果水加入浓硫酸(7.3.8)(危险：《C》)时太快，可能会发生暴沸。加水时每次少量加入，充分混匀，两次加水中间间隔一定的冷却时间。确信凯氏烧瓶没有指向人群。加热溶液使所有的结晶的盐溶解，然后冷却。

8.3.3.1 将凯氏烧瓶(见 8.3.2)冷却到室温。缓慢小心地向凯氏烧瓶内加入 25 mL 水。向烧瓶内投下一小片红色的石蕊试纸，小心地逐滴加入氢氧化铵(7.3.2)(危险：〈C〉〈B〉)直到石蕊试纸变蓝(忽略出现的白色或红棕色的沉淀物)。逐滴加入乙酸(7.3.1)(危险：〈C〉〈B〉)，直到石蕊试纸刚好变成红色。再加入 2 mL 乙酸(7.3.1)，混匀。

8.3.3.2 本溶液含有大约 100 mg 银(如果消解的是高固体样品则含有 500 mg 银)。定量地转移入 1 000 mL 容量瓶并稀释到标线。AAS 法按照 9.3.3.2 操作，PT 法按照 10.2 操作。

9 原子吸收光谱分析法(AAS)

9.1 试剂

9.1.1 银标准溶液：0.5 mg/L，1.0 mg/L，3.0 mg/L，5.0 mg/L(见 7.2.2)。

9.2 特殊仪器设备

9.2.1 原子吸收分光光度计

具有以下特征：

a) 银空心阴极灯；

b) 波长：328.1 nm；

c) 燃气：乙炔；

d) 助燃气：空气；

e) 火焰类型：氧化型。

9.3 原子吸收光谱法测定步骤

9.3.1 通则

不同生产厂家的不同型号的符合要求的原子吸收分光光度计，在操作细节上会有所不同。分析人员应遵从生产厂家给出的针对特定仪器的操作指南。

通常，安装空心阴极灯后，灯应该预热 15 min。这段时间，调准分光光度计，使单色光器指到恰当的波长，选择合适的单色光器狭缝宽度，按照生产厂家的推荐，调节空心阴极灯的电流。随后，点火并调节燃气和助燃气的流量，调节燃烧器和喷雾器的流速，使得到最大百分比的稳定吸收，平衡分光光度计。

测试一系列适当浓度的含有CNI溶液的银标准溶液,并建立标准溶液浓度对吸光度的校准曲线。对那些可以直接读取浓度值的设备,调节曲线校正器,使读出合适的浓度值。吸出样品并直接或从校准曲线上测试出浓度值。

为得到最佳测试结果,每次测试一系列样品时,建立一定范围的银标准曲线。在长时间测试时,标准应经常校准。最好在每测试10个未知样品后,测试一下零点和标准的中间点。

9.3.2 校准曲线

为AAS法准备银标准溶液,如果样品已经过CNI处理,相应地在每100 mL标准溶液中加入1 mL CNI。如果条件允许,使用背景校正。测试标准溶液并建立校准曲线。

有些原子吸收光谱设备能够进行非线性的相关性校准。通常银校准曲线的直线范围从0.1 mg/L～3.0 mg/L,曲线可延伸至9.0 mg/L和18.0 mg/L。缺乏这种性能时,这两个高浓度不能用。

9.3.3 最终样品处理

测试样品并从校准曲线上计算出样品的银含量。如果测试值不在曲线的直线部分,浓溶液应适当稀释,并测试稀释后的样品。

9.3.3.1 经CNI处理过的样品

恰当稀释过的经CNI处理过的样品,通常适合AAS法直接测试。表7包括了预先使用的样品量和稀释方法。

9.3.3.2 消化后的样品

经消化步骤(8.2.3或8.3.3)处理后的样品含量将达到100 mg/L,因此分析前需要稀释。稀释倍数通常为100∶1(1.0 mL稀释到100 mL)。高固体含量(树脂、淤泥、滤渣、金属)的样品,稀释倍数通常为500∶1(1.0 mL稀释到500 mL)。稀释过的样品适合AAS法分析。

10 碘化物电位滴定分析(PT)

本方法比AAS法更复杂也更费时。当AAS法不适用或要求一个仲裁方法时,使用本方法。本方法适用于银含量低至0.1 mg/L,并可通过样品用量的减少,来用于高浓度样品测定,或通过样品用量的增加来测定低浓度样品。

用CNI溶液保存的原理和步骤与第8章相同。然而在电位滴定之前,要求消化来去除干扰。执行消化法A前,要有一个浓缩步骤。

pH计可用于手工滴定,但滴定速度要非常慢,也就是0.1 mL/min。接近滴定终点时滴定速度为0.05 mL/min。

10.1 特殊的仪器设备

10.1.1 电位计的读出装置,由以下部分组成。

10.1.1.1 pH计:能读出两位小数。

10.1.1.2 电位滴定计(自动滴定计):能以0.05 mL/min速度滴定。

10.1.2 硫化银电极(银离子选择电极):用适合的研磨材料,例如无纺布,将银条或银棒电极擦亮。擦亮后将其浸入硝酸(7.3.4)(危险:〈B〉〈C〉〈O〉)中大约15 s。用水冲洗并将其浸入质量分数为1%的亚硫酸钠溶液(10～15)s。

注:执行规定的清洁和包盖银电极的步骤,将提供恰当的硫化物涂层厚度。硫化物溶液的超期使用,能过分包盖电极,从而导致反应速度变慢,结果明显偏高。

10.1.3 参比电极(甘汞电极):任何外部溶液为非卤化物(即硝酸盐)溶液的双盐桥的参比电极都可以使用。

10.1.4 排风罩:有确定的充分通风。

10.1.5 滴定管。

10.1.6 搅拌装置:磁力搅拌器或其他相等的装置。

10.1.7 实验室玻璃器皿:所有实验室玻璃器皿和容器,应用1:1的硝酸溶液浸泡4 h,以彻底清洗干净,从而避免容器壁上吸附的银释放出来,干扰样品测定。然后用蒸馏水(7.1.3)漂洗数次。

10.2 电位滴定法测定步骤

10.2.1 通则

电极对由硫化银电极(10.1.2)和参比电极(10.1.3)组成。在滴定过程中,调节磁力搅拌装置(10.1.6)强力搅拌样品(但不能飞溅或引起旋涡)。消解过的样品含银量应为100 mg/L(高固体含量的样品含银500 mg/L)。

使用电位滴定计(10.1.1.2)时,最大速度调节到0.1 mL/min。接近终点时,将滴定速度降低到0.05 mL/min。

10.2.2 含银量在(0.2~4.0)mg/L的低含盐量样品(消解法A)

用0.001 mol/L的碘化钾(7.3.5)对样品进行电位滴定。

滴定时使用1 mL或更多的滴定剂。当最初取样量为500 mL时,在以上条件下滴定的含银量最低点是0.2 mg/L。含银量0.1 mg/L的样品,取样量应为1 000 mL。

10.2.3 含银量超过4 mg/L的样品

如果已知大概的含银量,表11给出的转化换算系数可有效使用。拿不准时,取样量应大些。

注:0.001 mol/L的碘化钾溶液(7.3.5)一般适合大多数样品。当样品的银含量高于预期值时,使用0.001 mol/L的碘化钾溶液将会过分延长滴定时间。一个建议是记录下0.001 mol/L的碘化钾溶液在某一点的消耗量,然后改换用0.01 mol/L的碘化钾溶液(7.3.5)滴定。计算时,考虑这两种滴定剂的用量(和物质的量浓度)。

表11 转化系数

样品体积/mL	KI浓度/(mol/L)	转化因子/(mg/mol)
1 000	0.001	0.108
500	0.001	0.216
100	0.001	1.079
50.0	0.001	2.158
10.0	0.001	10.79
5.0	0.001	21.58
1.0	0.001	107.9

10.2.4 稀释系数

当使用高浓度的CNI从含有大量特殊物质的样品中洗提银时,有必要使用8.2.3给出的稀释系数。

10.3 滴定法的计算

10.3.1 消解和滴定的液体样品(基于表10的参数)

计算银含量ρ_{Ag}(mg/L),用式(5)计算:

$$\rho_{Ag}=1.079\times10^{5}(c_t V_t/V_s) \qquad (5)$$

式中:

c_t——KI滴定剂的精确浓度,单位为摩尔每升(mol/L)(7.3.5);

V_t——KI滴定剂的用量,单位为毫升(mL);

V_s——样品体积,单位为毫升(mL);

1.079×10^{5}——组合转化系数,等于滴定时1 mol碘化钾消耗的银的质量(g)(即107.9)×克与毫克的转化系数(即1 000)。

10.3.2 胶片和相纸样品(基于表6的参数)

计算银含量c_{Ag}(g/m²),用式(6)计算:

$$c_{Ag}=1.079\times10^{3}(c_{KI}V_t/A_s) \qquad (6)$$

式中：

c_{KI}——KI滴定剂的精确浓度，单位为摩尔每升(mol/L)(7.3.5)；

V_t——KI滴定剂的用量，单位为毫升(mL)；

A_s——样品面积，单位为平方厘米(cm^2)；

1.079×10^3——银的等效质量的组合转化系数，滴定用的1 mmol碘化物对应的银的质量(mg)(即107.9)×质量转化系数(即0.001 g/mg)×面积转化系数(即10^4 cm^2/m^2)。

附 录 A
（规范性附录）
试剂溶液的制备

A.1 碘化氰标准溶液(CNI)的制备(危险:《S》〈B〉〈C〉)

A.1.1 试剂

A.1.1.1 氰化钾(KCN)(危险:《S》〈C〉)。

A.1.1.2 碘(I_2)。

A.1.1.3 碘化钾(KI)。

A.1.1.4 氢氧化铵(NH_4OH):$\rho \approx 0.91$ g/mL,(危险:〈B〉〈C〉)。

A.1.2 步骤

A.1.2.1 碘溶液(0.50 mol/L)

在100 mL单标线容量瓶中,将40 g碘化钾(A.1.1.3)溶于25 mL水中。向容量瓶中加入(12.7±0.1)g碘(A.1.1.2),旋转混匀,直到确信碘已溶解,用水稀释到标线。盛放在带玻璃塞的棕色瓶中,存放在暗处。不要求标定。

A.1.2.2 碘化氰浓溶液(危险:《S》〈B〉〈C〉)

称出(6.5±0.1)g氰化钾(A.1.1.1)(危险:《S》〈C〉),溶于50 mL水中。将此溶液(危险:《S》〈C〉)转移到100 mL单标线容量瓶中。用量筒向此容量瓶中加入4.0 mL氢氧化铵(A.1.1.4)(危险:〈B〉〈C〉),再加入5.0 mL 1.0 mol/L碘溶液(A.1.2.1)。用水稀释至刻度,盖好瓶塞并颠倒数次以混匀。转移碘化氰溶液(危险:《S》〈B〉〈C〉)入棕色瓶并存于通风橱内。此为碘化氰贮备液。在瓶上贴上标签并标注日期。试剂在变成深黄色前,一直是有效的。

A.1.2.3 稀释的(1/20)碘化氰工作液

在一个250 mL聚乙烯瓶中,用10 mL的量筒加入(10±0.1)mL碘化氰浓溶液(危险:《S》〈B〉〈C〉)(A.1.2.2),加入190 mL水。盖好瓶塞,混匀。在瓶上贴上标签并标注日期。此为稀释的(1/20)碘化氰工作液,可以使用一年。

A.2 AAS法用银标准溶液的制备(0.5 mg/L,1.0 mg/L,3.0 mg/L和5.0 mg/L)

A.2.1 试剂

A.2.1.1 硝酸银($AgNO_3$)(危险:〈C〉〈S〉)。

A.2.1.2 氢氧化铵(NH_4OH)(危险:〈B〉〈C〉):$\rho \approx 0.91$ g/mL。

A.2.1.3 碘化氰溶液(CNI)(A.1)(危险:《S》〈B〉〈C〉)。

A.2.2 步骤

见5.4.5的清洗容器。

A.2.2.1 银储备溶液(1.0 g/L)

称取(1.572±0.001)g硝酸银(A.2.1.1)(危险:〈C〉〈S〉),将其转移入1 000 mL单标线容量瓶。用水稀释至刻度,盖好瓶塞并颠倒数次,直到充分混匀。

注:原子吸收分光光度计制造商或实验室供应商提供的1.0 g/L银储备液是有效的。

A.2.2.2 银储备溶液(100 mg/L)

用移液管吸取10.0 mL浓度为1.0 g/L的银储备液(A.2.2.1),移入100 mL容量瓶。用水稀释至刻度,盖好瓶塞并颠倒数次,直到充分混匀(假设稀释后溶液的酸性仍然足够在溶液中保存银。)贮存于棕色瓶内。

A.2.2.3　银参比溶液

在四个100 mL的容量瓶上标记如下：0.5 mg/L，1.0 mg/L，3.0 mg/L和5.0 mg/L。在各个容量瓶中吸取标记好量（准确到毫升）的浓度为100 mg/L的银储备溶液（A.2.2.2）。在每个容量瓶中加1～2滴氢氧化铵（A.2.1.2）（危险：〈B〉〈C〉）来中和溶液。于每个容量瓶中加入1 mL CNI（A.1）（危险：《S》〈B〉〈C〉）并摇匀。用水稀释到刻度，盖好瓶塞并颠倒数次，直到充分混匀。贮存于棕色瓶内。

A.3　PT法用银标准滴定溶液的制备（0.100 mol/L，0.010 mol/L和0.001 mol/L）

A.3.1　试剂

A.3.1.1　硝酸银（$AgNO_3$）（危险：〈C〉〈S〉）。

A.3.2　步骤

见操作预防措施5.4.5，清洗容器。

注：本方法中作为基准物的硝酸银，必须使用硝酸银基准试剂。硝酸银溶液按A.3.2.1和A.3.2.3制备，不要求标定。

A.3.2.1　0.100 mol/L硝酸银标准溶液（16.989 g/L）

在1 000 mL容量瓶中，将16.989 g硝酸银（A.3.1.1）（危险：〈C〉〈S〉）溶解于500 mL水中。用水稀释至刻度并混和均匀。贮存于棕色瓶内。

A.3.2.2　0.010 mol/L硝酸银标准溶液（1.698 9 g/L）

吸取25.0 mL 0.100 mol/L硝酸银标准溶液（A.3.2.1）于250 mL单标线容量瓶中，用水稀释至刻度并混和均匀。贮存于棕色瓶内。

A.3.2.3　0.001 mol/L硝酸银标准溶液（0.169 89 g/L）

吸取10.0 mL 0.100 mol/L硝酸银标准溶液（A.3.2.1）于1 000 mL单标线容量瓶中，用水稀释至刻度并混和均匀。贮存于棕色瓶内。

A.4　碘化钾标准溶液的制备（0.1 mol/L，0.01 mol/L和0.001 mol/L）

A.4.1　试剂

A.4.1.1　碘化钾（KI）：试剂级。

A.4.1.2　硫酸（H_2SO_4）：1+4。

在2 000 mL的耐热烧杯中放入800 mL水，用磁力搅拌器搅拌。小心缓慢地加入200 mL硫酸［$\rho \approx 1.84$ g/mL（危险：《C》）］。冷却到室温，转移到贮藏瓶中，贴上标签并标注日期。

A.4.2　步骤

A.4.2.1　0.100 mol/L碘化钾溶液（16.7 g/L）

在水中溶解16.7 g碘化钾（A.4.1.1）。稀释到1 000 mL并混合均匀。贮存于棕色瓶内。

A.4.2.2　0.010 mol/L碘化钾溶液（1.67 g/L）

在水中溶解1.67 g碘化钾（A.4.1.1）。稀释到1 000 mL并混合均匀。贮存于棕色瓶内。

A.4.2.3　0.001 mol/L碘化钾溶液（0.167 g/L）

将100 mL浓度为0.010 mol/L的碘化钾溶液（A.4.2.2）用水稀释到1 000 mL，混合均匀。此溶液要在使用前24 h内准备。贮存于棕色瓶内。

A.4.3　碘化钾标准溶液

A.4.3.1　0.100 mol/L的碘化钾标准溶液（16.7 g/L）

吸取25.0 mL浓度为0.100 mol/L的碘化钾标准溶液（A.4.2.1）于150 mL烧杯中。加入25 mL水和1 mL硫酸溶液（1+4）（A.4.1.2），用0.100 mol/L的硝酸银标准溶液（A.3.2.1）进行电位滴定。

用式（A.1）计算KI溶液的浓度 c_{KI}（mol/L）：

$$c_{KI} = 0.004V_{Ag} \qquad \cdots\cdots\cdots\cdots (A.1)$$

式中：

V_{Ag}——滴定时消耗硝酸银标准溶液的体积，单位为毫升(mL)；

0.004——硝酸银标准溶液的物质的量浓度(0.100 mol/L)除以样品量(25 mL)得出的因数。

A.4.3.2　0.010 mol/L 的碘化钾标准溶液(1.67 g/L)

吸取 25.0 mL 浓度为 0.010 mol/L 的碘化钾标准溶液(A.4.2.2)于 150 mL 烧杯中。加入 25 mL 水和 1 mL 硫酸溶液(A.4.1.2)，用 0.010 mol/L 的硝酸银标准溶液(A.3.2.2)进行电位滴定。

用式(A.2)计算 KI 溶液的浓度 c'_{KI}(mol/L)：

$$c'_{KI} = 0.000\,4V'_{Ag} \quad \cdots\cdots(A.2)$$

式中：

V'_{Ag}——滴定时消耗硝酸银标准溶液的体积，单位为毫升(mL)；

0.000 4——硝酸银标准溶液的物质的量浓度(0.010 mol/L)除以样品量(25 mL)得出的因数。

A.4.3.3　0.001 mol/L 的碘化钾标准溶液(0.167 g/L)

吸取 25.0 mL 浓度为 0.001 mol/L 的碘化钾标准溶液(A.4.2.3)于 150 mL 烧杯中。加入 25 mL 水和 1 mL 硫酸溶液(A.4.1.2)，用 0.001 mol/L 的硝酸银标准溶液(A.3.2.3)进行电位滴定。

用式(A.3)计算 KI 溶液的浓度 c''_{KI}(mol/L)：

$$c''_{KI} = 0.000\,04V''_{Ag} \quad \cdots\cdots(A.3)$$

式中：

V''_{Ag}——滴定时消耗硝酸银标准溶液的体积，单位为毫升(mL)；

0.000 04——硝酸银标准溶液的物质的量浓度(0.001 mol/L)除以样品量(25 mL)得出的因数。

参 考 文 献

[1] ISO 5667-1:1980 水质——采样——第1部分:采样程序计划指导
[2] ISO 5667-2:1991 水质——采样——第2部分:采样技术指导
[3] ISO 5667-3:1994 水质——采样——第3部分:样品的处理和保存指导
[4] ISO 10348:1993 摄影——冲洗废液—— 银含量的测定
[5] Owerbach. . Daniel. 碘化氰(CNI)作为银的稳定剂在摄影加工废液中的应用.摄影技术应用(*Journal of Applied Photographic Engineering*) 1978年,4(1),22～24页
[6] ASTM 统计方法手册(*ASTM Handbook on statistical methods*)

ICS 83.060
G 40

中华人民共和国国家标准

GB/T 9867—2008/ISO 4649:2002
代替 GB/T 9867—1988

硫化橡胶或热塑性橡胶耐磨性能的测定（旋转辊筒式磨耗机法）

Rubber, vulcanized or thermoplastic—Determination of abrasion resistance using a rotating cylindrical drum device

(ISO 4649:2002, IDT)

2008-04-01 发布　　2008-09-01 实施

中华人民共和国国家质量监督检验检疫总局
中国国家标准化管理委员会　发布

前　言

本标准等同采用国际标准 ISO 4649:2002《硫化橡胶或热塑性橡胶耐磨性能的测定　用旋转辊筒装置》(英文版)。

本标准等同翻译国际标准 ISO 4649:2002。规范性引用文件用国家标准取代了国际标准，所引用的标准内容与国际标准没有差异。

本标准根据 ISO 4649:2002 对 GB/T 9867—1988 进行重新修订，为便于使用，本标准做了以下编辑性修改：

——删除了国际标准 ISO 前言。

本标准代替 GB/T 9867—1988《硫化橡胶耐磨性能的测定(旋转辊筒式磨耗机法)》。

本标准与标准 GB/T 9867—1988 相比，主要内容变化如下：

——增加了前言；

——增加了警示语；

——增加了精密度的内容(本版第 10 章)；

——砂布长度由 473 mm 改为 474 mm±1 mm(见 5.2)；

——附录 B 对 1 号标准胶配方进行了细微的调整，并对其硫化时间也进行了相应改变；

——附录 B 增加了对 1 号标准胶硬度的要求。

本标准附录 A、附录 B 均为规范性附录。

本标准由中国石油和化学工业协会提出。

本标准由全国橡胶与橡胶制品标准化技术委员会橡胶物理和化学试验方法分技术委员会(SAC/TC 35/SC 2)归口。

本标准起草单位：西北橡胶塑料研究设计院。

本标准主要起草人：朱伟、王朝、赵云鹤。

本标准所代替标准的历次版本发布情况为：

——GB/T 9867—1988。

硫化橡胶或热塑性橡胶耐磨性能的测定（旋转辊筒式磨耗机法）

警告：使用本标准的人员应熟悉正规实验室操作规程。本标准无意涉及因使用本标准可能出现的所有安全问题。制定相应的安全和健康制度并确保符合国家法规是使用者的责任。

1 范围

本标准规定了用旋转辊筒装置测定硫化橡胶耐磨性能的两种方法。

本标准包括测定试样在一定级别的砂布上进行摩擦而产生的体积磨耗量。方法A用于非旋转试样，方法B用于旋转试样，试验结果以相对于某种参照胶的体积磨耗量或磨耗指数来表示。

注1：由于砂布的级别、生产砂布所用粘接剂的种类以及前面试验的污染、磨损等因素，会导致磨耗损失绝对值的变化，因此所有的试验都是相对的。与参照胶相比的比较结果既可以表示为与校准过的砂布相比的相对体积磨耗量，也可以表示为与参照胶相比的磨耗指数。

注2：测定磨耗损失通常统一使用旋转试样，这是由于在试验过程中，试样的整个摩擦表面都会与砂布相接触。不过，也有相当多的试验使用非旋转试样。

本标准适用于对比试验、质量控制、规范依据试验以及仲裁目的、研究和开发工作。可以推断操作过程与此磨耗试验结果没有紧密联系。

2 规范性引用文件

下列文件中的条款通过本标准的引用而成为本标准的条款。凡是注日期的引用文件，其随后所有修改单(不包括勘误的内容)或修订版均不适用于本标准。然而，鼓励根据本标准达成协议的各方研究是否可使用这些文件的最新版本。凡是不注日期的引用文件，其最新版本适用于本标准。

GB/T 531　橡胶袖珍硬度计压入硬度试验方法(GB/T 531—1999,idt ISO 7619:1986)

GB/T 533　硫化橡胶密度的测定(GB/T 533—1991,eqv ISO 2781:1988)

GB/T 2941　橡胶物理试验方法试样制备和调节通用程序(GB/T 2941—2006,ISO 23529:2004,IDT)

GB/T 6038　橡胶试验胶料　配料、混炼和硫化　设备及操作程序(GB/T 6038—2006,ISO 2393:1994,MOD)

GB/T 6379.2　测量方法与结果的准确度(正确度与精密度)　第2部分:确定标准测量方法重复性与再现性的基本方法(GB/T 6379.2—2004,ISO 5725-2:1994,IDT)

ISO 9298:1995　橡胶配合剂　氧化锌　试验方法

3 术语和定义

下列术语和定义适用于本标准。

3.1

耐磨性　abrasion resistance

抵抗由于机械作用使材料表面产生磨损的性能。

注：在本标准中，以校准过的砂布为基准，耐磨性可以用相对于某种标准参照胶的相对体积磨耗量来表示，也可以用相对于某种参照胶的磨耗指数表示。

3.2

相对体积磨耗量　relative volume loss

参照胶受到砂布的磨耗作用产生一个固定质量损失，在相同的规定试验条件下，试样受到同样作用所产生的体积损失，以立方毫米(mm^3)计。

注：固定质量损失值被确定为 200 mg，这是由于用方法 A 及 1 号标准参照胶(见 B.2)校准砂布时，此值是校准范围的中点，而且在 9.2 相对体积磨耗量的计算中也已积累了相当多的经验。如果已知固定的质量损失值，相对体积磨耗量也可由方法 B(旋转试样)或及另一参照胶来计算。[用方法 B 及 2 号标准参照胶(见 B.3)进行试验时，其固定质量损失值可能为 150 mg，但其精确度并没有证明已达到使用方法 A 及 1 号标准参照胶(见B.2)时质量损失 200 mg 的程度。]

3.3

磨耗指数　abrasion resistance index

在规定的相同试验条件下，参照胶的体积磨耗量与试验胶的体积磨耗量之比，通常以百分数表示。

注：数值越小，表明耐磨性越差。

4　试验原理

本标准是在规定的接触压力和一定的面积上，测定圆柱形橡胶试样在一定级别的砂布上和一定的距离内进行摩擦而产生的磨耗量。试验中试样可以是旋转的或非旋转的。

磨耗是在圆柱形试样的一端产生(见图 1)。砂布包贴在旋转辊筒的表面，试样紧压在带有砂布的辊筒上，使试样沿辊筒横向移动。

单位为毫米

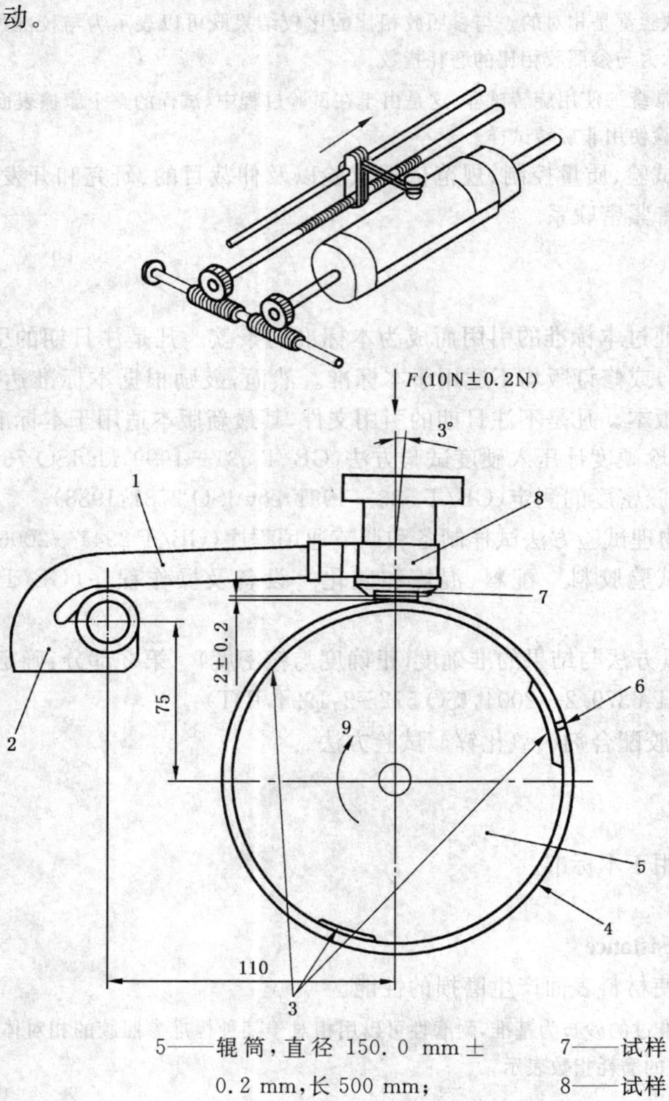

1——滑动臂；
2——滑道；
3——双面胶带；
4——砂布；
5——辊筒，直径 150.0 mm±0.2 mm，长 500 mm；
6——开口≤2 mm；
7——试样；
8——试样夹持器；
9——旋转速度 40 r/min±1 r/min。

图 1　仪器结构原理图

测定试样的质量损失并通过试样的密度来计算体积磨耗量。在同一条件下，试验胶的体积磨耗量与参照胶的体积磨耗量具有可比性。

本方法中一个很重要的部分是砂布的制备及使用非旋转1号标准参照胶试样（见B.2）对砂布进行的校验。

5 试验装置和材料

5.1 磨耗机

磨耗机由固定砂布（5.2）的旋转辊筒和可水平移动的试样夹持器组成，见图1。

辊筒直径为150.0 mm±0.2 mm，长约500 mm，以40 r/min±1 r/min的速度旋转，旋转方向如图1所示。

试样夹持器是一个有开口的圆筒，其直径可在15.5 mm～16.3 mm范围内调节，并有一个调节试样伸出长度的装置，使试样伸出夹持器的长度为2.0 mm±0.2 mm。夹持器安装在旋转手柄上，该手柄与一个可以在滑杆上水平移动的滑道相连。当辊筒旋转一周时（见本条的注1），夹持器应水平移动4.20 mm±0.04 mm。在试验过程当中，通过夹持器的旋转使试样旋转（方法B），夹持器适宜的转速为辊筒每旋转50 r夹持器旋转1 r。

注1：试样水平运动时可四次经过砂布的任意部位。

夹持器的中心轴线应与辊筒旋转方向垂线有3°倾角（见图1），夹持器中心轴应位于辊筒水平轴正上方，其偏差应不大于±1 mm。

试验中滑动臂和试样夹持器应没有振动，用10 N±0.2 N的垂直作用力将试样紧压在辊筒上。出于特殊要求，也可使用5 N±0.1 N的垂直作用力。

注2：一般对硬度低于约40 IRHD的橡胶施加外力为5 N。

用三根双面胶带沿辊筒全长间隔均匀地将砂布固定在辊筒上，未被试样接触到的辊筒边缘宽度相等。应确保砂布牢固地包贴在辊筒表面上，以使整个辊筒表面形成一个均匀一致的摩擦面。其中一条双面胶带应固定在砂布接头处，砂布接头之间应紧密粘接，空隙宽度不应超过2 mm。胶带宽约50 mm，厚度不大于0.2 mm。

将试样放在砂布上的运行起点处，当磨损行程达40.0 m±0.2 m（相当于84 r）时，自动停机。在试样磨耗量较大时，磨损行程可减少至20.0 m±0.1 m（相当于42 r）。因此，应优先采用转数器或自动关机装置。

注3：对于磨耗量相当高的橡胶，可使用10 m的行程。

为保护砂布，防止其受到试样夹持器的损坏，建议安装一个装置，在试样夹持器边缘接触到砂布前能自动停机。

试验设备应安装吸尘软管和刷子以清除其表面上的胶屑。

5.2 砂布

砂布由粒度为60号的氧化铝组成，砂布宽度最小为400 mm，长474 mm±1 mm，平均厚度为1 mm。

在此砂布上使用非旋转1号标准参照胶（见B.2）进行试验，当磨损行程为40 m时，磨耗量应在180 mg～220 mg之间。

每张砂布首次使用时，应标明运转方向。每次试验都必须与标明的运转方向一致。

注：对砂布的要求见附录A。

5.3 旋转裁刀（见图2）

非模具硫化的试样制备可以用图2所示的旋转裁刀。对于多数橡胶，裁刀的旋转速度最少为1 000 r/min，对于硬度低于50 IRHD或邵尔A50的橡胶，旋转速度应更高。

单位为毫米

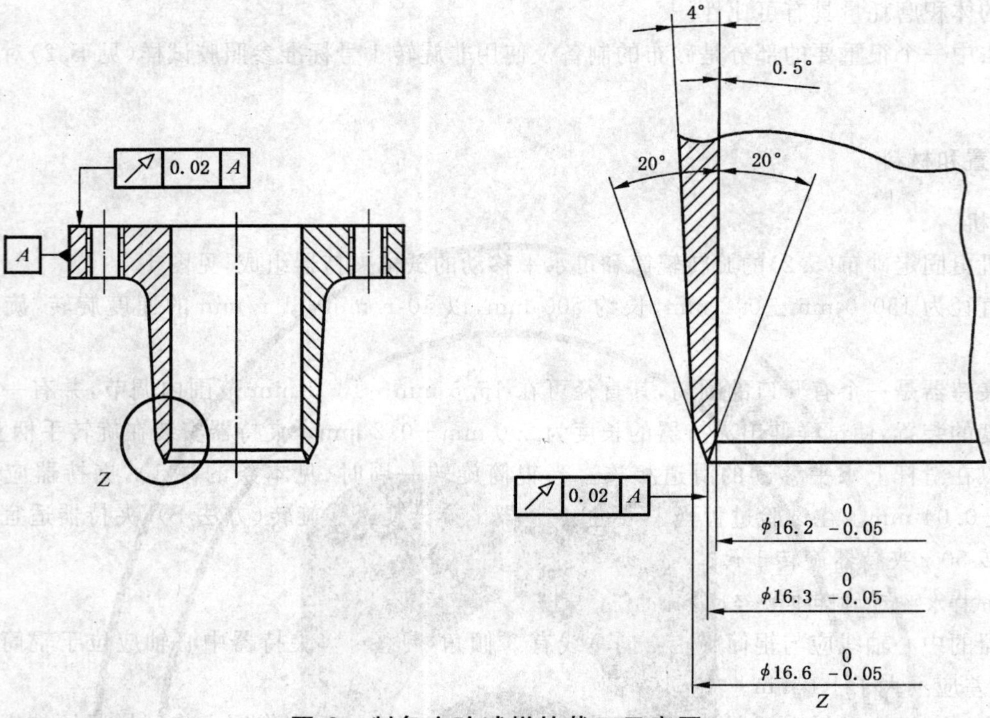

图 2　制备实验试样的裁刀示意图

5.4　天平

用精度为±1 mg 的天平称量试样的质量。

5.5　标准参照胶

对标准参照胶的详细说明见附录 B。

6　试样

6.1　试样规格和制备

试样为圆柱形，其直径为 16.0 mm±0.2 mm，高度最小为 6 mm。

试样的制备通常用裁刀或其他旋转切割工具从硫化胶片上裁取。裁切时可在裁刀的刃口上用添加润滑剂的水进行润滑，不允许冲裁试样。

另外，试样也可以用模具硫化成型。

如果试样高度达不到要求时，可将试样粘在硬度不低于 80 邵尔 A 的基片上，但橡胶试样高度应不小于 2 mm。

6.2　试样数量

对于每个试验胶至少进行 3 次试验，每次试验都应使用一个新试样。出于仲裁目的，用 10 个试样。

对于 1 号标准参照胶（见 B.2）和 2 号标准参照胶（见 B.3），为减少损耗，一个试样可进行 3 次试验。

6.3　硫化或成型与试验之间的时间间隔

对于所有试验，硫化或成型与试验之间的时间间隔最短是 16 h。对于非产品试验，硫化与试验之间的时间间隔最长是 4 周。比较试验应尽可能在相同的时间间隔内进行。对于产品试验，只要有可能，试验与硫化之间的时间间隔不得超过 3 个月。在其他情况下，试验应在需方从收货日期算起的 2 个月内进行。

6.4　环境调节

所有试样试验前应按照 GB/T 2941 的规定，在标准实验室温度下调节至少 16 h。

注：对于一些对湿度较敏感的橡胶，还应控制环境湿度。

7 试验温度

试验应在标准实验室温度下进行(见 GB/T 2941)。

在试验进行当中,磨损表面温度上升可导致试样表面升温。在本标准中,试验开始前及试验过程中的温度为环境温度时,这种温升可忽略不计。

8 程序

8.1 试验步骤

在每次试验前,用毛刷去掉砂布上此前试验留下的所有胶屑,推荐毛刷为直径 55 mm,由长约 70 mm的硬尼龙或同类硬毛(见本条的注 1)制成。在某些情况下,用一个参照胶(见本条的注 2)进行空白实验,可对砂布起到有效清洁作用(见本条的注 3)。

注 1:不推荐使用可减少砂布使用寿命的金属刚毛。

注 2:仅用于清洁目的的参照胶不必满足测试用标准参照胶的严格要求。

注 3:一些实验室发现将橡胶胶屑吹走比刷掉更有效。当吹风枪喷嘴被阻塞时,出于安全考虑,给吹风枪所施压力最大为 0.2 MPa,一般补给空气压力在 0.5 MPa 到 0.9 MPa 之间为宜。

方法 A 使用非旋转试样,方法 B 使用旋转试样。用 1 号标准参照胶(见 B.2)、2 号标准参照胶(见 B.3)或指定参照胶作为参照胶。因所得结果可能不同,所以试验报告中应注明所用试验方法和使用的参照胶。用于比较目的的试验,对于所有的试验胶和参照胶均应采用相同的试验条件。

试样的质量应精确到 1 mg。将试样放入夹持器中,使试样伸出夹持器的长度为 2.0 mm±0.2 mm。长度可通过标准尺来测量。

用 10 N±0.2 N 的垂直作用力将试样紧压在辊筒上,特殊情况下压力可减至 5 N ±0.1 N,但需在试验报告中注明。

如果有通风装置,将它打开。把带有试样的夹持器从滑道移至辊筒的起点处,开动机器进行试验。检查试样夹持器的振动情况。如果试样夹持器振动较反常,那么试验结果没有意义。磨损行程达 40 m 时自动停机。当出现较大的磨耗量时(通常 40 m 行程时大于 400 mg),试验可在 20 m 行程时停止,然后将试样伸出长度重新调至 2.0 mm±0.2 mm 后,再进行试验以便完成剩下的 20 m 行程。试样高度任何时候也不能少于 5 mm。若在 40 m 行程内,试样磨耗量大于 600 mg,试验只需进行 20 m,并应在报告中注明,将此时磨耗量乘以 2,从而得到 40 m 行程时的磨耗量。

对于试验中运行着的非旋转试样,应确保试样以同样的方式位于夹持器的同一位置上。

对于被粘接的试样,试验时注意不要将其磨到试样的粘接线上。(如有必要,使用 20 m 行程)。

试验结束后,称取试样的质量,精确到 1 mg。有时,在试验后,试样的一处小胶边可能会被扯下,尤其是对于非旋转试样而言。

对于同种胶样的试验应连续进行。

8.2 与标准参照胶或指定参照胶之间的比较

试验胶与附录 B 中规定的两种标准参照胶之一或指定参照胶间进行比较。

参照胶质量损失的测定,按照 8.1 规定的试验步骤,在每次用试验胶进行系列试验之前和之后都要进行,至少进行 3 次试验。在每一系列试验中,试验胶的试样最多进行 10 次试验。在两个系列试验间,不要断开在同一个试验胶上进行的各次试验行程。在一种标准参照胶的同一试样上进行重复试验时,为使整个试样的温度恢复到标准实验室温度,允许在每次试验间有充足的停放时间。

对易于附着的试验胶,在每次试验胶进行试验后,都要进行参照胶的质量损失的测定。在附着严重的情况下,参照胶在试验后的质量损失与试验前的质量损失有较大减少,这是因为砂布被参照胶"清洗",而不是参照胶被砂布磨损。如果参照胶的质量损失减少大于 10%,此方法无效。

为克服这一问题,已提议变更本试验方法,包括使用 40 号粒度的砂布。任何这样变更的应用应得到专业标准化技术委员会认可,并在试验报告中详细注明[见第 11 章 c)4)]。

8.3 密度

按 GB/T 533 规定的方法分别测定参照胶与试验胶的密度。

9 结果表述

9.1 概述

试验结果可以用相对体积磨耗量或磨耗指数来表示。

分别计算试验胶质量损失的算术平均值 Δm_t 和参照胶质量损失的算术平均值 Δm_r。

9.2 相对体积磨耗量，ΔV_{rel}

相对体积磨耗量(见 3.2)，mm^3，按式(1)计算：

$$\Delta V_{rel} = (\Delta m_t \times \Delta m_{const})/(\rho_t \times \Delta m_r) \quad \cdots\cdots(1)$$

式中：

Δm_t——试验胶的质量损失值，mg；

Δm_{const}——参照胶的固定质量损失值(见 3.2)，mg；用方法 A 及 1 号标准参照胶(见 B.2)测得的固定质量损失值 200 mg；

ρ_t——试验胶的密度，mg/mm^3；

Δm_r——参照胶的质量损失值，mg。

注：对于此种结果表示方法，通常采用 1 号标准参照胶。

9.3 磨耗指数，*ARI*

磨耗指数(见 3.3)，%，按式(2)计算：

$$ARI = (\Delta m_r \times \rho_t)/(\Delta m_t \times \rho_r) \times 100 \quad \cdots\cdots(2)$$

式中：

Δm_r——参照胶的质量损失值，mg；

ρ_r——参照胶的密度，g/cm^3；

Δm_t——试验胶的质量损失值，mg；

ρ_t——试验胶的密度，g/cm^3。

10 精密度和偏差

10.1 对于在多个实验室间进行试验所得的试验结果的精密度和偏差应与 GB/T 6379.2 规定的一致。

10.2 精密度结果可判断在特定的多个实验室间使用相关材料按如下规定试验程序，进行试验方法的精密度。如果没有有关参数适用于此材料和具体试验方法的记录，此材料就不能适用于精密度参数的试验当中。

10.3 国际间多个实验室间试验程序在 1986 年由 16 个参加实验室共同进行，试验中在不同的磨损程度上使用 5 种不同的硫化橡胶。由一个实验室硫化橡胶胶片，每个参与实验室从这些胶片上裁取试样。对每种胶料在相隔 3 d～4 d 的两个试验日中，每个试验日进行 3 次磨耗试验的测量，试验结果为 3 个独立试验的结果。

10.4 在表 1 到表 3 中给出精密度结果，表中所用符号 r、(r)、R、(R)定义如下：

r　绝对重复性，用测量单位表示；

(r)　相对重复性，用百分比表示；

R　绝对再现性，用测量单位表示；

(R)　相对再现性，用百分比表示。

10.5 每个试验方法的精密度可以用如下陈述的“特定值”来表示，这些值是在使用试验方法的试验结果中得到的。这些特定值是数值 r、(r)、R、(R)，表 1、表 2、表 3 所示有关的平均值，接近于常规试验操作研究中的平均值。

表 1 方法 A 非旋转试样,1 号标准参照胶(见 B.2)

试验胶	平均相对体积磨耗量/mm^3	实验室内		实验室间	
		r	(r)	R	(R)
A (NR/BR)	68	6.5	9.6	18.8	27.6
B (NR/SBR)	106	10.8	10.2	21.4	20.2
C (NR)	160	23.2	14.5	30.4	19.0
D (IIR)	257	30.2	11.8	57.5	22.4
E (EPDM)	345	39.8	11.5	83.0	24.1

表 2 方法 A 非旋转试样,2 号标准参照胶(见 B.3)

试验胶	平均相对磨耗指数/%	实验室内		实验室间	
		r	(r)	R	(R)
A (NR/BR)	157	30.8	19.6	59.6	38.0
B (NR/SBR)	102	15.0	14.7	19.1	18.7
C (NR)	67	9.1	13.6	13.6	20.3
D (IIR)	43	7.9	18.4	10.2	23.7
E (EPDM)	32	3.8	11.9	7.2	22.5

表 3 方法 B 旋转试样,2 号标准参照胶(见 B.3)

试验胶	平均相对磨耗指数/%	实验室内		实验室间	
		r	(r)	R	(R)
A (NR/BR)	144	20.2	14.0	45.8	31.8
B (NR/SBR)	101	9.6	9.5	15.9	15.7
C (NR)	71	7.0	9.9	11.0	15.5
D (IIR)	43	3.4	7.9	5.3	12.3
E (EPDM)	34	3.3	9.7	7.2	21.2

10.6 重复性——这些试验方法的绝对重复性 r 为表 1、表 2 或表 3 中的表列值。在规定的同一试验条件下得到 2 个单独的试验结果,其与表列值 r(任意已知值)的差异不止是来自不同的抽样。

10.7 再现性——这些试验方法的绝对再现性 R 为表 1、表 2 或表 3 中的表列值。在两个不同的实验室间规定的同一试验条件下得到 2 个单独的试验结果,其与表列值 R(任意已知值)的差异不仅仅是来自不同的抽样。

10.8 重复性和再现性是以平均试验结果的百分数来表示,(r) 和 (R) 相当于对 r 和 R 的应用说明。(r) 和 (R) 2 个单独试验结果的差异是用其 2 个试验结果算术平均值的百分数来表示的。

10.9 试验方法术语当中,偏差是测量的试验结果均值与公认的参照值或标准值之差。因为试验方法已专门限定磨耗量,那么就不存在参照值,因此就不能确定偏差。

11 试验报告

试验报告应包括下列内容：

a) 使用标准；

b) 试样的详细说明：

1) 试样来源和说明；

2) 对混炼胶的具体说明和硫化成型条件，若已知；

3) 试样制备的方法，是裁切还是模压；

c) 试验的详细说明：

1) 标准实验室温度；

2) 使用的试验方法（方法 A 或方法 B）；

3) 使用的是 1 号标准参照胶（见 B.2）、2 号标准参照胶（见 B.3），或指定参照胶；

4) 任何与常规试验程序的差异，特别是如果试验只运行磨损行程的一半或只施加一半垂直作用力（见 8.2 最后一段）；

d) 试验结果：

1) 相对体积磨耗量的平均值或/和磨耗指数的平均值；

2) 试验结果的标准偏差（可选）；

3) 试验胶和参照胶的密度；

e) 试验日期。

附 录 A
（规范性附录）
有关砂布的说明

砂布由粒度为60号，即能穿过60号筛孔的氧化铝颗粒组成，用酚醛树脂作粘合剂粘到斜纹布上。这种砂布使用非旋转试样，用附录B中的B.2中规定的1号标准参照胶进行试验。若砂布产生的磨耗量大于300 mg，必须用钢制试样预磨一次或两次，使磨耗量减少到200 mg～220 mg之间，分别用两个试样来进行校准试验。砂布上应注明运转方向，各次试验都必须与标明的方向一致。

经验证，在磨耗量降到180 mg以前，1号标准参照胶（见B.2）使用此类型的砂布可运行至少几百次试验；降到180 mg以后，就应换掉砂布。

用此方法生产的标准砂布在市场有售。

注：若需提供可比较的结果，可以用砂纸代替砂布。

附 录 B
（规范性附录）
标准参照胶和指定参照胶

B.1 用途

由于此项磨耗试验是比较性试验，因此参照胶很重要。参照胶的性能对试验的重复性和再现性影响很大。

B.2 中规定的标准参照胶用于砂布(5.2)的校准，使用方法 A 是因为在此应用上已得到相当多的经验。它也可作为比较标准参照胶用于试验方法 A 和方法 B 中。1 号标准参照胶可通过市场得到。

B.3 中规定的参照胶为一种典型的轮胎胎面橡胶，并在使用中作为标准参照胶，其中包括第 10 章规定的多个实验室间进行的试验程序。2 号标准参照胶通常由使用者制备，对于那些没有条件制备试样的使用者，也可通过市场得到。

使用者也可按照个人需要来指定其他参照胶，但应注意试验结果的重复性和再现性。在试验报告中应注意不能把指定参照胶和 1 号或 2 号标准参照胶混为一谈。

B.2 用于校准砂布和作为相对标准参照胶的 1 号标准参照胶

B.2.1 配方

1 号标准参照胶的配方见表 B.1。

表 B.1 1 号标准参照胶配方

材 料 名 称	质量份数
天然胶(SMR L)	100.0
氧化锌，等级 B4c(见 ISO 9298:1995，附录 D)[a]	50.0
N-异丙基-*N*′-苯基对苯二胺(IPPD)[b]	1.0
二硫化二苯并噻唑(MBTS)[c]	1.8
炭黑 N330[d]	36.0
硫磺	2.5
合计	191.3

a 格瑞尔-威克公司；
b 拜耳公司；
c 拜耳公司；
d 德固萨公司。

假如试样满足 B.2.4 的要求，也可使用等效的材料。

B.2.2 混炼程序

如下混炼程序满足要求。假如标准离差低且性能符合 B.2.4 的要求，也可使用其他程序。用密炼机混炼所有材料，程序按表 B.2 规定进行。之后，按表 B.3 规定，用开炼机将混炼胶搅拌均匀。

表 B.2 密炼机混炼程序

混炼室容积:4.6 L(通过小麦颗粒或其他适宜方法测量) 混炼室填充度:65%±5% 速度:30 r/min 有效冷却 橡胶质量:2 000 g	
加料顺序	时间/min
加入橡胶	0
加入氧化锌、防老剂、促进剂	7.5
加入炭黑	11
加入硫磺	14
排料	18
最终胶料温度:100℃到110℃	

表 B.3 开炼机混炼程序

辊筒直径:250 mm 工作宽度:400 mm 辊筒表面温度:50℃±5℃ 辊筒转速:约12.4 r/min和18.1 r/min		
混炼步骤	时间/min	辊距/mm
母炼胶包辊	0	0.5
切割3～4次	1	
翻转辊压胶片	5	
出片关机	10	5.0
出片最终温度:约70℃		

B.2.3 硫化

胶片厚度最少为6 mm。将胶片插入预热至150℃±2℃模具中,并置于平板机上施加压力数下,缓缓加压到至少为3.5 MPa并硫化25 min±1 min。推荐的硫化胶片尺寸为8 mm×186 mm×186 mm,每张胶片大约可裁取90个试样。

B.2.4 性能要求

B.2.4.1 概述

B.2.4.2、B.2.4.3和B.2.4.4中规定的性能控制程序,可使磨耗量达到一致的水平。

硫化与试验之间的时间间隔最短应为16 h,最长应为7 d。

B.2.4.2 参照试样

按6.1的规定,从足够多的硫化胶片上,每片裁取一个试样,以为将来试样生产的质量控制提供参照试样。这些试样可按B.2.5中规定进行贮存,贮存可长达3年。

B.2.4.3 质量损失

为质量控制而进行的质量损失测定,应使用一张专用的砂布。用15个参照试样对砂布进行校准。每次用非旋转试样运行3次,以所得测量值的中值作为每一试样的质量损失。这15个中值的平均值Δm_{Ref}应在180 mg～220 mg之间。

每到第5个"生产过程"执行此程序。每个"生产过程"包括由相同操作者在相同的条件下，在1 d～2 d的时间内进行几个批次操作。

一个生产过程质量损失 Δm_{Prod} 是通过其中一个有代表性的胶片来确定的。按6.1中规定，从这张胶片上裁取15个试样，测量每个试样的质量损失，用非旋转试样进行3次并报告其中值。用这15个中值计算 Δm_{Prod} 和标准偏差。Δm_{Prod} 与最近的 Δm_{Ref} 之差不能大于15 mg。

为确保质量统一，特别建议：用市场上获得的参照试样进行首次校验。有时也可晚些进行。厂内生产的试样 Δm_{Ref} 与市场上获得的试样 Δm_{Ref} 之差不应超过10 mg。

B.2.4.4 硬度

按GB/T 531的规定测量邵尔硬度，在每个胶片上最少测量4处，并报告其中值。

生产过程中所有试片的硬度(即所有中值)平均在邵尔A 60±3。

B.2.5 贮存

胶片应放在冷暗处贮存，并将防止其氧化(例如聚乙烯)的材料包裹在胶片上。

B.3 作为相对标准参照胶的2号标准参照胶(典型的轮胎胎面橡胶)

B.3.1 配方

2号标准参照胶的配方见表B.4。

表B.4 2号标准参照胶配方

材料名称	质量份数
天然橡胶(SMR L)	100.0
硬脂酸	2.0
氧化锌	5.0
N330炭黑	50.0
N-异丙基-*N*′-苯基对苯二胺(IPPD)	1.0
环己基苯并-2-噻唑次磺酰胺(CBS)	0.5
硫磺	2.5
合计	161.0

B.3.2 混炼及硫化

用于制备、混炼和硫化橡胶的程序与设备，应按照GB/T 6038的有关规定。可使用密炼机或开炼机。胶片的硫化温度为140℃，硫化时间为60 min。

B.3.3 贮存

标准参照胶应放在冷暗处贮存，并将防止其氧化的材料(例如聚乙烯)包裹在胶片上。

B.3.4 性能要求

两个不同批次的标准参照胶的质量损失值之差，按第8章规定应在±10%以内。

ICS 83.060
G 40

中华人民共和国国家标准

GB/T 9870.2—2008/ISO 4664-2:2006

硫化橡胶或热塑性橡胶动态性能的测定 第2部分:低频扭摆法

Rubber, vulcanized or thermoplastic—Determination of dynamic properties—Part 2: Torsion pendulum methods at low frequencies

(ISO 4664-2:2006, IDT)

2008-06-04 发布　　2008-12-01 实施

中华人民共和国国家质量监督检验检疫总局
中国国家标准化管理委员会　发布

前　言

GB/T 9870《硫化橡胶或热塑性橡胶动态性能的测定》包括两个部分：

——第1部分：通则；

——第2部分：低频扭摆法。

本部分为GB/T 9870的第2部分。本部分等同采用国际标准ISO 4664-2:2006《硫化橡胶或热塑性橡胶动态性能的测定　第2部分：低频扭摆法》(英文版)。

本部分等同翻译ISO 4664-2:2006。

为便于使用，本部分做了下列编辑性修改：

a) "本国际标准"改为"本部分"；

b) 删除了国际标准前言；

c) 参考文献中增加了[10]。

本部分由中国石油和化学工业协会提出。

本部分由全国橡胶与橡胶制品标准化技术委员会橡胶物理和化学试验方法分技术委员会(SAC/TC 35/SC 2)归口。

本部分起草单位：北京万汇一方科技发展有限公司。

本部分起草人：陈毅敏、邓海燕、黄钧建、侯险峰。

硫化橡胶或热塑性橡胶动态性能的测定
第2部分:低频扭摆法

警告——使用本部分的人员应有正规实验室工作的实践经验。本部分并未指出所有可能的安全问题。使用者有责任采取适当的安全和健康措施,并保证符合国家有关法规规定的条件。

1 范围

本部分为GB/T 9870《硫化橡胶或热塑性橡胶动态性能的测定》的第2部分,本部分规定了利用扭摆装置,在一个较宽的温度区间,在低频率(0.1 Hz～10 Hz)、应变不大于0.05%的条件下,测定硫化橡胶或热塑性橡胶在剪切状态下的动态性能——剪切模量和力学阻尼的方法。

2 规范性引用文件

下列文件中的条款通过本部分的引用而成为本部分的条款。凡是注日期的引用文件,其随后所有的修改单(不包括勘误的内容)或修订版均不适用于本部分,然而,鼓励根据本部分达成协议的各方研究是否可使用这些文件的最新版本。凡是不注日期的引用文件,其最新版本适用于本部分。

GB/T 2941 橡胶物理试验方法试样制备和调节通用程序(GB/T 2941—2006,ISO 23529:2004,IDT)

GB/T 9870.1 硫化橡胶或热塑性橡胶动态性能的测定 第1部分:通则(GB/T 9870.1—2006,ISO 4664-1:2005,IDT)

3 术语与定义

GB/T 9870.1中给出的术语与定义适用于本部分。

4 原理

本部分试验方法主要是通过测绘试样的模量值和阻尼值随温度变化的曲线,确定试样的黏弹性的转变温度。本试验方法不适用于测定模量的绝对值。

在扭摆装置中,以一个具有均匀断面的带状试样构成摆的弹性部件。该试样的两端被两个夹持器夹住。其中一个夹持器固定在刚性框架上,另一个夹持器则与适当的惯性质量(例如惯性轮)相连。

使用扭摆的三种方法为:

方法A 由试样承受惯性部件的质量,摆的方式为自由摆动型;

方法B 通过细金属丝悬挂承受惯性部件的质量,摆的方式为自由摆动型;

方法C 悬挂方法与方法B相似,以给试验系统提供能量的方式,使摆动保持恒定振幅。

5 装置

5.1 试样夹持器

将试样的两端夹住,其中一个夹持器是被固定的,另一个夹持器与惯性部件连接。位于两个夹持器之间的试样长度应在30 mm～100 mm之间,优选50 mm。应保证两个夹持器之间试样长度的测量精确到0.5 mm。

应使用低导热材料制作夹具器的伸出温控室(见5.4)的部分,以保持整个试样长度上温度的一致性。

应使试样可随温度的变化自由伸缩,以保持试样上的初始应力或张力不被改变。

5.2 惯性部件

惯性部件可以是一个具有转动惯量的圆盘或是一对对称的杆，以使扭摆和试样在标准试验室温度下的摆动频率在0.1 Hz～10 Hz之间。在采用方法A时，惯性部件的质量由于纵向重力的原因受到限制（见5.3.1）。圆盘或杆的转动惯量以大约30 kg·mm^2为宜。

对惯性部件施力，或将其与某些辅助器械连接，使扭摆转动一定的角度，让系统开始摆动。应使用小的变形角度以使橡胶的剪切应变小于0.05%。

应使在橡胶弹性区域内摆动频率的测量精确到为±1%。（在转变区域内允许到±5%）

5.3 扭摆

5.3.1 方法A

如图1所示：惯性部件应自由地悬挂在试样之下，惯性部件的质量应使施加到试样上的纵向应力不大于30 kPa。

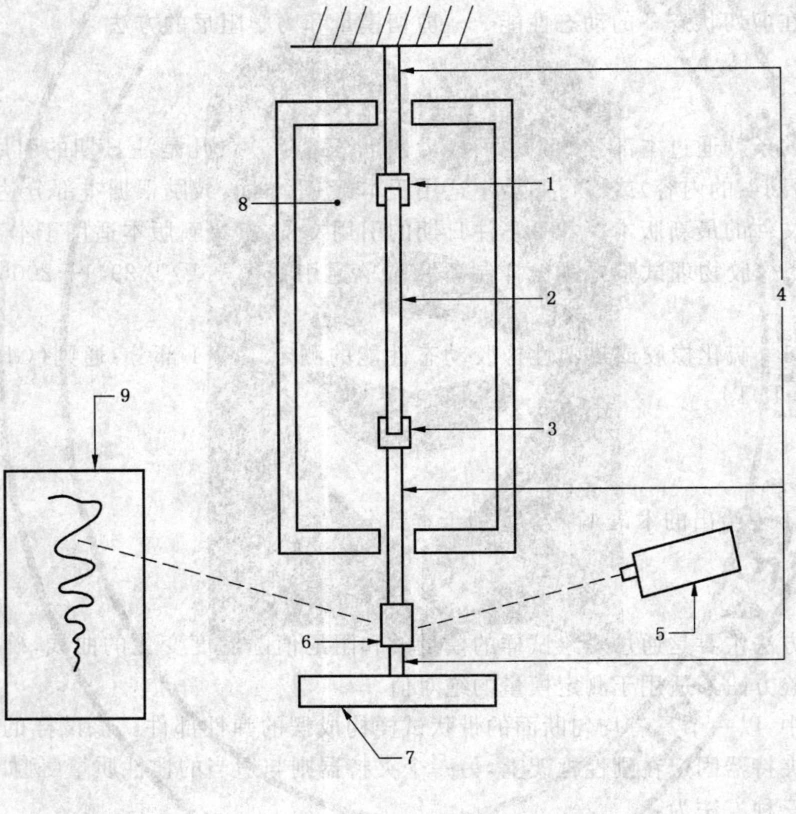

1——上夹持器；
2——试样；
3——下夹持器；
4——刚性拉杆；
5——灯；
6——反射镜；
7——惯性部件；
8——温控室；
9——标尺或记录仪。

图1 平衡惯性部件悬挂在试样下部的无补偿自由摆动装置

所采用的形变振幅测量方法应精确到±1%。如果使用记录仪，应确认记录带运行速度的准确度和线性度均在±1%之内。

注：如果采用由灯和反射镜组成的系统测定振幅，为了达到必需的精确度，反射镜和标尺之间的距离不得小于2 m。

5.3.2 **方法 B**

如图 2 所示:用一根细金属丝从上部将惯性部件吊起,试样装在惯性部件的下部。应对细金属丝的长度和直径加以选择,以保证由细金属丝悬挂所引起的复原扭矩不大于试样与细金属丝悬挂的复原扭矩之和的 25%。

测量系统的精确度应与方法 A 中规定的一样。

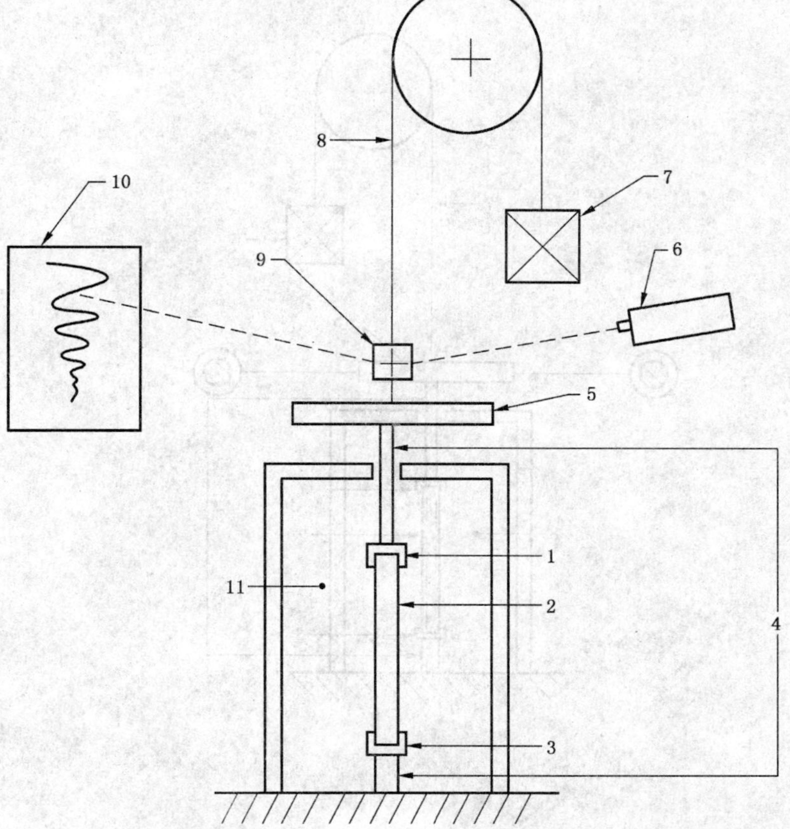

1——上夹持器;
2——试样;
3——下夹持器;
4——刚性连接杆;
5——惯性部件;
6——灯;
7——平衡锤;
8——扭转金属丝;
9——反射镜;
10——标尺或记录仪;
11——温控室。

图 2 平衡惯性部件悬挂在试样上部的无补偿自由摆动装置

5.3.3 **方法 C**

这种受迫振动方式的扭摆与方法 B 中所描述的相同,只是在扭摆系统中增加了用来施加无摩擦机械力矩的装置。图 3 显示了一种适用的系统,它利用电磁力来产生机械力矩。外加力矩应与试样中由于阻尼产生的机械力矩大小相等,但方向相反。通过此方式维持试样以一个恒定的振幅摆动。

应配置合适的振幅监控系统以及精确度达到±2%的补偿力矩检测手段。

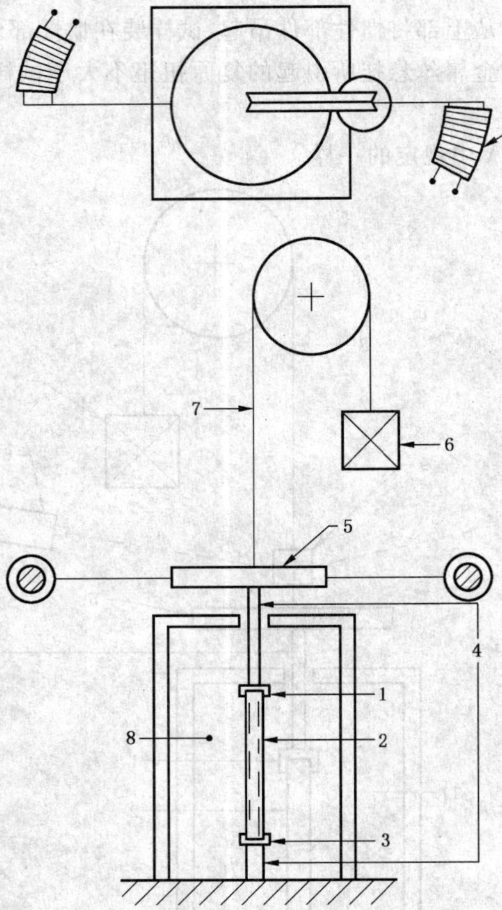

1——上夹持器；
2——试样；
3——下夹持器；
4——连接杆；
5——惯性部件；
6——平衡锤；
7——扭转金属丝；
8——温控室；
9——电磁补偿装置。

图 3　强迫共振摆动装置

5.4　温控室

用气体作为导温介质的温控室应符合 GB/T 2941 的规定。在测定时不应有任何气流作用于试样上。

应维持试样周围的温度在设定值的一个范围之内，例如从－100℃到＋200℃，应在设定值的±1℃以内。合适的温度传感元件为热电偶或电阻元件。

5.5　试样尺寸测量装置

用于测量试样的宽度和厚度的装置应符合 GB/T 2941 的规定。

6　试样

6.1　尺寸

每一个试样应是具有均匀断面的条状材料，并符合下列尺寸要求：

厚度 1.0 mm±0.2 mm;

宽度 5 mm 至 11 mm,优选 10 mm;

长度 40 mm 至 120 mm,应根据夹持装置进行选择以得到所需的自由长度(参见 5.1)。

各试样的允许公差应符合 8.1 的要求。对于比较试验,应使用相同标称尺寸的试样。

6.2 制备

试样应按 GB/T 2941 的规定制备。

6.3 数量

进行试验的试样数量应不少于 3 个。

6.4 调节

试样从硫化到进行试验间的停放时间间隔应符合 GB/T 2941 的规定。

在上述停放过程中,样品或试样应尽可能避光。

试样在试验之前,应参照 GB/T 2941 的规定在标准实验室温度下调节至少 3 h。

7 试验的应变、频率和温度

7.1 应变

试验时橡胶的剪切应变应不超过 0.05%。

注:设试样的长度为 L、宽度为 b、厚度为 h,而且 $b/h>3$,则最大剪切应变 γ 大致与扭转角 α(以弧度表示)相关,即

$$\gamma=\alpha h/L$$

当首选试样尺寸 $h=1$ mm、$L=50$ mm 时,与指定的最大剪切应变 5×10^{-4} 相对应的扭转角 α 为 1.5°。

7.2 频率

在被测试样材料的橡胶弹性区域内,摆动的频率应在 0.1 Hz 至 10 Hz 之间。

7.3 温度

试验的温度或温度范围应依据被测试样的材料和试验目的进行选择。

随着温度从最低值升向最高值,每次测量的最大温度间隔应在 10℃±1℃以内。

在转变区域内应采用更短的温度间隔,因为在此温度区域内,剪切模量和力学阻尼会随着温度的改变而迅速地变化。

对于结晶材料,调节时间、试验时间及加热速率都可能影响其结晶度,进而影响到测得的模量值。由于上述原因,这些时间都应配合试验的目的进行选择,并应在试验报告中陈述。

8 试验程序

8.1 试样尺寸的测量

试验前测量试样的尺寸。尺寸测量应在标准实验室温度下进行。

宽度(b)测 5 个点,精确到 0.1 mm。

厚度(h)测 5 个点,精确到 0.01 mm。

记录平均值。任一试样的宽度的最大、最小值的差或试样厚度的最大、最小值的差都应不超过其平均值的 6%,否则该试样为不合格。由于要用厚度数据的三次幂计算剪切模量(见 9.2),所以试样的尺寸测量应特别细心。

如果试样是用裁刀从橡胶片上裁取而得,则可以取两条平行的切割刀刃之间的距离作为试样的宽度。在此情况下应定期测量裁切出的试样尺寸,对其精确度进行控制。

8.2 试样的机械调节

填充补强填料,尤其是填充炭黑的橡胶的剪切模量与所填充填料的结构状态密切相关。在测定剪切模量之前,通过下述的机械调节方法破坏填料的结构,可以在一定程度上提高试验结果的重现性。但是,如果实际使用情况并不会对填料结构产生破坏(即:没有明显变形),则应省略机械调节,并小心不使

试样变形，因为变形将导致试样局部产生程度不确定的填料结构破坏，并且最好每个试验温度都使用单独的试样。

如果需要对试样进行机械调节，则应在测定剪切模量之前将试样从标准实验室温度下取出后立刻进行：

a) 将试样分别朝两个不同的方向扭转 90°，然后使其基本恢复原状；

b) 重复上述步骤各做 5 次双方向的扭转。

8.3 试样的安装

将试样安装于合适的夹持器上，使试样的自由长度在 30 mm～100 mm 范围内，优选 50 mm。

使两个夹持器落在同一条垂线上，并使它们的中心线落在构成扭摆旋转轴的中心线上。被夹持器夹住的试样的中心线也应与扭摆的旋转轴重合。

8.4 试样的自由长度的测量

试样安装完毕后测量试样在两个夹持器之间的自由长度 L，精确到 0.5 mm，并迅速开始进行试验（见 5.1）。

8.5 试样的温度调节

将试样冷却至最低试验温度。

在温度达到平衡之后，用如下两种方法中的任何一种加热试样：

首选的方法是以不超过 1℃/min 的速率加热试样，并在温度未达到平衡的条件下进行扭摆摆动测量。

另一种可选的方法是将试样放到设定的试验温度下，并在试样与温控区域之间的温度达到平衡之后进行扭摆摆动测量。

注：此处自动记录可在不到 20 s 内完成整个测量过程，所以可采用不超过 1℃/min 的恒定速率加热试样。然而在此过程中，试样温度可能与温控区域的温度差异较大，因此应制备一个相同材料、尺寸相仿并植入微型热电偶的试样模拟物，置于试验温控区域中，用来测量试样温度。

8.6 试验

对可运动的夹持器施加一个小的扭曲开始振动，在有阻尼补偿工具的情况（方法 C）下，打开阻尼补偿系统。

测量振动频率和振幅衰减（方法 A 和方法 B），或者振动频率和提供的机械补偿力矩（方法 C）。进一步的细节请参阅参考文献。

9 结果表示

9.1 符号

G'：弹性剪切模量（储能剪切模量），单位为帕斯卡（Pa）；

I：惯性部件和摆动夹持器的惯性力矩，单位为千克平方米（$kg \cdot m^2$）；

f：有试样时的摆动频率，单位为赫兹（Hz）；

f_0：无试样时的摆动频率，单位为赫兹（Hz）；

L：试样的自由长度，单位为米（m）；

B：试样宽度，单位为米（m）；

h：试样厚度，单位为米（m）；

Λ：对数衰减率；

A：摆动振幅；方法 A 和 B 以刻度表示，方法 C 以弧度表示；

M：补偿机械力矩，单位为牛米（N·m）。

C：修正因子＝（1－0.63 h/b），当 $b/h>3$ 时

$$F_D = 1 + \frac{\Lambda^2}{4\pi^2}$$

因子 F_D 体现阻尼对剪切模量的影响。当 $\Lambda \geqslant 1$ 时，应考虑 F_D；当 $\Lambda < 1$ 时，$F_D=1$。

9.2 弹性剪切模量(储能剪切模量)的计算

9.2.1 方法 A

$$G' = \frac{4\pi^2 L}{bh^3 C} \times F_D I f^2$$

9.2.2 方法 B

$$G' = \frac{4\pi^2 L}{bh^3 C} \times F_D I(f^2 - f_0^2)$$

9.2.3 方法 C

$$G' = \frac{4\pi^2 L}{bh^3 C} \times F_D I(f^2 - f_0^2)$$

9.3 力学阻尼的计算

9.3.1 概述

材料的力学阻尼应以试样的对数衰减率 Λ_R 来表达。

注：当数值较小时，Λ_R 与力学损耗因子 $\tan\delta$ 有关，亦即

$$\tan\delta = \frac{\Lambda_R}{\pi}$$

9.3.2 方法 A

对数衰减率由下式精确给出：

$$\Lambda_R = \log_e\left(\frac{A_1}{A_2}\right)$$

式中：

A_1 和 A_2——相邻的两次同方向摆动的振幅。

注：对于低阻尼的材料，推荐采用测量多个循环的 A 值，再由下式计算

$$\Lambda_R = \frac{1}{n} \times \log_e\left(\frac{A_0}{A_n}\right)$$

式中：

A_0——初始摆动的振幅；

A_n——与初始摆动同方向的第 n 次摆动的振幅。

9.3.3 方法 B

整个系统的对数衰减率由下式给出：

$$\Lambda = \log_e\left(\frac{A_1}{A_2}\right)$$

见 9.3.2 的注释。

如果阻尼仅是由橡胶造成的，则由下式给出：

$$\Lambda_R = \Lambda - \Lambda_0 \frac{f_0}{f}$$

式中：

Λ_0——尚未安装试样的扭摆的阻尼，是由金属丝悬挂系统的损失而产生。对于设计得好的扭摆，此修正(值)常可以被省略。

9.3.4 方法 C

对数衰减率由下式给出：

$$\Lambda_R = \frac{M}{4\pi I f^2 A}$$

注：上式假定悬挂系统的修正可以省略。

10 试验报告

试验报告应包含以下内容：

a） 样品的详细资料：
   1） 样品及其来源的详细描述；
   2） 胶料配方和硫化条件的详细资料（如果已知）；
   3） 试样制备方法的详细资料，例如：是模制还是裁切的；
   4） 试样的宽度、厚度及在两个夹持器之间的自由长度。
b） 试验方法和试验的详细描述：
   1） 执行 GB/T 9870 的第 2 部分；
   2） 所使用扭摆的类型，例如：方法 A、方法 B 或方法 C，及其重要数据，例如：惯性质量；如果是通过下夹持器对试样加载，应写明下夹持器的质量；
   3） 所施加的剪切应变；
   4） 试验频率；
   5） 是否进行了机械调节；
   6） 在试验之前，试样进行调节的时间和温度；
   7） 加热速率或对应于各个试验温度达到温度平衡的时间；
   8） 采用任何非 GB/T 9870 标准本部分程序的详细资料。
c） 试验结果：
   1） 进行试验的试样数量。
   2） 带单位的弹性剪切模量（储能剪切模量）G' 和对数衰减率 Λ_R 的单个试验数据及其平均值；如果是在宽的温度区间中测得的一系列试验数据，则宜将剪切模量的对数值对温度作成平滑曲线图，以利于观测转变点。
d） 试验日期。

参 考 文 献

关于方法 A

[1] SCHMIEDER, K. and WOLF, K. Über die Temperatur-und Frequenzabhängigkeit des mechanischen Verhaltens einiger hochpolymerer Stoffe [The dependence on temperature and frequency of the mechanical behaviour of some high-polymeric materials], *Kolloid Z.*, 127 (1952):65-78.

关于方法 B

[2] KUHN, W. and KUNZLE, O. Experimentelle Bestimmung der dynamischen Viscosität und Eiastizität sowie des Relaxationszeitspektrums von Kautschuk [Experimental determination of the dynamic viscosity and elasticity as well as of the relaxation spectrum of rubber], *Helv. Chim. Acta*, 30 (1974):839-858.

[3] NIELSEN, L. E. A recording torsion pendulum for the measurement of dynamic mechanical properties of plastics and rubbers, *Rev. Sci. Instr.*, 22 (1951):690-693.

[4] ILLERS, K. H. and BREUER, H. Ein Torsionspendel zur genauen und schnellen Bestimmung der dynamisch-mechanischen Eigenschaften viscoelastischer Stoffe (Messungen an Polycarbonaten) [A torsion pendulum for the exact and rapid determination of the dynamic mechanical properties of viscoelastic materials (measurements on polycarbonates)], *Kolloid. Z.*, 176 (1961):110-119.

关于方法 C

[5] PEREZ, J., DELORME, J., PEGUIN, P. and GOBIN, P. The continuous recording of damping at constant amplitude, *J. Sci. Instr.*, 44 (1967):169-172 Sources for calculations.

[6] GOETZKE, R. Zur Theorie der Torsion rechteckig-prismatischer Stäbe [Theory of torsional behaviour of rectangular-prismatic rods], *Z. Verein deutsch. Ing.*, 53 (1909):935-940.

[7] KOHLRAUSCH, F. *Praktische Physik* [Practical Physics], Teubner (1944):68, 72, 82.

[8] VOGEL, K. and BECKER, G. W. Zur Berechnung des Schubmoduls aus Torsionsmessungen an stabförmige Proben mit rechteckigem Querschnitt [Calculation of shear modulus from torsion measurements on rod-shaped test specimens with rectangular cross-section], *PTB-Mitteil.*, 4 (1965):332-336.

[9] STRUIK, L. C. E. Free damped vibrations of linear viscoelastic materials, *Rheol. Acta*, 6 (1967):119-129.

[10] 北京大学化学系高分子化学教研室.高分子物理实验.北京:北京大学出版社,1983:77-92.

ICS 83.060
G 40

中华人民共和国国家标准

GB/T 9871—2008/ISO 6914:2004
代替 GB/T 9871—1988

硫化橡胶或热塑性橡胶老化性能的测定 拉伸应力松弛试验

Rubber, vulcanized or thermoplastic—Determination of aging characteristics by measurement of stress relaxation

(ISO 6914:2004, IDT)

2008-04-01 发布　　　　2008-09-01 实施

中华人民共和国国家质量监督检验检疫总局
中国国家标准化管理委员会　发布

前　言

本标准等同采用 ISO 6914:2004《硫化橡胶或热塑性橡胶老化性能的测定　拉伸应力松弛试验》(英文版)。

本标准代替 GB/T 9871—1988《硫化橡胶老化性能的测定(拉伸应力松弛试验)》。

本标准等同翻译 ISO 6914:2004。

为了方便使用，本标准做了以下编辑性修改：

a) 删除了国际标准的前言；

b) 用"本标准"代替"本国际标准"；

c) 用小数点"."代替作为小数点的逗号","。

本标准与 GB/T 9871—1988 的主要技术差异如下：

——增加了引言部分，删除了原标准的第 3 章；引言是对本标准试验方法与原理的一个概述，内容很重要但不是标准规范性的部分；

——增加了范围内容的描述，对每种方法进行了细节性的陈述(见第 1 章)；

——规范性引用文件增加了导语，引用标准也有所不同(见第 2 章)；

——测力和拉伸精度由 2%修改为±1%(1988 年版的 4.1 和 4.2；本版的 3.1 和 3.2)；

——修改了试样尺寸的规定，厚度均匀即可，对宽度和长度未作硬性规定(1988 年版的 5.2；本版的 4.1)；

——修改了试样数量的规定，依据试验目的可调整与选择(1988 年版的 5.3；本版的 4.2)；

——增加了可选取的老化温度，并提高了控温精度(1988 年版的 7.2；本版的 6.2)；

——修改了试验结果的表述(1988 年版的第 9 章；本版的第 8 章)；

——增加了规范性附录，试验仪器的校准(本版的附录 A)。

请注意本标准的某些内容有可能涉及专利。本标准的发布机构不应承担识别这些专利的责任。

本标准的附录 A 为规范性附录。

本标准由中国石油和化学工业协会提出。

本标准由全国橡胶与橡胶制品标准化技术委员会橡胶物理和化学试验方法分技术委员会(SAC/TC 35/SC 2)归口。

本标准起草单位：北京橡胶工业研究设计院。

本标准起草人：马维德。

本标准所代替标准的历次版本发布情况为：

——GB/T 9871—1988。

引　言

橡胶试样在给定伸长状态下，其应力随时间的变化是同时存在的物理和化学过程综合的结果。当薄橡胶试样在高温下较长时间曝露于含氧环境时，以化学过程为主。因此，在这种条件下，经过一段时间的曝露，可通过测试拉伸下变形薄橡胶试样的应力变化，测定橡胶的老化性能。

应力测试可采用下列两种不同方法的任何一个：

a)　连续应变条件；

b)　间歇应变条件。

情况 a)，连续应变条件，试样在老化箱中整个老化期间保持伸长。情况 b)，间歇应变条件，试样在老化箱中未受应力的状态下老化，但在定期的间隔时，试样被短时间拉伸至一确定的伸长长度以测定应力。因此，后一方法是测试作为时间函数的模量的改变。

注 1：术语“连续应力松弛”和“间歇应力松弛”，通常用于描述两种基本不同的方法。后一术语“间歇应力松弛”是误称，因为并没有真的应力松弛发生，而且所测应力甚至可能随时间而增加。为了这一原因，本文件避免使用这一术语，尽管其在有关文献中应用颇多。

在间歇试验的第二种方案中，试样定期从加速老化的氛围中取出，然后在标准实验室条件下测量应力。这一方法的优点是不需要使用专门的仪器，常规的拉力试验机就可以用来测量应力。

依据本标准描述的方法进行测试，可提供橡胶在老化期间发生结构变化的有关信息。

连续应变条件下，只要物理松弛过程不占优势，应力的衰减就是网络降解断裂反应的度量。而作为交联反应的结果所形成的任何新的网络，在试验应变状态下与主网络相平衡，因此并不产生任何新的应力。

注 2：甚至在有益于化学过程的条件下，某些物理松弛仍可能发生。其程度取决于橡胶的黏弹性和试验条件，而对结果的解释必须小心。物理松弛随填料而增加，在短时间和较低温度下将更明显，常与时间的对数成比例，并比化学松弛更少温度敏感性。

在间歇应变条件下，应力的衰减提供了降解断裂和交联两种反应对网络影响的度量。

本标准描述的试验方法的有效性，取决于橡胶降解的均匀性。为这一理由，所用试样的厚度是 1.0 mm，以将氧的扩散对老化的影响减至最小。

应力的改变可能是直接关心的，但橡胶对老化的相对耐受性将取决于被测量的或应用所要求的性能。因此本标准应被认为是对 GB/T 3512 的补充。

另外，本试验与 GB/T 1685 所规定的压缩应力松弛试验有所不同，后者主要应用于耐应力松弛性是一种工作性能的橡胶试验中，例如密封制品。

如果要研究材料的使用寿命，可以用 GB/T 20028 描述的方法进行测定。

在进行这些试验时，为了达到良好的重复性和再现性，最重要的因素是应确保整个测试期间温度和拉伸恒定不变。

硫化橡胶或热塑性橡胶老化性能的测定 拉伸应力松弛试验

1 范围

本标准规定了三种测量试样在给定伸长状态下应力变化的方法，目的是测定橡胶硫化胶的老化性能。

——方法 A 供在连续应变条件下的测量采用。

——方法 B 是在间歇应变条件下的测量的优先选择的方法。

在方法 A 和 B 两种情况下，使用应力松弛仪记录在老化温度下的应力。

——方法 C 可以代替方法 B 用于在间歇应变条件下的测量。在方法 C 中，试样从老化环境中取出，在标准实验室温度下测量应力。

附录 A 给出了这类测量所必需的校准明细表。

在单一的老化高温下的测量，可用于质量控制的目的，如耐热老化的程度。根据 GB/T 20028 描述的方法，在一系列温度下进行测量以预测长期的老化性能，可用于研究和开发的目的。

在三个方法之间无法互相推算，所用的方法取决于试验目的。

2 规范性引用文件

下列文件中的条款通过本标准的引用而成为本标准的条款，凡是注日期的引用文件，其随后所有的修改单(不包括勘误的内容)或修订版均不适用于本标准，然而，鼓励根据本标准达成协议的各方研究是否可使用这些文件的最新版本。凡是不注日期的引用文件，其最新版本适用于本标准。

GB/T 2941 橡胶物理试验方法试样制备和调节通用程序(GB/T 2941—2006，ISO 23529:2004，IDT)

ISO 188:1998 硫化橡胶或热塑性橡胶 加速老化和耐热试验

ISO 5893:2002 橡胶和塑料试验仪器 拉伸、弯曲和压缩型(恒速移动) 规范

ISO 18899:2004 橡胶试验仪器校准指南

3 仪器

3.1 应力松弛仪(用于方法 A 或 B)

组成中有两个夹持器，能夹住处于固定伸长下的试样而没有滑动(在±1%以内)，以及测量和记录试样上的力的装置。

夹持器的安装应使试样定位于老化箱中。力的测量系统可是标准的弹簧或电子负荷传感器，或其他装置。但在整个试验期间，力的读数应准确和稳定在±1%以内。

另外，对于方法 B，应力松弛仪的装置应使试样在定期的间隔时能拉伸和放松，试验的重复拉伸应恒定在所用伸长的±1%以内。

3.2 拉力试验机(用于方法 C)

用恒速移动，运行速度为 50 mm/min，并符合 ISO 5893 规定的要求，力级为 1(测量力在被测值的±1%以内)。

该机应能在固定应变限度内循环往复，并精确到最大应变的±1%以内。拉力试验机的夹持器夹住试样时不应打滑。

3.3 老化箱

符合 ISO 188:1998 规定的要求，方法 A(低空气流速)或方法 B(高空气流速)，用于试样老化。

4 试样

4.1 尺寸

试样应从胶片裁切，为两边平行的长条状。对本标准所描述的试验，保证橡胶降解的均匀性是极其重要的。基于这一理由，试样的厚度应为(1.0±0.05)mm，以便将氧扩散对老化的影响减至最小。

小于1.0 mm或大于1.0 mm的厚度均匀的样品也可使用，但其可能给出不同的结果。

试样的其他尺寸，即宽度和长度，应选择适合于负荷测量装置的灵敏度和用于调节应变的机械的精密度，以便满足3.1和3.2有关力和应变的精度的要求。

4.2 数量

对每一试验温度，试样的数量最好是3个。对于例行试验和筛选试验，也可使用1个或2个试样。

5 贮存和调节

硫化和试验之间的时间间隔应符合GB/T 2941的规定。

在硫化和试验之间的间隔期间，材料和试样应尽可能避免光照，且不应与不同配方的试验胶片或试样相接触。以防止可影响老化的配合剂，例如抗氧剂，从一种硫化胶迁移到另一种硫化胶。

选择GB/T 2941规定的标准实验室温度之一，试样应至少调节3 h，然后立即试验。

6 试验条件

6.1 试验周期

试验周期最好从下列系列中选取：

1 h、2 h、4 h、8 h、24 h、72 h和168 h及7 d的倍数。

对于方法A和B，试验周期应从初始力的测量开始。对于方法C，试验周期应是试样在老化箱中的时间，不包括冷却和力的测量的时间。

另一方法是，当时间 t 时的力(F_t)与初始力(F_0，见第8章)的比达到某一预定值(例如0.5)时，可停止试验。

6.2 老化温度

被试材料最好在间隔至少10℃的一系列温度下进行检测。如果试样仅在一个温度下老化，则应从GB/T 2941列出的下列温度系列中选取：

标准实验室温度(23℃或27℃)或40℃，55℃，70℃，85℃，100℃，125℃，150℃，175 ℃，200℃，225℃，250℃，275℃，或300℃。

在试验期间温度应尽可能保持恒定，其允许公差对所有高温为±1℃，对标准实验室温度为±2℃。

基于以下两个理由，试验期间稳定而准确的温度是非常重要的。

——首先，温度偏差(例如1℃)，相当于大约10%的试验时间。

——其次，橡胶的体积膨胀要比钢铁大10至20倍，而温度变化将引起力的读数变化。

当温度增加时，老化时间可能要减少。此外，应认识到在老化和使用条件之间的差异将更大，更不可靠的是在老化和使用寿命之间的相关性。

7 步骤

7.1 方法A

方法A按下列方式进行：

a) 在无应变条件下，将试样安装在已预热的夹持器上。

b) 将夹持器和试样放入预热到试验温度的老化箱中。

c) (5±0.5) min之后，拉伸试样在1 min之内达到45%至55%之间的伸长，并保持其在该伸长的±1%以内。也可用(20±2)%的较小伸长代替(50±5)%。试样拉伸(5±0.5)min之后，初始力(F_0)取值。

d) 在试验期间,记录作为时间的函数的力(F_t)。

e) 在试验结束时,用大约7倍的放大镜检查拉伸试样的表面是否有裂纹的迹象。如果发现裂纹,则应写入试验报告。

对于某种类型的橡胶,由于大气中微量臭氧攻击表面的结果,由氧和热引起的应力松弛附加的裂纹可能发生。裂纹可使试验无效,并且是导致测量之间出现差异的原因。

7.2 方法 B

方法B按下列方式进行:

a) 在无应变条件下,将试样安装在已预热的夹持器上。

b) 将夹持器和试样放入预热到试验温度的老化箱中。

c) (5±0.5)min之后,通过拉伸试样在2 s之内达到45%至55%之间的伸长,并保持其在该值的1%以内(10±1)s,来测量初始力(F_0)。也可用(20±2)%的较小伸长代替(50±5)%。

d) 记下该力,并使试样回复到无应变状态。

e) 每间隔1 h,将试样再拉伸至初始伸长的±1%以内之后,重复测量拉力(F_t)。

只要在试验报告中报告,测量拉力之间的其他时间间隔也可使用。

7.3 方法 C

方法C按下列方式进行:

a) 在无应变条件下,将试样安装在拉力试验机的夹持器上。

b) 调节拉力机,以夹持器分离速度为50 mm/min运行。

c) 拉伸试样至相当于伸长率在45%至55%之间的一个固定长度,实际伸长要在该伸长的±1%以内,然后放松试样。也可用(20±2)%的较小伸长代替(50±5)%。

d) 快速地重复应变循环5次,第五次循环时记下初始拉力(F_0)。

e) 将试样从拉力试验机上取下。

f) 将无应变的试样放入已达到所要求的试验温度的老化箱中。

g) 24 h后,取出试样,并在标准实验室温度下调节(30±5)min。

h) 将试样安装到拉力机上,重复在初始拉伸±1%以内的应变循环5次。对测定试验来说,由于循环或老化导致的试样长度的变化应予忽略。

i) 记下第五次的循环拉力(F_t)。

j) 在2 h内将取出测力的试样放回老化箱中。

k) 在间隔24 h后,重复上述测量。如果应力变化较小,可根据3 d,7 d和7 d倍数的系列增加测量之间的时间间隔。

8 结果表示

拉伸应力松弛,$R(t)$,在试验规定的期间(t)后,表示为初始拉力的百分数,由式(1)给出:

$$R(t)=\frac{F_0-F_t}{F_0}\times 100=\frac{\sigma_0-\sigma_t}{\sigma_0}\times 100 \qquad \cdots\cdots(1)$$

式中:

F_0——初始拉伸力,单位为牛顿(N);

F_t——在试验规定的期间(t)后测量的拉伸力,单位为牛顿(N);

σ_0——初始应力,单位为兆帕(MPa);

σ_t——在试验规定的期间(t)后测量的应力,单位为兆帕(MPa)。

选取各试样结果的中位数。各试样单独的结果偏差应在中位数的10%以内。否则,重做试验。在不同老化时间后测得的应力松弛值作为时间的函数,在对数坐标上作图,更便于试验数据的整理。在某些应用中,计算在不同老化时间后的拉伸应力比值,即F_t/F_0,比应力松弛值更为有用。在这种情况下,应提供拉伸应力比值作为时间对数的函数的曲线图。

9 试验报告

试验报告应包括下列信息。

a) 样品细节：
   1) 样品及其来源的完全描述；
   2) 专用时，说明胶料细节，硫化时间和温度；
   3) 从样品制备试样的方法。

b) 试验方法和试验细节：
   1) 本标准编号，即 GB/T 9871；
   2) 所用的方法(A,B 或 C)；
   3) 试验装置，包括老化箱(3.3)的原理的描述；
   4) 用于调节的标准实验室温度；
   5) 老化的时间和温度；
   6) 试样的类型和尺寸；
   7) 试样伸长率；
   8) 试样表面裂纹的检验结果(仅用于方法 A)；
   9) 测量拉力之间的时间间隔，如果不同于 7.2 的规定(仅用于方法 B)；
   10) 任何不同于本标准规定的试验步骤的细节。

c) 试验结果：
   1) 所测试样的数目；
   2) 试验结果的中位数，根据第 8 章表示。

d) 试验日期。

附　录　A
（规范性附录）
校　准

A.1　检验

在进行任何校准之前，校准项目的条件应由检验确定，并记录在任何校准报告或证明书上。无论是校准按“公认的”条件进行还是在任何反常或缺陷的修正之后，都应报告。

应确定仪器设备通常适合于预定的目的，包括试验方法规定的参数，所以仪器不需要为此进行形式上的校准。如果这样的参数易于变化，则需要定期检验应写入详细的校准步骤。

A.2　校准明细表

表 A.1 给出的校准明细表，列出了试验方法规定的全部参数及要求。参数和要求可涉及主要试验仪器、仪器部件或试验所需的辅助仪器。在某些情况下，增加了试验方法标准未给出的允许公差。

表 A.1　校准明细表

参数	要求	在 ISO 18899:2004 中的条款	检验次数
应力松弛仪(3.1)			
夹持器	不打滑，能放置于老化箱中		C
拉力测量系统的精度	在读数的±1%以内	21.2	S
伸长测量系统的精度	在读数的±1%以内	21.2	S
拉力试验机(3.2)	如 ISO 5893:2002	21.1	S
拉力，精度	1 级	21.2	S
伸长率，精度	1 级	21.1	S
速度	50 mm/min	23.4	S
夹持器	不打滑		C
老化箱	如 ISO 188 中的参数		
温度	如本标准 6.2 公差： 对高温，±1℃； 在 23℃和 27℃，±2℃	18	S
试样厚度	(1±0.05) mm	15.1	S

C——被确认的要求但不测量；
S——如在 ISO 18899 中给出的标准间隔。

对于每一参数，校准方法由引用文件 ISO 18899、其他出版物或该试验方法所特有的详细步骤进行说明（无论何时，比 ISO 18899 更具体或详细的校准步骤是可用的，建议给出更详细的方法）。

每一参数的检验次数由代码符号（见表 A.1）给出。

对本明细表用的补充检验，应分别列出。

应列表给出校准明细表所要求的或试验方法所另外要求的基准材料。

材料测试的大多数标准，要求试样进行调节。这意味着要使用温度计，或许还有湿度计。二者都需要校准。不再重复在相关标准中引用的标准调节和试验的温度及湿度。

通常规定了试样尺寸。这意味着所用的尺寸测量仪器也需要校准。不再重复在相关标准中引用的试样尺寸。

参 考 文 献

[1] GB/T 1685 硫化橡胶在常温和高温下压缩应力松弛的测定
[2] GB/T 20028 硫化橡胶或热塑性橡胶 应用阿累尼乌斯图推算寿命和最高使用温度

ICS 23.100.60
J 20

中华人民共和国国家标准

GB/T 9877—2008
代替 GB/T 9877.1～9877.3—1988

液压传动 旋转轴唇形密封圈设计规范

Hydraulic fluid power—Guide specifications for designing rotary shaft lip type seals

2008-07-01 发布　　2009-02-01 实施

中华人民共和国国家质量监督检验检疫总局
中国国家标准化管理委员会　发布

前言

本标准是对GB/T 9877.1—1988、GB/T 9877.2—1988和GB/T 9877.3—1988《旋转轴唇形密封圈结构尺寸系列》的整合修订。

本标准与GB/T 9877.1—1988、GB/T 9877.2—1988和GB/T 9877.3—1988相比，主要变化如下：

——标准名称改为“液压传动　旋转轴唇形密封圈设计规范”；

——将标准结构由3个部分合并为1个整体；

——结构设计技术内容做了较大修改，侧重设计指导，补充了如“回流油封设计”等技术内容，并在标准结构及编排顺序有较大变动。

本标准的附录A和附录B为资料性附录。

本标准由中国机械工业联合会提出。

本标准由全国液压气动标准化技术委员会(SAC/TC 3)归口。

本标准起草单位：广州机械科学研究院、青岛开世密封工业有限公司、中鼎密封件有限公司。

本标准主要起草人：蔡琦、曹启清、王勇、王庆利、朱宝宁、阁明宽。

本标准所代替标准的历次版本发布情况为：

——GB/T 9877.1—1988；GB/T 9877.2—1988；GB/T 9877.3—1988。

液压传动
旋转轴唇形密封圈设计规范

1 范围

本标准规定了旋转轴唇形密封圈结构设计的基本要求，包括基本尺寸符合GB/T 13871.1的旋转轴唇形密封圈的装配支撑部、主唇、副唇、骨架、弹簧等的设计要求及尺寸系列。此外，本标准还给出了常规设计的主要参数和特殊设计参数(如唇口回流形式设计等)。

本标准适用于安装在设备中的旋转轴端，对液体或润滑脂起密封作用的旋转轴唇形密封圈，其密封腔压力不大于0.05 MPa。

2 规范性引用文件

下列文件中的条款通过本标准的引用而成为本标准的条款。凡是注日期的引用文件，其随后所有的修改单(不包括勘误的内容)或修订版均不适用于本标准，然而，鼓励根据本标准达成协议的各方研究是否可使用这些文件的最新版本。凡是不注日期的引用文件，其最新版本适用于本标准。

GB/T 13871.1　密封元件为弹性体材料的旋转轴唇形密封圈　第1部分：基本尺寸和公差(GB/T 13871.1—2007，ISO 6194-1:1982，MOD)

GB/T 4357　碳素弹簧钢丝

3 基本结构及代号

3.1 基本结构

3.1.1 基本结构由装配支撑部、骨架、弹簧、主唇、副唇(无防尘要求可无副唇)组成，如图1所示。

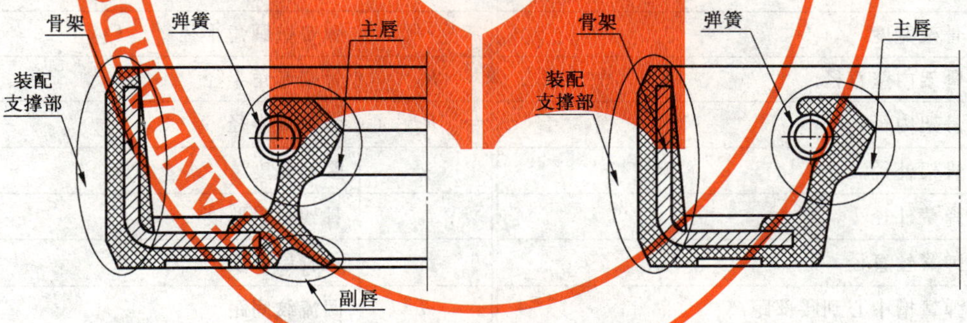

a) 带副唇型　　b) 无副唇型

图1 基本结构

3.1.2 基本结构分类有六种基本类型，如图2所示。

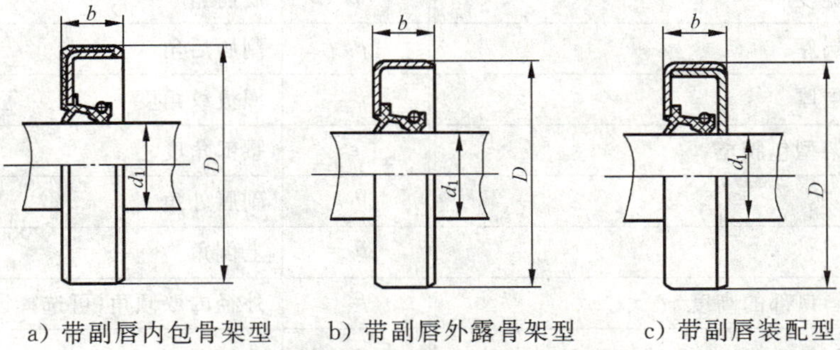

a) 带副唇内包骨架型　b) 带副唇外露骨架型　c) 带副唇装配型

图2 密封圈的基本类型

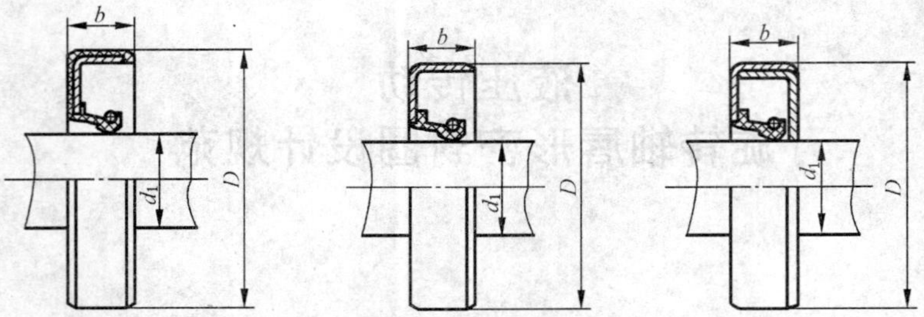

d) 无副唇内包骨架型　e) 无副唇外露骨架型　f) 无副唇装配型

图 2（续）

3.2　代号

密封圈采用表 1 和图 3～图 10 给出的字母代号表示各部位尺寸参数及名称。

表 1　密封圈各部位字母代号及名称

字母代号	说　　明	字母代号	说　　明
d_1	轴的基本直径	L	R_1 与 R_2 的中心距
D	密封圈支承基本直径(腔体内孔基本直径)	l_1	上倒角宽度
b	密封圈基本宽度	l_2	下倒角宽度
δ	圆度公差	l_s	弹簧接头长度
i	主唇口过盈量	L_s	弹簧有效长度
i_1	副唇口过盈量	R	弹簧中心相对主唇口位置
e_1	弹簧壁厚度	R_1	唇冠部与腰部过渡圆角半径
a	唇口到弹簧槽底部距离	r_1	副唇根部与腰部圆角半径
a_1	弹簧包箍壁宽度	R_2	腰部与底部过渡圆角半径
b_1	底部厚度	r_2	副唇根部与底部圆角半径
b_2	骨架宽度	r_3	弹簧壁圆角半径
D_1	骨架内壁直径	R_3	骨架弯角半径
D_2	骨架内径	R_s	弹簧槽半径
D_3	骨架外径	s	腰部厚度
D_s	弹簧外径	t_1	骨架材料厚度
d_s	弹簧丝直径	t_2	包胶层厚度
e_2	弹簧槽中心到腰部距离	w	回流纹间距
e_3	弹簧槽中心到主唇口距离	α	前唇角
e_4	主唇口下倾角与腰部距离	α_1	副唇前角
e_p	模压前唇宽度	β	后唇角
f_1	底部上胶层厚	β_1	副唇后角
f_2	底部下胶层厚	β_2	回流纹角度
h	半外露骨架型包胶宽	ε	腰部角度
h_1	唇口宽	θ_1	副唇外角
h_2	副唇宽	θ_2	上倒角
h_a	回流纹在唇口部的高度	θ_3	外径内壁倾角(可选择设计)
k	副唇根部与骨架距离	θ_4	下倒角

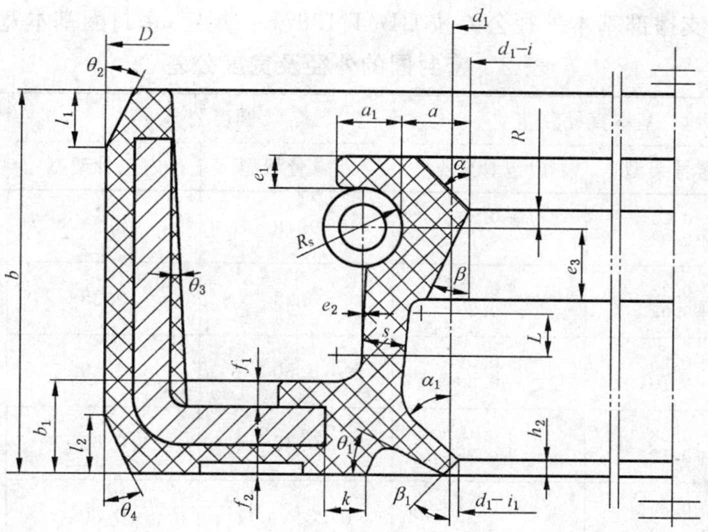

图 3 各部位参数代号

4 设计

4.1 装配支撑部

4.1.1 装配支撑部典型结构有四种基本类型，如图 4 所示。

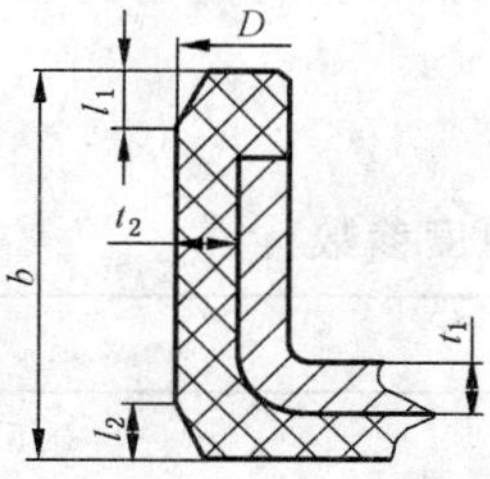

a）内包骨架基本型

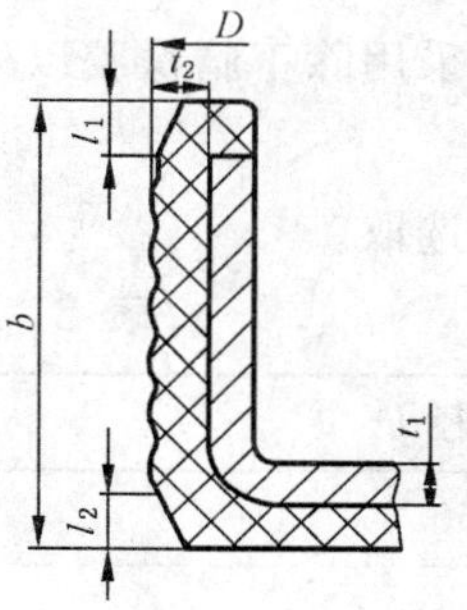

b）内包骨架波浪型

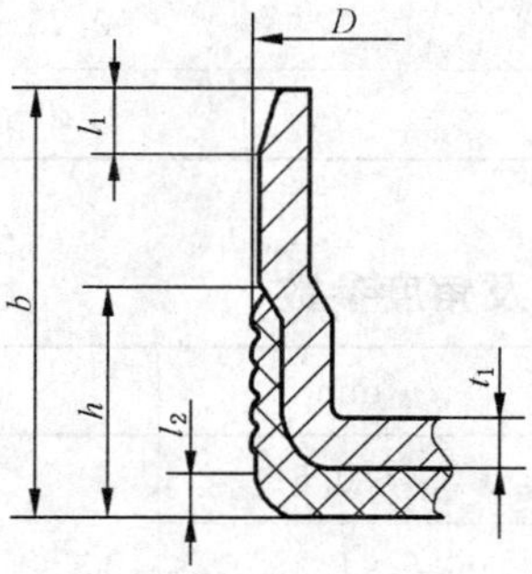

c）半外露骨架型

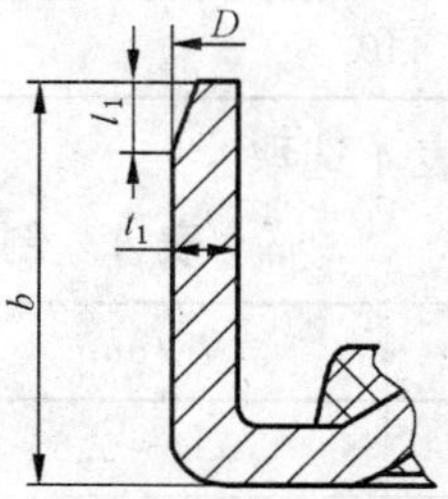

d）外露骨架型

图 4 装配支撑部典型结构

4.1.2 密封圈公差

4.1.2.1 密封圈装配支撑部基本外径公差按 GB/T 13871.1 规定，密封圈基本宽度公差见表 2。

表 2 密封圈的外径及宽度公差

单位为毫米

基本直径 D	基本直径公差		圆度公差 δ		宽度 b	
	外露骨架型	内包骨架型	外露骨架型	内包骨架型	$b<10$	$b\geqslant10$
$D\leqslant50$	$^{+0.20}_{+0.08}$	$^{+0.30}_{+0.15}$	0.18	0.25	±0.3	±0.4
$50<D\leqslant80$	$^{+0.23}_{+0.09}$	$^{+0.35}_{+0.20}$	0.25	0.35		
$80<D\leqslant120$	$^{+0.25}_{+0.10}$	$^{+0.35}_{+0.20}$	0.30	0.50		
$120<D\leqslant180$	$^{+0.28}_{+0.12}$	$^{+0.45}_{+0.25}$	0.40	0.65		
$180<D\leqslant300$	$^{+0.35}_{+0.15}$	$^{+0.45}_{+0.25}$	$0.25\%\times D$	0.80		
$300<D\leqslant440$	$^{+0.45}_{+0.20}$	$^{+0.55}_{+0.30}$	$0.25\%\times D$	1.00		

注 1：圆度等于间距相同的 3 处或 3 处以上测得的最大直径和最小直径之差。

注 2：外径等于在相互垂直的二个方向上测得的尺寸的平均值。

4.1.2.2 内包骨架密封圈的基本外径表面允许为波浪形及半外露骨架型式，其外径公差可由需方与制造商商定。

4.1.2.3 内包骨架密封圈采用除丁腈橡胶以外的其他材料时，可能会要求不同的公差，可由需方与制造商商定。

4.1.3 包胶层厚度按表 3 选取。

表 3 包胶层厚度参数

单位为毫米

基本直径 D	t_2
$D\leqslant50$	0.55～1.0
$50<D\leqslant80$	0.55～1.3
$80<D\leqslant120$	0.55～1.3
$120<D\leqslant200$	0.55～1.5
$200<D\leqslant300$	0.75～1.5
$300<D\leqslant440$	1.20～1.50

4.1.4 倒角宽度及角度按表 4 选取。

表 4 倒角宽度及角度参数

密封圈基本宽度 b/mm	l_1/mm	l_2/mm	θ_2	θ_4
$b\leqslant4$	0.4～0.6	0.4～0.6	15°～30°	15°～30°
$4<b\leqslant8$	0.6～1.2	0.6～1.2		
$8<b\leqslant11$	1.0～2.0	1.0～2.0		
$11<b\leqslant13$	1.5～2.5	1.5～2.5		
$13<b\leqslant15$	2.0～3.0	2.0～3.0		
$b>15$	2.5～3.5	2.5～3.5		

4.2 主唇

4.2.1 主唇结构有两种基本型式，如图 5 所示。

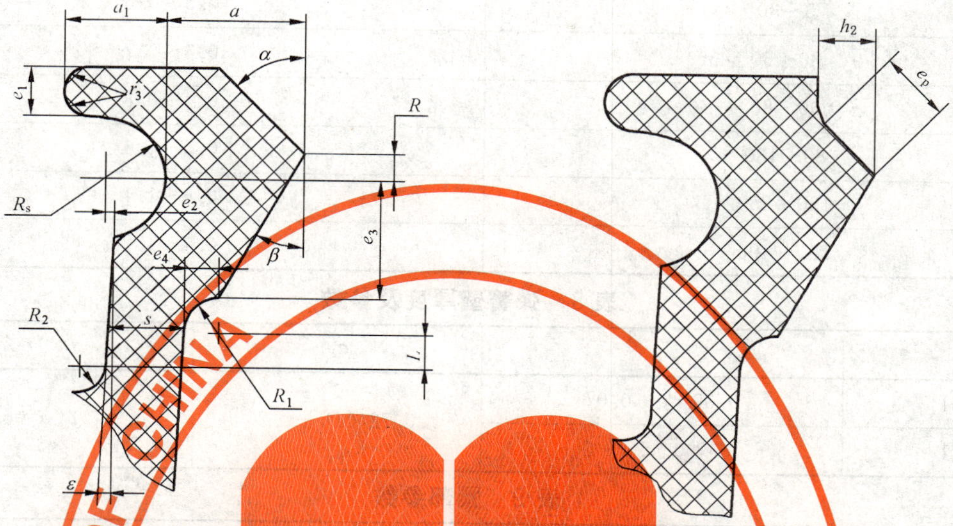

a) 切削唇口　　b) 模压唇口

图 5　主唇型式

4.2.2 弹簧槽半径 R_s 按表 5 选取。

表 5　弹簧槽参数

单位为毫米

轴径 d_1	$R_s=D_s/2$ 或 $R_s=D_s/2+0.05$
>5～30	0.6～0.8
>30～60	0.6～1.0
>60～80	0.8～1.5
>80～130	0.9～1.5
>130～250	1.0～1.8
>250～400	1.5～3.0

4.2.3 主唇部位参数按表 6、表 7、表 8、表 9、表 10、表 11 选取。

表 6　主唇口参数

<table>
<tr><th>轴径 d_1/
mm</th><th>h_1/
mm</th><th>a/
mm</th><th>e_p/
mm</th><th>e_3</th><th>α</th><th>β</th></tr>
<tr><td colspan="4">橡胶种类：氟橡胶(FPM)</td><td rowspan="8">$e_3=0.51\times$
$(D_s+a+0.05)$
倒角到 0.05</td><td rowspan="8">45°±5°</td><td rowspan="8">25°±5°</td></tr>
<tr><td>$d_1\leqslant 70$</td><td>0.45</td><td>1.5</td><td>0.5</td></tr>
<tr><td>$d_1>70$</td><td>0.60</td><td>2.0</td><td>0.7</td></tr>
<tr><td colspan="4">橡胶种类：丙稀酸酯胶(ACM)，硅橡胶(MVQ)，丁腈橡胶(NBR)</td></tr>
<tr><td>$d_1\leqslant 30$</td><td>0.60</td><td>2.0</td><td>0.7</td></tr>
<tr><td>$30<d_1\leqslant 50$</td><td>0.70</td><td>2.35</td><td>0.8</td></tr>
<tr><td>$50<d_1\leqslant 120$</td><td>0.75</td><td>2.5</td><td>0.9</td></tr>
<tr><td>$d_1>120$</td><td>0.80</td><td>2.7</td><td>1.0</td></tr>
</table>

表 7　弹簧中心相对主唇口位置 R 参数

单位为毫米

轴径 d_1	R
5～30	0.3～0.6
30～60	0.3～0.7
60～80	0.4～0.8
80～130	0.5～1.0
130～250	0.6～1.1
250～400	0.7～1.2

表 8　弹簧壁厚度及参数

单位为毫米

a	e_1	a_1	r_3
$a \geqslant 1$	$0.39 \times a + 0.07$	$0.72 \times D_s + 0.2$	$0 \sim e_1/2$（$r_3=0$ 为直角）
$a < 1$	0.45		

表 9　腰部参数

唇口到弹簧槽底部距离 a/mm	s/mm	L/mm		e_2/mm	半径/mm		ε
		正常	柔韧		R_2	R_1	
$a < 1.3$	0.8	0.5～0.8	1.05	0.1	0.5～0.8	$\leqslant 1.2e_4$	$\leqslant 10°$
$1.3 \leqslant a < 1.6$	0.9	0.6～0.9	1.15				
$1.6 \leqslant a < 1.9$	1.0	0.7～1	1.3				
$1.9 \leqslant a < 2.2$	1.1	0.8～1.1	1.45				
$2.2 \leqslant a < 2.5$	1.2	0.9～1.2	1.55				
$2.5 \leqslant a < 2.8$	1.4	1.1～1.4	1.8	0.2	0.8～1.2		
$2.8 \leqslant a < 3.3$	1.6	1.3～1.6	2.1				
$3.3 \leqslant a < 3.8$	1.8	1.5～1.8	2.35	0.3	1.0～1.5		
$3.8 \leqslant a < 4.3$	2.0	1.7～2	2.6	0.4			
$a \geqslant 4.3$	2.2	1.9～2.2	2.85	0.5			
注：正常指较小的径向轴运动，$L \geqslant 1.3S$；柔韧指较大的径向轴运动，$L \geqslant 1.8S$。							

表 10　唇口过盈量及极限偏差

单位为毫米

轴径 d_1	i	极限偏差
5～30	0.7～1.0	$^{+0.2}_{-0.3}$
30～60	1.0～1.2	$^{+0.2}_{-0.6}$
60～80	1.2～1.4	$^{+0.2}_{-0.6}$
80～130	1.4～1.8	$^{+0.2}_{-0.8}$
130～250	1.8～2.4	$^{+0.3}_{-0.9}$
250～400	2.4～3.0	$^{+0.4}_{-1.0}$

表 11　底部厚度参数　　　　单位为毫米

f_1	0.4～0.8
f_2	0.6～1
b_1	$t_1+f_1+f_2$

4.2.4　回流纹

在主唇口的后表面加工成螺纹线、波纹、三角凸块等有规则花纹，使流体产生动压回流效应，改善密封性能。

4.2.4.1　回流纹型式

单向回流纹，如图 6 的 A 型、B 型所示，但不局限于此。

双向回流纹，如图 6 的 C 型、D 型、E 型所示，但不局限于此。

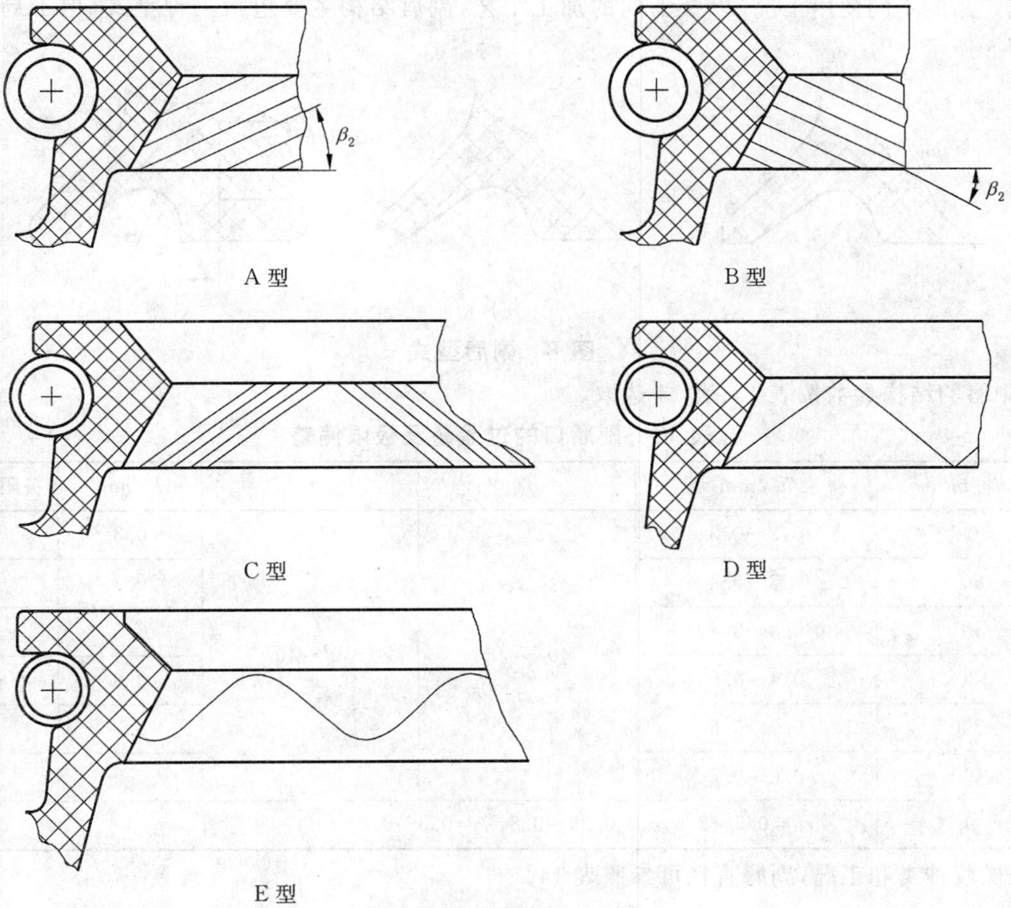

图 6　回流纹型式

4.2.4.2　单向回流纹参数按图 7 及表 12 选取。

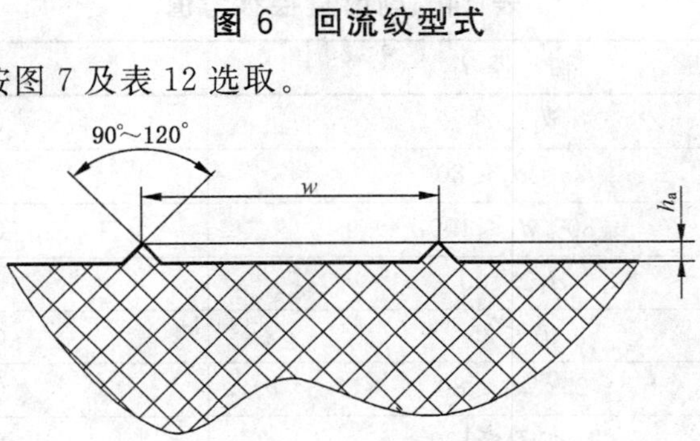

图 7　回流纹参数

表 12 回流纹参数

w/mm	0.5～2.5
h_a/mm	0.03～0.25
β_2	18°～30°

4.3 副唇

副唇是防尘唇，防止外部的杂质(如：灰尘、泥浆和水)进入油封动密封区域。保证油封主唇得到更好的工作条件和延长油封的使用寿命。

副唇的过盈量设计应考虑产品的工作环境和转速等条件，在高速和大的轴跳动情况下，可以设计间隙配合来保证产品工作的可靠性。

4.3.1 副唇的型式

根据产品的不同使用工况，以及不同的加工工艺，副唇结构主要包括三种型式(但不局限于此 3 种)，如图 8 所示。

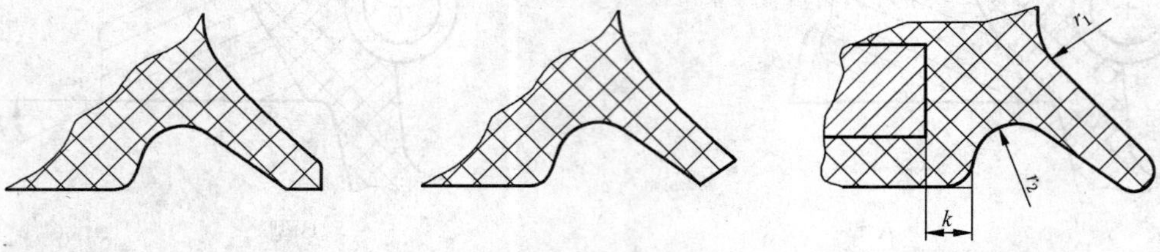

A 型　　B 型　　C 型

图 8 副唇型式

4.3.2 副唇的结构参数按表 13、表 14 选取。

表 13 副唇口的过盈量及极限偏差

轴径 d_1/mm	h_2/mm	α_1	θ_1	i_1/mm	极限偏差/mm
5～30	0.2～0.3	40°～50°	30°～40°	0.3	±0.15
30～60	0.3～0.4			0.4	±0.20
60～80	0.3～0.4			0.5	±0.25
80～130	0.4～0.5			0.6	±0.30
130～250	0.5～0.6			0.7	±0.35
250～400	0.6～0.7			0.9	±0.40
r_1、r_2、k	r_1=0.5～2.5，r_2=0.25～0.8，k=0.3～0.8				

根据橡胶种类和工况，副唇直径可参照表 14。

表 14 副唇直径参考值　　单位为毫米

橡胶种类	轴　径 d_1	副唇直径
ACM	$d_1 \leqslant 25$	$(d_1+0.25)\pm0.20$
	$25<d_1\leqslant 80$	$(d_1+0.35)\pm0.30$
	$80<d_1\leqslant 100$	$(d_1+0.40)\pm0.35$
	$d_1>100$	$(d_1+0.45)\pm0.40$
FPM	$d_1 \leqslant 25$	$(d_1+0.30)\pm0.20$
	$25<d_1\leqslant 80$	$(d_1+0.40)\pm0.30$
	$80<d_1\leqslant 100$	$(d_1+0.45)\pm0.35$
	$d_1>100$	$(d_1+0.50)\pm0.40$

4.4 骨架

4.4.1 骨架有三种基本结构型式，如图 9 所示。

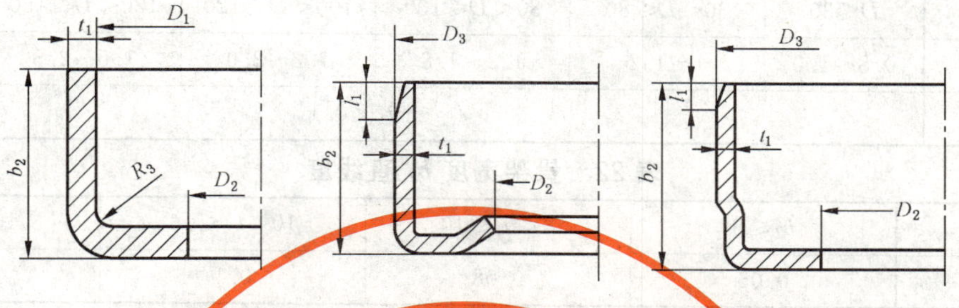

a) 内包骨架型　　b) 外露骨架型　　c) 半包骨架型

图 9 骨架基本型式

4.4.2 参数

4.4.2.1 内包骨架型参数按表 15、表 16、表 17、表 18、表 19、表 20 选取。

表 15 骨架材料厚度 t_1　　单位为毫米

基本直径 D	$D \leqslant 30$	$30 < D \leqslant 60$	$60 < D \leqslant 120$	$120 < D \leqslant 180$	$180 < D \leqslant 250$	$D > 250$
材料厚度 t_1	0.5～0.8	0.8～1.0	1.0～1.2	1.2～1.5	1.5～1.8	2～2.2
厚度公差	$\pm t_1 \times 0.1$					
弯角 $R_3 = 0.3 \sim 0.5$						

表 16 骨架内径 D_1 尺寸　　单位为毫米

基本直径 D	$D \leqslant 19$	$19 < D \leqslant 30$	$30 < D \leqslant 60$	$60 < D \leqslant 120$	$120 < D \leqslant 180$	$D > 180$
骨架内壁直径 D_1	$D-2.5$	$D-3.0$	$D-3.5$	$D-4.0$	$D-5.0$	$D-6.0$

表 17 骨架内径 D_1 尺寸公差　　单位为毫米

内径 D_1	$D_1 \leqslant 10$	$10 < D_1 \leqslant 50$	$50 < D_1 \leqslant 180$	$D_1 > 180$
公差	$^{+0.05}_{0}$	$^{+0.1}_{0}$	$^{+0.15}_{0}$	$^{+0.2}_{0}$

表 18 骨架 D_2 尺寸　　单位为毫米

轴径 d_1	$d_1 \leqslant 7$	$7 < d_1 \leqslant 25$	$25 < d_1 \leqslant 64$	$64 < d_1 \leqslant 100$	$100 < d_1 \leqslant 150$	$d_1 > 150$
内径 D_2	$d_1+3.5$	d_1+4	d_1+5	$d_1+5.5$	$d_1+6.5$	$d_1+7.5$

表 19 骨架 D_2 尺寸公差　　单位为毫米

内径 D_2	$D_2 \leqslant 10$	$10 < D_2 \leqslant 50$	$50 < D_2 \leqslant 180$	$D_2 > 180$
公差	$^{+0.10}_{-0.05}$	$^{+0.2}_{-0.1}$	$^{+0.30}_{-0.15}$	$^{+0.4}_{-0.2}$

表 20 骨架宽度 b_2 尺寸及公差　　单位为毫米

密封圈基本宽度 b	4	5	6	7	8	9	10	11	12	13	14	15～20	>20
骨架宽度 b_2	2.5	3.5	4.0	5.0	6.0	7.0	8.0	8.5	9.5	10.5	11.5	$b-3$	$b-4$
直线度允差	0.08					0.10				0.12			
骨架宽度公差	$^{0}_{-0.2}$		$^{0}_{-0.3}$					$^{0}_{-0.4}$					

4.4.2.2 外露骨架型参数按表 21、表 22、表 23、表 24、表 25 选取。

表 21 骨架材料厚度 t_1 单位为毫米

基本直径 D	$D \leqslant 30$	$30 < D \leqslant 80$	$80 < D \leqslant 100$	$100 < D \leqslant 120$	$120 < D \leqslant 150$	$150 < D \leqslant 200$
材料厚度 t_1	0.8～1.0	1～1.2	1.2～1.8	1.2～2.0	1.5～2.5	2.0～3.0
材料厚度公差	$\pm t_1 \times 0.1$					

表 22 骨架宽度 b_2 直线度 单位为毫米

骨架宽度 b_2	$b_2 \leqslant 8$	$8 < b_2 \leqslant 10$	$10 < b_2 \leqslant 16$	$16 < b_2 \leqslant 20$
直线度允差	0.05	0.08	0.1	0.12

表 23 骨架装配倒角 单位为毫米

骨架宽度 b_2	$b_2 \leqslant 6$	$6 < b_2 \leqslant 8$	$8 < b_2 \leqslant 12$	$b_2 > 12$
倒角 l_1	1.35～1.5	1.5～1.8	2～2.5	2.5～3.0

表 24 骨架宽度 b_2 公差 单位为毫米

骨架宽度 b_2	$b_2 \leqslant 10$	$b_2 > 10$
公差	$^{+0.3}_{0}$	$^{+0.4}_{0}$

表 25 骨架内径 D_2、外径 D_3 的圆度及同轴度 单位为毫米

基本直径 D	圆 度	同 轴 度
$D < 18$	0.08	0.1
$18 \leqslant D < 30$		
$30 \leqslant D < 50$	0.1	0.15
$50 \leqslant D < 80$		
$80 \leqslant D < 120$	0.2	0.2
$120 \leqslant D < 180$		
$180 \leqslant D < 250$	0.3	0.25
$250 \leqslant D < 315$		
$315 \leqslant D < 400$	0.4	0.3
$400 \leqslant D < 500$		

4.4.2.3 半包骨架型参数

半包骨架型参数可根据工况，由制造商与用户协商确定。

4.5 弹簧

4.5.1 弹簧结构有三种基本型式，如图 10 所示。

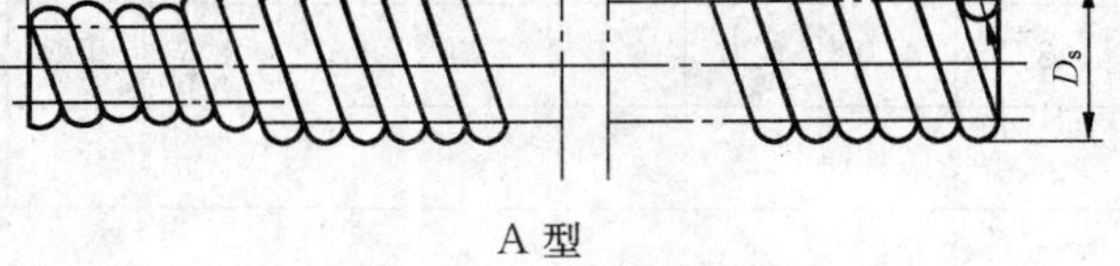

A 型

图 10 弹簧结构型式

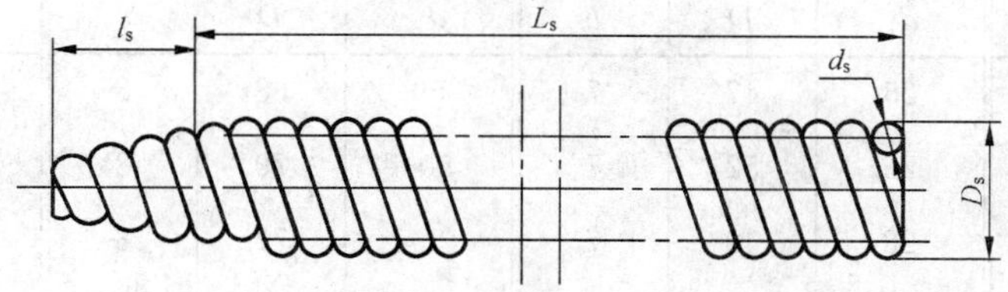

B型

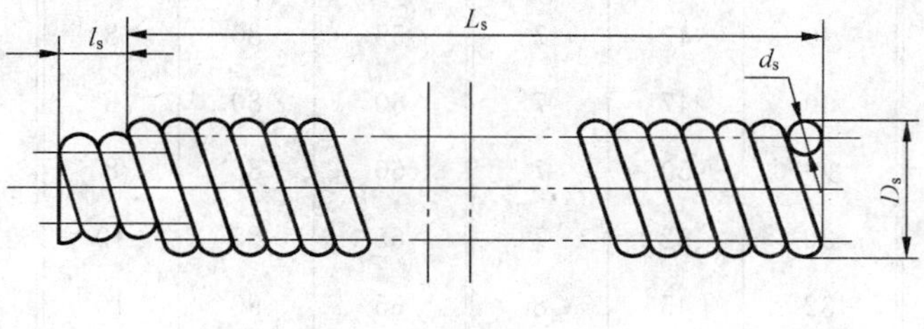

C型

图 10（续）

4.5.2 弹簧各参数按表 26、表 27 选取。

表 26 紧箍弹簧基本尺寸

d_1/mm	d_s/mm	D_s/mm	L_s/mm	拉伸 5%负荷/N
>5～30	0.2～0.25	1.2～1.6	L_s≈π(2a+主唇口装弹簧后尺寸设计中值)	0.5～1.0
>30～60	0.3～0.4	1.5～2.0		1.5～2.0
>60～80	0.35～0.45	2.0～2.5		2.0～3.0
>80～130	0.4～0.50	2.5～3.0		2.0～3.0
>130～250	0.45～0.60	3.0～3.5		2.0～3.5
>250～400	0.55～0.80	3.5～4.0		9.0～12.0

表 27 弹簧有效长度 L_s 公差

单位为毫米

弹簧丝直径	≤0.2	>0.2～0.3	>0.3～0.4	>0.4～0.5	>0.5～0.6	0.6	0.8
L_s 公差	±0.2	±0.3	±0.4	±0.5	±0.6	±0.8	±1

4.5.3 弹簧的设计和制造应符合以下规定：

a) 弹簧丝直径 d_s 依照密封圈唇部弹簧槽半径 R_s 大小而变化，一般弹簧的 D_s 与 d_s 之比应在 5～6 范围内。

b) 弹簧外径 D_s 应与旋转轴唇型密封圈弹簧槽直径相一致。

c) 弹簧材料应符合 GB/T 4357 要求，绕制成的弹簧应进行低温回火和防锈处理。

d) 将绕制成规定长度的弹簧首尾相连接，搭接部分 l_s 拧入尾部，要求连接牢固，不允许松动。

e) 需要时，可采用其他材料的紧箍弹簧，其要求由需方与制造商商定。

5 基本尺寸与技术要求

5.1 密封圈的基本尺寸应符合 GB/T 13871.1，见表 28 规定，非表内基本尺寸可由需方与制造商商定。

5.2 密封圈的技术要求可参照附录 A，由需方与制造商商定。

5.3 橡胶种类的选择与轴径和转速的关系可参照附录 B。

表 28 基本尺寸

单位为毫米

d_1	D	b	d_1	D	b	d_1	D	b	d_1	D	b
6	16	7	25	47	7	50	68	8	130	160	12
6	22	7	25	52	7	50[a]	70	8	140	170	15
7	22	7	28	40	7	50	72	8	150	180	15
8	22	7	28	47	7	55	72	8	160	190	15
8	24	7	28	52	7	55[a]	75	8	170	200	15
9	22	7	30	42	7	55	80	8	180	210	15
10	22	7	30	47	7	60	80	8	190	220	15
10	25	7	30[a]	50	7	60	85	8	200	230	15
12	24	7	30	52	7	65	85	10	220	250	15
12	25	7	32	45	8	65	90	10	240	270	15
12	30	7	32	47	8	70	90	10	250[a]	290	15
15	26	7	32	52	8	70	95	10	260	300	20
15	30	7	35	50	8	75	95	10	280	320	20
15	35	7	35	52	8	75	100	10	300	340	20
16	30	7	35	55	8	80	100	10	320	360	20
16[a]	35	7	38	55	8	80	110	10	340	380	20
18	30	7	38	58	8	85	110	12	360	400	20
18	35	7	38	62	8	85	120	12	380	420	20
20	35	7	40	55	8	90[a]	115	12	400	440	20
20	40	7	40[a]	60	8	90	120	12			
20[a]	45	7	40	62	8	95	120	12			
22	35	7	42	55	8	100	125	12			
22	40	7	42	62	8	105[a]	130	12			
22	47	7	45	62	8	110	140	12			
25	40	7	45	65	8	120	150	12			

[a] 为国内用而 ISO 6194/1:1982 中没有的规格，亦即 GB/T 13871.1 中增加的规格。

附 录 A
（资料性附录）
密封圈的技术要求

A.1 为用户和制造商的方便，建议用户按照表 A.1 的格式向制造商提供必要的信息，以确保制造商生产的密封圈满足用户的使用要求。

A.2 建议制造商按照表 A.2 的格式向用户提供必要的信息，以保证密封圈符合用户的设备设计和使用要求，同时也便于用户对制造商提供的密封圈进行验收。

表 A.1 用户信息

用户名称	标准号
用途	装配图

1 轴

a) 直径（d_1） 最大____mm，最小____mm

b) 材料

c) 表面粗糙度 Ra____μm，Ra_{max}____μm

d) 精加工方式________

e) 硬度________

f) 倒角数据________

g) 旋转

① 旋转方向（从图中的箭头方向观察）

顺时针________

逆时针________

双向________

② 转速________

③ 周期（起始时间____；停止时间____）

h) 其他运动（如果存在）

① 往复运动

行程长度______mm

每分钟往复次数______

周期（起始时间____；停止时间____）

② 振动

振幅________

每分钟振动次数________

周期（起始时间____；停止时间____）

i) 其他情况（花键、孔、键槽、轴导程等）

2 腔体

a) 内孔直径（D） 最大____mm，最小____mm

b) 内孔深度 最大____mm，最小____mm

c) 材料

d) 表面粗糙度 Ra____μm，Ra_{max}____μm

e) 倒角数据

f) 腔体旋转（如有的话）

① 旋转方向（从图例箭头指示的方向观察）

顺时针________

逆时针________

双向________

② 转速______r/min

表 A.1(续)

<table>
<tr><td>用户名称</td><td>标准号</td></tr>
<tr><td>用途</td><td>装配图</td></tr>
<tr><td colspan="2">3 工作液
a) 类型______;等级______;标准号______
b) 工作温度,常规____℃,最高____℃,最低____℃
c) 温度周期
d) 液面
e) 工作压力______MPa
f) 压力周期</td></tr>
<tr><td colspan="2">4 同心度
a) 腔体内孔偏心率
b) 轴跳动(FIR)</td></tr>
<tr><td colspan="2">5 外部条件
a) 外部压力____MPa
b) 应排除的物质(如灰尘、泥土、水等)</td></tr>
</table>

表 A.2 制造商信息

<table>
<tr><td>制造商名称</td><td>零件号</td></tr>
<tr><td>日期</td><td>更改号</td></tr>
<tr><td colspan="2">1 密封圈说明
型式
外径 D 最大______mm,最小______mm
宽度 b 最大______mm,最小______mm
骨架内径 最大______mm,最小______mm
密封唇(非下述运用可删去此项)
普通 流体动力
单向旋转 双向旋转</td></tr>
<tr><td colspan="2">2 密封唇材料
① 材料类型 ② 规范号</td></tr>
<tr><td colspan="2">3 骨架
① 骨架材料 ② 内骨架材料
③ 骨架厚度 ④ 内骨架厚度</td></tr>
</table>

附 录 B
（资料性附录）
不同胶种制作的旋转轴唇形密封圈适应的轴径和旋转速度关系图

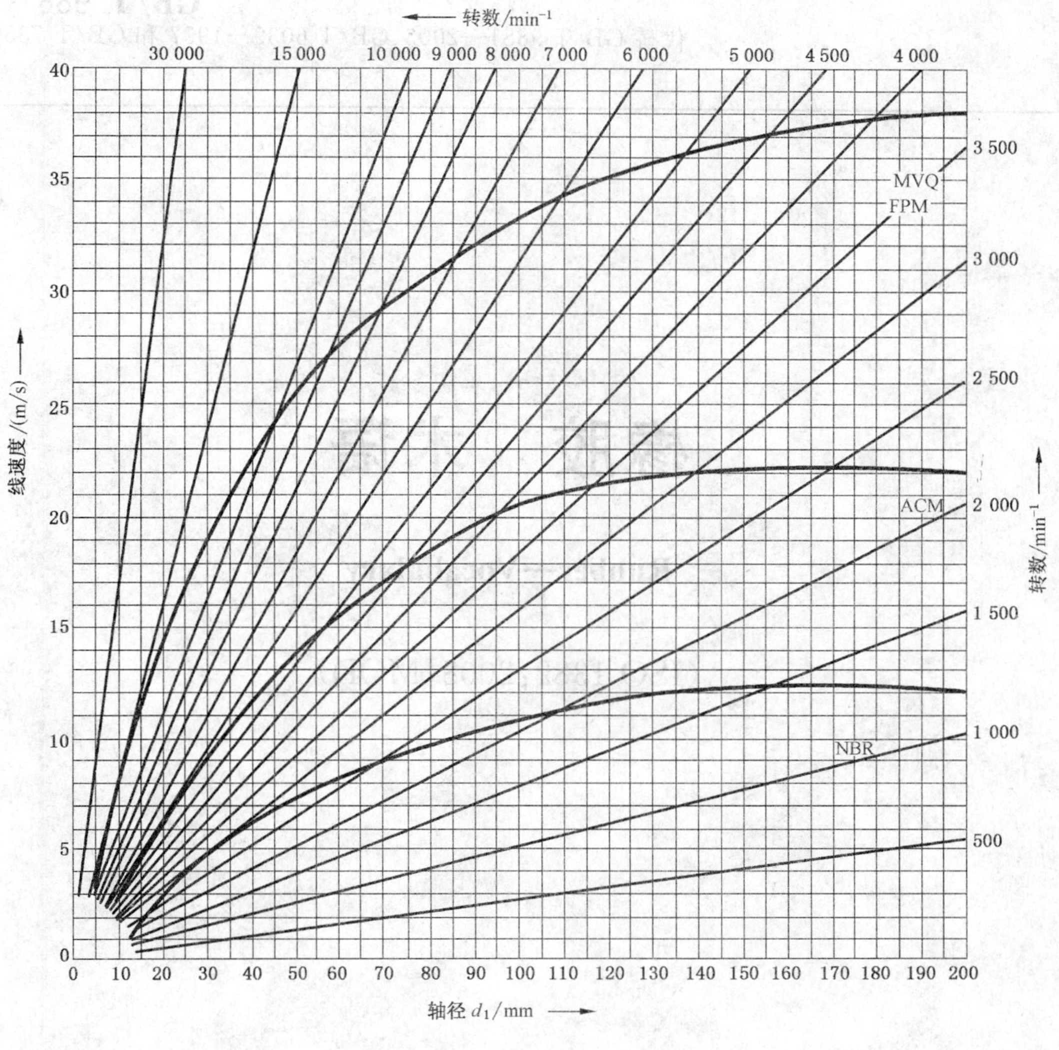

胶种代号规定：

D 为丁腈胶(BNR)；B 为丙烯酸酯橡胶(ACM)；F 为氟橡胶(FPM)；G 为硅橡胶(MVQ)。

图 B.1 胶种-轴径-转速关系

ICS 01.040.83;83.060
G 40

中华人民共和国国家标准

GB/T 9881—2008
代替 GB/T 9881—2003、GB/T 6039—1997 和 GB/T 7359—1999

橡胶　术语

Rubber—Vocabulary

(ISO 1382:2008,MOD)

2008-06-18 发布　　　　2009-02-01 实施

中华人民共和国国家质量监督检验检疫总局
中国国家标准化管理委员会　发布

前　言

本标准修改采用国际标准 ISO 1382:2008《橡胶　术语》(英文版)。

本标准代替 GB/T 9881—2003《橡胶　术语》、GB/T 7359—1999《合成橡胶　术语》和 GB/T 6039—1997《橡胶物理试验和化学试验　术语》。这三个标准都是采用 ISO 1382:1996 制定的，且有诸多重复之处，因此根据国家标准清理结论，对其进行整合修订。

本标准与 ISO 1382:2008 的主要技术性差异：

——删除了 ISO 1382 范围一章中与前言重复的说明性文字；

——删除了 ISO 1382 中明确指出拒用的术语(见附录 B.1)；

——ISO 1382 中作为单独一个词条列出的非优选术语或同义词(无定义)，在中文中与其优选术语对应一个词的，不再单独列为一条，而是列于相应的英文优选术语之后(见附录 B.2)；对于并列同义词则仍按 ISO 1382 的方式单独列出；

——对一些与英文术语对应的中文术语还给出了同义词，同义词列于优选术语之下，不单列词条；

——增加了一些 GB/T 6039—1997 和 GB/T 7359—1999 有，而 ISO 1382 中没有的术语，列于 2.487 之后。

为便于使用，本标准还做了如下编辑性修改：

——ISO 1382 中的术语并未给出编号，本标准按英文版术语的顺序顺次给予编号；

——ISO 1382 中的缩写“cf.”表示请参见另一个术语(非同义词)，参见的术语包含的信息与原术语的领域紧密相关，在本标准中以“参见:”表示；

——将 ISO 1382 所附的符号列表按附录编号为附录 A。

本标准与 GB/T 9881—2003 的差异：

——本标准按 ISO 1382 增加了新术语 116 条，修改术语或定义 45 条；

——本标准删除 ISO 1382 中不再提出的四个术语；

——增加了 GB/T 6039—1997 和 GB/T 7359—1999 中的 48 条术语(2.488～2.535)；

——增加了符号列表(附录 A)。

本标准的附录 A 是规范性附录，附录 B 是资料性附录。

本标准由中国石油和化学工业协会提出。

本标准由全国橡胶与橡胶制品标准化技术委员会(SAC/TC 35)归口。

本标准起草单位：沈阳橡胶研究设计院、中国石油天然气股份有限公司兰州化工研究中心、中国热带农业科学院农产品加工研究所、中橡集团炭黑工业设计院、北京橡胶工业研究设计院、西北橡胶塑料研究设计院、中橡集团株洲橡胶塑料研究设计院。

本标准主要起草人：刘惠春、孙丽君、黄茂芳、王定友、高静茹、郭平、谢君芳、王姝。

本标准所代替标准的历次版本发布情况为：

——GB/T 9881—1988，GB/T 9881—2003；

——GB/T 6039—1985，GB/T 6039—1988，GB/T 6039—1997；

——GB/T 7359—1987，GB/T 7359—1999。

引　言

本标准将对不熟悉橡胶术语的人们有所帮助，也可作为在橡胶工业的指南来选用恰当的、被推荐的术语以减小可能的混淆。同时，也可用于橡胶及其他与之有关的标准、出版物和报告中。

本标准中的术语只限于橡胶工业通用的那些词汇。本标准不对预定用于特殊橡胶制品的术语进行定义，也不对在其他易获取资源(如通用字典)中被广泛理解的或经充分定义的术语进行定义。

许多橡胶产品领域已经针对其特定产品和工艺过程制定了标准术语，这些术语的标准在参考文献中列出。

还应关注 GB/T 2035《塑料术语及其定义》以及 ISO 18064《热塑性弹性体　命名和缩略语》，因为其中包含许多橡胶工业和塑料工业共同关注的术语。

橡胶　术语

1　范围

本标准定义了橡胶工业所使用的术语。

本标准不对预定用于特殊橡胶制品的术语进行定义，对于这些术语，请参见参考文献所列标准。

本标准不适用于特殊橡胶制品的术语和定义。

有些术语在其定义前加有带括号的说明，以表明该术语专门限用于某一具体领域，例如“〈胶乳〉”。当某一术语有一个或多个同义词时，这些术语的同义词列于优选术语之后。

除非另有说明，所有术语均为名词。

2　术语和定义

2.1

磨耗　abrasion

磨损

由于摩擦力引起的材料表面的损失。

2.2

耐磨性　abrasion resistance

抵抗由于机械作用使材料表面产生磨损的性能。

注：耐磨性通常以耐磨指数表示。

2.3

耐磨指数　abrasion resistance index

在相同的规定条件下测量的标准橡胶与试验橡胶的体积磨耗损失之比，用百分数表示。

注：国家标准 GB/T 9867 给出了利用旋转辊筒式磨耗机进行耐磨损测定的方法。

2.4

加速老化　accelerated ageing

在一种旨在以较短的时间周期产生自然老化效果的试验环境中的老化。

注：通常用升高温度的方法提高降解速率，有时结合升高空气或氧气压力、提高湿度及其他条件的变化。

2.5

促进剂　accelerator

和硫化剂一起使用的用以提高硫化速度和（或）硫化橡胶物理性能的小剂量配合剂。

2.6

活化剂　activator

为增加促进剂效力所使用的小剂量配合剂。

2.7

活性氧化锌　active zinc oxide

促进硫磺硫化用的细粒子氧化锌活化剂。

注：在需要低锌浓度时，如生产透明、半透明硫化胶或低锌含量硫化胶时，活性氧化锌比普通氧化锌更有效。

2.8

加[成]聚[合]　addition polymerization

单体之间联接聚合而不生成水或其他单分子的反应。

注：加聚反应的过程主要有两种：不饱和化合物的加聚，例如烯烃和二烯烃；环状结构的加聚，通过开环而形成大分子，例如内酰胺和环醚。

参见:聚加成反应。

2.9

粘(zhān)合　adhesion

粘着

利用化学力或物理力或者两者的共同作用将两表面结合在一起的状态。

2.10

粘合促进剂　adhesion promoter

为促进橡胶与其他材料间更好的粘合,在未硫化橡胶中加入的一种配合剂。

参见:粘接剂。

2.11

粘合强度　adhesion strength

使试样或产品的粘接部件界面分离所需的力。

2.12

后硫化　aftercure

残余硫化

在能源撤除之后硫化过程的延续。

2.13

老化　ageing

〈行为〉将材料在一种环境中暴露一段时间的行为。

2.14

老化　ageing

〈结果〉材料在一定环境条件下暴露一定时间后其性能的不可逆变化结果。

2.15

附聚体　agglomerate

〈炭黑〉通过正常橡胶加工易于分开的由相互连结的聚集体构成的块。

2.16

附聚　agglomeration

〈胶乳〉胶乳粒子可逆或不可逆地连结在一起。

2.17

聚集体　aggregate

〈炭黑〉由粒子结成通过正常橡胶加工能分散的最小刚性单元。

2.18

箱式热空气老化　air oven ageing

在高温、常压和无光照条件下,于封闭系统循环空气中进行的老化过程。

2.19

抗粘连剂　anti-blocking agent

防止或减轻橡胶表面之间产生不必要的粘连的材料。

2.20

抗凝固剂　anticoagulant

〈天然胶乳〉添加到田间胶乳中迟延细菌作用,以防胶乳迅速凝固的物质。

2.21

抗降解剂　antidegradant

用于迟延老化变质的配合剂。

注:抗降解剂是某些添加剂如抗氧剂、抗臭氧剂、蜡和其他防护材料的通称。

2.22

抗屈挠龟裂剂　anti-flex-cracking agent

用于迟延因循环变形而产生龟裂的配合剂。

2.23

消泡剂　anti-foaming agent

〈胶乳〉用于防止配合胶乳形成气泡的配合剂，这种气泡可能会使成品中出现气泡或针眼。

2.24

抗氧剂　antioxidant

用于迟延氧化变质的配合剂。

2.25

抗臭氧剂　antiozonant

用于迟延臭氧引起的变质的配合剂。

2.26

抗静电剂　antistatic agent

防止制品表面产生静电荷聚集倾向的物质。

2.27

抗蹼剂　anti-webbing agent

〈胶乳〉防止配合胶乳在浸渍产品相邻部位结蹼的配合剂。

参见：蹼。

2.28

覆皮　applied skin

〈多孔材料〉敷在多孔制品表面的弹性体材料薄层。

2.29

芳烃油　aromatic oil

通常指至少含有35%(质量分数)芳香烃的烃类操作油。

2.30

人工天候老化　artificial weathering

将材料暴露于加速天然天候老化作用的实验室条件之下。

2.31

灰分　ash

在规定条件下材料焚烧的残余物。

2.32

沥青橡胶　asphalt rubber

沥青膏、再生胶和某些添加剂的混合物，其中橡胶成分至少占总混合物的15%，并与热熔沥青膏充分反应至橡胶颗粒膨胀。

注：此术语广泛用于沥青铺面工业，但是此产品不是弹性体。

2.33

硫化罐　autoclave, steam pan

用蒸汽或气体硫化橡胶所使用的压力容器。

2.34

平均粒径　average particle diameter

〈炭黑〉通过电子显微镜测量的若干单个粒子直径的算术平均值。

2.35

开模缩裂　back-rind, retracted spew

飞边附近的橡胶回缩到模制品表面以内的缺陷。

2.36

巴拉塔树胶　balata

从各种山榄科 Sapotaceae 树，尤其是 Mimusops globosa 树的汁液中提取的，含有大约同比例反式聚异戊二烯和树脂的柔韧黏稠的热塑性物质。

2.37

胶包涂层　bale coating

涂覆到天然橡胶胶包表面防止与其他表面粘连并有利于标志的涂层。

2.38

球磨机　ball mill

通常水平安装，内含自由滚动硬球，用于研磨粗粒材料的旋转滚筒。

2.39

堆积胶　bank

在开炼机或压延机滚筒之间的缝隙处或者涂胶机的涂胶棒或刮胶刀处堆积的材料。

2.40

缺胶　bareness

由于橡胶不能完全填充模具的所有花纹而导致的缺陷。

2.41

批料　batch

〈配合〉一次混炼操作的产品。

2.42

标记　bench marks, reference marks

标线

涂在试片上用于测量应变的已知间距的标志。

2.43

炭黑焦烧　black scorch

混炼胶在加工过程中，由于聚合物与炭黑之间的相互作用而发生的严重硬化。

注：与焦烧类似，且是挤出过程中的特殊问题，通常出现于 EPDM 混炼胶中。

2.44

胶坯　blank

形状和体积适合于填充模具的混炼胶块(片)。

2.45

渗出　bleeding

液体配合剂或材料渗析到橡胶表面。

注：此术语也用于液体和固体着色剂的迁移。

参见：喷霜。

2.46

气泡　blister

由空腔或气囊造成的表面变形所显示的橡胶制品缺陷。

2.47

嵌段　block

由许多构造单元组成的至少有一个构造或构型特征不在相邻部分出现的聚合物分子的一部分。

注：有时此术语前置“软”字，表示弹性相，前置“硬”字表示玻璃相或结晶相。

2.48

嵌段聚合物 block polymer

分子由成线形连接的嵌段组成的聚合物。

2.49

粘连 blocking

不希望发生的材料间的粘合现象。

2.50

喷霜 bloom

迁移到橡胶表面上的液体或固体材料。

注：喷霜使橡胶表面状况发生变化。

2.51

喷出 blooming

液体或固体材料向橡胶表面的迁移。

参见：**渗出**。

2.52

发泡剂 blowing agent

在制造中空或多孔制品时通过化学作用和(或)热作用产生气体的配合剂。

2.53

除氨 blowing down

通过搅拌胶乳并将空气流吹过胶乳液面以除去胶乳中多余的氨的过程。

2.54

粘接剂 bonding agent

通常为液态的涂覆于其他材料上用于使该材料与橡胶之间产生良好粘接效果的物质。

参见：**化学粘接，粘合促进剂**。

2.55

结合单体 bound monomer

在聚合反应中，自身或与其他种类单体结合或反应生成聚合物的单体。

注：该术语用于合成橡胶，结合单体通常以整个聚合物的百分数表示。

2.56

结合橡胶 bound rubber

混炼胶中，与填料紧密结合，以致不被一般橡胶溶剂所萃取分离的那部分橡胶。

2.57

支化聚合物 branched polymer

由具有分支结构，分支接点之间或链端与分支接点之间呈链状的分子所构成的聚合物。

2.58

双辐芯型支座 bridge

用于支撑压出机机头中心的二辐部件。

参见：**多辐芯型支座**。

2.59

橡胶屑 buffings

〈回收〉打磨橡胶制品时，尤其是在轮胎翻新过程中产生的微粒硫化橡胶。

2.60

堆积密度　bulk density

包括所有空隙在内的单位体积材料的质量。

注：该术语适用于多孔材料，也适合于粒状材料。

2.61

放气　bumping, breathing

在硫化过程的早期阶段，以极短的时间释放一次模具上的压力以使气体或水蒸气逸出。

2.62

压延机　calender

带有两个或两个以上基本平行的辊筒的机器，以选择的表面速度、辊距和温度进行操作，这些操作如压片、贴合、贴胶和擦胶，使制品达到一可控厚度和(或)可控表面特性。

2.63

炭黑　carbon black

本质上由95%以上碳元素组成的配合剂。碳呈近似于球状的、绝大部分直径小于1 μm的粒子形态，通常聚结成聚集体。

注：炭黑由烃类经不完全燃烧或热裂解产生。

2.64

浇铸　casting

将流体材料倾注或导入到模具里或备制好的表面上，不施加外压让其固化的过程。

2.65

模腔　cavity

〈指模具〉模具内用来填充以形成模制品的空间。

2.66

孔眼　cell

部分或全部为孔眼薄壁所包围的单个小空腔。

2.67

多孔柔性聚合物材料　cellular polymeric flexible material

由橡胶、聚氨酯类或其他塑料材料制成的，其内分布着许多孔眼(开孔的、闭孔的或两者兼有)的柔软多孔的材料。

2.68

多孔线带　cellular striation

与特性孔眼结构有很大区别的多孔材料内部的层。

2.69

离心浓缩胶乳　centrifuged rubber latex

通过离心力脱除乳清而提高橡胶浓度的胶乳。

2.70

粉化　chalking

因表面降解而在橡胶表面形成粉末状残渣。

2.71

化学粘接　chemical bonding

先在底层材料上涂抹一层化学混合物，再与橡胶接触，形成的橡胶与金属、纺织物或塑料的粘接，这种粘接通常在硫化过程中或硫化之后进行。

参见：粘接剂。

2.72

橡胶碎片　chip rubber

〈回收〉在机械加工过程产生的硫化橡胶碎片。

注：橡胶碎片的大小通常为 10 mm～50 mm。

参见：**拉长橡胶粒，超细橡胶粉，橡胶粒，硫化橡胶粉**。

2.73

闭孔　closed cell

整个由其薄壁封闭因而与其他孔眼互不连通的孔眼。

2.74

闭孔多孔材料　closed-cell cellular material

闭孔海绵

几乎所有孔眼互不连通的多孔材料。

2.75

布纹　cloth mark

织物留在橡胶上的印痕。

2.76

活性助剂　coagent

在低浓度下使用，用于提高非硫磺硫化体系的交联效率或改进该体系性能的配合剂。

注：该术语通常等同于改善有机过氧化物硫化作用所使用的添加剂。

2.77

凝固剂　coagulant，coagulating agent

〈胶乳〉能使胶乳凝固的物质。

2.78

凝固剂浸渍　coagulant dipping

〈胶乳〉先将模型浸入凝固剂溶液，取出干燥，再浸入配合胶乳中的浸渍过程。

2.79

凝固　coagulation

〈胶乳〉由于原来分散在胶乳中的粒子不可逆凝聚，从而形成聚合物连续相和乳清分散相的过程。

2.80

涂覆织物　coated fabric

在纺织物单面或双面上带有一层或多层橡胶和(或)塑料粘合层而形成的柔韧性制品。

2.81

冷流　cold flow

在室温或低于室温时，受重力作用而缓慢变形的现象。

2.82

塌泡　collapse

〈多孔材料〉海绵材料在其制造期间因其孔眼结构破坏而引起的偶然压实。

2.83

颜色指数　colour index

比色指数

通过与罗维邦德颜色标准比较，获取的工艺分类天然橡胶颜色的数字等级。

注：国家标准 GB/T 14796 给出了颜色指数的测定方法。

2.84

颜色污染　colour staining

〈指纤维和泡沫背衬织物〉纤维或织物对颜色产生的不希望有的吸收。

注：例如，当浸泡在水、干洗溶剂或含有并非预定用于着色的染料或着色材料的类似液体中时这类颜色的附着，或者因与已染材料相接触而通过渗透或升华从这种材料将颜色传递过去所产生的着色。

2.85

着色剂　colourant

使橡胶着色的颜料或颜料配合剂。

2.86

曝光色牢度　colour-fastness on exposure to light

耐光牢度　light fastness

抵抗因光照而颜色发生变化的性能。

注：色牢度通常通过目测（对比标准参比色标）或者通过仪器评价。

2.87

结合硫　combined sulfur

用规定的方法萃取之后仍然保留在硫化胶中的硫。

注：这种硫被结合到有机组分上（为有机结合硫，例如在硫化的橡胶或油膏中），或者被结合到无机组分上（为无机结合硫，例如硫酸钡），或者同时被结合到这两种组分上。

2.88

复数剪切模量　complex shear modulus

G^*

剪切应力与剪切应变之比，其中每一项都可以用复数表示。

2.89

复数杨氏模量　complex Young's modulus

E^*

法向应力与法向应变之比，其中每一项都可以用复数表示。

2.90

混炼胶　compound

制造成品所需要的一种或多种橡胶或其他生成聚合物的材料与所有配合剂的均匀混合物。

注：术语"**橡胶**"有时候被用来表示混炼胶，但不赞成此用法。

2.91

配合剂　compounding ingredient

加到橡胶或胶乳中形成胶料或配合胶乳的物质。

2.92

模压　compression moulding

将胶坯直接放在模腔中，闭合模具压制成形的模制过程。

2.93

压缩永久变形　compression set

完全释放产生压缩变形的外力之后所剩余的变形。

注1：对于密实橡胶，在规定的条件下测定的压缩永久变形通常用原始变形的百分数表示。

注2：对于多孔材料，在规定的条件下测定的压缩永久变形通常用原始厚度的百分数表示。

2.94

调节　conditioning

在试验前，将试片或材料置于受控的环境下或进行机械处理以改善试验结果的再现性。

具体定义见**环境调节**和**机械调节**。

2.95

接触污染　contact stain

〈橡胶〉在直接与橡胶相接触的那部分物体表面上出现的污染。

2.96

连续硫化　continuous vulcanization

在连续通过专门设计的能量传递设备的过程中使橡胶硫化的方法。

2.97

普通硫磺硫化体系　conventional sulfur vulcanizing system

〈二烯烃橡胶〉一种通用硫化体系，该体系采用相对高剂量的元素硫作为硫化剂，在最适硫化时产生的网络中，结合硫主要以多硫键和双硫键的形式存在，也以主链变体的形式存在。

2.98

共聚物　copolymer

由一种以上单体产生的聚合物。

注：在橡胶工业，本术语通常表示由两种单体产生的聚合物。

2.99

共聚合　copolymerization

由两种或两种以上单体生成聚合物的过程。

2.100

空心多孔材料　cored cellular material

含有大量的以某种形状模制或切削形成于材料中的孔洞（通常但不一定为圆柱形）的多孔材料，孔洞通常垂直于最大表面并部分延伸进或贯穿整个材料的厚度。

2.101

偶联剂　coupling agent

〈填料〉通过在填料粒子与橡胶之间形成化学键从而提高补强性能的配合剂。

2.102

破胶机　cracker

破碎机

带有两个有深沟槽或金字塔状刻槽的辊的重型碾磨机，用于破碎橡胶或混炼胶，或者将橡胶或混炼胶切割成片。

2.103

浅坑　crater

麻点　pit

制品表面上浅的小坑洼。

2.104

微裂　crazing

通常因光降解作用而在橡胶表面形成无规则的浅裂纹。

注：与臭氧龟裂不同，微裂不取决于橡胶中存在拉伸应变。

2.105

膏化胶乳　creamed rubber latex

通过膏化和分离乳清而使橡胶浓度提高的胶乳。

参见：**膏化**。

2.106

膏化　creaming

〈胶乳〉胶乳底部或顶部被乳清包裹的橡胶粒子在重力作用下的可逆聚集过程。

注：这过程通常靠加入膏化剂实现。

2.107

膏化剂　creaming agent

〈胶乳〉加到胶乳中以提高膏化速度的物质。

2.108

蠕变　creep

因施加应力而产生的应变随时间的增大。

2.109

直角机头　cross-head

T型机头　T-head

使橡胶流改变方向与螺杆轴成直角而环绕芯型直接挤出的T型挤出机机头。

2.110

交联键　crosslink

通过硫化将两个橡胶链或同一橡胶链的两部分连接起来的原子或化学键。

注：在硫化橡胶中，链的缠结能起物理交联键的作用并对交联键密度有贡献。

2.111

交联键密度　crosslink density

单位体积或单位质量的硫化橡胶中交联键数。

2.112

交联　crosslinking

〈行为〉为形成网络结构而在橡胶链之间或橡胶链内嵌入交联键。

2.113

粒状生胶　crumb

〈原材料〉小颗粒状的弹性体。

2.114

低温粉碎　cryogenic size reduction

低温研磨　cryo-grinding

使用液氮或其他制冷剂使橡胶脆化，然后加工减小颗粒的尺寸。

2.115

冲压凹痕　cupping，　dishing

由于裁刀或冲模的压力而在裁取的试片的厚度方向留下的凹痕。

2.116

硫化　cure

优选术语硫化 vulcanization 的同义词。

注：此术语也常用于链扩展/交联式反应，例如从聚氨酯类或其他类似的液态系统中生产橡胶制品。

2.117

硫化速率　cure rate

在达到起始硫化点之后混炼胶硫化的速度。

2.118

硫化仪　curemeter

在硫化温度下，测定试样硫化进程的试验装置。

2.119

阻尼常数　damping constant

c

与变形在相位上相差90°的那个施加力的分力除以变形速度。

2.120

板距　daylight

平板硫化机相邻平板工作面之间的空间。

2.121

修边　deflashing

除去飞边的过程。

2.122

后效性促进剂　delayed-action accelerator

在硫化温度下，可使前期无显著交联，而在后期形成快速交联的促进剂。

注：此类型促进剂可保障加工和硫化过程中的焦烧安全性。

2.123

δ门尼值　delta Mooney value

用门尼剪切圆盘黏度计对橡胶加工性能的度量。

注：标准ISO 289-3给出了δ门尼值的测定方法。

2.124

解聚　depolymerization

聚合物分解为组成它的单体或低相对分子量聚合物的过程。

2.125

干燥剂　desiccant

用于吸收混炼胶或胶料中水分以减少制成品气孔率的配合剂。

2.126

脱硫橡胶　devulcanizate

脱硫化的产品。

参见：再生橡胶。

2.127

脱硫　devulcanization

已硫化橡胶的化学交联键破坏的过程。

注：脱硫通常用于碎硫化橡胶的回收。因循环回收是通过热、机械或化学手段进行的，这与再生类似，但交联键的损失会伴有少量橡胶聚合物的降解。

2.128

邻苯二甲酸二丁酯吸收值　dibutyl phthalate absorption number

DBP吸收值　DBP absorption number

规定质量的炭黑形成具有预定流变性质的半塑性混合体所吸收的邻苯二甲酸二丁酯的最小体积。

2.129

口型　die

挤出机部件，受力材料通过该部件形成挤出物断面形状。

2.130

口型线　die line

特意在挤出物上形成的凸起的纵向标识线。

2.131

挤出膨胀率　die swell

〈挤出物〉挤出物截面尺寸与对应口型模口尺寸之差，通常用截面面积增加的百分数表示。

2.132

二烯烃橡胶　diene rubber

橡胶的一种，具有由丁二烯或取代丁二烯形成的不饱和碳主链。

2.133

浸渍　dipping

〈胶乳〉通过浸泡在配合胶乳浴中而在模具或模型上面沉积一层橡胶的过程。

2.134

分散剂　dispersing agent

〈胶乳〉用于促进固体配合剂分散在水体系中而使用的表面活性物质。

2.135

分散　dispersion

〈行为〉为了得到最佳和均一性能，以剪切力将一种或多种配合剂分布于橡胶、橡胶共混物或材料连续相中。

2.136

胶浆　dough

〈橡胶〉用于涂覆的由橡胶胶料和溶剂构成的质地均匀的糊状物质。

2.137

干胶含量　dry rubber content

〈胶乳〉乳胶或配合胶乳中橡胶的浓度，通常用质量分数表示。

2.138

硬度计　durometer

测量橡胶压痕硬度的仪器。

2.139

撒粉　dusting，chalking

〈行为〉向橡胶表面扑撒一种粉末，通常用以防止与另一个表面粘附。

2.140

染料　dyestuff

赋予颜色所使用的可溶性配合剂。

2.141

动态硫化　dynamic vulcanization

将热塑性聚合物与存在有硫化体系的适宜的反应性橡胶聚合物均匀熔融混合，形成一种带有化学交联橡胶相的热塑性弹性体的过程。与相同的未交联胶料相比，该热塑性弹性体的性能接近传统硫化橡胶的性能。

2.142

硬质胶　ebonite

用硫磺硫化橡胶制得的硬质材料，其硬度实质上是通过硫磺的作用获得。

注：当二烯系橡胶与高比例硫磺结合时，其硬度是由于玻璃化转变温度提高所致。

2.143

有效硫化体系　efficient vulcanizing system

EV 体系　EV system

〈二烯烃橡胶〉一种硫化体系，该体系有效地利用硫磺作硫化剂并在最适硫化条件下生成一种主要含有热稳定的单硫键网络。

注：EV体系是由硫磺给予体，或低浓度元素硫，或以上二者与高浓度促进剂结合而组成的。

2.144

弹性剪切模量 elastic shear modulus

储能剪切模量 storage shear modulus

G′

同相位的剪切应力分量与剪切应变之比。

2.145

弹性杨氏模量 elastic Young's modulus

储能杨氏模量 storage Young's modulus

E′

同相位的法向应力分量与法向应变之比。

2.146

弹性 elasticity

材料受力显著形变，力释放则迅速恢复到接近其原有形状和尺寸的性质。

2.147

弹性体 elastomer

由微弱应力引起显著形变，且该应力消除之后能迅速回复到接近其原有尺寸和形状的高分子材料。

2.148

拉长橡胶粒 elongated fibre-like rubber particles

〈回收〉具有拉长的纤维状颗粒的微粒硫化橡胶。

注：颗粒平均长度是其直径的两倍以上，但小于5 mm。

参见：**橡胶碎片，超细橡胶粉，橡胶粒，硫化橡胶粉**。

2.149

拉断伸长率 elongation at break

极限伸长 ultimate elongation

试样断裂时的百分比伸长率。

2.150

乳化剂 emulsifying agent

〈胶乳〉用于促进不混溶的液体配合剂悬浮在水系体中的表面活性物质。

2.151

乳液聚合 emulsion polymerization

用皂和(或)表面活性剂将一种或多种单体分散成一种稳定的胶体状水分散体，然后反应生成聚合物的聚合方法。

2.152

环境调节 environmental conditioning

在规定条件如温度和湿度下将试样或材料贮存一规定时间。

2.153

蒸发浓缩胶乳 evaporated rubber latex

蒸出部分水分，使橡胶浓度提高的胶乳。

2.154

发泡橡胶 expanded rubber

用密实橡胶混炼胶制造的具有封闭孔眼的多孔橡胶。

参见:**海绵橡胶,泡沫橡胶**。

2.155

填充剂　extender

增量剂

用于替代混炼胶中所需的部分橡胶的有机材料。

2.156

伸长计　extensometer

在拉伸试验中,测定试样形变的仪器。

2.157

可萃取硫　extractable sulfur

在规定条件下,可用规定溶剂萃取的混炼胶或硫化胶中的硫。

2.158

萃取污染　extraction stain

〈橡胶〉由于接触到含有橡胶浸出组分的液体而出现在物体表面的污染。

2.159

挤出物　extrudate

挤出过程的产物。

2.160

挤出机　extruder

使用螺杆或液压柱塞挤压材料通过一个或多个口型而连续使其成形的机器。

2.161

挤出机机头　extruder head

内装口型和口型夹环的挤出机部件。

2.162

挤出　extrusion

通过口型使材料连续成形。

2.163

硫化油膏　factice

不饱和的油(植物油、鱼油或合成酯)与硫或氯化硫相反应而生产的用作加工助剂或增量剂的固体配合剂。

注:单词“Factice”是北美 American cyanamid 公司为其符合该定义的特定产品申请的注册商标。

2.164

生产废料　factory scrap

在产品制造过程中产生的除回收外不适合进一步使用的或不合格的生橡胶、配合橡胶、硫化橡胶或部分硫化的橡胶。

2.165

疲劳破坏　fatigue breakdown

试样或产品因周期性变形而导致的性能下降。

注:性能下降的速度可受环境因素如温度、氧、臭氧和活性液体的影响。

2.166

疲劳寿命　fatigue life

〈动态〉使在一组规定条件下变形的试样或产品产生规定的疲劳破坏程度所需的变形次数。

2.167

田间胶乳　field latex

含有或不含保存剂的未经浓缩或任何其他加工的天然胶乳。

注：添加保存剂是为了保持胶乳来自树上时的原状。

2.168

填料　filler

为了技术或经济目的，可以以相对大的比例加入橡胶或胶乳中的粒状固体配合剂。

2.169

超细橡胶粉　fine powdered rubber

〈回收〉用做填充剂或填料的颗粒极小的硫化橡胶粉末。

注：它主要由最大不超过 0.1 mm 的非球状小颗粒组成。

参见：**橡胶碎片，拉长橡胶粒，橡胶粒，硫化橡胶粉**。

2.170

细粉　fines

〈炭黑〉在规定的条件下通过孔径为 125μm 筛子的附聚体、颗粒或颗粒碎片。

注：标准 ISO 1435 给出了细粉含量的测定方法。

2.171

一级转变　first-order transition

状态的变化，通常与聚合物中的结晶或熔融同义。

2.172

裂纹　fissure

〈多孔材料〉多孔材料中的裂口或裂纹。

2.173

飞边　flash

溢出胶　spew

在模具结合处，超出模制品表面的过量材料。

参见：**开模回缩，主流道余胶**。

2.174

合模线　flash line

溢料线　spew line

在模具部件接合处形成的出现在模制品表面的线。

2.175

屈挠寿命　flex life

使以规定方式屈挠的试样达到规定的破坏程度所需的往复数。

2.176

屈挠试验机　flexometer

可使试样经受带有弯曲运动的压缩、拉伸、剪切及其任何组合的循环形变的机器。

注：在一些国家，本术语仅适用于测量温度升高和（或）热积聚效应的机器。

2.177

絮凝剂　flocculant

〈胶乳〉加到胶乳中引起絮凝作用的物质。

2.178

絮凝作用　flocculation

〈胶乳〉使橡胶松散凝聚、部分凝结分布于胶乳液相中的过程（该过程有时是可逆的）。

2.179

流纹　flow line

〈模制〉在模制过程中，在流动方向由流动引起的可以看到的线痕。

2.180

流痕　flow marks

〈模制〉在模压制品上因流动前沿不完善的熔融而产生的痕迹或线条。

2.181

泡沫橡胶　foam rubber

通常为用液体原材料制造的主要由内部互联小泡构成的多孔橡胶。

注：此术语在商业上也用于由固体材料（如热塑性橡胶）制造的某些发泡产品。

参见：**海绵橡胶，发泡橡胶，胶乳海绵，聚氨酯海绵**。

2.182

泡沫稳定剂　foam stabilizer

〈胶乳〉在制备乳胶泡沫时用以在胶凝、干燥和硫化期间稳定发泡的配合胶乳的配合剂。

2.183

发泡剂　foaming agent

〈胶乳〉在生产乳胶泡沫时，用以促进在乳胶中产生气泡的配合剂。

2.184

模型　former

用以通过浸渍/沉积成型或包覆生产橡胶制品，其后将制品从其上脱下的造型物体。

2.185

配方　formulation

制备混炼胶所使用的配合剂及其份额的一览表。

2.186

游离硫　free sulfur

在混炼胶和硫化橡胶中未被结合的硫。

注：实际上，测定游离硫的方法包括元素硫，也可包括一些配位键结合的活性硫，例如在秋兰姆二硫化物和多硫化物中的那种硫。

2.187

擦胶　friction coating，frictioning

〈行为〉在压延机上通过剪切作用将橡胶涂层涂覆到纺织物上，从而使涂覆材料渗透纺织物。

2.188

辊筒速比　friction ratio

开炼机、压延机或精炼机的两个相邻辊筒表面速度之比。

2.189

起霜　frosting

泛白

在暴露于空气的橡胶表面上因臭氧作用而形成一种无光的霜状外观。

2.190

炉法炭黑　furnace carbon black

油炉法炭黑　oil-furnace carbon black

将碳氢化合物注入到高速燃气流中，经裂解反应生成的一类炭黑。

2.191

标距　gauge length

标记之间的已知距离。

2.192

凝胶　gel

〈胶乳〉在人为地凝聚胶乳的初期形成的夹持着液体的胶粒基质。

2.193

凝胶体橡胶　gel rubber

不溶于选定溶剂的那部分橡胶。

2.194

凝胶化　gelling

〈胶乳〉形成凝胶的过程。

2.195

凝胶剂　gelling agent

〈胶乳〉用于形成胶凝作用的物质。

2.196

玻璃化转变　glass transition

二级转变　second-order transition

材料由黏流态或橡胶态转变为脆性的玻璃态的可逆物理变化。

注：通常将发生这种转变的温度范围的中点称为"玻璃化转变温度"。

2.197

高夫-朱尔效应　Gough-Joule effect

硫化橡胶凭借在应力下受热收缩所展现出的可逆特性。

注：如果橡胶在应力下受热，其弹性模量随温度的增加而增加。类似地，如果橡胶在恒定应变下受热，将会承受更大应力。这种效应在低温下不会出现，对于大多数填充混炼胶也不会出现。

2.198

接枝共聚物　graft copolymer

由一种以上的单体衍生出的接枝聚合物。

参见：接枝聚合物。

2.199

接枝聚合物　graft polymer

其分子具有作为侧链连接到主链上的一种或一种以上链段的聚合物，除连接点外，这些侧链具有不同于组成其主链的构造单元的构造或构型特征。

2.200

压延效应　grain

单向性

由橡胶和(或)填料粒子的单向取向导致的材料各向异性现象。

2.201

造粒橡胶　granulated rubber

〈原材料〉由粒化过程制造的颗粒状生胶或配合橡胶。

2.202

橡胶粒　granulated rubber

〈硫化橡胶〉〈回收〉经粒化废硫化橡胶制造的颗粒尺寸相对较大的粒状硫化橡胶。

注：它主要由大小为 1 mm～10 mm 的非球状颗粒组成。

参见:橡胶碎片,拉长橡胶粒,超细橡胶粉,硫化橡胶粉。

2.203

未硫化的 green

生的

〈形容词〉混炼胶或产品在其硫化前的最终状态。

2.204

未硫化橡胶强度 green strength

生坯强度

生胶或未硫化混炼胶的抗拉伸变形或断裂性能,是一种生胶或混炼胶在加工和产品制造过程中抗变形能力的度量。

注:标准 ISO 9026 给出了生胶或未硫化混炼胶的生坯强度的测定方法。

2.205

硫化橡胶粉 ground vulcanized rubber,crumb,powdered rubber

〈回收〉主要用作填充剂或填料的中等大小颗粒状硫化橡胶粒。

注:它主要由大小为 0.1 mm~1 mm 的非球状颗粒组成。

参见:橡胶碎片,拉长橡胶粒,超细橡胶粉,橡胶粒。

2.206

银菊橡胶 guayule rubber

从灌木银胶菊(Parthenium argentatum)萃取的橡胶或树脂中分离出的顺式聚异戊二烯。

2.207

纯胶混炼胶 gum compound

纯胶料 gum stock

只含有必要量的硫化所需的配合剂和少量加工、着色和改进耐老化性能的其他配合剂的混炼胶。

2.208

浸胶 gum dipping

通过浸没在橡胶溶液中的方式,用橡胶浸渍织物的过程。

2.209

古塔波橡胶 gutta-percha

从山榄科的树得到的以反式聚异戊二烯为主的硬质热塑性物质。

2.210

硬度 hardness

抗压入性能。

2.211

生热 heat build-up

热积累

由于滞后作用,在材料内部产生的导致温度升高的热能的积累。

2.212

热敏剂 heat sensitizer

〈胶乳〉只有在高温度下才起作用的胶凝剂。

2.213

热敏浸渍 heat-sensitive dipping

〈胶乳〉将模具或模型浸泡在含有配合剂的配合胶乳中的浸渍过程,所含的配合剂在高温下能使胶乳胶凝。

2.214

加热减量　heating loss

〈炭黑〉炭黑在规定温度下受热至质量恒定时的质量减少百分率。

注：国家标准 GB/T 3780.8 给出了加热减量的测定方法。

2.215

均聚物　homopolymer

由一种单体生成的聚合物。

2.216

滞后　hysteresis

反映在一个完整的变形-松弛的循环内能量损耗的现象。

2.217

滞后损失　hysteresis loss

在一个完整的变形-松弛的循环内机械能量的损耗，通常表现为温度的升高。

2.218

抗冲击性能　impact resistance

在冲击力下抗破碎性能。

2.219

单个颗粒强度　individual pellet crush resistance

〈炭黑〉在规定条件下破碎单个炭黑颗粒所需的力。

注：标准 GB/T 14853.6 给出了单个颗粒破碎强度的测定方法。

2.220

惰性填料　inert filler

无补强作用的填料。

2.221

抑制剂　inhibitor

用来防止或抑制化学反应的物质。

2.222

注塑成型　injection moulding

用一个与模具闭合力无关的压力将胶料从塑化腔压到闭合模具中的成型方法。

2.223

密炼机　internal mixer

密闭式炼胶机

在封闭腔中装有一个或几个转子的用于塑炼和(或)混合、分散配合剂至橡胶中的带温度控制装置的机器。

2.224

国际橡胶硬度　international rubber hardness degrees, IRHD

硬度的度量，其值由在规定的条件下从给定压头对试样的压入深度导出。

注：IRHD 的标度是：0 度表示材料未显示出可测量的抗压入性，100 度表示材料未显示出可测量的压入。该标度在标准 GB/T 6031 中作了充分的描述。

2.225

吸碘值　iodine adsorption number

〈炭黑〉在规定条件下每千克炭黑吸附碘的克数。

注：此属性是炭黑表面积的一个指标。标准 ISO 1304 给出了一种吸碘值测定的方法。

2.226

熔结痕　knit mark

熔结线　knit line

两股流体流动前沿已经汇聚，但没有密切融合的部位形成的在模制品表面可见的痕迹。

2.227

结块　knuckles

聚合物内存在白斑导致天然橡胶混炼胶内出现节结或不均匀。

2.228

KOH 值　KOH number

〈胶乳〉与含 100 g 总固物的胶乳中的氨化合的酸根相当的氢氧化钾的克数。

注：标准 GB/T 8297—2001 给出了 KOH 值测定的方法。

2.229

乳胶　latex

聚合物材料的乳化水分散体。

2.230

胶乳海绵　latex foam

用胶乳制造的泡沫材料。

2.231

沥滤　leaching

〈胶乳〉为了除掉水溶性物质，从而提高透明度，防止亲水材料喷霜，提高电阻率和降低吸水性，对胶乳制造的产品进行水洗的过程。

2.232

极限阈值应变　limiting threshold strain

〈静态臭氧试验〉在规定的暴露条件下，低于它出现臭氧龟裂所需的时间就会非常明显地增加并且实际上变成无限长的拉伸应变。

注：国家标准 GB/T 7762 给出了极限阈值应变的测定方法。

2.233

线型聚合物　linear polymer

单体单元之间相互连接形成的并没有分支的链状聚合物。

2.234

液体床硫化介质　liquid curing medium，LCM

盐浴　salt bath

无机盐的低共熔混合物，使用其熔融相作为加热介质，用于连续硫化橡胶混炼胶，通常紧接挤出之后。

注：常用的盐为亚硝酸钠和硝酸钾。

2.235

对数衰减率　logarithmic decrement

Λ

阻尼振动中同侧两个相邻振幅之比的自然对数。

2.236

损耗角　loss angle

δ

在均匀正弦变形中应变滞后于相内应力与异相应力和矢量程度的度量，异相应力由材料的黏性引起。

注：损耗角越大，滞后损失越大。

2.237

损耗剪切模量　loss shear modulus

G″

超前剪切应变相位 90°的剪切应力分量与剪切应变之比。

2.238

损耗杨氏模量　loss Young's modulus

E″

超前法向量应变相位 90°的法向应力分量与法向应变之比。

2.239

主链改性　main-chain modification

作为硫化或其他反应的结果沿着聚合物链导入的不同于交联的化学变化。

2.240

硬度递增硫化　marching modulus cure

步进硫化　marching cure

在硫化温度下，模量迅速增高，但未达到最大值时即转为持续慢速提高模量的硫化类型。

2.241

母炼胶　masterbatch

橡胶和一种或多种配合剂按规定比例掺合的良好分散的配合料，是制备最终胶料或混炼胶时的原料。

注：此术语通常用于含有填料和(或)填充剂以及特定的其他配合剂、但不带有硫化体系的橡胶胶料。使用母炼胶能简化加工或(和)提高成品性能。

参见：**母料，预分散体**。

2.242

塑炼　mastication

通过机械功(剪切)和大气中氧的作用，有时辅以塑解剂和热，使生橡胶或混炼的橡胶的分子量不可逆下降的过程。

2.243

熟成　maturation

〈胶乳〉在进一步加工前控制性贮存。在贮存期间，让气泡逸出，橡胶粒子部分预硫化。

2.244

机械调节　mechanical conditioning

试验前使试样变形的规定程序。

参见：**载荷冲击**。

2.245

机械疲劳极限　mechanical fatigue limit

〈形变循环〉在无化学侵蚀且不明显地缩短疲劳寿命的情况下，试样或产品所能承受的最大重复应变。

2.246

机械稳定性　mechanical stability

〈胶乳〉在规定条件下，胶乳受机械剪切时的抗凝结性能。

注：国家标准 GB/T 8301 给出了机械稳定性的测定方法。

2.247

熔融混炼　melt mixing

在热塑性材料熔点以上的温度下进行橡胶和塑料组分混合的热塑性橡胶共混物的生产。

注：熔融混炼是生产热塑性硫化胶的动态硫化的关键过程。此过程确保硫化橡胶粒嵌入塑料材料基质中的良好的相形态。

2.248

微型硬度　microhardness

使用比常规仪器压头小施力小的仪器测量的因尺寸太小而不能用常规仪器测量的试样或薄胶片的硬度。

注：微型硬度涉及的是所使用的仪器和程序，而不是橡胶的性能。

2.249

迁移污染　migration stain

〈橡胶〉橡胶在不与其直接接触的物体任一部分表面所产生的污染。

2.250

开放式炼胶机　mill，two-roll mill

开炼机

进行塑炼、混炼、掺合、热炼或压片时用的带有两个对转辊筒的机器。该机器的辊筒可频繁加热或冷却，通常以不同的速度驱动，并具有可调的辊距。

2.251

矿物填料　mineral filler

矿物源配合剂。

注：例如陶土、碳酸盐和硅酸盐。

2.252

矿物橡胶　mineral rubber

源自石油沥青，用作增黏剂、软化剂或增量剂的配合剂。

注：该术语是个误称，矿物橡胶不是一种橡胶。

2.253

胶料　mix

任何形态的橡胶与其他配合剂的混合物。

注：此术语可用于不完全的橡胶混炼胶。

2.254

混炼机　mixer

搅拌机

通过机械功（剪切）的作用，将配合剂混合分散进橡胶以形成胶料或混炼胶的机器。

2.255

模量　modulus

在规定的形变条件下劲度的度量。

注：此术语不宜单独使用，宜前置变形的型式，例如，压缩模量或剪切模量。

2.256

单体　monomer

其分子能与同类或不同类的分子反应形成聚合物的低分子量物质。

2.257

单体单元　monomeric unit

聚合过程中单个单体分子构成的单元。

2.258

门尼焦烧　Mooney scorch

用门尼剪切圆盘黏度计测定的橡胶混炼胶的早期硫化特性的量值。

注：国家标准 GB/T 1233 给出了早期硫化特性测定的方法。

2.259

门尼黏度　Mooney viscosity

用门尼剪切圆盘式黏度计测定的生橡胶或橡胶混炼胶黏度的量值。

注：国家标准 GB/T 1232.1 给出了门尼黏度测定的方法。

2.260

母料　mother stock

橡胶和一种或多种配合剂按规定比例掺合的良好分散的配合料，这种配合料是一种制备最终胶料或混炼胶时的原料，这里配合剂的浓度大大高出用常规方法备制的橡胶混炼胶。

注：母料用于添加相对低浓度的硫化剂或其他活性填加剂，以方便加工或(和)提高成品性能。

参见：母炼胶，预分散体。

2.261

模具垢　mould fouling

在模具表面累积的沉淀物。

2.262

模压　moulding

〈过程〉通过施加压力，通常伴随加热，使材料在模具中成形的过程。

2.263

模压制品　moulding

〈产品〉模制的产品。

2.264

模压收缩　moulding shrinkage

在标准温度下测量的模制品与对应模腔的尺寸之差。

2.265

马林斯效应　Mullins effect

橡胶样品或组件在使用或测试中经过最初几次载荷循环后发生的挺性损失和弹性模量降低的现象。

参见：载荷冲击，机械调节。

2.266

环烷油　naphthenic oil

通常含有 30%～45%(质量分数)环烷烃的烃类操作油。

2.267

自然老化　natural ageing

在使用条件下的老化。

注：自然老化发生在室内外，而术语“天候老化”用于室外暴露老化。

2.268

浓缩天然胶乳　natural latex concentrate

含有氨和(或)其他保存剂并经过某种工艺浓缩的天然胶乳。

2.269

天然橡胶　natural rubber

从植物源巴西三叶橡胶树 (Hevea brasiliensis)得到的顺式-1,4-聚异戊二烯。

2.270

缩颈　necking

材料在拉伸应力下可能出现的局部断面缩小。

2.271

回缩　nerve

生橡胶或未硫化橡胶混炼胶对变形的弹性抵抗。

注：回缩通常影响压延胶片厚度、挤出胶尺寸及表面特性。

2.272

网络　network

通过橡胶分子的链间或链内键合和链缠绕的共同作用形成的三维网络结构。

2.273

辊距　nip

在开炼机或压延机辊筒中心线上辊筒表面之间的径向间隙。

注：也可定义为，开炼或压延材料用的辊筒间的距离。

2.274

非污染型抗臭氧剂　non-staining antiozonant

主要用于非炭黑混炼胶中以迟延臭氧老化，且变色最小的配合剂。

2.275

非硫磺硫化体系　non-sulfur vulcanizing system

不用游离硫或硫给予体交联的硫化体系。

2.276

合模错位　off-register，mismatch，off-set

由于模具的一部分相对于另一部分作侧向移动而造成模型制品的结构变形。

2.277

充油橡胶　oil-extended rubber

含较高比例操作油的生橡胶品级。

注：在100质量份的橡胶聚合物中，油的比例通常超过15份。

2.278

开孔　open cell

没有完全被其薄壁封闭因此与其他孔眼或外界相连通的孔眼。

2.279

开孔多孔材料　open-cell cellular material

基本上所有的孔眼都相互连通的多孔材料。

2.280

最适硫化　optimum cure

正硫化

使若干期望性能达到较佳平衡或选定性能达到最佳值所需要的硫化条件。

2.281

圆盘振荡硫化仪　oscillating-disc curemeter

施加于橡胶混炼胶的力由嵌入试样里的振荡圆盘产生，而试样置于带压的密封模腔内的一种硫化仪。

2.282

过硫　overcure

超过正硫化点的硫化状态。

注：过硫一般起因于硫化时间太长、硫化温度太高、二次硫化、硫化剂过量等。

2.283

氧压老化　oxygen-pressure ageing

氧弹老化　oxygen-bomb ageing

在没有光的条件下由于温度和压力的升高而发生的氧老化。

2.284

臭氧龟裂　ozone cracking

在拉伸应变下的橡胶表面因臭氧作用而形成裂纹。

注：臭氧龟裂垂直于拉伸应变的方向，通常出现在主链不饱和的橡胶上。

2.285

石蜡油　paraffinic oil

大部或全部由链烷烃构成的烃类操作油。

2.286

粒子　particle

〈炭黑〉能够单独存在的可辨别的球形或类球形的最小单元。

注：通常聚结成粒子团。

2.287

颗粒橡胶　particulate rubber

加工成带或不带防止在生产、运输或储存期间结块隔离剂涂层的颗粒集合体的硫化或未硫化橡胶。

2.288

隔离剂　partitioning agent

用于粉末橡胶生产的使颗粒间相互隔离的物质。

2.289

配料份数　parts per hundred rubber，pphr，phr

每一百质量单位的弹性体中加入配合剂的质量。

注：橡胶胶料配方通常以 pphr 表示。

2.290

颗粒　pellet

〈炭黑〉为便于输送和加工而制成的附聚物。

2.291

颗粒尺寸分布　pellet size distribution

〈炭黑〉炭黑颗粒通过一组特制的筛眼逐渐变小的过滤筛，留在筛上的颗粒的百分率。

注：标准 GB/T 14853.5 给出了炭黑颗粒尺寸分布的测定方法。

2.292

造粒炭黑强度　pelleted carbon black strength

在规定条件下炭黑颗粒粘结在一起的能力。

注：标准 ASTM D 1937 给出了一种炭黑颗粒强度的测定方法。

2.293

穿透污染　penetration stain

〈橡胶〉与橡胶表面相接触的材料的外表面即另一面产生的污染。

2.294

塑解剂　peptizer

在机械力或热或二者协同作用下，为通过化学作用加速橡胶软化而应用的小剂量配合剂。

2.295

百分比伸长率　percent elongation

试样或试样中截面均匀的规定部分的伸长，以原始长度的百分数表示。

2.296

颜料　pigment

用于着色的不溶性配合剂。

注：不鼓励将“pigment”作为“compounding ingredient”的代用词。

2.297

针眼　pinhole

材料表面上直径非常小的孔眼。

注：对于薄膜片来说，小孔通常穿透其整个厚度。

2.298

塑性　plasticity

用撤除变形力后变形的保持率表示的原料橡胶或未硫化橡胶混炼胶的特性。

注：高塑性意味着基本上保持变形。

2.299

可塑度　plasticity number

塑性的度量，取决于试样在规定的压力、时间和温度条件下经受形变后的高度。

2.300

塑性保持指数　plasticity retention index，PRI

天然橡胶在 140 ℃，30 min 的规定条件下热烘箱老化之后与之前测量的塑性值之比。

注：标准 GB/T 3517 规定了塑性保持指数(PRI)的测定方法。

2.301

增塑剂　plasticizer

用于提高，特别是在低温下提高橡胶或其制品柔软性的配合剂。

2.302

塑性计　plastimeter

测量生橡胶或胶料塑性的仪器。

注：英文中另有一词，plastometer，往往用作塑性计 plastimeter 的同义词。但是，有些称为 plastometer 的商品化仪器并不测量塑性，而是测量在一固定负荷下产品上所产生的压陷深度。

2.303

平坦性硫化　plateau cure，flat cure

在硫化温度下，模量达到最大值后在相当长的一段时间内基本上保持不变的硫化类型。

2.304

平板　platen

在硫化机中，用来给一个或多个模具的加热加压金属平板(或箱)。

2.305

平板硫化机　platen press，daylight press，press

带有两层或多层重叠加热平板，板间可加压模具的硫化机。

2.306

剥胶　plucking

与第二个表面分离时，将分离的部分从橡胶表面撕下。

2.307

聚加成反应　polyaddition

多官能单体通过逐步聚合且并不消去其他产物而形成大分子的的反应。

注：例如，二异氰酸酯与二醇反应生成聚氨基甲酸酯，二异氰酸酯与二元胺反应生成聚脲。

参见：**加成聚合**。

2.308

聚合物　polymer

由以一定数量的彼此连接的一类或几类原子或原子团(结构单元)多次重复为特点的分子构成的物质，原子或原子团的数量要足以提供一组在增加或去掉一个或几个结构单元的情况下也无明显变化的性能。

2.309

聚合　polymerization

将单体或单体的混合物转化成聚合物的过程。

具体定义见：**加[成]聚[合]**，**乳液聚合**，**溶液聚合**，**定向聚合**以及**聚加成反应**。

2.310

微孔材料　poromeric material

能透过空气和水蒸气但通常耐水渗透和耐磨的合成革状材料。

2.311

二次硫化　post cure

为了完成硫化过程或提高橡胶的一种或几种性能水平而在第一次硫化之后利用余热或者热和(或)辐照进行的处理。

2.312

活性期　pot life

罐存时间

反应液的热固性组分仍保持适合于其预定应用的时间。

2.313

倾倒密度　pour density

每单位体积散装胶粉、炭黑颗粒或其他不连续的固体材料的表观质量。

2.314

粉末橡胶　powdered rubber

〈原材料〉颗粒状生胶或配合橡胶。

2.315

橡胶粉　powdered rubber

〈硫化〉〈回收〉**硫化橡胶粉**的同义词。

2.316

早期凝块　precoagulum

〈胶乳〉由于胶乳部分偶然凝固而产生的凝结物。

2.317

预分散体　predispersion

一种或多种配合剂按已知比例在载体中良好分散的混合物，作为原材料用于制备最终胶料或混炼胶。

参见：**母料**，**母炼胶**。

2.318

保存剂 preservative

防腐剂

〈胶乳〉为防止腐败和伴生凝块而在浓缩前后添加到未配合的胶乳中的物质。

2.319

防腐胶乳 preserved rubber latex

保存胶乳

为防止腐败和伴生凝块而处理过的胶乳。

2.320

预硫化 prevulcanization，precure

〈胶乳〉将配合胶乳硫化使其保持分散乳液特性的过程。

注：预硫化胶乳只需干燥便可形成连续、稳定的产品。

2.321

预硫化抑制剂 prevulcanization inhibitor

防焦剂

能延长混炼胶在加工和硫化温度下无明显交联的时间，而在硫化温度下对硫化速度的影响可忽略的配合剂。

注：预硫化抑制剂与迟延剂的不同之处在于，前者只延长交联开始之前的时间，而许多迟延剂则整个抑制硫化反应因而降低硫化速度。

2.322

预硫化胶乳 prevulcanized rubber latex

粒子已部分或完全硫化的胶乳。

注：预硫化胶乳只需干燥便可形成连续和稳定的胶膜。

2.323

主促进剂 primary accelerator

用于硫化体系的基本促进剂。

2.324

操作油 process oil

从石油或其他来源获得的用作增量剂或加工助剂的烃类油。

2.325

加工性能 processability

生橡胶或配合橡胶被橡胶加工机械加工的相对难易程度。

2.326

加工助剂 processing aid

改善橡胶混炼胶或胶料加工性能的配合剂。

2.327

涂覆 proofing

〈行为〉为阻止流体渗透或提供其他特殊的防护性能而向织物涂覆以适当的橡胶混炼胶的过程。

2.328

热解炭 pyrolitic carbon

主要由炭构成的，由橡胶热降解生成的炭颗粒。

2.329

生橡胶 raw rubber

原胶 virgin rubber

通常成包提供的作为制造橡胶制品原材料的天然橡胶或合成橡胶。

注：通常不加配合剂，但有时也可含配合剂，例如：加油或填料的母炼胶。

参见：**充油橡胶**。

2.330

再生橡胶　reclaimed rubber，reclaim

经热、机械和(或)化学作用塑化的硫化橡胶，主要用作橡胶稀释剂、增量剂或加工助剂。

参见：**脱硫**，**回收橡胶**。

2.331

再生剂　reclaiming agent

在橡胶再生过程中加入的促进并最佳化该过程的物质。

2.332

复原度　recovery

橡胶制品在发生弯曲、扭曲或其他形变后回复到其原来尺寸的程度。

2.333

回收橡胶　recycled rubber，recyclate rubber

从废橡胶中得到的可再利用的橡胶材料。

2.334

可再利用颗粒硫化橡胶　recycled vulcanized particulate rubber

被加工成具有不同形状、尺寸和尺寸分布的颗粒的可再利用硫化橡胶。

参见：**橡胶碎片**，**拉长橡胶粒**，**超细橡胶粉**，**橡胶粒**，**硫化橡胶粉**。

2.335

精炼机　refiner

加工再生橡胶、加工略有焦烧的混炼胶和破碎杂质这类作业所使用的具有高速比的开炼机。

2.336

补强剂　reinforcing agent

用于提高橡胶抗机械力作用的配合剂。

2.337

补强填料　reinforcing filler

基本上与硫化过程无关的，增加橡胶的挺度以及撕裂强度和耐磨等性能的填料。

2.338

脱模剂　release agent，mould lubricant

〈模压用〉为使产品容易从模具中取出，而涂于模具内表面或加到待模制材料上的物质。

2.339

芳香剂　re-odorant

添加到橡胶中以赋予橡胶一种特殊香味的物质。

2.340

回弹性　resilience

在变形试样迅速(或瞬时)完全复原时输出能量与输入能量之比。

2.341

树脂　resin

分子量较高但不确定的具有一特定熔融范围的有机材料。

注：树脂可用作软化剂、增黏剂、加工助剂、补强剂和硫化剂。

2.342

树脂橡胶 resin rubber

加入了树脂以增加硫化橡胶的硬度,而不引起不期望的加工过程中抑制流动的胶料黏度增加的橡胶混炼胶。

注:在许多国家,此术语应用于制造鞋靴类的高聚苯乙烯树脂增强的混炼胶。

2.343

迟延剂 retarder

防焦剂

减小橡胶混炼胶过早硫化倾向所使用的配合剂。

2.344

硫化返原 reversion

由于继续暴露于硫化温度下而引起的过硫时出现的硫化胶模量和与模量有关的性能缺氧性变质。

注:硫化返原是因交联密度减小所致。

2.345

返原硫化 reverting cure

峰形硫化 peaky cure

当硫化胶模量达到最大值之后,再将其继续置于硫化温度下,引起模量下降的硫化类型。

2.346

辊筒 roll

构成压延机或炼胶机的主要旋转件的圆筒。

注:有时英文中也用 bowl 表示压延机中的辊筒 roll。

2.347

室温硫化 room-temperature vulcanization,RTV

冷硫化 cold cure

在室温或接近室温的温度下进行的硫化。

注:此硫化通常不发生,需要使用特殊的硫化体系。

2.348

均方根应变 root-mean-square strain

一个变形周期内平均应变平方平均值的平方根。

注:对于对称正弦应变,均方根应变等于应变幅值除以$\sqrt{2}$。

2.349

均方根应力 root-mean-square stress

一个变形周期内平均应力平方平均值的平方根。

注:对于对称正弦应力,均方根应力等于应力幅值除以$\sqrt{2}$。

2.350

无转子硫化仪 rotorless curemeter

由构成放置试样的模腔的两模之一振动产生施加到橡胶混炼胶上的力的一种硫化仪。

2.351

橡胶 rubber

注1:根据上下文不同,橡胶有三种不同的定义。它可以是产品的终端材料,也可以是生产某一产品过程中的原材料或中间材料。

注2:在海关中,"橡胶"在国际谐调体系的第40章里定义为"……产品,硫化或未硫化的或硬天然橡胶,巴拉塔树胶,古塔波橡胶,银菊橡胶,糖胶树胶以及类似的天然树胶,合成橡胶,从石油中提炼的硫化油膏和此类回收物质"。

2.352

橡胶 rubber

〈产品〉柔性并具有弹性的聚合物材料族。

注：橡胶在受应力时能够发生显著形变，但当撤除该应力后能迅速回复到接近其原始形状。橡胶通常由(固体或液体)材料的混合物制成，且在大多产品中，主体聚合物由化学键或物理键所交联。

2.353

橡胶 rubber

〈原材料〉构成许多橡胶制品中使用的混炼胶主体的天然或合成弹性聚合物(弹性体)。

2.354

橡胶 rubber

〈在橡胶制品制造中〉优选术语混炼胶的同义词。

2.355

胶包 rubber bale

为贸易或运输而加工成的生胶块。

2.356

橡胶烃 rubber hydrocarbon

仅由碳和氢构成的弹性体。

注：此术语用于化学分析和作为在橡胶配料中除去其他物质后橡胶含量的度量。

2.357

胶乳 rubber latex

橡胶粒子的胶体水分散体。

2.358

橡胶制品 rubber product

因某一特殊用途而设计并通过配合和(或)模制、挤出、涂胶、浸胶或其他方法由橡胶或胶乳制成的成品或半成品。

注：某一橡胶制品可几乎全部由橡胶制成，例如：医用手套；或者也可以包含除橡胶外的其他构成(如增强材料)，例如，在橡胶涂覆织物，轮胎，钢板层压桥梁支座，或装配金属接头的橡胶软管中。橡胶制品通常由橡胶工业制造。

2.359

上胶 rubberize

用橡胶混炼胶来浸渍和(或)涂覆基材。

2.360

样品 sample

从一批中取得的一件或几件产品，旨在提供该批产品的信息，并可作为判定该批产品及其生产工艺的依据。

2.361

斯瓦兹值 Schwartz value

在特定的机械调节后，乳胶丝模量的测量值。

注：标准 ISO 2321 给出了橡胶丝的测量方法。

2.362

焦烧 scorch

硫化的过早开始。

注：通常指不希望出现的橡胶混炼胶的过早硫化。

2.363

熟粒子　scorch mark

加工过程中由过早硫化产生的表面缺陷。

2.364

载荷冲击　scragging

〈行为〉使产品或试片在应力作用下产生若干机械形变周期，该应力大于随后动态试验程序中使用的应力。

参见：**马林斯效应，机械调节**。

2.365

废橡胶　scrap rubber

寿终橡胶产品或生产废料形式的生胶、混炼胶、硫化或部分硫化橡胶。

2.366

螺杆　screw

用带有一条或几条螺旋沟槽沿着挤出机机筒推进橡胶的旋转部件。

2.367

第二促进剂　secondary accelerator

助促进剂　booster

为获得最适硫化速度和硫化胶性能而与主促进剂一起使用的一种低浓度促进剂。

2.368

半有效硫化体系　semi-efficient vulcanizing system，semi-EV system

〈二烯烃橡胶〉用于二烯烃橡胶的含硫硫化体系，该体系含或不含硫给予体，其促进剂浓度介于普通硫磺硫化体系和有效硫化(EV)体系之间。

2.369

乳清　serum

〈胶乳〉胶乳的分散介质。

2.370

永久变形　set

完全释放产生变形的力之后剩余的变形。

2.371

拉断永久变形　set after break

试样拉伸至断裂后的永久变形。

参见：**永久变形**。

2.372

拉断永久变形　sheeting

〈行为〉将橡胶或橡胶混炼胶、浓胶浆或凝固胶乳转变成厚度比长度小的形状的过程。

2.373

贮存老化　shelf ageing

在生产与最终使用之间贮存期间的老化。

2.374

注射量　shot

在一个模塑周期中将材料注入到模具组合件中的量。

2.375

贴胶　skim coating，topping

〈行为〉在橡胶与片材之间不产生明显剪切应力的情况下向片材铺放一薄层橡胶混炼胶或胶料的过程。

2.376

胶清橡胶　skim rubber

从天然胶乳浓缩分离过程获得的胶清中回收的橡胶。

2.377

结皮　skin

〈多孔材料〉在多孔材料表面上比较密实的胶层。

2.378

残渣　sludge

〈胶乳〉未配合的胶乳中的沉积物。

2.379

软化剂　softener

为降低胶料的挺性或硫化胶的硬度而使用的小剂量配合剂。

2.380

溶胶体橡胶　sol rubber

可溶于选用溶剂的那部分橡胶。

2.381

溶液聚合　solution polymerization

一种或多种单体溶解在一共溶剂体系中并反应生成聚合物的过程。

2.382

溶剂变色　solvent discolouration

〈炭黑〉与纯溶剂透光率相比，从炭黑溶剂萃取液中获得的滤液在特定波长中的透光率。

注：标准 GB/T 3780.15 给出了甲苯萃取液透光率的测定方法。

2.383

多辐芯型支座　spider

花盘

支撑挤出机机头中心部分的带有三条或更多条筋的部件。

参见：**双辐芯型支座**。

2.384

辐条纹　spider line

挤出物截面上与芯型支座上的辐相对应的纹路。

2.385

海绵橡胶　sponge rubber

用干橡胶混炼胶制造的以开口孔结构为主的多孔橡胶。

参见：**泡沫橡胶，发泡橡胶**。

2.386

涂胶机　spreader

使用刮刀将浓胶浆或胶乳分布到片型材料表面上的机器。

2.387

涂胶刀　spreader bar, doctor blade, spreader knife

刮刀

用于平整均匀地涂铺浓胶浆或胶乳的刀片。

2.388

弹簧常数　spring constant

K

与变形同相的所施加力的分量除以变形。

2.389

主流道　sprue

〈模具〉橡胶混炼胶流入模具的主要进料通道。

2.390

主流道余胶　sprue

〈材料〉在模具通道处从模压制品表面凸出来的多余材料。

参见:**飞边**。

2.391

稳定胶乳　stabilized rubber latex

为抑制过早凝固而处理过的胶乳。

2.392

稳定剂　stabilizer

〈橡胶〉为了在干燥、加工和贮存过程中保持或基本保持生橡胶的原始性能值而存在于或添加到生橡胶中的物质。

2.393

稳定剂　stabilizer

〈胶乳〉混合到胶乳中,防止胶乳中的橡胶粒子特别是在配合和随后的加工过程产生附聚或凝固的物质。

注:稳定剂可自然地存在于天然胶乳中。

2.394

污染　stain

对于特定的定义,见**接触污染**、**萃取污染**、**迁移污染**和**渗透污染**。

2.395

标准混炼胶　standard compound

按照规定的配方,采用标准的参比配合剂和混炼程序制备的混炼胶。

2.396

硫化程度　state of cure

根据其结构或性质测量的硫化橡胶在硫化过程中的状态。

2.397

定向聚合　stereospecific polymerization

生成有规立构聚合物的聚合反应。

参见:**有规立构聚合物**。

2.398

硬化剂　stiffener

用于增加未硫化胶料黏度的配合剂。

2.399

贮存硬化　storage hardening

生橡胶和未硫化橡胶在贮存过程中黏度的增加。

注：贮存硬化可发生在非黏度稳定化的天然橡胶中，与低温结晶不同，热处理对贮存硬化的影响是不可逆的。

2.400

贮存期限　storage life，shelf life

贮存寿命

材料或制品生产后在规定条件下存放仍保持其规定性能的时间期限。

2.401

应变　strain

物体内因应力而部分形变。

2.402

应变幅度　strain amplitude

由平均变形测量的最大变形与未应变试验的自由尺寸之比(仅一侧的平均值)。

2.403

滤胶机　strainer

设计用于迫使橡胶或橡胶胶料通过一片或几片筛网以除去固体外来杂质的挤出机型机器。

2.404

应力　stress

通过物体的一点作用于给定平面的内力(或力的分量)在该点上的强度。

注：应力以单位面积力表示。当拉伸、压缩或剪切试验时，应力根据试样相应断面的原尺寸计算。

2.405

应力松弛　stress relaxation

恒定应变下应力随时间而下降。

2.406

透胶　strike-through

橡胶从涂覆表面向未涂覆表面的透出。

2.407

结构　structure

〈炭黑〉聚集体的性能或特性，由每个聚集体的粒子数、尺寸、形状和粒子结合的紧密程度的总和表示。

2.408

硫化物型硫　sulfide sulfur

作为无机或有机硫化物存在于硫化橡胶中的硫。

2.409

硫磺给予体硫化体系　sulfur donor vulcanizing system

没有元素硫存在、硫化时使用的全部硫均由含硫物质提供的硫化体系。

注：这种硫化体系有时称为"无硫硫化体系"。

2.410

日光龟裂　sunlight checking，sunlight cracking

橡胶表面由于暴露于阳光下而产生的银纹或龟裂。

2.411

表面活性剂　surfactant

加入到胶乳或水分散体中有助于其稳定状态的表面活性助剂。

2.412

溶胀　swelling

浸泡在液体中或暴露于蒸汽中的试样的体积增大。

2.413

合成橡胶　synthetic rubber

通过非生物方法聚合一种或几种单体生产的橡胶。

2.414

黏性　tack

〈未硫化橡胶〉使未硫化橡胶即混炼胶的接触表面相互粘附的性能。

2.415

增黏剂　tackifier

为提高未硫化橡胶黏性所使用的配合剂。

2.416

有规立构聚合物　tactic polymer

其分子能够在单一有序排列中以唯一的构型重复单元描述的规整聚合物。[IUPAC]

2.417

损耗角 δ 的正切 tan delta

tan δ

黏性模量与弹性模量之比。

注：tan δ 是耗损因子的度量，也是转化为热量时能量损失的度量。

2.418

撕裂　tear

由于在切口、锐利棱角或局部变形处高应力集中引起的橡胶机械性破裂。

2.419

撕裂强度　tear strength

沿基本平行于试样主轴方向撕裂规定试样所需要的力。

2.420

拉伸强度　tensile strength

在将试样拉断期间施加的最大拉伸应力。

2.421

拉伸应力　tensile stress

拉伸试样所施加的应力。

注：拉伸应力由施加的力除以原始断面面积计算。

2.422

定伸应力　tensile stress at a given elongation

拉伸模量　tensile modulus

将试样的有效部分拉伸到给定伸长率所需的应力。

参见：**拉伸应力**。

2.423

屈服拉伸应力　tensile stress at yield

发生应变增加而应力不增加的初始应力。

注：屈服拉伸应力可小于最大可达到的应力。

参见：**拉伸应力**。

2.424

拉伸疲劳 tension fatigue

在承受反复拉伸应力的试样或制品中通过裂纹增长而引发破裂的过程。

2.425

拉伸永久变形 tension set

试样经过拉伸并自由回缩后剩余的伸长。

2.426

三元聚合物 terpolymer

由三种不同单体形成的聚合物。

2.427

试样 test piece

具有合适形状和尺寸的、制备用于试验的材料。

注：一般也广泛使用单词“test specimen”以及“specimen”表示“试样”。

2.428

热裂法炭黑 thermal carbon black

在受控条件下，液态或气态烃或二者的混合物经无空气无火焰热裂解生产的一类炭黑。

2.429

热降解 thermal degradation

由于外部供热或内部生热导致的温度升高而造成的降解。

2.430

热弹性 thermoelasticity

由温度增加导致的类橡胶弹性。

2.431

热塑性弹性体 thermoplastic elastomer，TPE

热塑性橡胶 thermoplastic rubber，TPR

在其使用温度下具有类似于硫化橡胶的性能的聚合物或聚合物共混物，但是可以像热塑性塑料一样在温度提升后进行加工或再加工。

2.432

热塑性硫化橡胶 thermoplastic vulcanizate

由动态硫化产生的带有化学交联橡胶相的热塑性弹性体。

2.433

热固性聚合物 thermoset

通过加热或其他手段硫化后转变成明显不熔不溶物的聚合物。

2.434

热固性的 thermosetting

热硫化型的

〈形容词〉能够不可逆地变成基本上不可溶的材料或制品的。

2.435

增稠剂 thickener

〈胶乳〉为增加胶乳或配合胶乳黏度而使用的小剂量配合剂。

2.436

临界应变 threshold strain

〈静态臭氧试验〉橡胶在一给定温度下暴露于给定臭氧浓度的空气中经一给定时间后在其上面不发

生臭氧龟裂的最高拉伸应变。

注：标准 GB/T 7762 给出了一种临界应变测定的方法。

2.437

着色强度　tinting strength

〈炭黑〉在规定条件下，与一参比炭黑相比，降低白色糊料反射率的能力。

注：着色强度通常表示为标准糊料与样品糊料反射率的无量纲比，两种糊料都是在规定条件下制备和试验的。标准 GB/T 3780.6 给出了着色强度的测试方法。

2.438

总固体含量　total solids，residue after drying

用质量分数表示的，在试验条件下不挥发的物质的比例。

注：国家标准 GB/T 8298 给出了乳胶总固体含量的测定方法。

2.439

总硫含量　total sulfur

存在于材料中的全部硫，不考虑硫的化学形式或来源。

注：通常用于硫磺硫化橡胶的测量，也可用于单个配合剂。

2.440

传递模制　transfer moulding

通过由合模力而形成的压力将与模具成一整体的箱中的橡胶混炼胶压进一个或几个封闭模腔中的模压方法。

2.441

超促进剂　ultra-accelerator

快速硫化用的高活性促进剂，常用于低温硫化。

2.442

欠硫　undercure

未达最适硫化的硫化状态。

注：欠硫通常是由于硫化、二次硫化时间过短，硫化温度过低，硫化剂用量不足等因素引起的。

2.443

聚氨酯海绵　urethane foam

基质材料为聚氨酯的多孔材料。

2.444

紫外线吸收剂　UV absorber

通过其吸收紫外线的能力迟延因阳光和（或）其他光源的紫外线引起的变质的配合剂。

2.445

黏弹性　viscoelasticity

材料中黏性和弹性变形特性的组合，每种特性的相对影响取决于时间、温度、应力和应变速率。

2.446

空洞　void

〈多孔材料〉在海绵材料中无意形成的比特性个体孔眼大得多的空穴。

2.447

挥发性脂肪酸值　volatile fatty acid number

VFA 值　VFA number

〈胶乳〉与 100 g 总固体物中挥发性脂肪酸相当的氢氧化钾克数。

注：国家标准 GB/T 8292 给出了测定挥发性脂肪酸（VFA）值的方法。

2.448

硫化胶　vulcanizate

硫化橡胶　vulcanized rubber

橡胶混炼胶的硫化产物。

2.449

硫化　vulcanization，cure

通过改变橡胶的化学结构(例如交联)而赋予橡胶弹性，或改善、提高并使橡胶弹性扩展到更宽温度范围的过程，该过程通常包括加热。

注：在某些情况下，此过程进行到橡胶硬化为止，如，硬质胶。

2.450

硫化橡胶　vulcanized rubber

硫化胶的同义词。

注：硫化橡胶是描述由硫化而生产的一类橡胶的通用术语，用于分类。

2.451

硫化剂　vulcanizing agent，curative，curing agent

在橡胶中产生交联的配合剂。

注：在英文中有时 curatives 用作优选术语 vulcanizing system 硫化体系的同义词。

2.452

硫化体系　vulcanizing system

为生产期望的硫化特性和硫化胶性能所使用的硫化剂与按需要添加的促进剂、活化剂、迟延剂等的组合。

2.453

热炼　warm-up

〈加工〉通过机械功(剪切)和加热，降低橡胶或胶料的挺性，而使其更适合进一步加工的过程。

注：这一操作预定以分子量变化最小的方式进行。

2.454

水蒸气传输率　water vapour transmission rate

在恒定蒸汽压差下在给定的时间内透过试样的另一面的水蒸气的单位面积质量。

注：标准 ISO 15105-1 和 ISO 15105-2 给出了水蒸气传输率的测定方法。

2.455

蹼　webbing

从配合胶乳中取出模型时，在模型与配合胶乳表面之间形成的薄而湿润的膜。

2.456

湿润剂　wetting agent

〈胶乳〉用以降低配合胶乳的表面张力从而促进配合胶乳在表面上浸润和扩散的配合剂。

2.457

白斑　white spots

湿斑　wet spots

生橡胶中高水分含量造成的局部白色斑点。

注：湿斑在塑炼时往往阻碍破胶，在湿炼时不像干橡胶那样容易吸纳炭黑。

参见：结块。

2.458

全胎再生胶　whole-tyre reclaim

用除去金属和纤维的碎轮胎制造的再生胶。

2.459

芯吸 wicking

由于压差或毛细作用气体或其他流体沿着纤维渗透，例如，涂覆织物的织布部分。

2.460

磨耗量 abrasion loss

在规定条件下试样被磨损的体积。

2.461

给定力真值的准确度 accuracy for a given true force

用重复加力的方法得到一系列读数，计算这些读数的算术平均值，求出力真值与读数的算术平均值之差并除以力真值。

2.462

阴离子胶乳 anionic latex

胶乳粒子表面带负电荷的胶乳。

2.463

表观硬度 apparent hardness

在非标准试样上也按试验方法 GB/T 6031 中 N 、H 、L 和 M 的步骤测得的橡胶国际硬度并修约为整数，所用方法称为 CN 、CH 、CL 和 CM。

2.464

结合丙烯腈 bound acrylonitrile

以丙烯腈为一组分的共聚物中所结合的丙烯腈的质量分数。

2.465

结合苯乙烯 bound styrene

以苯乙烯为一组分的共聚物中所结合的苯乙烯的质量分数。

2.466

脆性温度 brittleness temperature

在规定条件下一定数量的试样不产生破坏的最低温度。

2.467

阳离子胶乳 cationic latex

胶乳粒子表面带正电荷的胶乳。

2.468

凝固物含量 coagulum content

〈胶乳〉在试验条件下，胶乳通过规定孔径不锈钢网后的残留固体（包括凝固的橡胶碎片、薄膜及大块的杂质）含量。

2.469

柔量增量 compliance increment

在恒定作用力和恒定温度下规定时间间隔内应变增加量与试样上施加的恒定应变之比。

2.470

压缩模量 compression modulus

由原始截面积计算的应力除以施加应力方向上产生的总应变。

2.471

压缩应变 compression strain

试样在应力方向上的形变除以该方向的原始尺寸，通常表达为试样原始尺寸的百分数。

2.472

压缩应力　compression stress

施加在应力方向上产生形变的力，其值为所施加的力与垂直于施力方向的试样原始截面积之比。

2.473

压缩应力松弛　compression stress relaxation

在恒定压缩应变下压缩作用力随时间增加而减少的现象，该值表达为压缩作用力与初始作用力之比的百分数。

2.474

蠕变增量　creep increment

在恒定作用力和恒定温度下规定时间间隔内应变的增加。它表达为间隔时间后形变增加量与初始的无应变厚度之比。

2.475

蠕变指数　creep index

在恒定作用力和恒定温度下规定时间间隔内应变的相对增量。它表达为间隔时间后应变增加量与初始应变之比。

2.476

结晶　crystallization

描述一级相转变的物理过程，其表现是橡胶的硬度和刚度增加、复原性减少。

2.477

密度　density

一定温度下单位体积橡胶的质量。以兆克每立方米表示（Mg/m^3）。

2.478

胶乳密度　density of latex

在测量温度下，胶乳质量与其体积之比。

2.479

粒径分布　distribution of particle size

〈胶乳〉反映胶乳粒子大小的分散情况。分布越窄说明粒径均一。

2.480

动态疲劳　dynamic fatigue

在周期性应力和周期性应变下材料的力学性能永久性下降的现象。

2.481

动态应变　dynamic strain

在选定的重复速度或频率下以正弦形式随时间变化的应变(一般是拉伸应变)。

2.482

定应力伸长率　elongation at a given stress

试样在给定拉伸应力下的伸长率。

2.483

屈服点伸长率　elongation at yield

应力应变曲线上出现应变进一步增加而应力不增加的第一个点对应的拉伸应变。

2.484

疲劳变形　fatigue defomability

与一定的疲劳寿命对应的周期性应变振幅。

2.485

疲劳应力 fatigue stress

与一定的疲劳寿命对应的周期性应力振幅。

2.486

屈挠龟裂 flex cracks

由于周期性形变硫化橡胶表面产生裂口的现象。

2.487

冻融稳定性 freeze-thaw stability(rubber latex)

〈胶乳〉在一定温度条件下,以胶乳反复冻结和融化后生成凝固物量的多少来表示胶乳的稳定程度。

2.488

凝胶含量 gel content

在生胶中凝胶体的含量。

2.489

结晶半周期 half-time to crystallization

恢复到最终值的整一半时所需的时间。

2.490

极限疲劳变形 limiting fatigue deformability

当疲劳寿命曲线变得与 lg N 轴基本平行时相应的周期性应变振幅。

2.491

极限疲劳应力 limiting fatigue stress

当疲劳寿命曲线变得与 lg N 轴基本平行时相应的周期性应力振幅。

2.492

无机酸含量 mineral acid content,inorganic acid content

合成橡胶中所含游离无机酸的量。

2.493

最低成膜温度 minimum film forming temperature

聚合乳液粒子能聚集成连续而透明薄膜的最低温度。

2.494

标准混炼量 nominal mixer capacity

混炼过程中能够使用的总自由容积的一部分;对带有切向转子的密炼机的标准混炼量是总自由容积的 0.75 倍。

2.495

有机酸含量 organic acid content

合成橡胶中所含游离有机酸的量。

2.496

渗透系数 permeability coefficient

在标准温度和标准压力的稳定状态下,单位压差和一定温度下通过单位立方体的密实橡胶两相对面的气流体积速率。

2.497

预应变 pre-strain

试验中试样上被预加的恒定静态应变。

2.498

预应力 pre-stress

试验中试样所受到的恒定静态应力。

2.499

残余丙烯腈含量　residual acrylonitrile content

丙烯腈单体在共聚物中的残留量(按质量分数计)。

2.500

残余苯乙烯含量　residual styrene content

苯乙烯单体在共聚物中的残留量(按质量分数计)。

2.501

剪切模量　shear modulus

按标准方法所规定的试件的橡胶部分粘接面积计算得到的剪切应力除以应力方向上的总剪切应变。

2.502

邵尔A硬度　Shore A hardness degrees

橡胶硬度的一种量度。在一定条件下,用特定的压入器压入试样的初始压入深度。

2.503

皂含量　soap content

乳液聚合时,加入的脂肪酸皂、树脂酸皂等残留在橡胶中的量。

2.504

应力振幅　stress amplitude

从平均作用力测出的最大作用力与试样无应力时的截面积之比(在时间坐标轴的一边,应力从零到峰值的量为最大作用力)。

2.505

溶胀度　swellability

将硫化胶试片浸入介质中,在规定温度下,经一定时间试片所增加的质量分数。

2.506

拉断强度　tensile strength at break

试样拉伸至断裂时刻所记录的拉伸应力。

2.507

总自由容积　total free volume

转子就位时混炼室的容积。

附 录 A
（规范性附录）
符 号 列 表

C——阻尼常数

E^*——复数杨氏模量

E'——弹性杨氏模量

E''——损耗杨氏模量

G^*——复数剪切模量

G'——弹性剪切模量

G''——损耗剪切模量

K——弹簧常数

Λ——对数衰减率

δ——损耗角

$\tan\delta$——损耗角 δ 的正切

附 录 B
（资料性附录）
与 ISO 1382:2008 相比删除或合并的术语和词条

B.1 删除的术语

B.1.1 ISO 1382 拒用的术语

下列术语在 ISO 1382:2008 中已明确表示拒用并且没有给出定义，而我国也没有对应的术语和定义，没有将其纳入本标准。

B.1.1.1

hard rubber（deprecated）

cf. ebonite

B.1.1.2

rubber substitute（deprecated）

cf. factice

B.1.1.3

sun checking（deprecated）

cf. sunlight checking

B.1.2 无须定义的术语

下列术语在中文中意义明确，不必定义。

B.1.2.1

elastic（弹性的）

of or pertaining to elasticity（弹性的或与弹性有关的）

B.2 未单独作为一词条的术语

下列术语是在 ISO 1382:2008 中作为单独一个词条列出的非优选术语或同义词（无定义），但因与其优选术语或同义词同时对应一个中文术语，在本标准中未作为单独词条给出，而是将其作为英文的同义词列入了相应的优选术语之后，其涉及的本标准的章条号在括号中给出。

B.2.1

breathing

bumping 放气的同义词（2.61）

B.2.2

chalking

优选术语 **dusting 撒粉**的同义词（2.139）

B.2.3

coagulating agent

优选术语 **coagulant 凝固剂**的同义词（2.77）

B.2.4

crumb

优选术语 **ground vulcanized rubber 硫化橡胶粉**的同义词（2.205）

B.2.5

curative

优选术语 **vulcanizing agent 硫化剂**的同义词(2.451)

B.2.6

curing agent

优选术语 **vulcanizing agent 硫化剂**的同义词(2.451)

B.2.7

daylight press

platen press 平板硫化机的同义词(2.305)

B.2.8

dishing

cupping 冲压凹痕的同义词(2.115)

B.2.9

doctor blade

spreader bar 涂胶刀,刮刀的同义词(2.387)

B.2.10

EV system　EV 体系

efficient vulcanizing system 有效硫化体系的同义词(2.143)

B.2.11

flat cure

优选术语 **plateau cure 平坦性硫化**的同义词(2.303)

B.2.12

frictioning

friction coating 擦胶的同义词(2.187)

B.2.13

mismatch

off-register 合模错位的同义词(2.276)

B.2.14

mould lubricant

优选术语 **release agent 脱模剂**的同义(2.338)

B.2.15

off-set

off-register 合模错位的同义词(2.276)

B.2.16

precure

prevulcanization 预硫化的同义词(2.320)

B.2.17

press

具体定义见 **daylight press** 和 **platen press 平板硫化机**(2.305)

B.2.18

reclaim

优选术语 **reclaimed rubber 再生橡胶**的同义词(2.330)

B.2.19

reference marks

bench marks 标记,标线的同义词(2.42)

B.2.20

residue after drying

total solids 总固体含量的同义词(2.438)

B.2.21

retracted spew

back-rind 开模缩裂的同义词(2.35)

B.2.22

semi-EV system

semi-efficient vulcanizing system 半有效硫化体系的同义词(2.368)

B.2.23

shelf life

storage life 贮存期限，贮存寿命的同义词(2.400)

B.2.24

spreader knife

spreader bar 涂胶刀，刮刀的同义词(2.387)

B.2.25

steam pan

autoclave 硫化罐的同义词(2.33)

B.2.26

topping

skim coating 贴胶的同义词(2.375)

B.2.27

two-roll mill

mill 开放式炼胶机，开炼机的同义词(2.250)

B.2.28

sunlight cracking

sunlight checking 日光龟裂的同义词(2.410)

参 考 文 献

[1] GB/T 1232.1—2000 未硫化橡胶 用圆盘剪切黏度计进行测定 第1部分:门尼粘度的测定

[2] GB/T 14796—1993 天然生胶 颜色指数测定法

[3] GB/T 14853.5—2002 橡胶用造粒炭黑粒子尺寸分布的测定

[4] GB/T 14853.6—2002 橡胶用造粒炭黑单个粒子破碎强度的测定

[5] GB/T 2035—1996 塑料术语及其定义

[6] GB/T 3517—2002 天然生胶 塑性保持率(PRI)的测定

[7] GB/T 3780.6—2007 炭黑 第6部分:着色强度的测定

[8] GB/T 3780.8—2008 炭黑 第8部分:加热减量的测定

[9] GB/T 3780.15—2006 炭黑 第15部分:甲苯抽出物透光率的测定

[10] GB/T 6031—1998 硫化橡胶或热塑性橡胶硬度的测定(10～100 IRHD)

[11] GB/T 6326—2005 轮胎术语及其定义

[12] GB/T 7528—2002 橡胶和塑料软管及软管组合件 术语

[13] GB/T 7762—2003 硫化橡胶或热塑性橡胶 耐臭氧龟裂静态拉伸试验

[14] GB/T 8292—2001 浓缩天然胶乳 挥发脂肪酸值的测定

[15] GB/T 8297—2001 浓缩天然胶乳 氢氧化钾(KOH)值的测定

[16] GB/T 8298—2001 浓缩天然胶乳 总固体含量的测定

[17] GB/T 8301—2001 浓缩天然胶乳 机械稳定度的测定

[18] GB/T 9867—1988 硫化橡胶耐磨性能的测定(旋转辊筒式磨耗机法)

[19] ISO/TR 8517 Rubber-or plastics-covered rollers—Glossary

[20] ISO 1304 Rubber compounding ingredients—Carbon black—Determination of iodine adsorption number

[21] ISO 1435 Rubber compounding ingredients—Carbon black (pelletized)—Determination of fines content

[22] ISO 15105(both parts) Plastics—Film and sheeting—Determination of gastransmission rate

[23] ISO 18064 Thermoplastic elastomers—Nomenclature and abbreviated terms

[24] ISO 2321 Rubber threads—Methods of test

[25] ISO 289-2 Rubber, unvulcanized—Determinations using a shearing-disc viscometer—Part 2: Determination of prevulcanization characteristics

[26] ISO 289-3 Rubber, unvulcanized—Determinations using a shearing-disc viscometer—Part 3: Determination of the Delta Mooney value for non-pigmented, oil extended

[27] ISO 4223-2 Definitions of some terms used in the tyre industry—Part 1: Pneumatic tyres

[28] ISO 6194-2 Rotary shaft lip type seals—Part 2: Vocabulary

[29] ISO 9026 Raw rubber or unvulcanized compounds—Determination of green strength

[30] ASTMD 1937 Standard test method for carbon black, pelleted-mass strength

[31] ISO 10335 Rubber-and plastics footwear—Vocabulary [now withdrawn]

汉语拼音索引

F

G

H

J

K

L

M

N

O

P

ICS 01.040.83;83.040.10
G 40

中华人民共和国国家标准

GB/T 9887—2008
代替 GB/T 9887—1999

胶乳制品术语

Rubber latex products terms

(ISO 1382:2002,Rubber vocabulary,NEQ)

2008-06-04 发布　　　　2008-12-01 实施

中华人民共和国国家质量监督检验检疫总局
中国国家标准化管理委员会　发布

前　言

本标准与 ISO 1382:2002《橡胶术语》一致性程度为非等效采用。

本标准代替 GB/T 9887—1999《胶乳制品术语》。

本标准与 GB/T 9887—1999《胶乳制品术语》相比，主要差异如下：

——增加了“2.3　有粉手套、2.4　无粉手套、2.5　一次性使用医用橡胶检查手套、2.6　一次性使用灭菌橡胶外科手套、2.7　橡胶工业手套、2.8　橡胶家用手套、2.9　胶乳防毒手套、2.10　胶乳涂覆手套、2.13　天然胶乳橡胶避孕套、2.18　气象气球、2.19　测风气球、2.20　探空气球、2.26　胶乳防水领防水袖口、2.38　胶乳衬背地毯、2.39　胶乳人造革、2.40　胶乳胶带、2.41　胶乳胶靴、3.5　附聚、3.6　膏化、3.27　灭菌、4.3　施瓦兹值、4.7　球柄长度、4.9　升空爆破高度、4.9　升空爆破压力、4.12　导电性试验、4.13　湿凝胶强度、4.14　水抽提蛋白质的测定、5.14　早期凝块、5.28　补丁、5.29　残渣”共 30 个术语；

——修改了“胶乳制品(原版 2.1)、胶乳海绵制品(原版 2.2)、芯栓胶乳海绵(原版 2.3)、胶乳气球(原版 2.4)、雷达校准气球(原版 2.5)、胶乳手套(原版 2.6)、橡胶避孕套(原版 2.10)、胶乳胶管(原版2.13)、胶乳密封胶(原版 2.14)、胶乳导管(原版 2.15)、胶乳水泥(原版 2.17)、胶乳面罩(原版 2.21)、胶乳无纺布(原版 2.22)、胶乳鬃垫(原版 2.23)、浸胶(原版 3.1)、直浸法(原版 3.2)、凝固剂浸渍法(离子沉积法)(原版 3.3)、热敏化法(原版 3.4)、迟缓胶凝法(原版 3.10)、絮凝(原版 3.14)、熟成(原版3.18)、充气定型(原版 3.19)、沥滤(原版 3.20)、预硫化(原版 3.26)、后硫化(原版 3.27)、辐射硫化(原版 3.29)、去氨(原版 3.35)、氯仿值法(原版 4.1)、附着量(原版 4.2)、沉降量(原版 4.3)、爆破性能(原版 4.5)、针孔漏水试验(原版 4.7)”共 32 个术语。

本标准由中国石油和化学工业协会提出。

本标准由全国橡胶与橡胶制品标准化技术委员会胶乳制品分技术委员会(SAC/TC 35/SC 4)归口。

本标准起草单位：江阴嘉乐威胶乳制品有限公司、中橡集团株洲橡胶塑料工业研究设计院、江阴出入境检验检疫局。

本标准主要起草人：徐永平、邓一志、高乃东。

本标准所代替标准的历次版本发布情况为：

——GB/T 9887—1988、GB/T 9887—1999。

胶 乳 制 品 术 语

1 范围

本标准规定了胶乳制品专业主要技术用语及其定义。

本标准适用于胶乳制品专业制修订标准及编写技术文件、书刊时使用。

2 制品

2.1

胶乳制品 rubber latex products

以天然胶乳、合成胶乳或人造胶乳为主要原料经一定工艺而制成的制品。

2.2

胶乳手套 rubber latex glove

以胶乳为主要原料经浸渍、涂覆等工艺而制得的手套。

2.3

有粉手套 powdered glove

为便于穿戴，通常在制造过程中采用涂粉工序所生产的手套。

2.4

无粉手套 powder-free glove

在手套生产过程中有意识不采用涂粉工序或虽采用涂粉工序但有意识去除粉而生产的手套。

2.5

一次性使用医用橡胶检查手套 single-use medical rubber examination glove

以天然胶乳或合成胶乳为主体原料经一定工艺制成的用于医用检查和诊断治疗过程中防止使用者和病人之间交叉感染的手套。

2.6

一次性使用灭菌橡胶外科手套 single-use sterile rubber surgical glove

以天然胶乳或合成胶乳为主体原料经一定工艺制成的用于外科手术操作中以保护使用者和病人、避免交叉感染的手套。

2.7

橡胶工业手套 rubber industrial glove

以天然胶乳或合成胶乳为主体原料制成的工、农、林、牧、渔业等领域使用的劳动保护手套。

2.8

橡胶家用手套 rubber household glove

以天然胶乳或合成胶乳为主体原料制成的作为家用的手套。

2.9

胶乳防毒手套 antitoxic latex glove

以胶乳为主要原料制成的用于防护人体手部不受毒剂液滴、蒸气等伤害的手套。

2.10

胶乳衬里手套 latex lining glove

内层带有织物衬里结构的胶乳手套。

2.11

胶乳绒里手套 latex glove with pile

内层带有绒物衬里结构的胶乳手套。

2.12

胶乳涂覆手套 latex glove coated

将纤维编织的手套表面经过浸渍、涂刷等工艺涂覆一层胶乳起防滑、耐油等作用的手套。

2.13

天然胶乳橡胶避孕套 natural latex rubber condoms

以胶乳为主要原料经浸渍等工艺而制成的避孕用薄膜制品。

2.14

男用橡胶避孕套 rubber condom for male

戴在阴茎上防止精液进入阴道和预防性交时传染疾病的一种柔软的胶乳薄膜鞘套物。

2.15

女用橡胶避孕套 rubber condom for female

放入阴道内并遮盖外阴部阻止精液进入阴道和预防性交时传染疾病的一种柔软的胶乳薄膜鞘套物。

2.16

避孕隔膜 condom diaphragm

放入阴道内子宫口处阻止精子进入子宫的一种胶乳薄膜。

2.17

胶乳气球 latex balloon

以胶乳为主要原料经浸渍等工艺而制成可充气膨胀似球形的制品。用于烘托气氛，探测气象等。

2.18

气象气球 meteorological balloon

以胶乳为主要原料经浸渍或热敏化等工艺而制成的用于观测或携带探空仪探测空中风速、压力、温度、湿度、风向等气象要素的气球。

2.19

测风气球 ceiling balloon

以胶乳为主要原料经浸渍等工艺而制成的用于探测低空风力和风向的气球。

2.20

探空气球 sounding balloon

以胶乳为主要原料经浸渍等工艺而制成的用来探测近地空间气象要素的气球。

2.21

雷达校准气球 radar target balloon

以胶乳为主要原料经浸渍等工艺而制成的能携带一定规格的金属材料作为雷达跟踪反射靶来检定雷达精度而使用的气球。

2.22

胶乳指套 latex finger cot

以胶乳为主要原料经浸渍等工艺而制成的，戴在手指上起防护作用的鞘套物。

2.23

胶乳海绵制品 latex foam products

以胶乳为主要原料，用机械起泡或化学起泡法制成的具有多孔结构的弹性制品。例如：海绵板、海绵条、海绵座靠垫、海绵床垫等。

2.24

芯栓胶乳海绵 cored latex sponge

为增加海绵制品的弹性而制得具有许多洞穴的胶乳海绵。这些洞穴是以某种方式排列，可能局部存在，也可能遍及整个制品。

2.25

胶乳医用胶管 latex medical tube

以胶乳为主要原料经压出或浸渍工艺而制成的圆管。如：输血胶管、听诊器胶管及各种引流管等。

2.26

胶乳防水领、防水袖口 latex waterproof collar, waterproof cuff

以胶乳为主要原材料制成的高空海上联合作业防止水进入衣服内的救生衣领部或袖口。

2.27

胶乳密封胶 latex sealant

以胶乳为主要原料经配制而成的一种可用于金属等容器包装的弹性密封材料。

2.28

胶乳导管 latex duct

以胶乳为主要原料经压出或浸渍等工艺而制成的用于导液的管子。如：胃胳、尿管等。

2.29

胶乳奶嘴 latex nipple

以胶乳为主要原料经浸渍或模铸等工艺而制成的，适用于婴儿吮吸的制品。

2.30

胶乳水泥 latex cement

将胶乳加入水泥和骨材(砂、珍珠岩、细石等)中配合而成的具有一定弹性、耐冲击、耐腐蚀、耐磨及防水的建筑材料。

2.31

胶乳涂料 latex paint

以胶乳为主要原料配制而成的具有对环境污染小、无毒、弹性好、耐水洗的一种涂覆材料。

2.32

胶乳沥青 latex bitumen

以胶乳和沥青为主要原料配制而成的具有软化点高、粘结力强、耐水、抗冲击的一种防水材料。

2.33

胶乳胶丝 latex thread

以胶乳为主要原料经压出等工艺而制得的表面光滑、弹性好的截面为方形或圆形的线性弹性物，主要用于制造弹性织物。

2.34

胶乳面罩 latex mask

以胶乳为主要原料经浸渍等工艺而制成的，戴在面部起防护或化妆作用的面具。

2.35

胶乳无纺布 latex non-woven

无需采用编织或纺织，而用胶乳胶黏剂将呈分散状的纤维粘合而成的布状材料。

2.36

胶乳鬃垫 latex cushion

用胶乳胶黏剂将动物纤维、植物纤维、合成纤维等粘合而成的一种弹性垫，具有透气性好等优点。

2.37

胶乳纸　latex paper

用胶乳处理过的纸张。与一般纸张相比较，具有柔韧性好、耐折、抗撕裂性好和耐水等优点。

2.38

胶乳衬背地毯　latex-backed carpet

用胶乳胶料处理过背面的地毯。

2.39

胶乳人造革　latex artificial leather

用胶乳涂覆于织物底材上，经加工制成的人造革。

2.40

胶乳胶带　rubber latex band

由胶乳用浸渍法或压出法制成，具有伸长率大、回弹性好、价廉、使用方便等特点。主要用于捆扎物品。

2.41

胶乳胶靴　latex boot

以胶乳为主要原料经一定工艺制成的靴子。

3　制造工艺

3.1

浸渍　dipping

通过将模具或模型浸泡在配合胶乳或硫化胶乳中，使其表面沉积一层橡胶的过程。

3.2

直浸法　straight dipping

无需采用凝固剂，直接将模型浸配合胶乳或硫化胶乳制造产品的方法。

3.3

凝固剂浸渍法　coagulant dipping process

离子沉积法　ionic depositing process

先将模型浸凝固剂溶液，再浸配合胶乳或硫化胶乳的浸渍方法。

3.4

热敏化法　heat sensitive process

在配合胶乳或硫化胶乳中加入适量的热敏化剂（热不稳定剂），使胶乳在较低的温度下相对稳定，当胶乳受热温度升高至预定热敏温度时将快速产生胶凝的方法。

3.5

附聚　agglomeration

胶乳粒子可逆或不可逆地连结在一起。

3.6

膏化　creaming

静置时，胶乳底部或顶部被乳清包裹的橡胶粒子在重力作用下的可逆聚集从而导致胶乳上浓下稀的现象。

3.7

电沉积法　electro-deposition process

利用胶乳粒子在电场中可定向移动的原理，使胶乳在模型或物体上沉积来制造产品的方法。

3.8

模铸法　molding process

将经配合的胶乳注入一定形状的模具中，并在模具内腔胶凝而制造产品的方法。

3.9

压出法　extruding process

利用静压力或外压力使经配合的胶乳通过模型压出而成型的方法。

3.10

化学发泡法　chemical foaming process

利用发泡剂在一定温度下分解并放出气体，使胶乳发泡的方法。

3.11

机械起泡法　mechanical foaming process

用机械搅拌，借助起泡剂的作用使胶乳起泡的方法。

3.12

迟缓胶凝法　delayed gelling process

在胶乳中加入硅氟化钠之类的迟缓胶凝剂，使胶乳的稳定性逐渐下降，最后在预定的时间内发生胶凝来制造胶乳制品的方法。

3.13

邓录普法　Dunlop process

用机械起泡和迟缓胶凝的工艺制造胶乳海绵的方法。

3.14

塔拉莱法　Talalay process

经机械起泡、真空膨胀、冷冻定型及通入酸性气体胶凝等工艺来制造胶乳海绵的方法。

3.15

凝固　coagulation

胶乳中的橡胶粒子呈不可逆凝聚，形成橡胶连续相并与乳清分离的过程。

3.16

絮凝　flocculation

使橡胶松散凝聚、部分凝结分布于胶乳液相中的过程(该过程有时是可逆的)。

3.17

胶凝　gelation

胶乳转化为凝胶状态，但不析出乳清，保持胶乳原体积的现象。

3.18

自然凝固　natural coagulation

胶乳在未加去稳定物质的情况下，自己发生凝固的现象。

3.19

湿凝胶　wet gel

胶乳经胶凝而形成的未经干燥的凝胶。

3.20

熟成　maturation

胶乳配合后在室温下静置贮存一段时间，以期改善工艺性能及使用性能。

3.21

充气定型　aeration settling

将成型后的半成品经充气恒压一定时间使其具有成品雏形的过程。

3.22

沥滤　leaching

为除掉水溶性物质，改善胶膜性能，或为提高透明度，防止亲水材料喷霜，提高电阻率和降低吸水性等，对胶乳半成品进行水洗的过程。

3.23

植绒　flocking

将绒毛植于胶乳半成品表面的过程。植绒一般分为喷绒、浸绒和静电植绒。

3.24

匀泡　foam homogenizing

利用慢速搅拌的方法使胶乳泡沫大小均匀的过程。

3.25

涂边　bead coating

为区别成品规格尺寸，将颜料溶液涂于半成品边部的过程。

3.26

卷边　beading

将胶乳浸渍制品边部卷成圆边的过程。

3.27

灭菌　sterilization

胶乳制品在一定条件下，经消毒杀菌的过程。

3.28

压洗　extrusion washing

用挤压法清洗胶乳海绵半成品的过程。

3.29

预硫化　pre-vulcanization

为改善胶乳的工艺性能和使用性能，在胶乳保持胶体状态下，使橡胶分子交联。

3.30

后硫化　post-vulcanization

用经配合的胶乳制造制品时，为达到最佳性能，而将半成品采取加温、水煮等工艺，使产品内橡胶粒子交联更加严密的过程。

3.31

水硫化　water vulcanization

半成品在适当温度的水中进行的硫化。

3.32

辐射硫化　radiation vulcanization

利用放射性同位素（如^{60}Co-γ 射线）或电子加速器产生的高能射线使橡胶分子交联。

3.33

浸渍时间　the total immersion time

浸渍操作中，模型从接触（液）面至离开液面所需的时间。

3.34

浸胶停留时间　dwell time

浸渍操作中，模型浸到要求深度起至开始上提时所需的时间。

3.35

下浸速度　entry speed

模型浸入胶乳或凝固剂中的速度。

3.36

上提速度　withdrawal speed

模型从胶乳或凝固剂中提升的速度。

3.37

刮皮　skinning

除去浮在胶乳表面的杂质、气泡和胶皮的过程。

3.38

去氨　de-ammoniate

采用物理或化学方法除去氨保存的胶乳中所含氨的过程。

3.39

消泡　de-foam

从胶乳或凝固剂中除去气泡的过程。

3.40

脱水收缩　syneresis

胶乳胶凝或由于凝胶收缩，水分从凝胶中析出的现象。

3.41

干法脱模　dry stripping

使半成品在干燥的状态下脱离模型的方法。

3.42

湿法脱模　wet stripping

使半成品在湿的状态下脱离模型的方法。

3.43

湿凝胶脱模　wet gel stripping

使半成品在湿凝胶状态下脱离模型的方法。

3.44

表面改性　surface modification

为改善胶乳制品的外观和使用性能，对其表面进行物理或化学处理。

3.45

结蹼　webbing

浸渍上提时，在模型两岔之间产生蹼状胶膜的现象。

3.46

电检查　electro-testing

根据电性能变化来检查胶乳制品缺陷的方法。

3.47

海绵发泡倍数　times of forming

海绵生产工艺控制中，配合胶乳发泡的体积与其原体积之比。

4 性能与试验

4.1

氯仿值法 chloroform number method

在1容积胶乳中加入2容积的三氯甲烷(氯仿)经搅拌混合凝固后,用凝胶状态来表示硫化程度的方法。此法是目前胶乳工业测定胶乳硫化程度应用最广泛的方法。

4.2

附着量 adhesion amount

在物体单位面积上附着凝固剂等其他物质的质量。

4.3

施瓦兹值 Schwartz value

在一定的机械条件下,测定胶乳胶丝的模量。

4.4

沉降量 settling amount

配合剂分散体在规定条件下,单位时间及单位面积上沉降的质量。

4.5

海绵凹入硬度 indentation hardness for flexible cellular material

在规定的条件下,用标准仪器在海绵试样上压出规定凹入度所需的力,用牛顿表示。

4.6

爆破性能 bursting properties

胶乳制品在充气爆破时所测定的物理性能,如:爆破压力、爆破体积及爆破直径。

4.7

球柄长度 neck length

气球充气口顶端至球柄与球体连接处的长度。

4.8

升空爆破高度 bursting altitude

气象气球在升空爆破时的海拔高度。

4.9

升空爆破压力 bursting pressure

气象气球升空爆破时所处高度的大气压力。

4.10

输血胶管澄明度 clarity of medicine tube

输血胶管试样在规定的溶液中煮沸一定的时间后,按规定的步骤获得的胶管冲洗液的澄清及透明程度。

4.11

针孔试验 testing for holes—water leak test

在规定的仪器上,对胶乳制品充入一定量的水,按规定时间检查其漏水情况的试验。

4.12

导电性试验 conductivity test

在规定的仪器上,对胶乳制品充入电解液来检查其漏水情况的试验。

4.13

湿凝胶强度 wet gel strength

配合胶乳或硫化胶乳胶凝后所得含水凝胶的拉伸强度。

4.14

水抽提蛋白质的测定 water-extractable protein test

将医用手套等胶乳制品中水溶性蛋白质抽提到缓冲溶液中，然后通过沉淀法将水溶性蛋白质浓缩，并从有可能干扰测定的水溶性物质中分离出来，再溶解蛋白质沉淀，以标准蛋白质做参照进行比色，定量测定蛋白质含量。

5 缺陷

5.1

胶粒 seed

在胶乳制品表面凸起的凝胶颗粒。

5.2

流痕 run mark

胶乳制品成型过程中，由于多余胶乳的流动在制品表面所产生的突起条痕。

5.3

粘折 sticky

胶乳制品表面出现的局部粘结现象。

5.4

针孔 pinhole

胶膜上细小的用肉眼不易察觉的孔眼。

5.5

孔洞 hole

因气泡破灭、杂质脱落或机械穿刺等因素造成的穿孔。

5.6

油污 grease mark

在胶乳制品表面上的油渍。

5.7

锈污 rust stain

胶乳制品因锈渍造成的污染。

5.8

薄形 thin body

胶乳制品局部无清晰边缘的薄的部位。

5.9

气泡 air bubble

在胶乳制品上由于气体造成有清晰边缘的薄的部位。

5.10

杂色 parti-colored

胶乳制品局部出现不同颜色。

5.11

脱色 de-color

有色胶乳制品局部或全部颜色明显变浅。

5.12

胶条 strip coagulum

胶膜上不易均匀伸张的条形凝胶。

5.13

胶块　latex coagulum

胶乳制品表面粘附的凝胶。

5.14

早期凝块　pre-coagulum

由于胶乳部分偶然凝固而产生的凝结物。

5.15

局部变形　local distortion

局部起皱或局部凸凹不平的现象。

5.16

划痕　cut

因机械损伤等因素而在胶乳制品表面留下的伤痕。

5.17

畸形　malformation

胶乳制品的形状与原设计不一致的现象。

5.18

卷边缺陷　bead defective

在浸渍制品的卷边部位存在的外观缺陷。如:空心边、扭边、掉边、散边等。

5.19

配对缺陷　pairing faulty

手套左右手、规格型号、颜色不配对等。

5.20

偏心　eccentricity

管状胶乳制品出现管壁厚薄不均匀,偏离中心的现象。

5.21

胶管竹节　bamboo joint

在胶乳胶管表面存在的竹节状的外观缺陷。

5.22

爪形条纹　crows feet

胶乳制品表面存在的鸡爪状条纹。

5.23

塌泡　collapse

在制造海绵过程中,由于泡沫胶乳破泡而使制品下塌的现象。

5.24

暗泡　air check

胶乳海绵制品内部存在的非设计要求的孔穴或气泡。

5.25

皱皮　folded skin

胶乳厚制品表皮上出现的皱纹或皱折的现象。

5.26

硬皮　hard skin

胶乳海绵表皮局部发硬的现象。

5.27

掉皮 loose

胶乳海绵表皮脱离基体的现象。

5.28

补丁 patch

用于修补气象气球表面外观缺陷的不超过一定面积的圆形球皮。

5.29

残渣 sludge

未配合的胶乳中的沉积物。

汉语拼音索引

英 文 索 引

A

B

C

D

ICS 59.080.40
G 42

中华人民共和国国家标准

GB/T 9900—2008
代替 GB/T 9900—1988

橡胶或塑料涂覆织物 导风筒

Rubber-or plastics-coated fabrics—Ventilation ducting

2008-05-14 发布 2008-10-01 实施

中华人民共和国国家质量监督检验检疫总局
中国国家标准化管理委员会 发布

前　言

本标准代替 GB/T 9900—1988《抽出式难燃橡胶导风筒》，原化工行业标准 HG/T 3325—1982《矿用胶布导风筒》也同时废止。

本标准与 GB/T 9900—1988 相比主要变化如下：

——名称不同；

——适用范围不同，增加了正压导风筒的要求（见第 1 章）；

——增加了对涂覆织物物理机械性能的要求（本版的 5.1.2）；

——增加了长度为 30 m 和 50 m 的导风筒规格及外观检验要求（本版的 5.2.1 和 5.2.2）；

——增加了直径为 1 000 mm 至 1 600 mm 规格导风筒的要求及试验方法（本版的 5.2.1 和第 6 章）；

——增加了导风筒接缝强度的要求（本版的 5.2.3）。

本标准的附录 A 是规范性附录。

本标准由中国石油和化学工业协会提出。

本标准由全国橡胶与橡胶制品标准化技术委员会涂覆制品分技术委员会（SAC/TC 35/SC 10）归口。

本标准起草单位：成都远见复合材料有限公司、济南鲁联集团橡胶制品有限公司、中橡集团沈阳橡胶研究设计院。

本标准主要起草人：袁野、张权、邓晴龙、徐卫清、曲书阳、李飒、陈涛。

本标准所代替标准的历次版本发布情况为：

——GB/T 9900—1988。

橡胶或塑料涂覆织物　导风筒

1　范围

本标准规定了橡胶或塑料涂覆织物导风筒的分类、结构、技术要求、试验方法、检验规则、包装、标志、运输和贮存等。

本标准适用于以橡胶或塑料涂覆织物制成的正、负压导风筒。主要应用于矿井、隧道、水利工程、地铁和人防工程等。

2　规范性引用文件

下列文件中的条款通过本标准的引用而成为本标准的条款。凡是注日期的引用文件，其随后所有的修改单(不包括勘误的内容)或修订版均不适用于本标准，然而鼓励根据本标准达成协议的各方研究是否可使用这些文件的最新版本。凡是不注日期的引用文件，其最新版本适用于本标准。

GB/T 1222　弹簧钢

GB/T 3078　优质结构钢冷拉钢材技术条件

GB/T 10111　利用随机数骰子进行随机抽样的方法

GB/T 13489—2008　橡胶涂覆织物燃烧性能测定

GB/T 15335　风筒漏风率和风阻的测定方法

HG/T 2580　橡胶或塑料涂覆织物　拉伸强度和拉断伸长率的测定(HG/T 2580—2008, ISO 1421:1998,IDT)

HG/T 2581　橡胶或塑料涂覆织物　耐撕裂性能的测定(HG/T 2581—1994,neq ISO 4674:1977)

HG/T 3050.3　橡胶或塑料涂覆织物　整卷特性的测定　第三部分:测定厚度的方法(HG/T 3050.3—2001,idt ISO 2286-3:1998)

HG/T 3052　橡胶或塑料涂覆织物　涂覆层粘合强度的测定(HG/T 3052—2008,ISO 2411:2000,IDT)

3　分类

3.1　按其用途分为:

——正压导风筒:用于矿井隧道等以扇风机进行正压定距局部通风;

——负压导风筒:用于矿井隧道等抽出式通风及除尘。

3.2　按其性能分为:

——A类,阻燃抗静电导风筒:具有阻燃、抗静电性能;

——B类,阻燃导风筒:具有阻燃性能。

4　结构

4.1　正压导风筒的结构,见图1。

4.2　负压导风筒的结构,见图2。

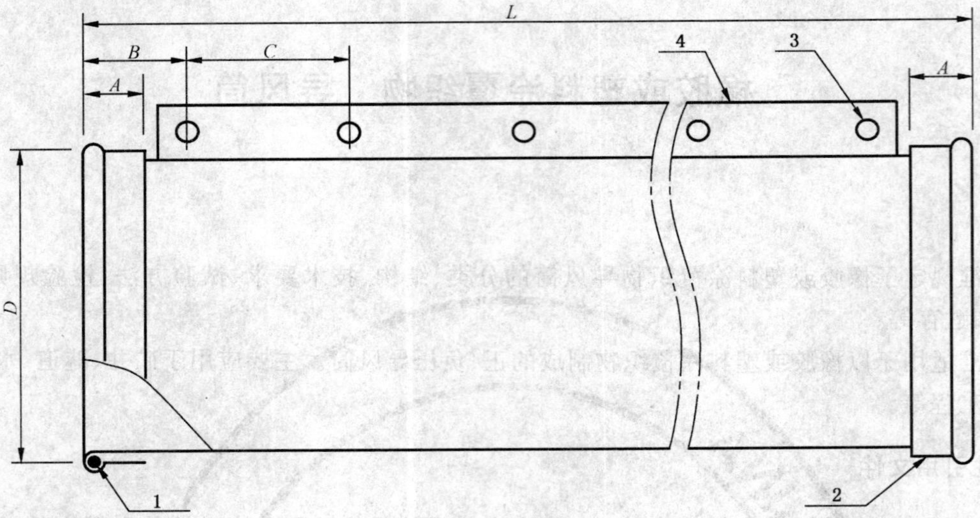

A——返边长度；
B——端口与第一吊环的距离；
C——吊环的间隔距离；
D——直径；
L——长度；
1——端圈；
2——返边、导风筒布；
3——吊环；
4——安装背。

图 1　正压导风筒结构示意图

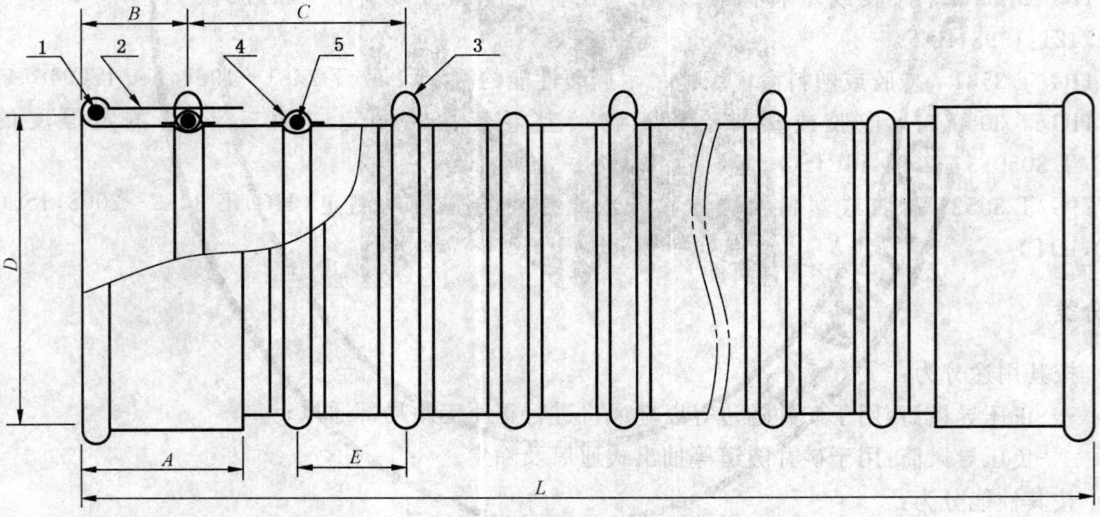

A——返边长度；
B——端口与第一吊环的距离；
C——吊环的间隔距离；
D——直径；
E——骨架间隔距离；
L——长度；
1——端圈；
2——返边、导风筒布；
3——吊环；
4——压条；
5——骨架钢丝。

图 2　负压导风筒结构示意图

5 技术要求

5.1 导风筒用橡胶或塑料涂覆织物的技术要求

5.1.1 外观质量

5.1.1.1 涂覆织物的表面应平整、光滑；直径不大于 2 mm 的胶疙瘩、气泡或面积不大于 1 mm^2 的杂物，在面积 1 m^2 的涂覆织物上总计不得超过 2 处。

5.1.1.2 涂覆织物的涂覆层不应有穿孔(缺膜)或纤维材料露出膜面。

5.1.1.3 涂覆织物的纤维材料不应有断裂、死折、严重变形。

5.1.2 物理机械性能

涂覆织物的物理机械性能要求见表 1。

表 1 橡胶或塑料涂覆织物的物理机械性能

项 目	风筒类别	指 标		
		Ⅰ型	Ⅱ型	Ⅲ型
涂覆织物厚度/mm	A、B	≤0.8		
涂覆织物经、纬向拉伸强度/(kN/m)	A、B	≥40	≥34	≥26
涂覆织物经、纬向撕裂强力/N	A、B	≥300	≥200	≥100
涂覆层粘合强度/(N/m)	A、B	≥1 000	≥700	≥500
涂覆织物的阻燃性	A、B	按 GB/T 13489—2008 方法 B 有焰燃烧时间：≤10 s(一条试样)；≤3 s(六条试样平均)； 无焰燃烧时间：≤30 s(一条试样)；≤10 s(六条试样平均)		
涂覆织物的抗静电性能	A	表面电阻小于 3×10^8 Ω		
涂覆织物的耐热性	A、B	表面应无裂纹、无发黏等异常现象		
涂覆织物的耐寒性	A、B	表面应无折损、裂痕等异常现象		

5.2 导风筒的技术要求

5.2.1 规格尺寸

5.2.1.1 除另有规定外，正压导风筒的规格尺寸和公差要求见表 2。

表 2 正压导风筒的规格尺寸和公差

导风筒直径/mm	直径公差/mm	涂覆织物适用型别	导风筒长度/m	长度公差	返边长度/mm	端口与第一吊环距离/mm	吊环间隔距离/mm
$D<500$	$^{+6}_{0}$	Ⅰ型、Ⅱ型、Ⅲ型	3、5、10、20、30、50	+1%	150～200	200±20	≤800
$500\leqslant D<1\,000$		Ⅰ型、Ⅱ型					
$1\,000\leqslant D<1\,600$	$^{+8}_{0}$	Ⅰ型					

5.2.1.2 除另有规定外，负压导风筒的规格尺寸和公差要求见表 3。

表 3　负压导风筒的规格尺寸和公差

导风筒直径/mm	直径公差/mm	涂覆织物适用型别	导风筒长度/m	长度公差	返边长度/mm	端口与第一吊环距离/mm	吊环间隔距离/mm	负压导风筒骨架间距/mm
$D<500$	$^{+6}_{0}$	Ⅰ型、Ⅱ型、Ⅲ型	3、5、10	+1%	150～200	200±20	≤600	150～200
$500\leqslant D<1\,000$		Ⅰ型、Ⅱ型						
$1\,000\leqslant D<1\,600$	$^{+8}_{0}$	Ⅰ型						

5.2.2　外观质量

5.2.2.1　导风筒的外观表面应平整、光滑，不得有脱层、起泡、穿孔。

5.2.2.2　允许对导风筒上的缺陷进行修补。导风筒长度不大于 5 m 者可修补 3 处，长度不小于 10 m 者可修补 6 处。每处补疤面积不超过 200 mm^2。

5.2.2.3　导风筒端面与轴线的不垂直度不大于 5°。

5.2.2.4　导风筒的吊环安装应在平行于轴线的一条直线上，吊环安装线的扭转量应符合：

a)　导风筒长度小于或等于 5 m 时，吊环安装线的扭转量不得超过导风筒圆周长的 1/24。

b)　导风筒长度大于 5 m 时，吊环安装线的扭转量不得超过导风筒圆周长的 1/16。

5.2.3　接缝要求

5.2.3.1　导风筒轴向接缝处的拉伸强度应大于导风筒涂覆织物纬向拉伸强度的 60%。

5.2.3.2　导风筒圆周接缝处的拉伸强度应大于导风筒涂覆织物经向拉伸强度的 60%。

5.2.4　端圈要求

5.2.4.1　导风筒端圈的规格尺寸要求见表 4。

表 4　导风筒端圈的规格尺寸　　　　单位为毫米

导风筒直径	端圈直径(中心圆)	钢丝直径		弹簧钢编绕圈数	端圈变形量
		冷拉钢	弹簧钢		
300	300^{+6}_{0}	6±0.2	2.8±0.2	4	<标准直径 1.5%
400	400^{+6}_{0}	7±0.2	2.8±0.2	4	
500	500^{+6}_{0}	8±0.2	4.0±0.2	4	
600	600^{+6}_{0}	9±0.2	4.0±0.2	4	
800	800^{+6}_{0}	10±0.5	5±0.2	4	
1 000	$1\,000^{+6}_{0}$	12±0.5			
1 200	$1\,200^{+8}_{0}$	12±0.5			
1 400	$1\,400^{+8}_{0}$	16±0.5			
1 600	$1\,600^{+8}_{0}$	16±0.5			

5.2.4.2　冷拉钢条的质量应符合 GB/T 3078 的要求。

5.2.4.3　弹簧钢丝的质量应符合 GB/T 1222 的要求。

5.2.4.4　用弹簧钢编绕的端圈，接头处必须扎牢，不得松脱。并用胶带缠绕，防止其损伤导风筒织物。

5.2.4.5　用冷拉钢弯制的端圈，接头处采取对焊连接。焊接要牢固、平整。并用胶带缠绕连接处，防止损伤导风筒织物。

5.2.5　负压导风筒骨架和压条要求

5.2.5.1　负压导风筒骨架有两种类型，螺旋式和端圈式。骨架的规格尺寸应符合表 5 的规定。

表 5　负压导风筒骨架的规格尺寸和压条宽度

单位为毫米

导风筒直径	骨架直径（内径）	骨架钢丝直径	
		螺旋式（弹簧钢）	端圈式（冷拉钢）
300	300^{+6}_{0}	3±0.2	5±0.2
400	400^{+6}_{0}	4±0.2	5±0.2
500	500^{+6}_{0}	5±0.2	6±0.2
600	600^{+6}_{0}	6±0.2	6±0.2
800	800^{+6}_{0}	7±0.2	7±0.2
1 000	$1\,000^{+6}_{0}$	7±0.2	8±0.2
1 200	$1\,200^{+8}_{0}$	8±0.2	10±0.2
1 400	$1\,400^{+8}_{0}$	8±0.2	10±0.2
1 600	$1\,600^{+8}_{0}$	10±0.2	12±0.2

5.2.5.2　负压导风筒端圈式骨架接头处采取对焊连接。焊接要牢固、平整。并用胶带缠绕连接处，防止损伤导风筒织物。

5.2.5.3　固定负压导风筒骨架的压条材料应与导风筒织物一致。

5.2.6　通风性能

导风筒的百米风阻和百米漏风率应符合表 6 的规定。

表 6　导风筒的百米风阻和百米漏风率

导风筒直径/mm	正压导风筒		负压导风筒	
	百米风阻/（N·s²/m⁸）	百米漏风率/%	百米风阻/（N·s²/m⁸）	百米漏风率/%
300	≤811	≤4	≤1 728	≤5
400	≤196		≤410	
500	≤54		≤134	
600	≤24		≤54	
800	≤6		≤13	
1 000	≤2		≤4	
1 200	≤1		≤1.5	
1 200 以上	≤1		≤1	

5.2.7　耐风压性能和直径变化率

5.2.7.1　导风筒的耐风压性能和直径变化率应符合表 7 的规定。

表 7　导风筒的耐风压性能和直径变化率

导风筒直径/mm	正压导风筒		负压导风筒	
	风压（正）/Pa	直径膨胀率/%	风压（负）/Pa	直径收缩率/%
300～500	＞5 100	≤3	＞5 000	≤3
600 及以上	＞5 100	≤3	＞4 000	≤3

5.2.7.2 导风筒经耐风压试验后，不得有脱节、撕裂、接缝开口等现象。

6 试验方法

6.1 涂覆织物的外观质量用目视进行检验。

6.2 涂覆织物的厚度按 HG/T 3050.3 试验方法的规定进行检验。

6.3 涂覆织物的经、纬向拉伸强度按 HG/T 2580 试验方法的规定进行检验。

6.4 涂覆织物的经、纬向撕裂强力按 HG/T 2581 试验方法的规定进行检验。

6.5 涂覆织物的粘合强度按 HG/T 3052 试验方法的规定进行检验。

6.6 涂覆织物的阻燃性能按 GB/T 13489 试验方法的规定进行检验。

6.7 涂覆织物的抗静电性能按附录 A 的规定进行检验。

6.8 涂覆织物的耐热性的测定

在距涂覆织物边缘至少 50 mm 处剪取与经向和纬向平行、长度为 100 mm、宽度为 50 mm 的试样各一条。将恒温箱温度升至(80±2)℃，待温度稳定后，把试样放入箱中，要求试样无变形。应避免不同类型涂覆织物同时进行耐热性试验。经过 24 h 后，把试样从恒温箱中取出，观察试样表面有无裂纹、发黏等异常现象。

6.9 涂覆织物的耐寒性能的测定

在距涂覆织物边缘至少 50 mm 处剪取与经向和纬向平行、长度为 100 mm、宽度为 25 mm 的试样各三条。将低温箱温度降至(−25±3)℃，待温度稳定后进行下面的程序。将 6 个试样放在玻璃板之间，试样与试样之间应留有足够的间隙，以便在置放过程中让空气通过。把带有试样的玻璃板放在低温箱中适当的位置，将手套也放在低温箱内。在上述温度下保持 4 h 后，在低温箱中，从两玻璃板之间一次取出一个试样，然后将试样折叠 180°，再用 5 倍放大镜检查试样的表面有无折损、裂痕等异常现象。

6.10 导风筒的规格尺寸和公差的测定

6.10.1 精度要求大于或等于 1 mm 的用最小分度值为 1 mm 的钢卷尺测量；

6.10.2 精度要求小于 1 mm 的用最小分度值为 0.02 mm 的游标卡尺测量。

6.11 导风筒的外观表面用目视进行检验。

6.12 导风筒端面与轴线的不垂直度用角尺测量。在一平台上将导风筒拉伸至最大长度，角尺的一边沿风筒的轴线方向靠在平台上，角尺的顶点靠住被测端圈的最下点，角尺的另一边沿风筒的径向靠在端圈上，记录角尺的读数。将风筒沿轴向旋转 45°，再按以上方法测试记录，每条风筒应旋转测试 4 点。导风筒端面与轴线的不垂直度按各点读数减 90°后的绝对值的最大值记取。

6.13 导风筒吊环安装线扭转量的测定

将 A 端固定，拉伸 B 端至导风筒长度，使其在无周向应力时测量 B 点与 C 点的距离（弧长）。见图 3。

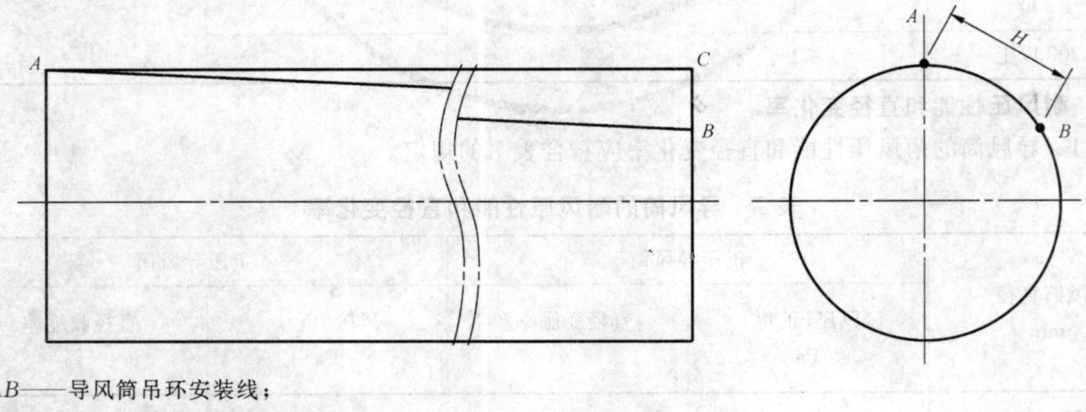

AB——导风筒吊环安装线；

AC——平行于导风筒轴线的基准线；

H——B、C 间的弧长。

图 3 导风筒吊环安装线扭转量测定示意图

6.14 导风筒接缝处的拉伸强度测试

按与生产相同的工艺制备的接缝样品上或在抽检的产品上以接缝为中心垂直接缝裁取试样，按 HG/T 2580 的规定进行测试。

6.15 端圈的变形量测试

在导风筒的端圈上施加径向压力，使端圈变形(其短轴为原直径的 75%)。卸除外力，用最小分度值 1 mm 的钢卷尺测量变形量。

6.16 负压导风筒的骨架规格尺寸测量，按 6.10 的要求进行。

6.17 导风筒的百米风阻按 GB/T 15335 的规定进行试验。

6.18 导风筒的百米漏风率按 GB/T 15335 的规定进行试验。

6.19 导风筒的耐风压性能和承压时的直径变化率的测定

6.19.1 使导风筒内的空气正压力(正压导风筒)或负压力(负压导风筒)达到规定值并保持 5 min，观察导风筒有无脱节、撕裂、接缝开口以及负压导风筒压条脱离等现象。

6.19.2 在导风筒进行耐风压性能测定的同时，用最小分度值 1 mm 的皮卷尺测量导风筒周长，计算导风筒直径的膨胀率(正压导风筒)或收缩率(负压导风筒)。

直径膨胀率(正压导风筒)=(导风筒有效长度内的最大直径－导风筒标称直径)/导风筒标称直径

直径收缩率(负压导风筒)=(导风筒标称直径－导风筒有效长度内的最小直径)/导风筒标称直径

7 检验规则

7.1 检验分类：涂覆织物和导风筒的检验分为例行检验和型式检验。

7.1.1 产品的例行检验在产品入库前进行，检验合格并贴上合格证后方可入库。例行检验按表 8 规定的项目进行。

7.1.2 发生下列情况之一时应进行型式检验。型式检验按表 8 规定的项目进行。

a) 新产品或老产品转厂生产时的试制定型鉴定。

b) 正式生产后，如材料、工艺有较大的变化，可能影响产品性能。

c) 产品停产 1 年后，恢复生产。

d) 例行检验结果与上次型式检验有较大差异。

e) 正常生产，每年进行 1 次。

f) 国家产品质量监督机构提出型式检验的要求。

表 8 橡胶或塑料涂覆织物导风筒检验项目

序号	项目名称	本标准章条		例行检验		型式检验	备注
		技术要求	试验方法	全检	抽检		
1	涂覆织物外观质量	5.1.1	6.1	○	—	○	
2	涂覆织物厚度	5.1.2	6.2	—	○	○	
3	涂覆织物经、纬向拉伸强度	5.1.2	6.3	—	○	○	
4	涂覆织物经、纬向撕裂强力	5.1.2	6.4	—	○	○	
5	涂覆层粘合强度	5.1.2	6.5	—	○	○	
6	涂覆织物的阻燃性能	5.1.2	6.6	—	○	○	
7	涂覆织物的抗静电性能	5.1.2	6.7	—	○	○	仅适用于 A 类
8	涂覆织物的耐热性能	5.1.2	6.8	—	—	○	

表 8（续）

序号	项目名称	本标准章条		例行检验		型式检验	备注
		技术要求	试验方法	全检	抽检		
9	涂覆织物的耐寒性能	5.1.2	6.9	—	—	○	
10	导风筒规格尺寸	5.2.1	6.10	○	—	○	
11	导风筒外观质量	5.2.2	6.11～6.13	○	—	○	
12	接缝	5.2.3	6.14	—	○	○	
13	端圈	5.2.4	6.15	—	○	○	
14	骨架	5.2.5	6.16	—	○	○	仅适用于负压导风筒
15	通风性能	5.2.6	6.17;6.18	—	—	○	
16	耐风压性能	5.2.7	6.19	—	—	○	
○:表示应进行检验的项目；—:表示不进行检验的项目。							

7.2 组批与抽样

7.2.1 例行检验

产品批次以一次投料为一批，一卷涂覆织物（或一条导风筒）为一个个体。

产品应按照表 8 的规定，逐条对“涂覆织物外观质量”、“风筒规格尺寸”、“风筒外观质量”进行检验；逐批按照 GB/T 10111 的规定进行随机抽样，对“涂覆织物厚度”、“涂覆织物经、纬向拉伸强度”、“涂覆织物经、纬向撕裂强力”、“涂覆层粘合强度”、“阻燃性”、“抗静电性”、“接缝”、“端圈”、“骨架”进行检验。

7.2.2 型式检验

样品数量为 100 m，抽样基数不少于 500 m，按照 GB/T 10111 的规定进行随机抽样。

7.3 判定规则

7.3.1 例行检验

7.3.1.1 检验项目全部合格时，判定该批产品为合格产品。

7.3.1.2 全检项目中有 1 项及 1 项以上不合格时，判定该产品不合格；

7.3.1.3 抽检项目中有 1 项及 1 项以上不合格时，应在同一批产品中加倍抽取样品对不合格项目进行复检，若复检仍不合格，则判定该批产品为不合格产品。

7.3.2 型式检验

7.3.2.1 检验项目全部合格时，判定该批产品为合格产品。

7.3.2.2 检验项目中有 1 项及 1 项以上不合格时，应在同一批产品中加倍抽取样品对不合格项目进行复检，若复检仍不合格，则判定该批产品为不合格产品。

8 包装

8.1 每条正压导风筒折叠整齐后（吊扣应折叠在外侧）用塑料编织袋等材料包装。

8.2 每条负压导风筒沿轴向压缩至最小长度，用绳子或布条固定，再用耐磨性较好的材料包装。

9 标志

每条导风筒及其包装上都要有标志。标志可采取粘贴、涂刷、印烫等方式。至少应包括以下内容：

a) 产品名称；

b) 本标准编号；

c) 类别：A 类或 B 类；

d) 规格尺寸；

e） 检验合格证印章；

f） 制造厂的名称或商标；

g） 生产日期(年、季)或批号。

10 运输

产品在搬运中严禁与坚硬物碰撞、擦刮，禁止使用抓钩。运输过程中应避免日晒、雨淋。

11 贮存

11.1 产品应贮存于通风良好的库房内，贮存温度－15℃～＋35℃、相对湿度不大于80%，禁止与有损产品品质的物质接触。产品应避免阳光直射，并距热源1 m以外。堆放高度不超过1.5 m。

11.2 产品在规定的运输、贮存条件下，制造厂应保证产品自生产日期起，贮存期1年。

附 录 A
（规范性附录）
涂覆织物导电性能试验方法

A.1 试验原理

本试验方法是将试件经过适当处理，在其两个区域之间施加一个电位差（直流电压），测定沿试件表面的泄漏电流来确定其相应的电阻值。

A.2 试验装置

A.2.1 绝缘材料板，稍大于试样。

A.2.2 两个黄铜电极，一个为圆柱形，一个为环形，其尺寸和质量如图 A.1 所示，每个电极的底面应磨平抛光。每个电极各与一根外有绝缘套的导线相连。

单位为毫米

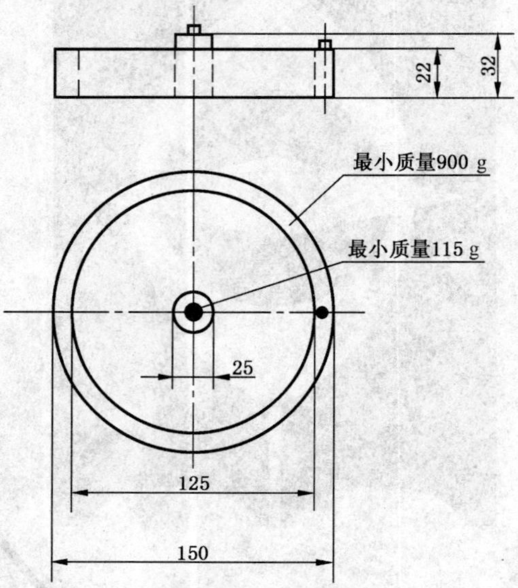

图 A.1 电极

A.2.3 电阻测试仪，量程为 $10^3\ \Omega \sim 10^{10}\ \Omega$，最大误差为±5%，直流电源的电压范围为 50 V～500 V，在试件中的电能消耗不大于 1 W。

A.3 试样规格及制备

A.3.1 试样规格要求

A.3.1.1 试样为正方形，边长不小于 300 mm。数量不少于 3 件。

A.3.1.2 试样表面平滑无机械损伤及杂质等缺陷。

A.3.2 试样制备

A.3.2.1 用一块蘸有蒸馏水的干净布清洗试样的两个表面，再用洁净的干布擦干。

A.3.2.2 在试样的表面涂以聚乙二醇导电溶液（或导电性至少与之相同的其他导电液），所涂面积与两个电极底面的尺寸相同（如图 A.2）。必须注意保证涂液面积的准确性。

导电溶液配方如下：

无水聚乙二醇（相对分子质量为 600）：800 质量份；

水：200 质量份；

软皂(符合中华人民共和国药典)：1 质量份。

单位为毫米

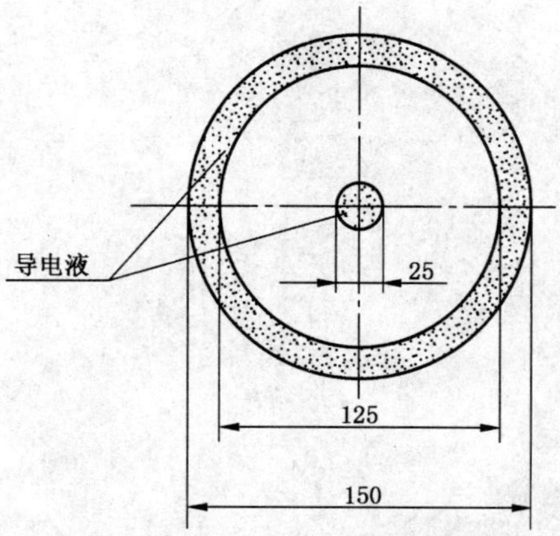

图 A.2 在试片上涂导电液部位示意图

A.3.2.3 经过上述处理的试样在温度为(23±2)℃，相对湿度为 60%～70%的条件下放置 2 h。

A.4 试验程序

A.4.1 试验环境，温度为(23±2)℃，相对湿度为 60%～70%。

A.4.2 将制备好的试样放在绝缘材料板上，将铜电极的底面擦净，放在试样上涂有导电液的相应部位，外电极接至测量仪表的低压端，内电极接至仪表的高压端。开启测量仪表开关，根据仪表的显示选择调节适当的测量档位，施加电压 1 min 后，即记录试样的电阻值。然后在试样的另一面上重复上述试验步骤。

注 1：弯曲变形的试样须采取措施将其压平。

注 2：不要因靠近试样呼吸而使试样表面受潮，因为任何潮湿都会使结果不准确。

A.5 试验结果

分别记录每个试样上下表面之电阻欧姆值，计算各试样相同面的算术平均值。

ICS 47.020.50
U 26

GB

中华人民共和国国家标准

GB/T 9910—2008
代替 GB/T 9910—1988

船用外部单扇门门框通孔

Shipbuilding—Clear openings through frames for external single—Leaf doors

(ISO 3796:1999, Ships and marine technology—Clear openings for external single—Leafdoors, MOD)

2008-07-30 发布　　　　2009-02-01 实施

中华人民共和国国家质量监督检验检疫总局
中国国家标准化管理委员会　发布

前　言

本标准修改采用 ISO 3796:1999《造船与海上技术　外部单扇门的净开口》(英文版)。

本标准与 ISO 3796:1999 相比的技术差异为:

——增加了第二系列门框通孔的公称尺寸。

为了便于使用,本标准还做了下列编辑性修改:

——“本国际标准”一词改为“本标准”;

——用小数点“.”代替作为小数点的逗号“,”;

——删除 ISO 3796:1999 的前言;

——删除 ISO 3796:1999 的规范性引用文件;

——删除 ISO 3796:1999 的术语和定义。

本标准代替 GB/T 9910—1988《船用外部单扇门门框通孔》。

本标准与 GB/T 9910—1988 相比,主要有下列变化:

——增加了第二系列中的十一档门框通孔公称尺寸;

——取消了 1 000 mm×500 mm、1 200 mm×500 mm、1 700 mm×750 mm、1 700 mm×900 mm 的门框通孔公称尺寸。

本标准由中国船舶工业集团公司提出。

本标准由全国船舶舾装标准化技术委员会归口。

本标准起草单位:江南造船(集团)有限责任公司。

本标准主要起草人:丁玉叶。

本标准所代替标准的历次版本发布情况为:

——GB/T 9910—1988。

船用外部单扇门门框通孔

1 范围

本标准规定了船用外部单扇门门框通孔的公称尺寸。

本标准适用于各类钢质船舶上层建筑和甲板室出入口带围板的外部单扇门。

2 公称尺寸

船用外部单扇门门框通孔的公称尺寸见图1和表1。

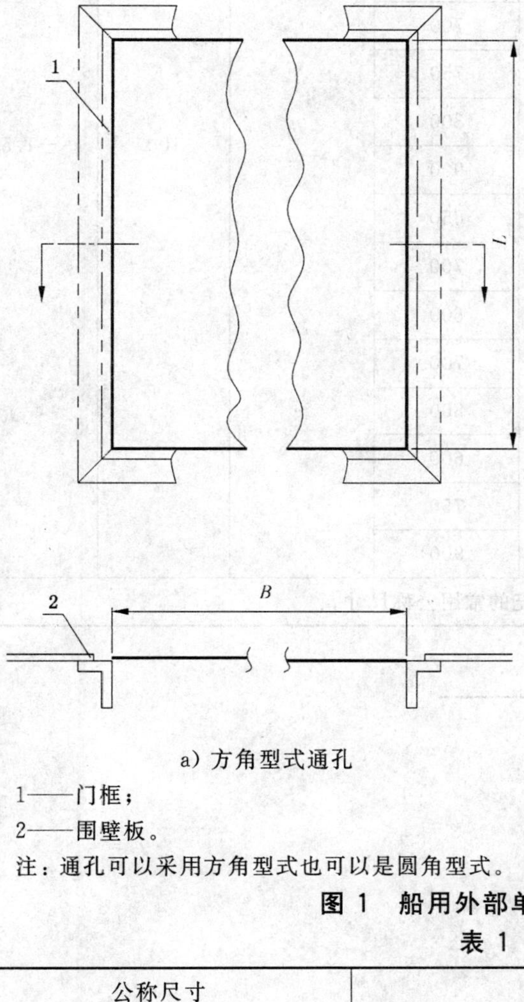

a) 方角型式通孔

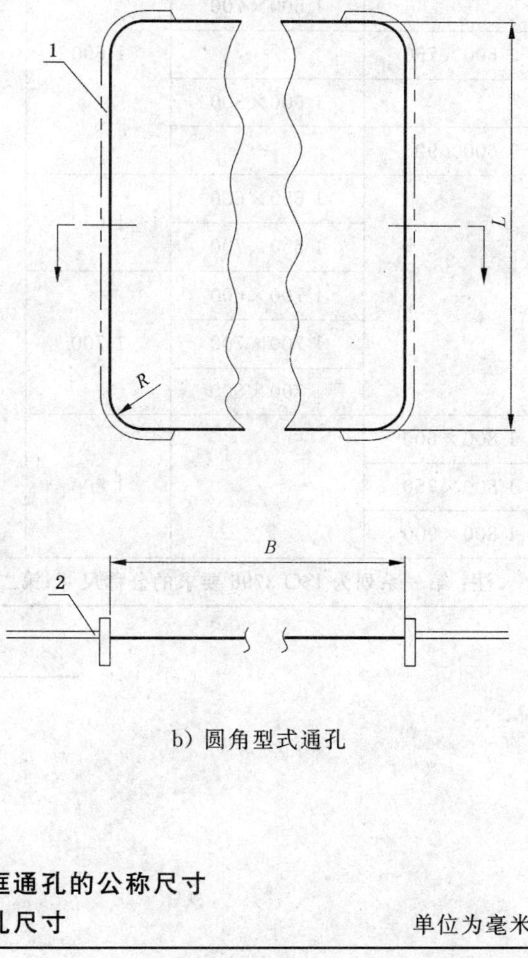

b) 圆角型式通孔

1——门框；

2——围壁板。

注：通孔可以采用方角型式也可以是圆角型式。

图1 船用外部单扇门门框通孔的公称尺寸

表1 门框通孔尺寸

单位为毫米

公称尺寸		尺寸					
第一系列	第二系列	L		B		R	
		长度	偏差	宽度	偏差	圆角	偏差
1 200×600	—	1 200	$^{0}_{-2}$	600	$^{0}_{-2}$	100	±1.5
1 400×600		1 400					
—	1 400×700			700			
1 400×750	—			750			

表 1（续） 单位为毫米

公称尺寸		尺寸					
第一系列	第二系列	*L*		*B*		*R*	
		长度	偏差	宽度	偏差	圆角	偏差
—	1 400×800	1 400	$^{0}_{-2}$	800	$^{0}_{-2}$	100	±1.5
1 400×900	—			900			
—	1 500×600	1 500		600			
	1 500×700			700			
	1 500×800			800			
1 600×600	—	1 600		600			
—	1 600×700			700			
1 600×750	—			750			
—	1 600×800			800			
1 600×900	—			900			
—	1 650×650	1 650		650			
	1 650×700			700			
	1 700×600	1 700		600			
	1 700×700			700			
	1 700×800			800			
1 800×600	—	1 800		600			
1 800×750				750			
1 800×900				900			

注：第一系列为 ISO 3796 要求的公称尺寸；第二系列为补充的常用公称尺寸。

ICS 37.040.10
N 43

GB

中华人民共和国国家标准

GB/T 9917.2—2008
部分代替 GB/T 9917—1988

照相镜头　第2部分：定焦距镜头

Camera lens—Part 2：Fixed focus lens

2008-10-07 发布　　2009-04-01 实施

中华人民共和国国家质量监督检验检疫总局
中国国家标准化管理委员会　发布

前　言

GB/T 9917《照相镜头》分为若干部分：

——第1部分：变焦距镜头；

——第2部分：定焦距镜头；

……

本部分为GB/T 9917的第2部分，代替GB/T 9917—1988《照相镜头》中的定焦距镜头部分。

本部分与GB/T 9917—1988相比主要变化如下：

——画幅尺寸为60 mm×60 mm的定焦距镜头作为参照使用(1988年版的首段、表3和表6；本版的第1章第2段)；

——改变了焦距区段的划分界限(1988年版的表4，本版的表2～表5)；

——质量特性指标等级统一分为五级(见4.3和第5章)；

——质量特性指标按焦距分段和质量分级予以细分(见第5章)；

——视场划分予以统一；

——边缘视场照相分辨率增加了0.85y'视场带的要求(1988年版的2.4.4，本版的表1)；

——可靠性增加了早期功能失效(见5.11和6.11)；

——删除了调制传递系数(1988年版的2.8和3.8)；

——增加了分类与规格代号、检验规则、使用说明、包装、运输、贮存(见第4章、第7章、第8章和第9章)。

本部分由中国机械工业联合会提出。

本部分由全国照相机械标准化技术委员会归口。

本部分由国营第三〇八厂负责起草。

本部分起草单位：江西凤凰光学仪器(集团)有限公司、杭州照相机械研究所、上海海鸥数码影像股份有限公司。

本部分主要起草人：黎风华、姚建忠、邬子刚、俞儒庆、朱斌超。

本部分所代替标准的历次版本发布情况为：

——GB/T 9917—1988；

——JB 745—1965。

照相镜头 第2部分:定焦距镜头

1 范围

GB/T 9917 的本部分规定了定焦距镜头的分类与命名、要求、试验方法、检验规则、使用说明、包装、运输、贮存。

本部分适用于画幅尺寸为 24 mm×36 mm 的定焦距照相镜头(以下简称镜头)。画幅尺寸非 24 mm×36 mm 的定焦距镜头可参照使用。

2 规范性引用文件

下列文件中的条款通过 GB/T 9917 的本部分的引用而成为本部分的条款。凡是注明日期的引用文件,其随后所有的修改单(不包括勘误的内容)或修订版均不适用于本部分,然而,鼓励根据本部分达成协议的各方研究是否可使用这些文件的最新版本。凡是不注日期的引用文件,其最新版本适用于本部分。

GB/T 9917.1—2002 照相镜头 第1部分:变焦距镜头

GB/T 13964 照相机械术语

JB/T 7473—1994 照相镜头分辨率测试图

JB/T 8248.2 照相镜头有效孔径和相对孔径的测量方法

JB/T 8248.3 照相镜头渐晕系数及像面照度均匀度测量方法

JB/T 8248.4 摄影镜头杂光系数测量方法

JB/T 8248.5 照相镜头焦距的测量方法

JB/T 8248.6 照相镜头照相分辨率测定方法

3 术语、定义和符号

3.1 术语和定义

GB/T 13964 和 GB/T 9917.1—2002 所确立的术语和定义适用于本部分。

3.2 符号

本部分采用的部分符号由表1给出。

表1 符号

符号	含义	计量单位
F	F 数,又称光圈数,等于相对孔径的倒数	—
F_{min}	镜头的最小名义 F 数,即最大相对孔径的倒数,又称最大光圈	
y'	有效像场半径(像高),等于画幅对角线长度的二分之一	mm
R	照相分辨率	lp/mm (线对每毫米)
R_c	中心视场($\leqslant 0.25y'$视场)的照相分辨率	
R_b	边缘视场($0.5y'$、$0.7y'$和 $0.85y'$视场带)的照相分辨率	
R_{min}	中心视场之外任一视场带和任一方向上的最低照相分辨率	
J0	质量特性指标等级中的0级要求	—

表 1（续）

<table>
<tr><th>符号</th><th>含　　义</th><th>计量单位</th></tr>
<tr><td>J1</td><td>质量特性指标等级中的 1 级要求</td><td rowspan="4">—</td></tr>
<tr><td>J2</td><td>质量特性指标等级中的 2 级要求</td></tr>
<tr><td>J3</td><td>质量特性指标等级中的 3 级要求</td></tr>
<tr><td>J4</td><td>质量特性指标等级中的 4 级要求</td></tr>
</table>

4　分类与规格代号

4.1　产品分类

镜头与照相机机身的连接分为可换式和不可换式。

4.2　系列与基本参数

按 GB/T 9917.1—2002 中 4.2 的规定。

4.3　产品分级

产品按质量特性指标等级分为 J0、J1、J2、J3、J4 五级。产品的质量特性指标等级由其所有要求所符合的等级中的最低等级确定。

4.4　规格代号

镜头规格代号由焦距及其最大相对孔径的倒数（*F* 数）组成（见示例 1）。

示例 1：焦距为 28 mm，*F* 数为 2.8 的镜头，其规格代号标记为：

*f*28 mm/2.8。

5　要求

5.1　焦距误差

按 GB/T 9917.1—2002 中 5.1 的规定。

5.2　*F* 数误差

按 GB/T 9917.1—2002 中 5.2 的规定。

5.3　像面照度均匀度

在摄影距离为 50 倍焦距和 F_{min} 时，0.9y' 处的像面照度均匀度 $K_{y'}$ 由表 2 给出。

表 2　像面照度均匀度

<table>
<tr><th colspan="2">焦距范围/mm</th><th colspan="5">$K_{y'}$/%(≥)</th></tr>
<tr><th>></th><th>≤</th><th>J0</th><th>J1</th><th>J2</th><th>J3</th><th>J4</th></tr>
<tr><td>—</td><td>20</td><td>16</td><td>13</td><td colspan="3">—</td></tr>
<tr><td>20</td><td>40</td><td>30</td><td>25</td><td colspan="2" rowspan="2">25</td><td rowspan="4">20</td></tr>
<tr><td>40</td><td>60</td><td rowspan="2">35</td><td rowspan="2">30</td></tr>
<tr><td>60</td><td>135</td><td colspan="2" rowspan="2">30</td></tr>
<tr><td>135</td><td>—</td><td>40</td><td>35</td></tr>
</table>

5.4　照相分辨率

在 F_{min} 时，照相分辨率 R 由表 3 给出。

5.5　杂光系数

在 $F8$ 时，镜头光轴上的杂光系数 η 由表 4 给出。

表 3　照相分辨率

焦距范围/mm		R/(lp/mm)(≥)														
		R_c					R_b					R_{min}				
>	≤	J0	J1	J2	J3	J4	J0	J1	J2	J3	J4	J0	J1	J2	J3	J4
—	20	34	32	—			18	16	—			12	10	—		
20	40	40	36	32	28	22	20	18	16	14	10			8	7	6
40	60						25	22	18							
60	135	36	32	30	25											
135	250	32	28	25	22											
250	—			22												

表 4　杂光系数

焦距范围/mm		η/%(≤)				
>	≤	J0	J1	J2	J3	J4
—	20	2.0	3.0	—	—	
20	60			4.0	4.5	6
60	250	2.5				
250	—	3.0	3.5	4.5	5.0	

5.6　色贡献指数

色贡献指数及其极限偏差按 GB/T 9917.1—2002 中 5.6 的规定。

5.7　畸变

在画幅对角线方向 $0.5y'$ 和 $0.9y'$ 处的相对畸变 q 由表 5 给出。

表 5　相对畸变

焦距范围/mm		q/%(≤)				
>	≤	J0	J1	J2	J3	J4
—	20	3.0	3.5	—	—	—
20	40	2.5	3.0	3.5	3.5	5.0
40	—	2.0	2.5	3.0		

5.8　定位截距

按 GB/T 9917.1—2002 中 5.9 的规定。

5.9　操作力矩和承力强度

操作力矩和承力强度由表 6 给出。

表 6　操作力矩和承力强度

操作项目	操作力矩/(N·m)	承力强度/(N·m)
光圈、摄影距离调节	0.08～0.25	>1.0
镜头锁定	—	>3.0

5.10　外观和感官要求

按 GB/T 9917.1—2002 中 5.11.1～5.11.4、5.11.5a)、5.11.6～5.11.8 的规定。

5.11 可靠性

各调节机构的早期功能失效和耐久性按 GB/T 9917.1—2002 中 5.12(除“变焦机构”之外)的规定。

5.12 互换性

按 GB/T 9917.1—2002 中 5.13 的规定。

5.13 环境适应性

按 GB/T 9917.1—2002 中 5.14 的规定。

6 试验方法

6.1 焦距误差

按 JB/T 8248.5 进行试验,测定焦距误差。

6.2 *F* 数误差

按 JB/T 8248.2 进行试验,测定最大相对孔径和其他各挡的 *F* 数误差。

6.3 像面照度均匀度

按 JB/T 8248.3 进行试验,测定在摄影距离为 50 倍焦距时的像面照度均匀度。

6.4 照相分辨率

按 JB/T 8248.6 进行试验,测定照相分辨率。

6.5 杂光系数

按 JB/T 8248.4 进行试验,测定杂光系数。

6.6 色贡献指数

按 GB/T 9917.1—2002 中 6.6 进行试验,测定色贡献指数。

6.7 畸变

按 GB/T 9917.1—2002 中 6.7 进行试验,测定畸变。

6.8 定位截距

6.8.1 试验装置

6.8.1.1 配有平行光管、测量显微镜和夹持器的光具座。

6.8.1.2 千分表及其表架。

6.8.2 试验程序

6.8.2.1 将被检镜头和分划板用夹持器置于光具座上,位于平行光管和测量显微镜之间;且使被检镜头的光轴与平行光管和测量显微镜的光轴同轴,被检镜头与分划板的间距符合其规定的定位截距(误差不得超过±0.005 mm)。

6.8.2.2 将被检镜头的摄影距离调至无穷远。

6.8.2.3 调节测量显微镜,使分划板上分划线的像最清晰,并将与测量显微镜接触连接的千分表调至零位。

6.8.2.4 继续调节测量显微镜,使平行光管分划线的像最清晰,此时千分表的指示值即为被检镜头的定位截距误差值。

6.9 操作力矩和承力强度

按 GB/T 9917.1—2002 中 6.10(除“变焦调节”之外)进行试验,测定操作力矩和承力强度。

6.10 外观和感官要求

用目视和手感进行检验。

6.11 早期功能失效

按 GB/T 9917.1—2002 中 6.12(除“变焦机构”之外)进行试验。

6.12 耐久性

按 GB/T 9917.1—2002 中 6.13(除“变焦机构”之外)进行试验。

6.13　**互换性**

按 GB/T 9917.1—2002 中 6.14 进行试验。

6.14　**环境适应性**

按 GB/T 9917.1—2002 中 6.15 进行试验。

7　检验规则

7.1　检验分类

产品检验分出厂检验和型式检验。

7.2　检验项目与不合格分类

7.2.1　不合格按质量特性表示单位产品质量的重要性，分为 A 类不合格、B 类不合格和 C 类不合格。检验项目与不合格分类由表 7 给出。

表 7　检验项目与不合格分类

<table>
<tr><th rowspan="2">序号</th><th rowspan="2">项目名称</th><th rowspan="2">要求
章条号</th><th rowspan="2">试验方法
章条号</th><th colspan="2">检验项目</th><th colspan="3">不合格分类</th></tr>
<tr><th>出厂检验</th><th>型式检验</th><th>A 类</th><th>B 类</th><th>C 类</th></tr>
<tr><td>1</td><td>焦距误差</td><td>5.1</td><td>6.1</td><td>—</td><td rowspan="14">▲</td><td rowspan="10">—</td><td rowspan="2">○</td><td rowspan="10">●</td></tr>
<tr><td>2</td><td>F 数误差</td><td>5.2</td><td>6.2</td><td>▲</td></tr>
<tr><td>3</td><td>像面照度均匀度</td><td>5.3</td><td>6.3</td><td>—</td><td>—</td></tr>
<tr><td>4</td><td>照相分辨率</td><td>5.4</td><td>6.4</td><td>▲</td><td>○</td></tr>
<tr><td>5</td><td>杂光系数</td><td>5.5</td><td>6.5</td><td rowspan="3">—</td><td rowspan="5">—</td></tr>
<tr><td>6</td><td>色贡献指数</td><td>5.6</td><td>6.6</td></tr>
<tr><td>7</td><td>畸变</td><td>5.7</td><td>6.7</td></tr>
<tr><td>8</td><td>定位截距</td><td>5.8</td><td>6.8</td><td>▲</td></tr>
<tr><td>9</td><td>操作力矩和承力强度</td><td>5.9</td><td>6.9</td><td>—</td></tr>
<tr><td>10</td><td>外观和感官要求</td><td>5.10</td><td>6.10</td><td rowspan="2">▲</td><td>○</td></tr>
<tr><td>11</td><td>早期功能失效</td><td>5.11</td><td>6.11</td><td>●</td><td>—</td><td rowspan="4">—</td></tr>
<tr><td>12</td><td>耐久性</td><td>5.11</td><td>6.12</td><td>—</td><td>—</td><td>●</td></tr>
<tr><td>13</td><td>互换性</td><td>5.12</td><td>6.13</td><td>▲</td><td>●</td><td>—</td></tr>
<tr><td>14</td><td>环境适应性</td><td>5.13</td><td>6.14</td><td>—</td><td>—</td><td>●</td></tr>
<tr><td colspan="9">注 1："▲"表示应检验项目。
注 2："●"表示所属不合格类别；"○"表示不合格类别升级。</td></tr>
</table>

7.2.2　当质量特性不符合的严重程度为下列情况时，其不合格类别应由 C 类不合格升为 B 类不合格：

a)　焦距误差超过 10%；

b)　最大相对孔径误差超过 10%，其他挡相对孔径误差超出 F 数极限偏差 $0.7E_v$；

c)　照相分辨率按 JB/T 7473—1994 规定的空间频率值降低 2 级；

d)　镜片有裂缝、霉斑和明显脱胶，零件有锈蚀、严重伤痕及漏装。

7.3　出厂检验

按 GB/T 9917.1—2002 中 7.3 的规定。

7.4　型式检验

按 GB/T 9917.1—2002 中 7.4 的规定。

8 使用说明

按 GB/T 9917.1—2002 中第 8 章的规定。

9 包装、运输、贮存

按 GB/T 9917.1—2002 中第 9 章的规定。

ICS 11.060.10
C 33

中华人民共和国国家标准

GB/T 9937.1—2008/ISO 1942-1:1989

口腔词汇　第1部分：基本和临床术语

Dental vocabulary—Part 1: General and clinical terms

(ISO 1942-1:1989, IDT)

2008-12-15 发布　　2009-11-01 实施

中华人民共和国国家质量监督检验检疫总局
中国国家标准化管理委员会　发布

前　言

GB/T 9937《口腔词汇》分为5部分：

——第1部分：基本和临床术语；

——第2部分：口腔材料；

——第3部分：口腔器械；

——第4部分：口腔设备；

——第5部分：与测试有关的术语。

本部分为GB/T 9937的第1部分。

本部分等同采用ISO 1942-1:1989《口腔词汇　第1部分：基本和临床术语》及ISO 1942-1:1989/修改单1:1992、ISO 1942-1:1989/修改单2:1992、ISO 1942-1:1989/修改单3:1993、ISO 1942-11989/修改单5:1993。

本部分依据ISO 1942-1:1989及其修改单重新起草如下：

a) 词汇1.133～1.180为修改单1的内容；

b) 词汇1.181～1.185为修改单2的内容；

c) 词汇1.185～1.191为修改单3的内容；

d) 词汇1.196～1.208为修改单5的内容；

e) 其中修改单2与修改单3中都出现了1.185。为保持与国际标准的一致性，并避免后续序号混乱，本部分对此未加改动；

f) 标准和修改单重复的术语以修改单为准，在序号后将修改单的序号加括号标出，并在该处右侧空白处画双竖线标识；

g) 原国际标准中以斜体字印刷的，在本标准中改为以黑体字印刷。

本部分由国家食品药品监督管理局提出。

本部分由全国口腔材料和器械设备标准化技术委员会归口。

本部分主要起草单位：国家食品药品监督管理局北大医疗器械质量监督检验中心。

本部分主要起草人：林红、刘文一。

口腔词汇 第1部分:基本和临床术语

1 范围

GB/T 9937 规定了口腔术语。

本部分是有关口腔基本和临床的名词术语。

口腔材料、口腔器械和口腔设备术语以及与这些产品有关的测试的术语,包含在 GB/T 9937 的其他 4 部分中。

本部分目的是为标准的制定和执行提供一些公认的口腔术语的定义,以便对文件的理解,同时通过与牙科国际联盟、世界卫生组织及国家或国际间相关组织的紧密合作,促进相互间的交流。

2 以黑体字印刷的术语的使用

在定义、示例或注中以黑体字印刷的术语,是进入词汇的另一个路径,也出现在 GB/T 9937 的其他部分中。在每一条路径中第一次出现时,术语才以黑体字印刷。

术语中其他语法形式,如名词的复数和动词的分词,也以与基本形式一样的方式表示。

1.001

牙科学;牙医学;口腔医学　dentistry[1)]

有关牙齿、口腔和颌骨疾病、畸形及损伤等的预防、诊断和治疗以及缺失牙齿及相关组织的修复和置换等的科学及技能。

1.002

牙科医生;口腔医生　dentist[2)]

完成高中或同等学历教育后,在国家承认(或授权)的大学或牙科学校中完成所规定的牙科课程,并从国家有关部门正式获得了牙科行医证书,能够独立地对牙科疾病进行预防、诊断和治疗的人。

1.003

牙科教育　dental education

有关**牙科医生**的专业或技能的各种教育。

1.004

牙科大学教育　undergraduate dental education

为获得初级牙科行医资格的**牙科教育**。

1.005

牙科研究生教育　graduate dental education

在大学教育后所进行的一系列高级课程教育,以获得国家承认的或授权的院校或研究机构颁发的学位证书。

1.006

牙科研究生毕业后教育　postgraduate dental education

对已研究生毕业的牙科医生提供的各种形式的**牙科教育**。

---

1) 在不同国家,根据其使用,dentistry 一词可有不同的定义。dental 一词也如此,在我国也译为口腔。

2) 此定义依据 WHO,CIOMS 对医师(physician)的定义而来,该定义在 1972 年 4 月日内瓦被世界卫生大会采纳。在不同国家,根据其使用,dentist 和 dental school 可有不同的定义。

1.007

牙科(口腔)专科医师教育　specialist graduate dental education

研究生毕业的牙科(口腔)医生在国家承认的学校中接受足够时间和内容的一系列高级课程及训练的过程,并在国家承认的考核中,得到正式承认,获得某一专业方面的学位证书、文凭或证明。

1.008

牙科继续教育　continuing dental education

在原工作岗位上,对**牙科医生**所进行的加深专业理解、更新知识、丰富经验提高技能的岗位培训。

1.009

牙科诊室　dental office;dental surgery

牙科医生接待和治疗病人的场所。

1.010

牙科医生工作区　working space of the dentist

牙科医生周围和用于安置及治疗病人的设备的地方。

1.011

牙科医生工作单位　dental group practice

由**牙科医生**正式组成的组织。在这个组织中,牙科医生之间可以是独立、合伙或合作的关系,共同分担房屋及设备的费用,并遵守公认的道德规范标准和该组织的规章制度。

1.012

牙科技工室　dental laboratory

不需病人在场,按照**牙科医生**的设计进行技术操作的工作间。

1.013(1.176)

牙科技工　dental technician[3)]

按照**牙科医生**的设计,从事**牙科技工室**工作的牙科辅助人员。

1.014

临床对照试验　controlled clinical trial

在受控条件下,通过组间、组内或个体间的对比,对某种作用物或治疗方法对人体的预防或治疗效果和/或安全性进行评价。

1.015

正畸学　orthodontics

研究颅面部生长发育、牙齿错𬌗畸形及其他牙、面畸形的治疗或预防的**牙医学**分支。

1.016

牙周病学　periodontics,periodontia

有关侵犯**牙周组织**的各种疾病的研究、预防和治疗的**牙医学**分支。

1.017(1.134)

修复牙医学,牙修复学　restorative dentistry

是恢复有牙齿口腔的健康、形态及功能的所有牙科活动过程的综合术语。

1.018(1.135)

保存牙医学,牙体治疗学　conservative dentistry;operative dentistry

在保存牙齿健康部分的前提下,有关恢复患牙或损伤牙齿的合适的外形及功能的修复**牙医学**的分支。

1.019

牙体功能修复学

有关牙齿的功能性修复的**保存牙医学**的一部分。

---

3)　在不同国家,dental technician 一词和它的技术限定可有不同的定义。

1.020

儿童牙医学　paedodontics;paediatric dentistry;pedodontics;pediatric dentistry

有关儿童口腔及牙齿疾病和/或损伤的诊断、预防和治疗，以及阻断儿童口腔异常的**牙医学**分支。

1.021

牙髓病学　endodontics

有关牙髓疾病及根尖周围组织疾病的诊断和治疗的**牙医学**分支。

1.022

牙科专家　dental expert

有丰富的牙科知识和经验，在涉及有关牙科的问题中能提出权威性意见的人。

1.023

法医牙科学，牙法医学　forensic dentistry

专门对牙齿及口腔现象进行检查、解释，并为法律机构提供证据的**牙医学**分支。

1.024

牙科鉴定　dental identification

根据牙科的特征进行鉴定。

1.025

法医牙科专家，牙法医专家　forensic dental expert

在**法医牙科学**上有丰富的经验和知识的**牙科专家**，在该领域中能够提出权威性意见的人。

1.026

口腔修复学；牙科修复学；修复牙医学　prosthodontics;prosthetic dentistry

用人工装置替代缺失牙齿及其有关组织，以恢复咀嚼系统的功能和美观的**牙医学**分支。

1.027

充填　filling

a）　操作：用适当的材料充填牙齿的窝洞，可以或不必恢复牙齿的形状和/或功能。

b）　结果：材料充填牙齿的窝洞，可以或不必恢复牙齿的形状和/或功能。

1.028

牙科材料；口腔材料　dental material

专门制备和/或提供给牙科专业人员从事**牙科学**业务和/或与其有关的操作过程中所使用的物质或物质的组合体。

1.029

充填材料　filling material

专门用于**牙齿**窝洞的暂时性或永久性**充填**的**牙科材料**，无需恢复其牙齿外形和/或功能。

1.030

修复　restoration

a）　操作：重建**牙齿**的外形和功能。

b）　结果：材料可以恢复**牙齿**外形和/或功能。

1.031

牙科修复材料　dental restorative material

专门制备和/或用于修复**牙齿**外形和/或功能的**牙科材料**。

1.032

牙科复制材料　dental duplicating material

专门用来制取**模型**印模的材料。

1.033

牙髓材料　endodontic materials

在牙髓治疗过程中，专门制备和/或用于髓室和根管内的**牙科材料**。

1.034

牙科设备;口腔设备　dental equipment

专门制备和/或提供给牙科专业人员从事**牙科学**业务和/或与其有关的操作过程中所使用的设施、机器、仪器及附属设备。

1.035

牙科器具;口腔器具　dental instruments

专门用于**牙科**的小手工工具。

1.036

牙科产品;口腔产品　dental product

专门生产制备和/或提供给牙科专业人员从事**牙科学**业务和/或与其有关的操作过程中所使用的一切产品。

1.037

牙科器械;口腔器械　dental device

专门制备和/或提供给牙科专业人员从事**牙科学**业务和/或与其有关的操作过程中所使用的除**牙科材料**、**牙科设备**部件、个别病人特备装置以外的一切物品、器具或用具。

1.038

牙科药物材料,口腔药物材料　dental pharmacological materials

能够影响局部或全身组织的正常生理活动、影响组织的病理变化、改变细胞或侵入的微生物的正常代谢的**牙科材料**(此药理作用也可能是某些**牙科材料**的次要功能)。

1.039

牙科麻醉剂　dental anaesthetics

能够产生局部或区域性麻醉的**牙科药物材料**。

1.040

漱口液　mouthwash

可以是具有特殊治疗作用的液体,或是一般性清洁作用或爽神作用的液体,以辅助口腔卫生。

1.041

牙线　dental floss

通常是由合成纤维制成的线或带,用于去除牙齿邻面及固定修复装置龈面的菌斑和/或食物残渣。

1.042

牙齿　tooth

由牙釉质、**牙本质**、**牙髓**及牙骨质组成的器官。

1.043

前牙　anterior teeth

上下颌切牙及尖牙。

1.044

后牙　posterior teeth

上下颌前磨牙及磨牙。

注:在乳牙列,所有后牙均是磨牙。

1.045

解剖牙冠　anatomical crown

由牙釉质所覆盖,包括牙釉质在内的那部分**牙齿**。

1.046(1.138)

可见牙冠　visible crown

肉眼检查时能够看到的**解剖牙冠**。

1.047

临床牙冠　clinical crown

未被支持组织所覆盖的那部分**牙齿**。

1.048(1.139)

牙器官　dental organ

由**牙齿**及其支持组织(牙、牙周组织及牙槽骨)组成的组织复合体。

1.049

牙齿　odontium(无前缀时,在英语中很少作为名词使用)

是**牙齿**的一部分,包括牙釉质、**牙本质**及**牙髓**,但不包括牙骨质。

1.050

牙髓;牙髓牙本质器官;牙髓牙本质复合体　endodontium;pulpodentinal organ

是牙器官的一部分,属于**牙髓**及牙本质组织。

1.051(1.142)

牙本质　dentine;dentin

构成**牙齿**主体的组织,来源于牙乳头及牙髓,在成熟阶段矿化。

1.052

正牙本质　orthodentine

含有造牙本质细胞突起的主平行牙本质小管周围的**牙本质**。

1.053

罩牙本质　dentine,mantle

是最外周的**牙本质**,紧邻牙釉质,特点是粗束状纤维平行于小管末端的分支。

1.054

管周牙本质　peritubular dentine

围绕牙本质小管周围的含高度矿化基质的**正牙本质**。

1.055

管内牙本质　intratubular dentine

在**正牙本质**小管内的矿化基质。

1.056

髓周牙本质　dentine,circumpulpal

紧邻**牙髓**的内层**牙本质**,特点是含有垂直于小管方向走行的纤细的胶原纤维。

1.057

原发性牙本质　dentine,primary

在牙根完全形成前所形成的**正牙本质**。

1.058

继发性牙本质　dentine,secondary

在生活的**牙髓**存在时,在**原发牙本质**之后继续生成的**正牙本质**。

1.059

第三期牙本质　dentine,tertiary

沉积于在受外界刺激部位的**原发性**或**继发性牙本质**处的牙髓上的不规则牙本质。

1.060

前期牙本质　predentine

在**牙髓**表面形成的尚未矿化的**正牙本质**基质层。

1.061

牙髓　pulp,dental

间充质来源的软组织复合体,占据**牙齿**髓腔及根管,具有造牙本质、营养、神经感觉及防御功能。

1.062

间接盖髓　indirect pulp capping

在牙齿受到龋坏侵蚀时，完全去除龋坏组织可能造成牙髓暴露，为保存牙髓活力，在此部位用材料覆盖牙齿组织，称为间接盖髓。

1.063

直接盖髓　direct pulp capping

为保存牙髓活力，用材料覆盖暴露的牙髓表面称直接盖髓。

1.064

牙髓炎　pulpitis

牙髓的炎症。

1.065

活髓切断术　pulpotomy; pulp amputation

用手术的方法，去除一部分牙髓，并用适当的材料覆盖剩余的牙髓，以保持其活力。

1.066

拔髓术　pulpectomy; vital pulp extirpation

用手术方法将牙髓完全去除。

1.067

根管扩大　root canal enlargement

用机械或机械-化学手段将根管腔扩大。

1.068

牙源性病灶感染　focal infection of dental origin

可引起其他部位疾病的来源于牙齿或牙齿周围组织的感染。

1.069

牙周组织　periodontium

附着和支持牙齿并为其提供营养的组织复合体。包括牙龈、牙骨质、牙周韧带和牙槽骨。

1.070

牙周的　priodontal

牙周的，牙周膜的。

1.071

牙周病　periodontopathy, equivalent of periodontal disease

同牙周疾病。任何侵犯牙周组织的疾病。

1.072

牙周松解　periodontolysis

导致牙周组织不断破坏的过程。

1.073

牙周变性　periodontosis

牙周组织的非炎性严重变性。

1.074

牙周炎　periodontitis

牙周组织的炎症。

1.075

牙周膜　desmodontium

位于牙骨质与骨之间的组织。同牙周韧带或牙槽韧带(膜)。

1.076

牙周膜的　desmodontal

附属于牙周韧带(膜)的。

1.077

囊肿　cyst

病理性囊腔,通常有上皮组织内壁,内含有液体或软性物质。

1.078

牙源性囊肿(原生囊肿)　odontogenic(developmental)(primordial)cyst

来源于牙源性上皮组织的囊肿。

1.079

根尖(根尖周)囊肿　periapical(radicular periodontal)cyst

在死髓牙根尖部位的囊肿。

1.080

牙科植入体,牙种植体　dental implant

通过外科手术方法植入到上颌或下颌骨内或骨上的装置,用以抵抗**牙科修复装置**的移位。它可以是穿经牙龈的(一部分植入体位于牙龈上,作为直接桥基),或完全位于牙龈下(目的为支持活动修复装置)。

1.081

经根管植入体或经根尖植入体　transendodontic implant or transradicular implant

专门设计和/或制备的经根管或通过牙根到达骨内的棒状植入体。

1.082

牙科修复装置　dental prosthesis

任何用于替代一个或多个缺失**牙齿**和/或其相关组织的装置或器件(此为一广泛定义,包括**基牙冠**及基牙嵌体、桥、义齿、阻塞器、牙龈修复体)。

1.083

牙支持式修复装置　tooth-borne prosthesis

压力完全由牙齿或其下的植入体所支撑的**牙科修复装置**。

1.084

组织支持式(活动性)修复装置　tissue-borne(removable)prosthesis

压力完全由黏膜及其下方组织支撑的**牙科修复装置**。

1.085

牙支持/组织支持式修复装置　tooth-borne/tissue-borne prosthesis

通常是活动式**牙科修复装置**。压力由**牙齿**或其下的**植入体**和黏膜及其下方组织共同支撑。

1.086(1.140)

固定修复装置　fixed prosthesis

牢固地附着于基牙、牙根或植入体上的非活动性**牙科修复装置**。

1.087

活动修复装置　removable prosthesis

可由病人摘戴的**牙科修复装置**。

1.088

复合修复装置　combined prosthesis

活动义齿与一个或多个固定装置组合的**牙科修复装置**。

1.089(1.175)

固定/活动修复装置　fixed/removable prosthesis

属复合修复装置。一处或多处为固定的,其余部分靠器件附着,只允许**牙科医生**进行摘戴。

1.090

支抗　anchorage

其位置、外形和/或经制备后适合作**修复装置**或矫正器固位的区域。

1.091

附着体　prosthetic attachment

是**活动修复装置**的一部分。通过与基牙的连接使活动修复装置固位和/或稳定。

1.092

精密附着体；精密固位体　precision attachment；precision retainer

为镶嵌式装置，其中的一部分固定在基牙上，另一部分与**活动修复装置**结合以便稳定和/或支持修复装置。

1.093

弹性附着体　resilient attachment

为**牙支持/组织支持式修复装置**设计的附着体。为修复装置提供足够的机械力量，以抵抗由于放入修复装置而造成的粘膜及其下方组织的变形而致的修复装置的变形，从而避免在基牙上出现过大的应力集中。

1.094

应力中断装置　stress breaker

是**牙支持/组织支持式修复装置**的一部分，以减轻基牙及其支持组织上有害应力的作用。

1.095

应力中断式附着体　stress-breaking attachment[4)]

具有应力中断作用的附着体。

1.096

印模　impression

是口腔组织的某一部位或**模型**的阴模，由此可制备阳模。

1.097(1.141)

复制印模　duplicating impression

为复制**模型**而制取的印模。

1.098

(工作)(研究)模型　(working)(study)model；cast

精密复制的口腔各部位的阳模。

1.099

工作模型　working model

用适当的耐磨材料制成的用于间接工作过程的模型。

1.100

代型　unit die

可在模型上摘取的**工作模型**。通常是用适当的硬质及耐磨材料在单个**牙齿**或单个牙齿预备体的印模上制取的。

1.101

固位　retention

抵抗移动或移位。

---

4)　自定义术语。

1.102

肩台(在预备体上)　shoulder(in a preparation)

在(预备体上的)牙颈部或颈周制备的承力面。目的是增加对**修复体**的支持和/或增加修复体的厚度。

1.103

就位道　path of placement

插入或取出的通道　to have a path of insertion/removal

能使(修复体)无变形的按预定的运动轨迹插入或取出的轨道(或轨道的形状可使修复体无变形的按预定的运动轨迹插入或取出)。

1.104

人造冠　artificial crown

覆盖或替代大部分或全部牙齿临床冠的**修复体**。

1.105

基牙冠　abutment crown

用于固定或支持**牙科修复装置**的**人造冠**。

1.106

(根)桩　(root)post

用于固位或加固修复体,插入备好的根管内的桩。

1.107

根桩翼　root post flange

根桩的外突环状结构,用以区分牙冠部与插入根管内的部分。

1.108

桩冠　post crown

全部或部分由一个或多个**根桩**固位的**人造冠**。

1.109

牙科桥　dental bridge

为非活动性**牙支持式修复装置**。其前庭—舌向距离不应超过其所替代的自然牙弓部分。

1.110

跨距　span

两个支持点之间的距离。

1.111

桥架　bridge span

在两个桥基牙之间的那部分桥。

1.112

梁　beam

为增加强度的那部分**桥架**。

1.113

连续梁　continuous beam

跨越三个或更多的支持基牙的**梁**。

1.114

悬臂扩展　cantilever extension

单端支持的**固定修复装置**的一部分。

1.115

铸件　casting

由液体向铸模中浇注或注射后,固化形成的物体。

1.116

殆架 articulator

按预先记录的颌间关系固定上下颌模型的一种铰链装置,目的是全部或部分模拟下颌运动。

1.117

简单线性殆架 plain line articulator

是一种简易殆架,仅有铰链型运动。

1.118

铂丝 platinum wire[5)]

白金丝、铂丝,由铂制成的丝。

1.119

(眼睛的)视野 visual field[of the eye(s)]

当头和眼静止时,单目或双目能够看到物体的立体角范围。[6)]

1.120

视敏度;视力分辨率 visual acuity;visual resolution

a) 定性:能看清具有很小视角物体细节的能力。

b) 定量:可由任何空间分辨测量方法测得,如观察者刚能分辨的两个相邻物体(点、线或其他引起视觉的物体)间的视角分辨值(以弧度分表示)的倒数。[6)]

1.121

适应 accommodation

晶状体屈光能力生理性自动调节。通过调节,可使在一定距离内物体的影像聚焦于视网膜上。

1.122

调整时间 adjustment time

使视觉器官能够适应新照明水平的时间(强照明变为弱照明比弱照明变为强照明时的调整时间长)。

1.123

视野外围区 peripheral zone of visual field

当眼睛直对靶目标时,在视敏区周围所能看到物体的空间。

1.124

周缘区 surrounding zone

当抬头或转头时,从工作位置所能看到的,视野外围区以外的全部空间。

1.125

视敏区 zone of sharp vision

当眼睛直对靶目标时,能得到最大**视力分辨率**的那部分**视野**。

1.126

视力休息区 visual rest zone

非选择的吸收多数入射光线的区域,区域所占据的立体角至少等于视野中允许的视觉清晰角的大小,以使视角锥的性能得到恢复。

注:引入视力休息区的目的是提供这样一个视野,即使眼睛的色觉分辨部分从原色觉状态恢复,同时,通过使用可接受的满意的照明水平,节约牙科诊室(手术室)的照明能源。

---

5) 自定义术语。

6) 第四版 CIE 术语。

1.127

眩目　**glare**

由于照明光线的分布或范围不适当,或在时间和空间上强烈的照明对比,造成视物不舒服或视物能力下降或两者共有的视觉状态。[6)]

1.128

直接眩目　**direct glare**

光源和被视物体在同一或接近的方向上所造成的**眩目**。[6)]

1.129

间接眩目　**indirect glare**

由于光源和被视物体不在同一方向所造成的**眩目**。[6)]

1.130

反射眩目　**reflected glare**

来自光源的镜面反射产生的**眩目**。特别是反射的影像同所视物体在同一或接近的方向时。

注:1. 通常此定义也包括其他有害的影响,如对比的破坏。

2. 这种反射又称为"光度耗散反射"(帐幔反射)。[7)]

1.131

致残眩目　**disability glare**

损害视觉但未引起不适的**眩目**。

1.132

光度对比　**luminosity contrast**

对在同一视野内同时或依次出现的两部分的外观的差异进行主观评价(又称:光对比、照明对比、色泽对比、同时对比、依次对比)。[7)]

1.133

临床试验　**clinical trial**

通过组间、组内或个体内的对比,对某种作用物或治疗方法对人体的预防或治疗效果和/或安全性进行评价。

1.134

修复牙医学;牙体修复学　**restorative dentistry**

是恢复有牙齿口腔的健康、形态及功能的所有牙科活动过程的综合术语。

1.135

保存牙医学;牙体治疗学　**conservative dentistry;operative dentistry**

在保存牙齿健康部分的前提下,有关恢复患牙或损伤牙齿的合适的外形及功能的**修复牙医学**的分支。

1.136

牙体学　**dentisterie restauratrice**

治疗和修复个别牙的**牙医学**部分。

1.137

儿童牙医学　**paedodontics;paediatric dentistry;pedodontics;pediatric dentistry**

有关儿童口腔及牙齿疾病和/或损伤的诊断、预防和治疗,以及阻断儿童口腔异常的**牙医学**分支。

---

7)　第四版 CIE 术语。

1.138

可见牙冠 visible crown

肉眼检查时能够看到的**解剖牙冠**。

1.139

牙器官 dental organ

由牙齿及其支持组织(**牙**、**牙周组织**及牙槽骨)组成的组织复合体。

1.140

固定修复装置 fixed prosthesis

牢固地附着于基牙、牙根或植入体上的非活动性**牙科修复装置**。

1.141

复制印模 duplicating impression

为复制**模型**而制取的**印模**。

1.142

牙本质 dentine,dentin

构成牙齿主体的组织,来源于牙乳头及**牙髓**,在成熟阶段矿化。

1.143

社区牙医学 dentistry community

有关研究社区人群口腔健康与总体健康之间关系的**牙医学**分支。

1.144

预防牙医学 dentistry,preventive

通过预防或减少口腔疾病、畸形和颌面损伤的发生和/或发展,以促进良好口腔健康及功能的**牙医学**分支。

1.145

药物 medicament;drug

由执业人员专门制备和/或提供的具有药理活性的物质或物质的组合,用以对人体或动物的疾病进行预防或治疗。

1.146

牙科局部用药 medicament,topical dental

专门制备和/或给予的应用于口腔组织的**牙科药物材料**。

1.147

牙科公共卫生 health,dental public

与**牙科卫生**有关的公共卫生部分。

1.148

牙科卫生项目 project,dental health

实施与评价社区**牙科卫生**的计划性活动。

1.149

牙科卫生方案 programme,dental health

为改善社区**牙科卫生**而计划的活动。

1.150

牙科人力 manpower,dental

能够提供牙科服务的合格人才。

1.151

殆 occlusion

当上下颌牙齿接触时的牙齿关系。

1.152

桑葚状磨牙　mulberry molars

影响第一恒磨牙的发育缺陷，通常口腔内4个第一恒磨牙均受影响，特点是牙齿𬌗面是由聚集的釉质结节所组成。

1.153

牙齿发育不全　odontogenesis imperfecta

一般由先天(遗传)因素造成的**牙釉质**及**牙本质**形成的障碍。

1.154

过大牙　macrodontia

由先天(遗传)因素造成的异常大牙。

1.155

相对过大牙　macrodontia，relative

相对于允许牙齿整齐排列的牙弓来说，牙齿过大，造成的牙与牙槽的不协调。

1.156

过小牙　microdontia

由先天(遗传)因素造成的异常小牙。

1.157

相对过小牙　microdontia，relative

相对于牙弓来说，牙齿过小而致的牙-牙槽的不协调。

1.158

致癌性　carcinogenicity

产生癌症的能力或趋势。

1.159

细胞毒素　cytotoxin

对特定细胞具有毒性作用的毒素或抗体。

1.160

细胞毒性　cytotoxicity

对特定细胞造成毒性作用的能力或趋势。

1.161

生物试验　biological testing

评价试验材料对生物体产生的一切影响。包括对全身、各个系统、组织或细胞或其他组成部分等。

1.162

致畸物　teratogen

对发育中的胚胎诱导或产生缺陷的因素。

1.163

畸形发生　teratogenesis

发育中的胚胎缺陷的形成。

1.164

畸形形成的　teratogenic

与致畸物有关的、由致畸物所造成的或具有致畸物作用的。

1.165

致畸性　teratogenicity

对发育中的胚胎造成缺陷的能力或趋势。

1.166

急性全身毒性试验　acute systemic toxicity test

通过任何途径将试验材料输入动物体内以对其一切可能的毒性进行短期生物学评价。

1.167

半数致死量(缩写为 LD_{50})median lethal dose(accepted abbreviation:LD_{50})

使全部试验动物的50%死亡的试验材料的剂量。

1.168

LD_{50}试验　LD_{50} test

评估使全部试验动物的50%死亡的试验材料剂量的急性毒性试验。

1.169

牙髓失活　pulp devitalization

任何造成**牙髓**坏死的操作。

1.170

牙髓失活剂　pulp devitalizing agent

造成其放置的牙髓组织出现(中度)坏死所使用的局部**牙科药物材料**。

1.171

牙科医生/人口比率　dentist/population ratio

执业牙科医生数与人口数之比。

1.172

人口数/牙科医生指数　population/dentist index

一个执业牙科医生相对应的人口数。

1.173

口腔康复　oral rehabilitation

涉及**牙医学**各分支学科的综合性牙科治疗方案,目的是恢复咀嚼系统的口腔卫生、功能及美观。

1.174

牙科资源　dental resources

为牙科卫生服务的人力、资金、材料及设施。

1.175

固定/活动修复装置　fixed/removable prosthesis

属复合修复装置。一处或多处为固定的,其余部分靠器件附着,只允许**牙科医生**进行摘戴。

1.176

牙科技工　dental technician

按照**牙科医生**的设计,从事**牙科技工室**工作的牙科辅助人员。

1.177

癌症　cancer

起源于异常及失控的细胞分化的各种恶性肿瘤,并产生浸润及具有向新的部位转移的趋势。(WHO的定义)

1.178

艾姆斯试验　Ames test

测试致突变性的试验。将具有不能合成组氨酸特点的变异的鼠伤寒沙门氏菌菌株放入含有被试材料的不含组氨酸的培养基中。若其中的一些菌株恢复了合成组氨酸的能力,并继之形成菌落,则被试材料具有致突变能力。也可用其他菌株(如:大肠杆菌)。

1.179

组氨酸突变试验　histidine mutation test

测试材料的致突变能力的生物学试验，方法是评价尿中残余蛋白（如：血红蛋白的组氨酸）的烷基化作用。

Ames 试验（2.167）是组氨酸突变试验的一个例子，其依据是组氨酸依赖型向原始组氨酸非依赖型细菌的反突变。

1.180

显性致死突变　dominant lethal mutation

造成突变载体死亡的遗传现象。

1.181

咬合纸　articulating paper

涂覆色素的合适的材料条或片，用于标记对殆牙与修复体或义齿之间的接触部位。

1.182

基托　baseplate

a)　活动义齿或正畸矫治器中置于黏膜上用于固定卡环、正畸弹簧等的部分。

b)　安放殆堤或试戴义齿的基座。

1.183

正畸矫治器　orthodontic appliance

用于主动或被动正畸治疗的装置。

1.184

活动正畸矫治器　removable orthodontic appliance

由医师初戴于病人口内后，病人可以自己摘下或戴回口内的活动**正畸矫治器**。

1.185

固定正畸矫治器　fixed orthodontic appliance

仅能由牙科医师放置并取下的**正畸矫治器**。

1.185

洁牙剂　dentifrice

专门制备和/或用于清洁所接触的牙齿表面的任何物质或物质的组合。

1.186

含药洁牙剂　medicated dentifrice

任何含有或声称含有对口腔组织具有保健、预防或治疗作用成分的**洁牙剂**。

1.187

药用洁牙剂　medicinal dentifrice

明确含有一定剂量的药理活性材料的**含药洁牙剂**。据其（药物）特性及浓度，将产品分类为药物。

1.188

牙膏、洁牙膏　toothpaste, dentifrice paste

膏状或其他半固体态的**洁牙剂**。

1.189

洁牙粉　dentifrice powder

粉状**洁牙剂**。

1.190

洁牙皂，固体洁牙剂　dentifrice soap, solid dentifrice

块状固体**洁牙剂**。

1.191

洁牙液 dentifrice liquid

液体洁牙剂。

1.196

生物降解 biodegradation

由生物学活动引起的分解过程。

1.197

可生物降解的 biodegradable

可由生物学活动引起分解的。

1.198

生物可接受性 bioacceptability

虽然有一些副反应或不希望的副作用,但在特定生活(组织)环境中还是相容的(可接受的),这种性质称为生物可接受性。

1.199

生物可接受的 bioacceptable

具有**生物可接受性**的。

1.200

生物相容性 biocompatibility

在特定生活(组织)环境中是可接受的,且无副反应或无不希望的副作用。

1.201

生物相容的 biocompatible

具有**生物相容性**的。

1.202

积极的生物相容性 positive biocompatibility

生物相容性物质或器械具有在特定生活环境中引导出所期望的有利的反应的特性。

1.203

生物积极性 biopositive

具有积极的**生物相容性**的。

1.204

生物材料 biomaterial

专门制备和/或具有**生物可接受性**、**生物相容性**或**积极的生物相容性**的材料。

注:该词范围广泛,尽可能通过添加定语如"修复","可植入的","修复的"使其更精确的定义。

1.205

牙科生物材料 dental biomaterial

专门为临床牙科操作而预备和/或使用的**生物材料**。

1.206

不育,灭菌 sterilization

a) 使不适宜生长和/或生殖的过程。

b) 特定范围内,破坏所有微生物生命的过程。

1.207

消毒 disinfection

破坏病原微生物的过程。

1.208

去污染 decontamination

去除污染物。

汉语拼音索引

英文索引

A

B

C

ICS 11.060.10
C 33

中华人民共和国国家标准

GB/T 9937.2—2008/ISO 1942-2:1989
代替 GB/T 6387—1986

口腔词汇　第2部分:口腔材料

Dental vocabulary—Part 2:Dental materials

(ISO 1942-2:1989,IDT)

2008-12-15 发布　　　　2009-11-01 实施

中华人民共和国国家质量监督检验检疫总局
中国国家标准化管理委员会　发布

前言

GB/T 9937《口腔词汇》分为5部分：

——第1部分：基本和临床术语；

——第2部分：口腔材料；

——第3部分：口腔器械；

——第4部分：口腔设备；

——第5部分：与测试有关的术语。

本部分为GB/T 9937的第2部分。

本部分等同采用ISO 1942-2:1989《口腔词汇　第2部分：口腔材料》及ISO 1942-2:1989/修改单1:1992、ISO 1942-2:1989/修改单2:1992。

本部分依据ISO 1942-2:1989和修改单重新起草。

a) 词汇2.122～2.145为修改单1的内容。

b) 词汇2.146～2.149为修改单2的内容。

c) 标准和修改单重复的术语以修改单为准，并在序号后将修改单的序号加括号标出，并在该处右侧空白处画双竖线标识。

d) 本部分与第1部分重复的词汇，以第1部分为准。

e) 原国际标准中以斜体字印刷的，在本标准中改为以黑体字印刷。

本部分代替GB/T 6387—1986《齿科材料名词术语》。

本部分与GB/T 6387—1986相比主要变化内容为：本部分词汇内容和数量均较前版标准有较大修改。

本部分由国家食品药品监督管理局提出。

本部分由全国口腔材料和器械设备标准化技术委员会归口。

本部分起草单位：国家食品药品监督管理局北大医疗器械质量监督检验中心。

本部分主要起草人：刘文一、林红。

本部分所代替标准的历次版本发布情况为：

——GB/T 6387—1986。

口腔词汇　第2部分:口腔材料

1　范围

GB/T 9937 规定了口腔术语。

本部分是有关口腔材料的术语。口腔基本及临床、口腔器械和口腔设备术语以及与这些产品有关的测试的术语,包含在 GB/T 9937 的其他 4 部分中。

本部分目的是为标准的制定和执行提供一些公认的口腔术语的定义,以便对文件的理解,同时通过与牙科国际联盟、世界卫生组织及国家或国际间相关组织的紧密合作,促进相互间的交流。

2　以黑字印刷的术语的使用

在定义、示例或注中以黑斜体字印刷的术语,是进入词汇的另一个路径,也出现在 GB/T 9937 的其他部分中。在每一条路径中第一次出现时,术语才以黑体字印刷。

术语中其他语法形式,如名词的复数和动词的分词,也以与基本形式一样的方式表示。

2.001

牙科学;牙医学;口腔医学　dentistry[1)]

有关牙齿、口腔和颌骨疾病、畸形及损伤等的预防、诊断和治疗以及缺失牙齿及相关组织的修复和置换等的科学及技能。

2.002

牙科医生;口腔医生　dentist[2)]

完成高中或同等学历教育后,在国家承认(或授权)的大学或牙科学校中完成所规定的牙科课程,并从国家有关部门正式获得了牙科行医证书,能够独立地对牙科疾病进行预防、诊断和治疗的人。

2.003

牙科诊室　dental office;dental surgery

牙科医生接待和治疗病人的场所。

2.004

牙科医生工作区　working space of the dentist

牙科医生周围和用于安置及治疗病人的设备的地方。

2.005

牙科技工室　dental laboratory

不需病人在场,按照**牙科医生**的设计进行技术操作的工作间。

2.006

牙科技工　dental technician[3)]

按照**牙科医生**的设计,从事**牙科技工室**工作的牙科辅助人员。

2.007

正畸学　orthodontics

研究颅面部生长发育、牙齿错𬌗畸形及其他牙、面畸形的治疗或预防的**牙医学**分支。

---

1)　在不同国家,根据其使用,dentistry 一词可有不同的定义。Dental 一词也如此,在我国也译为口腔。

2)　此定义依据 WHO,CIOMS 对医师(physician)的定义而来,该定义在 1972 年 4 月日内瓦被世界卫生大会采纳。在不同国家,根据其使用,dentist 和 dental school 可有不同的定义。

3)　在不同国家,dental technician 一词和它的技术限定可有不同的定义。

2.008

牙周病学　periodontics;periodontia

有关侵犯**牙周组织**的各种疾病的研究、预防和治疗的**牙医学**分支。

2.009

修复牙医学;牙修复学　restorative dentistry

是恢复有牙齿口腔的健康、形态及功能的所有牙科活动过程的综合术语。

2.010

保存牙医学;牙体治疗学　conservative dentistry;operative dentistry

在保存牙齿健康部分的前提下,有关恢复患牙或损伤牙齿的合适的外形及功能的**修复牙医学**的分支。

2.011

牙体功能修复学

有关牙齿的功能性修复的**保存牙医学**的一部分。

2.012

儿童牙医学　paedodontics;paediatric

有关儿童口腔及牙齿疾病和/或损伤的诊断、预防和治疗,以及阻断儿童口腔异常的**牙医学**分支。

2.013

牙髓病学　endodontics

有关牙髓疾病及根尖周围组织疾病的诊断和治疗的**牙医学**分支。

2.014

口腔修复学;牙科修复学;修复牙医学　prosthodontics;prosthetic dentistry

用人工装置替代缺失牙齿及其有关组织,以恢复咀嚼系统的功能和美观的**牙医学**分支。

2.015

牙科材料;口腔材料　dental material

专门制备和/或提供给牙科专业人员从事牙科学业务和/或与其有关的操作过程中所使用的物质或物质的组合体。

2.016

牙科设备;口腔设备　dental equipment

专门制备和/或提供给牙科专业人员从事**牙科学**业务和/或与其有关的操作过程中所使用的设施、机器、仪器及附属设备。

2.017

牙科器具　dental instruments

专门用于牙科的小手工工具。

2.018

牙科产品;口腔产品　dental product

专门生产制备和/或提供给牙科专业人员从事**牙科学**业务和/或与其有关的操作过程中所使用的一切产品。

2.019

牙科器械;口腔器械　dental device

专门制备和/或提供给牙科专业人员从事**牙科学**业务和/或与其有关的操作过程中所使用的除**牙科材料**、**牙科设备**部件、个别病人特备装置以外的一切物品、器具或用具。

2.020

牙科药物材料　dental pharmacological materials

能够影响局部或全身组织的正常生理活动、影响组织的病理变化、改变细胞或侵入的微生物的正常代谢的**牙科材料**(此药理作用也可能是某些牙科材料的次要功能)。

2.021

充填材料　filling material

专门用于牙齿窝洞的暂时性或永久性**充填**的**牙科材料**,无需恢复其牙齿外形和/或功能。

2.022

合成树脂牙　synthetic resin tooth

由含有或不含有填料的聚合物制成的牙。

2.023

盖嵴部　ridge lap

人造牙被修整成与牙槽嵴适合的那部分表面。

2.024

牙科修复材料　dental restorative material

专门制备和/或用于修复牙齿外形和/或功能的**牙科材料**。

2.025

牙科银汞合金　dental amalgam

由牙科银合金粉与汞调和形成的修复材料。

2.026

牙科银合金粉　alloy for dental amalgam

银铜锡体系合金。呈细粉状以使易于和汞调和形成**牙科银汞合金**。

2.027

铜汞合金　copper amalgam

主要成分为汞和铜的合金,通过加热和研磨形成使用时所需的塑性。

2.028

牙科水门汀　dental cement

各组分调和后能形成可硬化的塑性团块,适用于衬层、粘固、充填和暂时性或永久性修复的非金属牙科材料。

2.029

无机牙科水门汀　inorganic dental cement

通常是以金属盐或金属氧化物为粉剂,与专用液体调和,形成可固化的塑性团块的**牙科水门汀**。

2.030

有机牙科水门汀　organic dental cement

主要成分为合成聚合物的**牙科水门汀**。

2.031

丁香酚　eugenol

一种酚醚,是丁香油(4-烯丙基-2-甲氧基-苯酚)的主要成分。

2.032

氧化锌　zinc oxide

是两性氧化物。作为充填材料、印模材料中的固态组分,其微细粉末还用来制成抛光材料。

2.033

氧化锌丁香酚水门汀　zinc oxide-eugenol cement

活化的氧化锌粉末与丁香酚进行酸碱反应形成的水门汀。氧化锌丁香酚螯合物的形成使水门汀固化变硬。亦可在粉剂和液剂中加入改性剂。

2.034

未改性的氧化锌丁香酚水门汀　unmodified zinc oxide-eugenol dental cement

氧化锌和**丁香酚**不加改性剂调和而成的水门汀。

2.035

改性的氧化锌丁香酚水门汀　modified zinc oxide-eugenol dental cement

氧化锌和/或丁香酚中加有一种或多种添加剂调和而成的粘接、充填或衬层材料。

2.036

增强型氧化锌丁香酚水门汀　reinforced zinc oxide-eugenol cement

为了提高机械性能，在**改性的氧化锌丁香酚水门汀**中加入有机和/或无机填料的水门汀。

2.037

氧化锌-EBA 型水门汀　zinc oxide-EBA cement

增强型氧化锌丁香酚水门汀的一种。液剂中部分丁香酚由 2-乙氧基苯甲酸替代，而**氧化锌**粉剂中加入无机填料(氧化铝、氧化硅)以及某些聚合物。

2.038

粘接树脂　bonding resin

用于辅助树脂水门汀或树脂类修复材料与酸蚀后釉质机械性粘接的无填料树脂。

2.039

丙烯酸水门汀　acrylic cement

聚合物为基质的水门汀。固化过程为聚合反应，生成聚甲基丙烯酸甲酯。

2.040

含填料聚合物　filled polymer

聚合物为基质的增强型材料。通常采用加入无机材料如石英或硼硅玻璃的方法使其增强。通过化学反应、紫外光或可见光照射使有机基质引发聚合。固化后材料呈半透明状态。

2.041

上光树脂　glazing resin

不含填料的树脂，涂于复合树脂表面以提高其表面光滑性能。

2.042

聚合物基复合修复材料　composite polymer-based restorative material

聚合物为基质的增强型材料。无机填料经偶联剂处理，以便使其同树脂之间为化学性结合。

2.043

聚合物基水门汀或修复材料　polymer-based cement or restorative material

通过聚合反应过程而固化的水门汀或修复材料。它们可以不加填料，也可以加填料或为复合材料。

注：不推荐使用“树脂基水门汀或修复材料”。

2.044

牙科复合水门汀　composite dental cement

由有机聚合物基质组成的牙科水门汀，有机聚合物基质中含有经过粘合剂或偶联剂处理的无机填料。

2.045

磷酸锌水门汀　zinc phosphate cement

由粉液两组分组成。粉剂主体为钝化的氧化锌粉末和少量的其他氧化物,液剂为浓缩的正磷酸水溶液并含有铝和其他金属磷酸盐为缓冲剂。粉液调和发生酸碱反应,形成磷酸盐使水门汀固化变硬,呈不透明状态。

2.046

硅酸盐水门汀;玻璃磷酸盐水门汀　silicate cement;glass phosphate cement

由粉液两组分组成。粉剂为含有氟化物的硅酸铝玻璃粉,液剂为浓缩的正磷酸水溶液,并含有铝或其他金属磷酸盐缓冲剂。粉液调和经酸碱反应形成磷酸盐使水门汀固化变硬,呈透明状态,主要用于修复前牙。

2.047

硅磷酸盐水门汀;玻璃和磷酸锌水门汀　silico-phosphate cement;glass and zinc phosphate cement

粉剂的主要成分为氧化锌、硅酸铝钠和硅酸铝钙的混合物,液剂为含有缓冲剂的正磷酸水溶液,粉液反应形成的水门汀。

2.048

氢氧化钙水门汀　calcium hydroxide cement

主要成分为氢氧化钙,被有机螯合剂如水杨酸酯所激活的洞衬或盖髓材料。

2.049

黑铜水门汀　black copper cement

含有氧化铜的磷酸锌水门汀。

2.050

聚电解质水门汀;离子聚合物水门汀　polyelectrolyte cements;ionic polymer cements

固态粉末同浓缩的聚羧酸水溶液酸碱反应形成的一组水门汀。

2.051

聚羧酸锌水门汀;聚丙烯酸锌水门汀　zinc polycarboxylate cement;zinc polyacrylatecement

属聚电解质水门汀,其粉剂的主要成分为经钝化处理的**氧化锌**并可含有少量的其他氧化物。

注:不推荐使用未加其他修饰词的"聚羧酸盐水门汀"。

2.052

玻璃离子水门汀;聚烯烃盐玻璃水门汀　glass-ionomer cement;glass polyalkenoate cement

含有氟化物的硅酸铝玻璃粉为粉剂的聚电解质水门汀。水门汀呈半透明状态。可用于牙体修复、窝沟封闭、粘固和衬层等。

2.053(2.122)

牙科蜡　dental waxes

由一种或几种物质混合而成的材料,具有类似于天然蜡的热塑性质,专门制作和/或用于牙科和/或与其有关操作。

2.054(2.123)

嵌体蜡　inlay wax

一种精密铸造及雕刻用的**牙科蜡**,由于它具有炽灼残渣少和可控的尺寸变化性等特点,适于采用失蜡铸造工艺制作牙科**修复体**或修复装置铸件的**蜡型**。

2.055(2.124)

模型蜡　modelling wax

牙科蜡的一种,其成分、性质及性能适于制作牙科**修复体**或**修复装置**的非金属部分的**蜡型**。

注:有不同的词汇用于描述模型蜡,如基托蜡(base plate wax),咬合堤蜡(bite rim wax),根据其组成和性质,将它们用于合适的特定用途中。

2.056

牙科贵金属合金　noble dental alloys

金和/或铂类金属的质量至少占75%的牙科合金。

注：可以是片状、丝状或铸锭。

2.057

牙科金合金　gold dental alloys

基本成分为金的**牙科贵金属合金**。

2.058

牙科半贵金属合金　semi-noble dental alloys

金和/或铂类金属质量至少占50%，连同银成分在内的贵金属总质量不少于75%的牙科合金。

2.059

低含量贵金属合金　low noble metal content alloys

金和/或铂类金属质量至少占25%，连同银成分在内的贵金属总质量不少于70%的牙科合金。

2.060

牙科陶瓷　dental ceramic

专门用来制作陶瓷义齿或修复体的材料。

2.061

牙科遮色核瓷　opaque core dental ceramic

为牙本质瓷提供机械性能强且合适的基底色的不透明**牙科陶瓷**。

2.062

遮色牙科粘接烤瓷　opaque bonding dental ceramic

粉状瓷制品，与水或其他适当的液体混合涂于金属表面，经热处理后与金属表面结合形成遮盖金属的遮色层。

2.063

牙科铝核；牙科铝质遮色瓷　dental aluminous core ceramic; dental aluminous opaque ceramic

组成中富含结晶α-铝以便提高强度的**牙科不透明瓷**。

2.064

牙科"牙本质"瓷　dental "dentine" ceramic

轻微透明的着色牙科陶瓷。用来形成烤瓷修复体或义齿的总体外形和基本色。

2.065

牙釉质瓷　dental enamel ceramic

透明、轻微着色的牙科陶瓷。覆盖在**牙本质瓷**(或核)上，以模仿天然牙釉质。

2.066

空气烧结牙科陶瓷　air-fired dental ceramic

在环境大气压下烧结的**牙科陶瓷**。

2.067

真空烧结牙科陶瓷　vacuum-fired dental ceramic

专门配制的能在远低于常压条件下焙烧的**牙科陶瓷**。

2.068

染色瓷　ceramic stain

为了使陶瓷修复体或义齿的颜色及外观逼真，所使用的染色较重的**牙科陶瓷**。

2.069

上釉瓷 glazing ceramic

熔点相对较低的陶瓷材料。能在陶瓷修复体表面形成透明的有光泽的薄层。

2.070

表面染色;着色上釉瓷 surface staining;coloured glazing ceramic

用来改进陶瓷修复体的色调和/或仿真的外观所使用的着色的**上釉瓷**。

2.071

陶瓷牙 ceramic tooth

由陶瓷材料制成的人工牙。

2.072

陶瓷甲冠 ceramic jacket crown

陶瓷制成的全贴面冠。

2.073

金属烤瓷冠 metallo-ceramic crown

冠的内部结构为金属,陶瓷熔附于金属上以获得所需的外形和外观。

2.074

金属-熔附陶瓷 ceramic fusible to metal

专门用于金属烤瓷体系的陶瓷材料。

2.075

金属烤瓷体系 metallo-ceramic system

专用陶瓷材料熔附于与其结合的相匹配的合金上构成的体系。

2.076

胶体;胶体体系 colloid;colloidal system

由超微细(1 nm~100 nm)粒子借电荷作用均匀地悬浮在液体(分散介质)中所构成的多相物质。这些粒子显示布朗运动和电泳现象。

2.077

凝胶 gel

分散体系为网状结构的**胶体**。分散体系由不同种超微细粒子构成。粒子的电荷促使它形成透明的胶冻。这些粒子往往具有触变性。

2.078

溶胶 sol

一种物质的小微粒在另一种物质中形成的胶体悬浮液。

2.079

水胶体 hydrocolloid

分散相为水的**胶体**。

2.080

可逆性水胶体(琼脂类) reversible hydrocolloid(agar-type)

降温可由**溶胶**变成**凝胶**,升温可由凝胶变成溶胶的水胶体。

2.081

水胶体印模材料 hydrocolloid impression material

以可逆或不可逆水胶体为基质的牙科印模材料。

2.082

藻酸盐(基) 印模材料　alginate-based impression material

是不可逆性的水胶体印模材料。由可溶性的藻酸盐和添加剂组成粉,与水混合,不可溶性的盐析出而固化,生成不可逆的**凝胶体**。

2.083

琼脂(基) 印模材料　agar-based impression material

以琼脂为基质的可逆性**水胶体印模材料**。

2.084

氧化锌丁香酚印模材料　zinc oxide-eugenol impression material

由两种膏剂混合固化而成的刚性印模材料。一种膏剂是由氧化锌和如液体石蜡类的油状物及促进剂(如醋酸锌)组成,另一种膏剂是由如松香类的树脂溶于丁香酚组成。

2.085

弹性体　elastomer

具有橡胶样弹性性质的聚合物。

2.086

弹性体的　elastomeric

具有**弹性体**性质的。

2.087

聚硫化物　polysulfide

重复结构单元由二硫基团连接的有机聚合物。

2.088

聚硅氧烷　polysiloxane

含填料的端基为硅烷醇基团的液态预聚物。它的主链是硅氧原子交替排列的线性结构,其硅原子上带有有机取代基或氢原子。此预聚物在常温下能快速硫化。

2.089

催化剂　catalyst

以很少的用量却能改变化学反应速度,而在反应后理论上保持其化学成分不改变的物质。4)

注:参见加速剂、活化剂、阻聚剂,引发剂,调节剂,缓凝剂/缓聚剂。

2.090

加速剂;促进剂　accelerator;promoter

以很少的用量却能提高化学体系(反应剂加其他添加剂)反应速度的物质。4)

注:参见活化剂、催化剂。

2.091

引发剂　initiator

很少的用量却能引起化学反应的物质。例如以提供自由基的方式引起化学反应。4)

注:参见催化剂。

2.092

活化剂　activator

a)　使引发剂活化的试剂;

b)　以很少的用量便可提高加速剂效率的物质。4)

---

4)　源自 ISO 472:1988《塑料　词汇》。

2.093

调节剂　regulator

在聚合过程中，以很少的用量却能控制聚合物相对分子量的物质。[4]

2.094

缓聚剂；缓凝剂　retarder

以很少的用量便能减缓化学体系反应速度的物质。[5]

注：参见催化剂，阻聚剂。

2.095

阻聚剂　inhibitor

以很少的用量便能抑制化学反应的物质。[5]

注：参见催化剂、缓聚剂/缓凝剂。

2.096

光敏剂　photo-sensitizor

能使材料或化学体系对光产生敏感的物质。

2.097

弹性体印模材料　elastomeric impression material

以非水聚合物体系（聚硫、聚硅氧烷、聚醚和其他合成材料）为基质的印模材料。固化后显示橡胶样性质。

2.098

聚硫基印模材料　polysulfide based impression material

重复单元是以二硫化物基团连接的有机聚合物**弹性体印模材料**。通常是由链增长和交联而固化。

注：不推荐使用"硫醇 mercaptans"和"聚硫橡胶 thiokos"。

2.099

聚醚基印模材料　polyether based impression material

以乙撑亚胺为侧基的聚醚为基质的弹性体印模材料。加入催化剂（芳香磺酸酯）而固化。

2.100

聚硅氧烷基印模材料　silicone based impression material

以带有反应性羟基（OH）的有机聚硅氧烷形成的缩聚物或带有反应性乙烯基的有机聚硅氧烷形成的加成物为基质的**弹性体印模材料**。通常是由链增长和交联而固化。

2.101

功能印模材料　functional impression material

用来记录在功能状态下义齿支撑组织外形的印模材料。

2.102

生石膏　gypsum

以二水硫酸钙（$CaSO_4 \cdot 2H_2O$）为主要成分的天然原材料。

注：将该词用于在以石膏结合剂铸造包埋材料中作为结合剂的（α 及 β）半水硫酸钙以及用于无水硫酸钙形式是不正确的。

2.103

熟石膏　plaster

生石膏部分脱水而成的半水硫酸钙（$CaSO_4 \cdot 1/2H_2O$）。此术语也用于水与半水硫酸钙的混合物。

5）源自 ISO 472：1988《塑料　词汇》。

2.104

α 半水硫酸钙　calcium sulfate hemihydrate(so-called alpha)

在蒸气压力条件下煅烧**生石膏**所制取的产品。结构呈一定规则的颗粒，孔隙低。加入少量的水便可达到满意的调和。(有时称做牙科人造石，dental artificial stone)

2.105

改性 α 半水硫酸钙　calcium sulfate hemihydrate(so-called alpha modified)

在氯化钙水溶液中煅烧**生石膏**所制取产品。加水量比 α 型更少，便能达到满意的调和。

2.106

β 半水硫酸钙　calcium sulfate hemihydrate(so-called beta)

在干燥条件下煅烧**生石膏**所制取的产品。微粒集聚成团块，具有较高的孔隙度。加入较多的水才能达到满意的调和。

2.107

特种石膏　special plasters

经专门制造工艺或加入能使产品具有特殊性能的添加剂的方法，或上述两种方法同时采用所制取的半水硫酸钙制品。

2.108

铸造包埋材料　casting investment

用于形成牙科铸造修复体的铸模用的材料。主要由用来调整所需的热膨胀系数的二氧化硅的同素异形体和结合剂组成。可选用下述中的一种为结合剂：

a)　**石膏**，适用于熔点相对较低的贵金属或贱金属合金，或

b)　磷酸盐或硅酸盐，适用于熔点相对较高的贵金属或贱金属合金。

2.109

分离剂　separating agent

易使相互接触的两表面分开的材料。

2.110

牙科复制材料　dental duplicating material

专门用来制取模型印模的材料。

2.111

义齿重衬　denture relining

使义齿获得新的组织面(适合的表面)的操作。(在义齿基托组织面上衬入材料，以便获得与牙槽嵴紧密适合的表面的操作过程。)

2.112

义齿衬层材料　denture lining material

专门用于衬入义齿基托的材料。

2.113

义齿软衬材料　soft denture lining material

衬在义齿基托组织面上的软质材料，以减轻支撑组织的创伤。

2.114

组织调整材料　tissue conditioning material

放置在组织面上一定时间，有助于组织恢复至健康状态的材料。

2.115

义齿基托聚合物　denture base polymer

制造支撑人造牙并且与软组织接触的义齿基托部分所用的任何合成聚合物。

2.116

共聚物　copolymer

聚合物是由大量两种或者两种以上不同化学结构单元形成的分子组成的

2.117

甲基丙烯酸甲酯单体　methyl methacrylate monomer

一种能聚合的液态化合物。其分子式为：

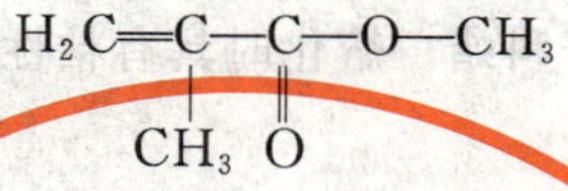

2.118

聚甲基丙烯酸甲酯　poly(methyl methacrylate)

由**甲基丙烯酸甲酯单体**聚合而成的透明的热塑性材料。

2.119

模型图谱　mould chart

制造厂按照人造牙的外形、尺寸绘制的样板图。

2.120

硫化　vulcanization

改变橡胶化学结构(例如交联),以便使其在较大的温度范围内获得或恢复、改善、增强弹性的过程。有时硫化的目的是为了使橡胶具有刚性。

2.121

硫化剂　vulcanizing agent

能促进**硫化**的物质。

2.122

牙科蜡　dental waxes

由一种或几种物质混合而成的材料,具有类似于天然蜡的热塑性质,专门制作和/或用于牙科和/或与其有关操作。

2.123

嵌体蜡　inlay wax

一种精密铸造及雕刻用的**牙科蜡**,由于它具有炽灼残渣少和可控的尺寸变化性等特点,适于采用失蜡铸造工艺制作修复体或修复装置铸件的蜡型。

2.124

模型蜡　modelling wax

牙科蜡的一种,其成分、性质及性能适于制作牙科修复体或修复装置的非金属部分的蜡型。

2.125

牙科蜡的弹性回复(记忆效应)　elastic recovery(memory effect) of a dental wax

指**牙科蜡**在室温下,所具有的靠其弹性形变能回复至其在冷却时所保持的外形的性质。

2.126

惰性蜡　inert wax,(neutral)(dead)wax

一种无**弹性回复**性能的**嵌体蜡**。在室温下具有一定的塑性,适于修补蜡型。

2.127

预制成形蜡　wax for preforms

嵌体蜡的一种。在室温下具有一定程度可塑性及很小的**弹性回复**性,专门制备和/或用于预制**铸件**的**蜡型**。

2.128

基托蜡　mounting wax

模型蜡的一种。在室温或口腔环境温度下具有适合的塑性和**粘性**，以便在蜡型上排列或安置(人工牙)。

2.129

粘蜡　sticky wax

用于将各组件粘接在一起的一种**牙科蜡**。熔化时具有粘性，在室温及口腔环境温度下变硬。

2.130

浴蜡　bath wax

嵌体蜡的一种。在控温容器内能保持熔化状态，能经受多次熔化及冷却凝固，而其各成分不分凝。

2.131

浸蜡　immersion wax

浴蜡的一种。弹性可有可无，由于其固化收缩率很低，可通过将模型浸在熔化状态的蜡中的方法制取蜡型的底层。

2.132

校正蜡　calibrated wax

以精确厚度或尺寸制作和使用的**牙科蜡**。

2.133

预成蜡型　wax preforms

其外形便于特殊使用的**牙科蜡**。

2.134

粘接蜡　adhesive wax

预制成形蜡的一种。其中的一个面经特殊处理，以利与模型相互粘接。

2.135

非粘接蜡　non-adhesive wax

预制成形蜡的一种。其中的一个面经特殊处理，以防与模型粘接。

2.136

增塑蜡　plasticized wax

含有合成物的**牙科蜡**，以减小粘性和改善表面光滑性。

2.137

边缘蜡；颈部蜡　marginal wax；cervical wax

惰性蜡的一种。在室温下，无粘性，具有可塑性，用于改善蜡型的边缘适合性。

2.138

咬合堤；𬌗堤　bite rim；occlusion rim

附在暂时或永久基托上用来记录颌骨关系的牙弓(示意)模型。

2.139

咬合堤堤蜡；𬌗堤蜡　bite rim wax；occlusion rim wax

用于制造**𬌗堤**的**牙科模型蜡**。

2.140

咬合蜡　bite wax

牙科蜡的一种。在口腔温度下具有塑性，用在**𬌗堤**的𬌗面上，使二者固定于所需关系的位置上。

2.141

殆蜡　occlusion wax

牙科蜡的一种。在室温及口腔温度下具有塑性,颜色鲜明用于精确记录殆关系。

2.142

研磨蜡　milling wax

技工室用嵌体蜡,质地坚硬,其晶体特性使其便于用蜡钻切削。

2.143

倒凹填充蜡　block out wax;wax for undercuts

技工室用封闭蜡。具有很高的熔点范围,专门用于填充模型的倒凹处。

2.144

人工牙　artificial tooth

义齿装置上使用的,模仿天然牙冠的预制件。

2.145

倒置　inverted

当形容旋转器械头部或其中一部分的外形时,其外形(圆锥形、半球形等)中较小直径部分朝向轴柄的形状。

2.146

接触指示材料　contact indicating material(不赞成用:咬合记录糊剂 deprecated:bite registration, paste)

专门制备和/或用于牙齿表面以记录对殆牙、修复体或义齿的接触的材料。

2.147

氟化物凝胶　fluorine gel

化学形式为含氟化物的凝胶,并具有足够浓度以局部应用治疗牙齿组织。

2.148

窝沟封闭剂　pit and fissure sealant

专门制备和/或用于预防性封闭牙齿釉质窝沟的材料。

2.149

遮色剂　opaquer

用于遮盖下方组织结构颜色的材料。美容修复时,可作为基底色。

汉语拼音索引

Z

其他

英 文 索 引

A

B

C

D

E

F

O

P

R

S

ICS 11.060.10
C 33

GB

中华人民共和国国家标准

GB/T 9937.3—2008/ISO 1942-3:1989

口腔词汇　第3部分:口腔器械

Dental vocabulary—Part 3:Dental instruments

(ISO 1942-3:1989,IDT)

2008-12-15 发布　　2009-11-01 实施

中华人民共和国国家质量监督检验检疫总局
中国国家标准化管理委员会　发布

前　言

GB/T 9937《口腔词汇》分为5部分：

——第1部分：基本和临床术语；

——第2部分：口腔材料；

——第3部分：口腔器械；

——第4部分：口腔设备；

——第5部分：与测试有关的术语。

本部分为GB/T 9937的第3部分。

本部分等同采用ISO 1942-3:1989《口腔词汇　第3部分：器械术语》及ISO 1942-3:1989/修改单1:1992、ISO 1942-3:1989/修改单2:1992。

本部分依据ISO 1942-3:1989和修改单重新起草如下：

a) 词汇3.280～3.289为修改单1的内容。

b) 词汇2.292～3.300为修改单2的内容。

c) 本部分与第1部分重复的术语，以第1部分为准。

d) 原国际标准中以斜体字印刷的，在本标准中改为以黑体字印刷。

本部分由国家食品药品监督管理局提出。

本部分由全国口腔材料和器械设备标准化技术委员会归口。

本部分起草单位：国家食品药品监督管理局北大医疗器械质量监督检验中心。

本部分主要起草人：林红、刘文一。

口腔词汇　第3部分:口腔器械

1　范围

GB/T 9937 规定了口腔术语。

本部分是有关口腔器械名词术语。口腔基本和临床、口腔材料、口腔设备术语以及与这些产品有关的测试的术语,包含在 GB/T 9937 的其他 4 部分中。

本部分目的是为标准的制定和执行提供一些公认的口腔术语的定义,以便对文件的理解,同时通过与牙科国际联盟、世界卫生组织及国家或国际间相关组织的紧密合作,促进相互间的交流。

2　以黑体字印刷的术语的使用

在定义、示例或注中以黑体字印刷的术语,是进入词汇的另一个路径,也出现在 GB/T 9937 的其他部分中。在每一条路径中第一次出现时,术语才以黑体字印刷。

术语中其他语法形式,如名词的复数和动词的分词,也以与基本形式一样的方式表示。

3.001

牙科学;牙医学;口腔医学　dentistry[1)]

有关牙齿、口腔和颌骨疾病、畸形及损伤等的预防、诊断和治疗以及缺失牙齿及相关组织的修复和置换等的科学及技能。

3.002

牙科医生;口腔医生　dentist[2)]

完成高中或同等学历教育后,在国家承认(或授权)的大学或牙科学校中完成所规定的牙科课程,并从国家有关部门正式获得了牙科行医证书,能够独立地对牙科疾病进行预防、诊断和治疗的人。

3.003

牙科诊室　dental office;dental surgery

牙科医生接待和治疗病人的场所。

3.004

牙科医生工作区　working space of the dentist

牙科医生周围和用于安置及治疗病人的地方。

3.005

牙科技工室　dental laboratory

不需病人在场,按照**牙科医生**的设计进行技术操作的工作间。

3.006

牙科技工　dental technician[3)]

按照**牙科医生**的设计,从事**牙科技工室**工作的牙科辅助人员。

3.007

正畸学　orthodontics

研究颅面部生长发育、牙齿错𬌗畸形及其他牙、面畸形的治疗或预防的**牙医学**分支。

---

1)　在不同国家,根据其使用,dentistry 一词可有不同的定义。dental 一词也如此,在我国也译为口腔。

2)　此定义依据 WHO,CIOMS 对医师(physician)的定义而来,该定义在 1972 年 4 月日内瓦被世界卫生大会采纳。在不同国家,根据其使用,dentist 和 dental school 可有不同的定义。

3)　在不同国家,dental technician 一词和它的技术限定可有不同的定义。

3.008

牙周病学　periodontics;periodontia

有关侵犯**牙周组织**的各种疾病的研究、预防和治疗的**牙医学**分支。

3.009

修复牙医学;牙修复学　restorative dentistry

是恢复有牙齿口腔的健康、形态及功能的所有牙科活动过程的综合术语。

3.010

保存牙医学;牙体治疗学　conservative dentistry;operative dentistry

在保存牙齿健康部分的前提下,有关恢复患牙或损伤牙齿的合适的外形及功能的**修复牙医学**的分支。

3.011

牙体功能修复学

有关牙齿的功能性修复的**保存牙医学**的一部分。

3.012

儿童牙医学　paedodontics;paediatric

有关儿童口腔及牙齿疾病和/或损伤的诊断、预防和治疗,以及阻断儿童口腔异常的**牙医学**分支。

3.013

牙髓病学　endodontics

有关牙髓疾病及根尖周围组织疾病的诊断和治疗的**牙医学**分支。

3.014

口腔修复学;牙科修复学;修复牙医学　prosthodontics;prosthetic dentistry

用人工装置替代缺失牙齿及其有关组织,以恢复咀嚼系统的功能和美观的**牙医学**分支。

3.015

牙科材料;口腔材料　dental material

专门制备和/或提供给牙科专业人员从事**牙科学**业务和/或与其有关的操作过程中所使用的物质或物质的组合体。

3.016

牙科设备;口腔设备　dental equipment

专门制备和/或提供给牙科专业人员从事**牙科学**业务和/或与其有关的操作过程中所使用的设施、机器、仪器及附属设备。

3.017

牙科器具;口腔器具　dental instruments

专门用于牙科的小手工工具。

3.018

牙科产品;口腔产品　dental product

专门制备和/或提供给牙科专业人员从事**牙科学**业务和/或与其有关的操作过程中所使用的一切产品。

3.019

牙科器械;口腔器械　dental device

专门制备和/或提供给牙科专业人员从事**牙科学**业务和/或与其有关的操作过程中所使用的除**牙科材料**、**牙科设备**部件、个别病人特备装置以外的一切物品、器具或用具。

3.020

牙科药物材料；口腔药物材料　dental pharmacological materials

能够影响局部或全身组织的正常生理活动、影响组织的病理变化、改变细胞或侵入的微生物的正常代谢的**牙科材料**(此药理作用也可能是某些牙科材料的次要功能)。

3.021

器具柄　instrument handle

在使用过程中,用于握持的器具部分。

3.022

可换式器具把手　interchangeable instrument holder

带有容易使器具互换的固定装置的把手(器具柄)。

3.023

口镜　dental mirror

用于口腔检查和牵开(颊、舌等)的器具,主要由两部分组成,通常这两部分是分开的。

a)　柄;

b)　带有连接杆或不带有连接杆的镜子,杆用于连接柄和镜子。

3.024

平面口镜　plane dental mirror

反射面为平面的口镜。

3.025

凹面(放大)口镜　concave (magnifying) dental mirror

反射面为凹面的口镜,能产生被观察物的放大影像。

3.026

双面口镜　double-sided dental mirror

具有两个反射面的口镜。

3.027

双分离镜　double separator mirror

由一短杆连接两面镜子组成的器具,短杆使两面镜子保持一定的距离和方向,以便能同时牵开软组织和观察舌面及前庭面。

3.028

牙探针　dental probe;explorer

手持探触器械,末端为细的工作部分,根据用途,工作部分可以是针状的、钩状的或圆头的。

3.029

拔牙钳　forceps,dental extraction

拔牙用的钳子。

3.030

牙挺　elevator,dental

拔牙或拔牙根时使用的挺子。

3.031

牙龈分离器　syndesmotome

用于分离牙龈及牙周纤维的手术器械。

3.032

牙根分离器　root separator

专门为劈开多根牙齿的牙根而设计的手术器械。

3.033

牙齿分离器　teeth separator

用来将相邻牙齿脱离正常接触的器械或装置。

3.034

牙洁治器　dental scaler

专门设计和/或用于清除牙齿表面牙垢的手动或电动牙科器械。

3.035

调刀　spatula

用于调和液体、粉末或半固体的手持器具。其工作部分或刀身不得与所调和的材料起反应。

3.036

修复牙科用手持切削器具　hand-held cutting instrument for restorative dentistry

由以下几部分组成：

——带刀刃的工作部分或刀身；

——供手握持操作的手柄；

——连接手柄和刀身的连接部分或杆；

——如果是反角双面盘形挖器、爪状挖匙和梨形挖器，应有连接刀身和杆的颈部。

3.037

直形手持切削器具　straight hand-held cutting instrument

手柄、刀身和杆部均在同一轴线的手持切削器具。

3.038

弯形手持切削器具　curved hand-held cutting instrument

刀刃向刀身的两平面一侧弯曲的手持切削器具。

3.039

角形手持切削器具　angled hand-held cutting instrument

刀身与手柄长轴成一角度的手持切削器具。

3.040

反角手持切削器具　contra-angled hand-held cutting instrument

由一长刀身和杆组成的手持切削器具。刀身与器具长轴呈锐角，杆具有两个或两个以上的角度或弯曲，使切刃在手柄的轴向投影之内。

3.041

斧，短柄斧（牙釉斧、手斧）　hatchet

角形手持切削器具，其切刃与手柄长轴在同一平面上。

3.042

锄形器　hoe

角形手持切削器具，其切刃在与手柄长轴垂直的平面上。

3.043

双面弯形手持切削器具　biplane curved hand-held cutting instrument

斧形器具，刀身呈弯曲形，使刀身的凹面和切刃在刀身的同一侧。匙形、爪状、盘形和梨形手持切削器具的杆也这样弯曲时，亦称为双面弯形手持切削器具。

3.044

凿　chisel

手持切削器具的一种，刀身的横截面为矩形且刀身的工作部分为斜面，形成一个垂直于刀身长轴的直形切刃。刀身通长为直的（平行六面体）但也可在平面上弯曲。

3.045

角形凿　angle-forming chisel

切刃同刀身长轴不垂直的凿。

3.046

牙挖器　dental excavator

切刃呈弯曲形的**手持切削器具**。

3.047

手持切削器具识别标准位置　standard position for identification of hand-held cutting instrument

器具放置的位置，使术者观察时易于辨认该器具，即手柄朝向手术者、工作部分向上。

3.048

左侧　left

斧形器具：在标准位置观看，切刃在刀身的左侧。

角形直凿器具：在标准位置观看，器具的锐角在刀身的左侧，斜面在刀身的远端。

3.049

右侧　right

斧形器具：在标准位置观看，切刃在刀身的右侧。

角形直凿器具：在标准位置观看，器具的锐角在刀身的右侧，斜面在刀身的远端。

3.050

远端　distal

锄形器具：在标准位置观看，切刃在刀身的远端。

龈缘修整器：在标准位置观看，锐角在刀身的远侧刃。

3.051

近端　proximal；近中的　mesial

锄形器具：在标准位置观看，切刃在刀身近端。

龈缘修整器：在标准位置观看，锐角在刀身的远侧刃。

3.052

匙形牙挖器　spoon excavator

刀身呈弯曲形，切刃在刀身的凹面上，且刀身的横截面近似半圆形的**牙挖器**。

3.053

梨形牙挖器　pear-shaped excavator

刀身为梨形的弯形**牙挖器**，其最窄部分同杆相连。

3.054

爪形牙挖器　cleoid excavator

刀身呈尖形，横截面近似为三角形，有二个切刃的**牙挖器**。

3.055

盘形牙挖器　discoid excavator

刀身为球体的一部分，带有环形切刃的**牙挖器**。

3.056

龈缘修整器　gingival margin trimmer

双面角形凿。

3.057

滑动连接器　slip-joint

连接主动轴与手机的装置，由两根同轴圆柱体组成，这两根圆柱体由一个固定装置固定，一根套在另一根中滑行。

3.058

腕状连接器　wrist-joint

由铰链、旋转关节和滑轮组成的装置,可以将旋转运动通过缆绳传动到可自由活动的**滑动连接器**上。

3.059

外锁滑动连接器　externally locking slip-joint

滑动连接器,其特点是有一个外锁装置,手机近侧部件上的槽与相配部件上的槽对准,然后锁住。

3.060

与微型马达连接的内锁滑动连接器　internally locking slip-joint;connection to micromotor

滑动连接器,通过滑动连接器内圆柱体上凸出的弹簧销与**手机**近侧部件内侧的环状槽咬合而固定。

注:这种连接器允许与微型马达相连的手机作旋转运动。

3.061

牙科手机(通用名词)　handpiece,dental (general term)

用来向牙科工具或器具传递(带转换或不带转换)工作所需能量的手持工具夹。

3.062

旋转牙科手机　dental handpiece for rotary movement

用来传递或转换**旋转**运动的**牙科手机**。

注:这些手机大多数设计成短工具夹头形式,以便能直接连接到牙科电动或气动微型马达上。这种装置可作手机,也可是由一个微型马达、传动机构和夹具所组成的组合装置。牙科手机可装有气管或水管,用以冷却和/或冲洗操作区和/或装有照明用的光导纤维装置。

3.063

直手机　handpiece,straight

用来向器具传递和/或转换旋转运动的手机。其轴与手机主轴相重合。

3.064

弯手机(通用名词)　handpiece,angled (general term)

主轴与被夹工具或器具呈角度的牙科手机。

3.065

钝角手机　handpiece,obtuse-angled

主轴与被夹工具或器具呈钝角的单角牙科手机。

3.066

直角手机　handpiece,right-angled

主轴与被夹工具或器具呈直角的单角牙科手机。

3.067

反角手机　handpiece,contra-angled

配有一个或多个附加角度的**直角手机**。使被夹工具或器具的工作部分与手机主轴大致成一直线。

3.068

可调反角手机　handpiece,contra-angled,adjustable

携带直角头的部分能围绕自己的轴转动的**反角手机**。

3.069

直角夹头　right-angled head

手机的远端部件,它与手机颈部长轴呈直角,用以夹持和/或带动器具。

3.070

牙科手机的颈　neck of a dental handpiece

连接弯手机头部和机身(或手持部)的部分。

3.071

可调弯手机　handpiece,adjustable,angled

颈部与机身间的角度可以改变的**弯手机**。

3.072

微型直角头　miniature right-angled head

专门用于与微型车针配合的尺寸很小的**直角夹头**。

3.073

根管治疗手机　handpiece,endodontic

牙髓病治疗中使用的**反角手机**,可将连续的旋转运动转换成间歇的半旋转运动和/或间歇的轴向运动,或者是两者的组合运动。

3.074

Doriot 型手机　handpiece,Doriot type

内有**腕状连接器**的**直手机**。近端有一个滚花按钮,通过一个夹头来保证器具或特制弯头的安全。

3.075

牙科微型马达　micromotor,dental

电动或气动小型马达,与手机配合或作为手机的一个部件。

3.076

牙科气涡轮机　air turbine,dental

气动高速小型涡轮机,专门用来与**牙科手机**的夹头组合,夹持装置与涡轮机同轴。

3.077

微型牙科气涡轮机　miniature dental air turbine

小型**牙科气涡轮机**,其头部与微型 FG 车针相配合。

3.078

旋转器具的摩擦型夹具杆(FG)　friction grip shank of a rotary instrument (FG)

与摩擦型夹具夹头配套的旋转器具杆。

3.079

旋转手机的摩擦型夹具夹头　friction grip chuck of a rotary handpiece

固定器具的夹头,当旋转器具的摩擦型夹具杆插入时,通过弹性装置的变形实现器具的固定、中心调整和驱动。

3.080

卡槽型固定器　latch-type retainer

通过与器具杆的沟槽咬合来固定旋转器具的装置。

3.081

卡槽型杆　latch-type shank

具有环状沟槽的旋转器具杆,由**卡槽型固定器**和与**手机**驱动部分咬合的平面进行固定。

3.082

旋转器具(通用术语)　rotary instrument (general term)

手动或电动器具,用于做反向旋转运动或结合其他类型的运动。由一个工作部分(有时称作头部)和旋转轴组成。旋转运动可是完整的、部分的、反向或与其他类型的运动相结合。

3.083

旋转器具的杆　shank of a rotary instrument

旋转器具旋转轴上同手机或其他工具夹相配合的部分。

3.084

旋转器具的颈　neck of a rotary instrument

旋转器具上连接工作部分和杆的部位。通常为锥形。

3.085

旋转器具杆的类型　type of shank

根据旋转器具杆的形状和尺寸而规定的杆的标识符号。

3.086

旋转器具工作部分的形状　shape of the working part of a rotary instrument

旋转器具工作部分在轴向旋转时，工作部分所描绘的旋转包络线的几何轮廓。

注：如果旋转器具工作部分形成一个以上的几何轮廓，则每个轮廓必须从远端开始依次定名。

例如：

穹顶形截锥形头（domed truncated conical head ）

倒截锥形圆柱形头（inverted truncated conical cylindrical head）

锥形倒半球形头（conical inverted hemispherical head）

截锥形倒锥形头（conical truncated inverted conical head）

3.087

旋转器具的特征　characterization of a rotary instrument

器具工作部分的详细特征，如刀身的数目、尺寸和几何形状或研磨粒子的大小和分布。

3.088

磨光器　burnisher

具有光滑或有棱工作头的手动或旋转器具，用于金属表面的冷加工以产生一个光亮平滑的抛光面和/或用于在洞面角处薄金属边缘的旋压成形。

3.089

钻　drill

钻孔器具。

3.090

旋转挖器　scaler，rotary[4)]

可以进行旋转使用的挖器。

3.091

矛状钻　spear drill[4)]

形状为矛状的钻。

3.092

螺旋钻/麻花钻　twist-drill[4)]

形状为螺旋状的钻。

3.093

埋头钻　drill，countersinking[4)]

锥口钻、尖底锪钻。能在钻孔上钻出漏斗形的凹坑的钻。

4）　自定义术语。

3.094

圆锥形埋头钻 drill,countersinking conical[5)]

钻头形状为圆锥形的埋头钻。

3.095

管形窗切削器 cutter,tubular windowed[5)]

带管形窗的切削器。

3.096

管状截锥切削器 cutter,tubular,truncated,conical[5)]

管状截锥形切削器。

3.097

有窗环钻(锯) trephine windowed[5)]

带窗的环钻(锯)。

3.098

带有圆窗的环钻 trephine with circular window[5)]

带圆形窗的环钻。

3.099

圆柱形头 head,cylindrical

工作部分绕杆轴旋转,所描绘的旋转包络线为圆柱形。

3.100

轮形头 head,wheel-shaped

圆柱形头,其长度约为其公称直径的三分之一。

3.101

锥形头 head,conical

工作部分绕杆轴旋转,所描绘的旋转包络线为锥形,锥形底面朝向旋转轴。

3.102

截锥形头 head,conical truncated

工作部分绕杆轴旋转,所描绘的旋转包络线为截锥形,底面朝向旋转轴。

3.103

倒锥形头 head,conical inverted

工作部分绕杆轴旋转,所描绘的旋转包络线为锥形,底面背向旋转轴。

3.104

倒截锥形头 head,conical inverted truncated

工作部分绕杆轴旋转,所描绘的旋转包络线为截锥形,底面背向旋转轴。

头部长度与平均直径大致相等。

3.105

球形头;圆头 head,spherical;round head

工作部分绕杆轴旋转,所描绘的旋转包络线为球形。

3.106

半球形头;半圆头 head,hemispherical;half-round head

工作部分绕杆轴旋转,所描绘的旋转包络线为半球形,底面朝向旋转轴。

---

5) 自定义术语。

3.107

倒半球形头;倒半圆形头　head,hemispherical inverted;inverted half-round head

工作部分绕杆轴旋转,所描绘的旋转包络线为半球形,底面背向旋转轴。

3.108

次半球形头　head,hypo-hemispherical

工作部分绕杆轴旋转,所描绘的旋转包络线为恒定曲率小于半球形的穹顶形,底面朝向旋转轴。

3.109

倒次半球形头　head,hypo-hemispherical inverted

工作部分绕杆轴旋转,描绘的旋转包络线的恒定曲率小于半球的穹顶形,底面背向旋转轴。

3.110

椭圆头　head,ellipsoidal

工作部分绕杆轴旋转,描绘的旋转包络线为椭圆形。

3.111

纵向椭圆头　head,ellipsoidal longitudinal

工作部分绕杆轴旋转,描绘的旋转包络线为长轴与旋转轴重合的椭圆形。

3.112

横向椭圆头　head,ellipsoidal transverse

工作部分绕杆轴旋转,描绘的旋转包络线为椭圆形,且其短轴与旋转轴重合。

3.113

抛物形头　head,paraboloidal

工作部分绕杆轴旋转,描绘的旋转包络线为标准抛物面,底面朝向旋转轴。

3.114

倒抛物形头　head,paraboloidal inverted

工作部分绕杆轴旋转,描绘的旋转包络线为标准抛物面,底面背向旋转轴。

3.115

尖顶形头　head,ogival

工作部分绕杆轴旋转,描绘的旋转包络线为尖项(哥德式)弓形绕其对称轴旋转所产生的图形。

3.116

对称次半球形头;透镜形头　head,hypo-hemispherical symmetrical;lens shaped head

工作部分旋转时,描绘出双凸面透镜圆形。

3.117

锥形/圆柱形头;尖圆柱形头　head,conico/cylindrical;pointed cylindrical head

具有锥形端的圆柱形头,其锥形底面的直径同圆柱体相等。

3.118

球形/圆柱形头;圆顶柱形头　spherico/cylindrical head;round-ended cylindrical head

圆柱形头,旋转时其端部描绘出球形面,球的直径大于圆柱部分的直径。

3.119

半球形/圆柱形头;圆顶圆柱形头　hemispherico/cylindrical head;domed cylindrical head

圆柱形头,端部为半球形,球半径与圆柱部分的半径相等。

3.120

次半球形/圆柱形头;圆顶柱形头　hypo-hemispherico/cylindrical head;round-ended cylindrical head

圆柱形头,旋转时端部呈小于半球的球面。

3.121

尖顶圆柱形头　ogivo/cylindrical head;torpedo-shaped cylindrical head

圆柱形头,旋转时其端部描绘的轨迹图形呈类似于一个尖顶(哥德式)弓形绕其对称轴旋转而产生的轨迹图形。

3.122

凹形头;杯形头　hollow head;cup-shaped head

旋转时头部描绘出有端面开口外形的旋转表面。

例如:

凹形倒半球形头(杯形头)　hollow inverted hemispherical head (cup-shaped head)

凹形倒截锥形头(凹形倒锥形头)　hollow inverted truncated cone head (hollow inverted cone head)

凹形圆柱形头　hollow cylindrical head

3.123

环形头　trephine

主要为端面切削的空心圆柱形或截锥形头。

3.124

(带)凸肩形头　shouldered head

带有一光滑肩台的头,肩台的作用是限制钻头钻入的深度。

3.125

卵形头;椭圆形头　oval head;ovaloid head

工作部分旋转时,呈由绕椭圆的两个对称轴之一旋转而产生的图形。

3.126

纵向卵形头　longitudinal oval head

旋转轴与其对称长轴重合的卵形头。

3.127

横向卵形头　transverse oval head

旋转轴与其对称短轴重合的卵形头。

3.128

卵形头;蛋形头　ovoidal head;egg-shaped head

工作部分旋转时,呈由绕卵圆对称轴旋转而产生的图形(大头端朝向杆轴)。

注:蛋形为一光滑封闭曲线,只有一个对称轴,直线与曲线相交不超过两点。

3.129

倒卵形头;倒蛋形头　inverted ovoidal head;inverted egg-shaped head

工作部分旋转时,呈绕卵圆对称轴旋转而产生的图形(小头端朝向杆轴)。

3.130

连颈球形头　spherical head with collar

与截锥形杆相连的球形头,其远端带有切刃或磨料。

3.131

侧向切削倒截锥形头(侧向切削倒截锥车针)　inverted conical head,truncated,side-cutting only[6]

仅侧向可切削的倒截锥形头(仅侧向可切削的倒截锥形车针)。

6) 自定义术语。

3.132

连颈倒截锥形头　inverted conical head, truncated, with collar

与截锥形杆相连的倒锥形头，其远端带有切刃或磨料。

3.133

连颈倒锥形头　inverted conical head with collar

与截锥形杆相连的倒锥形头，其远端带有切刃或磨料。

3.134

尖顶倒锥形头　inverted conical head, pointed, truncated

头的形状由两个基本图形组成，远端为锥形，锥形底部同近侧的倒截锥相连，连接处无台阶。

3.135

倒铃形头　inverted bell head

头的形状由两个基本图形组成，远端为倒双截双曲面，并同近侧倒半球形相连。连接处无台阶。

3.136

尖顶轮形头　wheel head, pointed

由两个基本形状组成的头，远端锥形底部同近侧的轮形部分相连，连接处无台阶。

3.137

连颈轮形头　wheel head with collar

与截锥形杆相连的轮形头，远端带有切刃或磨料。

3.138

轮形铆接头　wheel head, riveting

周边带有球或滚子的轮形头，用于铆接。

3.139

圆柱形倒锥形头　inverted conical head, cylindrical

头的形状由两个基本图形组成，远端的倒锥部分同近端的圆柱形相连，连接处无台阶。

3.140

柱形倒截锥头　inverted conical head, truncated/cylindrical

头的形状由两个基本图形组成，远端的倒截锥部分与近端的圆柱形部分相连，连接处有台阶。

3.141

连颈双凸透镜形头　lenticular head with collar

与截锥形杆相连的双凸透镜形头，远端带有切刃或磨料。

3.142

凹侧面倒截锥形头　inverted conical truncated head with concave side

侧面为凹形的倒截锥形头。

3.143

圆刃轮形头　wheel head with rounded edges

带有圆刃的轮形头，其轴向横截面呈矩形。

3.144

凹槽凸缘轮形头　wheel head recessed, with convex rim

对称凹槽轮形头，其轮缘的轴向横截面呈近乎对称的圆形。

3.145

圆缘轮形头　wheel head with rounded rim

轮形头，轮缘轴向横截面为半圆形。

3.146

凸肩凸缘轮形头　wheel head with convex rim,shouldered

轮形头,轮缘的轴向横截面呈近乎对称的圆形,远端表面的中心带有一个凸肩。

3.147

圆刃凹端面圆柱形头　cylindrical head,round edged with concave end

轴向截面略呈方形的圆柱形头,远端面为凹形,远端刃为圆形。

3.148

末端切削倒锥形　inverted conical,end cutting only[7)]

仅末端可切削的倒锥形。

3.149

末端切削轮　wheel,end cutting only[7)]

仅末端可切削的轮。

3.150

边缘带槽孔轮　wheel,rim grooved perforated[7)]

边缘带有孔状凹槽的轮。

3.151

凹端侧切削倒锥形　inverted conical,side cutting only with concave end[7)]

仅凹端侧边可切削的倒锥形。

3.152

外周切削轮　wheel,peripheral cutting only[7)]

仅外周边可切削的轮。

3.153

外周切削辐状轮　wheel,spoked,peripheral cutting only[7)]

仅外周边可切削的辐状轮。

3.154

侧切削圆柱形　cylindrical,side cutting only[7)]

仅侧边可切削的圆柱形。

3.155

末端切削圆柱形　cylindrical,end cutting only[7)]

仅末端可切削的圆柱形。

3.156

末端切削和部分侧切削圆柱形　cylindrical,end cutting and partially side cutting[7)]

末端和部分侧边可切削的圆柱形。

3.157

末端切削和部分侧切削穹顶圆柱形　cylindrical domed,end cutting and partially side cutting[7)]

末端和部分侧边可切削的穹顶圆柱形。

3.158

侧切削截圆锥形　truncated,conical,side cutting only[7)]

仅侧边可切削的截圆锥形。

---

7)　自定义术语。

3.159

穹顶截圆锥形　truncated,conical,domed[8)]

端面为穹顶状的截圆锥形。

3.160

尖顶截圆锥形　truncated,conical,pointed[8)]

端面为尖顶状的截圆锥形。

3.161

侧切削穹顶截圆锥形　truncated,conical,domed,side cutting only[8)]

侧边可切削,端面为穹顶状的截圆锥形。

3.162

双穹顶圆柱形　cylindrical,double domed[8)]

两端面都为穹顶状的圆柱形。

3.163

倒锥端对称的圆椎形　conical,with inverted conical end symmetrical[8)]

倒锥端对称的圆锥形。

3.164

穹顶倒截锥形的　inverted,truncated,conical,domed[8)]

带有穹顶的截顶倒圆锥形。

3.165

穹顶倒锥形的　inverted,conical,domed[8)]

带有穹顶的倒圆锥形。

3.166

火焰　flame[8)]

火焰,火焰状。

3.167

芽　bud[8)]

芽,芽状物。

3.168

细长芽　bud,slender[8)]

细长状的芽,细长芽状物。

3.169

桶　barrel[8)]

桶,圆柱形容器。

3.170

尖顶圆柱形的　cylindrical,with ogival end[8)]

带有尖顶端的圆柱形。

3.171

边缘切削透镜状的　lenticular,rim cutting only[8)]

边缘切削的双凸透镜状的。

3.172

圆芽　bud,rounded[8)]

圆状的芽。

8）自定义术语。

3.173

细长圆芽　bud,rounded,slender[9]

细长的圆芽。

3.174

钟　bell[9]

钟,钟状物。

3.175

双曲面短倒锥形的　conical,inverted hyperboloidal,short[9]

双曲面短倒锥形。

3.176

牙科车针;牙钻针;牙钻　bur,dental

a)　旋转研磨器具,由头和轴柄组成,能配合**牙科手机**使用。

b)　旋转研磨器具,与**牙科手机**配合使用,由头和轴柄组成。

注:本术语有时也被错误的用于小型金刚石磨头。

3.177

车针头　bur head

车针的工作部分。

3.178

车针头的长度　bur head length

车针头的轴向尺寸。

3.179

车针的轴柄　bur shaft

车针上除去**车针头**的部分。轴柄由颈和杆组成。

3.180

车针颈　bur neck

车针轴柄上连接头部和杆部的部分,通常为锥形。

3.181

车针杆　bur shank

车针轴柄上与手机卡盘相配合的部分。

3.182

球形车针;球钻;圆钻　bur,spherical

头部为球形的**车针**。

3.183

圆柱形车针　bur,cylindrical

旋转时,头部呈圆柱面的**车针**。

3.184

截锥形车针　bur,conical truncated

头部为截锥形的**车针**。

3.185

环形车针　bur,trephine

中空末端开口圆柱形或截锥形**车针**,主要用于端面切削,通常有一个或多个侧面开口。

9)　自定义术语。

3.186

肩割车针　bur, shouldering

头部端面和其相邻侧面部分带有切削刃的**圆柱形车针**。

3.187

轮形车针　bur, wheel

通常为**圆柱形车针**，头部的长度约等于其公称直径的三分之一。

3.188

凸肩(定深)车针　bur, shouldered

带有肩台的车针，肩台的作用是限制车针钻入的深度。

3.189

末端切削车针　bur, end-cutting

末端切削专用的圆柱形**车针**。

3.190

倒截锥形车针；倒锥形车针　bur, conical truncated inverted, inverted cone bur

带有倒截锥形头的**车针**。

3.191

挖钻针　bur, excavating

专门用于清除龋坏牙本质的**车针**。

3.192

抛(磨)光钻针　bur, finishing

带有细刃口的**车针**，用于抛光表面。

3.193

根面车针　bur, root-facing

末端切削车针，带有刀刃而顶端宽平的光滑中心导杆用于导入根管。

3.194

髓腔车针　bur for pulp chamber

顶端为圆顶光滑的圆柱形或**截锥形车针**。

3.195

圆锯车针　circular saw bur

圆片形周边切削**车针**。

3.196

牙间车针　bur, interdental[10)]

用于牙齿之间的车针。

3.197

粗磨车针　bur, roughening[10)]

用于粗加工的车针。

3.198

球形超长柄车针(球形加长车针)　bur, spherical extra-long stem[10)]

带有超长柄的球形车针。

3.199

根面导向车针　root facer bur, guided[10)]

带有导向的根面车针。

---

10)　自定义术语。

3.200

汞齐车针 amalgam bur[11)]

用于汞齐的车针。

3.201

定向埋头圆柱形带肩车针 bur, shouldered, countersinking cylindrical, with guide[11)]

可定向的带有圆柱形平头的带肩车针。

3.202

半球形根面导向车针 root-facing bur, hemispherical, guided[11)]

带导向的半球形根面车针。

3.203

带外螺纹和螺母的轴柄 mandrel with external thread and nut[11)]

带有外螺纹和螺母的轴柄。

3.204

带外螺纹的轴柄 mandrel with external thread[11)]

带有外螺纹的轴柄。

3.205

带外螺纹和螺杆的轴柄 mandrel with internal thread and screw[11)]

带有外螺纹和螺杆的轴柄。

3.206

带外螺纹和螺杆的增强型轴柄 mandrel reinforced, with internal thread and screw[11)]

带有外螺纹和螺杆的增强型轴柄。

3.207

锥形螺纹夹头 tapered screw chuck[11)]

带有锥形螺纹的锥形夹头。

3.208

带钉形夹头和两个定位齿的轴柄(单向加力螺刀柄) mandrel, with pin chuck and two locating prongs[11)]

带有钉形夹头和两个定位齿的轴柄。

3.209

剖分式截锥形轴柄 mandrel, split, truncated, conical[11)]

剖分式的截圆锥形的轴柄。

3.210

剖分式圆柱形轴柄 mandrel, split cylindrical[11)]

剖分式的圆柱形的轴柄。

3.211

砂盘 abrasive disc

由含研磨料的圆形平板或微锥形薄板组成的**旋转器具**,其中心固定在或可固定于轴柄上。

砂盘分类:

按砂盘的形状、种类以及其固有特性;

按磨料类型和性质;

按磨料粘合的类型。

---

11) 自定义术语。

3.212

平砂盘　flat disc

表面为平面的砂盘。

3.213

锥形砂盘　conical disc

表面为锥形的砂盘,顶部安装在轴柄上。

3.214

多孔砂盘　perforated disc

有孔眼的平或锥形砂盘。

3.215

切向切盘　tangential cutting disc

边缘有磨料的砂盘。

3.216

单面砂盘　single-sided disc

仅一面有磨料的砂盘。

3.217

双面砂盘　double-sided disc

两面均有磨料的砂盘。

3.218

单面切向切盘　single-sided tangential cutting disc

单面和周边有磨料的砂盘。

3.219

双面切向切盘　double-sided tangential cutting disc

两面和周边均有磨料的砂盘。

3.220

凸面砂盘　convex disc

单面切向切削或非切向切削锥形砂盘,内表面无磨料。

3.221

凹面砂盘　concave disc

单面切向切削或非切向切削锥形砂盘,外表面无磨料。

3.222

边缘切削砂盘　edge-cutting disc

双面切向切削平砂盘,仅周边和与其相邻部分有磨料。

3.223

圆锯　circular saw

由周边带有锋利齿的圆形金属薄板组成的切削器具,其尺寸和硬度取决于它的用途。

3.224

单面外周切削平砂盘　flat disc,single-sided and peripheral cutting[12)]

外周可切削仅一面有磨料的平砂盘。

3.225

双面缘切削平砂盘　flat disc,double-sided and peripheral cutting[12)]

外周可切削两面都有磨料的平砂盘。

---

12)　自定义术语。

3.226

穿孔双面外周切削平砂盘　flat disc,perforated,double-sided and peripheral cutting[13)]

带孔外周可切削的两面都有磨料的平砂盘。

3.227

外周切削平砂盘　flat disc,peripheral cutting only[13)]

外周可切削的平砂盘。

3.228

后斜角前切削平砂盘　flat disc,rear bevelled,front cutting[13)]

前面可切削,后面带有斜角的平砂盘。

3.229

后斜角后切削平砂盘　flat disc,rear bevelled,rear cutting[13)]

后面可切削,后面带有斜角的平砂盘。

3.230

后肩形双面外周切削平砂盘　flat disc,rear shouldered,double-sided and peripheral cutting[13)]

双面和外周可切削的带后肩的平砂盘。

3.231

前肩形双面外周切削平砂盘　flat disc,front shouldered,double-sided and peripheral cutting[13)]

双面和外周可切削的带前肩的平砂盘。

3.232

后切削倒锥形盘　disc,inverted conical,rear cutting[13)]

后面可切削的倒锥形砂盘。

3.233

前切削倒锥形盘　inverted conical disc,front cutting[13)]

前面可切削的倒锥形砂盘。

3.234

后斜角前切削倒锥形盘　inverted conical disc,rear bevelled front cutting[13)]

前面可切削,后面带有斜角的倒锥形砂盘。

3.235

根管器具　root-canal instruments

用来对根管进行探查、穿透、预备或充填的器具。

3.236

根管扩大器　root-canal reamer

手动或电动旋转器具,工作部分通过侧面切削对根管进行清创或扩大。

3.237

根管锉　root-canal file

手动或电动器具,工作部分纵向移动时产生切削或磨削作用,从而扩大根管和磨光根管壁。

3.238

根管粗锉　root-canal rasp

手动或电动器具,在其工作部分有锋利的锉齿,通过磨削作用扩大根管。

3.239

根管倒钩拔髓针　root-canal barbed broach

在工作部分有向后弯的锋利斜刺的手持器具,用于拔除根管内的牙髓组织。

---

13)　自定义术语。

3.240

根管光滑髓针　root-canal smooth broach

工作部分为光滑的，横截面呈圆形或多边形的手持器具，用于探查根管。

3.241

根管充填器　root-canal filling condenser

工作部分渐细、横截面为圆形、端部扁平的手持器具，用于在轴向将**充填材料**压入根管。

3.242

根管充填侧压器　root-canal filling spreader

工作部分渐细、横截面为圆形、端面为尖状的手持器具，用于在侧向将**充填材料**压入根管。

3.243

根管吸潮尖　root-canal absorbent point

用有吸收力的材料制成的细长锥形物。用于插入根管以吸干根管内水分，将药品引入根管或用以取得根管内微生物标本。

3.244

根管敷料器　root-canal applicator

横截面呈圆形的尖头器具，工作部分粗糙不平，用于将药棉或液体引入根管。

3.245

根管糊剂输送器　root-canal paste carrier

工作部分为螺旋状或锥形弹簧状的电动器具，用于将**充填材料**或药物送入根管。

3.246

根管充填尖　root-canal filling point

用来封闭根管的细锥形物。可用任何适当的材料制成。例如：牙胶、银、聚丙烯、树脂基材料等。

3.247

根面锉　root facer

带有光滑中心导杆的端面切削头，导杆用来导入根管。

3.248

自导向根管器具　self-guiding root-canal instrument

带有非切削尖的器具。用来将工作部分沿根管导入。

3.249

根管扩孔钻　root-canal drill reamer

整个工作部分包括尖顶部均有切削刃的扩孔钻。

3.250

H 型根管锉　root-canal file, type H

工作部分为锥形呈 55°螺旋状的锥形**根管锉**，通过牵拉动作而工作。

3.251

R 型根管粗锉　root-canal rasp, type R

手用粗锉，工作部分为锥形并带有尖锐的突刺。

3.252

K 型根管扩孔钻　root-canal reamer, type K

锥形工作部分的横截面为正方形或三角形的扩孔钻。工作部分被扭曲与长轴成小于 12°的角，形成螺旋切削刃。

3.253

K 型根管锉　root-canal file, type K

锥形工作部分的横截面为正方形或三角形的根管锉，工作部分被扭曲与长轴成大于 16°角，以形成螺旋状切削刃。

3.254

G 型根管扩孔钻　root-canal reamer, type G

自导向扩孔钻，工作部分呈火焰形并带有螺旋形刀身。通过长颈与杆相连。

3.255

B1 型根管扩孔钻　root-canal reamer, type B1

纵向椭圆形扩孔钻，带有 4 个螺状刃口，头部为尖顶形。

3.256

B2 型根管扩孔钻　root-canal reamer, type B2

圆柱形扩孔钻，带有 2 个螺状刃口，头部为尖顶形。

3.257

P 型根管扩孔钻　root-canal reamer, type P

长的纵向椭圆形扩孔钻，带有 3 个螺旋刃口，头部为尖顶形。

3.258

O 型根管扩孔钻　root-canal reamer, type O

长截锥形扩孔钻，带有 3 个螺旋刃口，头部为平的。

3.259

A 型根管扩孔钻　root-canal reamer, type A

长截锥形扩孔钻，带有 3 个由凹槽分隔的直形刃口，头端为细长尖顶。

3.260

D 型根管扩孔钻　root-canal reamer, type D

长截锥形扩孔钻，带有 3 个由凹槽分隔的直形刃口，头部为圆锥尖。

3.261

T 型根管扩孔钻　root-canal reamer, type T

长截锥形扩孔钻，带有 12 至 16 个直形刃口，头部为圆锥尖。

3.262

C1 型根管扩孔钻　root-canal reamer, type C1

长截锥形扩孔钻，带有 6 至 8 个直形横刃口。

3.263

C2 型根管扩孔钻　root-canal reamer, type C2

长截锥形钻铰复合钻，带有 6 至 8 个直形横刃口，头部为圆锥形切削端。

3.264

KL 型根管扩孔钻　root-canal reamer, type KL

长截锥形扩孔钻，带有 6 至 8 个直形螺旋刃口，头部为圆锥尖状。

3.265

根管器具的短手柄 handle, short of a root-canal instrument

为用手指操作根管器具而设计的短手柄。

3.266

带刻度的根管糊剂输送器持器，卡槽型　root-canal paste carrier holder with graduation, latch type

带有调节糊剂输送器长度装置的旋转根管器具持器。

3.267

外科车针　bur,surgical

供外科手术切削骨头用的车针。

3.268

截锥形圆椎尖切骨器　bone cutter,truncated,conical,pointed[14)]

截圆锥形带圆椎尖的切骨器。

3.269

"Henahan"外科车针　bur,surgical,"Henahan"[14)]

外科用的"Henahan"车针。

3.270

技工室车针　bur,laboratory

牙科技工室用车针。

3.271

带有截锥圆锥端的对称双刃倒截锥形刮蜡刀　wax scraper,inverted conical,truncated,with truncated conical end,symmetrical,double-edged[14)]

带有截锥圆锥端的对称双刃倒截锥形刮蜡刀。

3.272

直形单刃刮蜡刀　wax scraper,straight single-edged[14)]

单面带刃的直形刮蜡刀。

3.273

圆柱形双刃刮蜡刀　wax scraper,cylindrical double-edged[14)]

双面带刃的圆柱形刮蜡刀。

3.274

圆柱形四刃刮蜡刀　wax scraper,cylindrical four-edged[14)]

四面带刃的圆柱形刮蜡刀。

3.275

截锥形单刃刮蜡刀　wax scraper,truncated,conical,single-edged[14)]

单面带刃的截锥形刮蜡刀。

3.276

尖顶拱形三刃刮蜡刀　wax scraper,ogival,three-edged[14)]

三面带刃的尖顶拱形刮蜡刀。

3.277

蜡车针　wax bur[14)]

用于切削蜡的车针。

3.278

中空圆柱形石膏切刀　plaster cutter,hollow cylindrical[14)]

圆柱形中空的石膏切刀。

3.279

中空截锥形、圆椎形石膏切刀　plaster cutter,hollow,truncated,conical[14)]

截锥形中空的圆椎形石膏切刀。

14）　自定义术语。

3.280

牙挺　dental elevator

为拔牙所设计的杠杆型器具。

3.281

牙挺刃　blade of elevator

牙挺的工作部分。

3.282

柄　handle

器具中设计为由操作者手持的那部分。

3.283

杆　stem

器具中连接工作部分与柄的那部分。

3.284

牙挺的观察标准位(S.P.O)　standard position for observation of dental elevators (S.P.O)

将牙挺放于桌上,手柄朝向观察者,而刃口面意欲与牙齿的最上方接触时挺子搁量的位置。

3.285

直牙挺　straight elevator

为刃口、杆和手柄的长轴接近重合的挺子。

注:直挺子可以有T型手柄。

3.286

成角型牙挺(左侧和右侧)　angled-on-edge elevators (right and left)

挺子的刃口成角型,其两侧平面与挺子长轴在同一平面内。

3.287

右侧牙挺　right elevator

挺子置于S.P.O位其刃口朝向观察者的左侧。

3.288

左侧牙挺　left elevator

挺子置于S.P.O位其刃口朝向观察者的右侧。

3.289

牙挺刃口的种类　description of elevator blades

a) 其形状可以是尖顶式的、三角形的或锥形的。

b) 其横断面可以是矩形的、或双凸透镜状(双凸圆形)平凸形(凹凸形)或半圆形。

c) 其尖端可以是尖的、圆的、直的、带有锋利或圆滑边缘。

d) 接触面可能以是圆滑的、锯齿状的、有纵向或横向细多纹的或菱形面。

e) 参考宽度和长度。

3.290

反角牙挺　contra-angled elevators

成角牙挺的杆端有一个或更多个附加角或弯曲,其目的是能将工作部分沿器具在长轴方向带回。

3.291

手柄形式　handle types

已开发了各种形式的手柄,基本上是两种类型。

a) 一种为手握型、圆形和锯齿形或横断面成多边形。

b) 另一种是带有横向杆的,其目的为增加旋转力(T型或软木塞-螺杆型)。

3.292

根管吸潮尖,纸尖　endodontic absorbent point;paper point

由吸水材料(通常为纸)制成,用于根管治疗时吸收液体的细锥形物。

3.293

根管塞尖　endodontic obturating point

用于永久根管充填的具有合适形状和大小的细锥形物。

3.294

根管(充填用)牙胶尖　endodontic gutta-percha point

主要成分是古塔胶(杜仲胶)的牙根管塞尖。

3.295

根管充填银尖　endodontic silver point

银制的牙根管塞尖。

3.296

根管聚合物尖　endodontic polymeric point

主要成分是合成聚合物的牙根管塞尖。

3.297

带环推子　band pusher

用于将金属带环安放于牙齿上的手持器具。

3.298

取带环钳子　band-removing pliers

将带环从牙齿上取下的钳子。

3.299

牵引器　retractor

在临床操作过程中,为改善能见度,便于器具进入以及为了保障安全而使软组织移位的器具。

注:根据相关的组织类型,牵引器分为颊、皮瓣、唇、舌、组织牵引器。

3.300

牙科银汞合金输送器　dental amalgam carrier

专门用于获取、传送可塑期的银汞合金,并将其放置于预备好的窝洞中的器具。

汉语拼音索引

Y

Z

其他

英 文 索 引

A

B

G

H

I

L

S

T

W

ICS 11.060.10
C 33

中华人民共和国国家标准

GB/T 9937.5—2008/ISO 1942-5:1989
代替 GB/T 9937—1988

口腔词汇
第5部分：与测试有关的术语

Dental vocabulary—Part 5: Terms associated with testing

(ISO 1942-5:1989, IDT)

2008-12-15 发布　　　　2009-11-01 实施

中华人民共和国国家质量监督检验检疫总局
中国国家标准化管理委员会　发布

前言

GB/T 9937《口腔词汇》分为5部分:

——第1部分:基本和临床术语;

——第2部分:口腔材料;

——第3部分:口腔器械;

——第4部分:口腔设备;

——第5部分:与测试有关的术语。

本部分为GB/T 9937的第5部分。

本部分等同采用ISO 1942-5:1989《口腔词汇　第5部分:与测试有关的术语》。

本部分与第1部分重复的术语,以第1部分为准。

原国际标准中以斜体字印刷的,在本标准中改为以黑体字印刷。

本部分代替GB/T 9937—1988《齿科材料、器械、设备测试和操作中的名词术语》。

本部分与GB/T 9937—1988相比,主要变化内容为:

本部分词汇内容和数量均较前版标准有较大修改。

本部分由国家食品药品监督管理局提出。

本部分由全国口腔材料和器械设备标准化技术委员会归口。

本部分主要起草单位:国家食品药品监督管理局北大医疗器械质量监督检验中心。

本部分主要起草人:刘文一、林红。

本部分所代替标准的历次版本发布情况为:

——GB/T 9937—1988。

口腔词汇
第5部分:与测试有关的术语

1 范围

GB/T 9937 规定了口腔术语。

本部分是与测试有关的术语。口腔基本和临床的名词术语、口腔材料、口腔器械和口腔设备的术语,包含在 GB/T 9937 的其他 4 部分中。

本部分目的是为标准的制定和执行提供一些公认的口腔术语的定义,以便对文件的理解,同时通过与牙科国际联盟、世界卫生组织及国家或国际间相关组织的紧密合作,促进相互间的交流。

2 以黑体字印刷的术语的使用

在定义、示例或注中以黑体字印刷的术语,是进入词汇的另一个路径,也出现在 GB/T 9937 的其他部分中。在每一条路径中第一次出现时,术语才以黑体字印刷。

术语中其他语法形式,如名词的复数和动词的分词,也以与基本形式一样的方式表示。

5.001

牙科学;牙医学;口腔医学　dentistry[1)]

有关牙齿、口腔和颌骨疾病、畸形及损伤等的预防、诊断和治疗以及缺失牙齿及相关组织的修复和置换等的科学及技能。

5.002

牙科医生;口腔医生　dentist[2)]

完成高中或同等学历教育后,在国家承认(或授权)的大学或牙科学校中完成所规定的牙科课程,并从国家有关部门正式获得了牙科行医证书,能够独立地对牙科疾病进行预防、诊断和治疗的人。

5.003

牙科诊室　dental office;dental surgery

牙科医生接待和治疗病人的场所。

5.004

牙科医生工作区　working space of the dentist

牙科医生周围和用于安置及治疗病人的设备的地方。

5.005

牙科技工室　dental laboratory

不需病人在场,按照**牙科医生**的设计进行技术操作的工作间。

5.006

牙科技工　dental technician[3)]

按照**牙科医生**的设计,从事**牙科技工室**工作的牙科辅助人员。

---

1) 在不同国家,根据其使用,dentistry 一词可有不同的定义。dental 一词也如此,在我国也译为口腔。

2) 此定义依据 WHO,CIOMS 对医师(physician)的定义而来,该定义在 1972 年 4 月日内瓦被世界卫生大会采纳。在不同国家,根据其使用,dentist 和 dental school 可有不同的定义。

3) 在不同国家,dental technician 一词和它的技术限定可有不同的定义。

5.007

正畸学　orthodontics

研究颅面部生长发育、牙齿错㕦畸形及其他牙、面畸形的治疗或预防的**牙医学**分支。

5.008

牙周病学　periodontics;periodontia

有关侵犯**牙周组织**的各种疾病的研究、预防和治疗的**牙医学**分支。

5.009

修复牙医学;牙修复学　restorative dentistry

是恢复有牙齿口腔的健康、形态及功能的所有牙科活动过程的综合术语。

5.010

保存牙科学;牙体治疗学　conservative dentistry;operative dentistry

在保存牙齿健康部分的前提下,有关恢复患牙或损伤牙齿的合适的外形及功能的**修复牙医学**的分支。

5.011

牙体功能修复学

有关牙齿的功能性修复的**保存牙医学**的一部分。

5.012

儿童牙医学　paedodontics;paediatric

有关儿童口腔及牙齿疾病和/或损伤的诊断、预防和治疗,以及阻断儿童口腔异常的**牙医学**分支。

5.013

牙髓病学　endodontics

有关牙髓疾病及根尖周围组织疾病的诊断和治疗的**牙医学**分支。

5.014

口腔修复学;牙科修复学;修复牙医学　prosthodontics;prosthetic dentistry

用人工装置替代缺失牙齿及其有关组织,以恢复咀嚼系统的功能和美观的**牙医学**分支。

5.015

牙科材料;口腔材料　dental material

专门制备和/或提供给牙科专业人员从事**牙科学**业务和/或与其有关的操作过程中所使用的物质或物质的组合体。

5.016

牙科设备;口腔设备　dental equipment

专门制备和/或提供给牙科专业人员从事**牙科学**业务和/或与其有关的操作过程中所使用的设施、机器、仪器及附属设备。

5.017

牙科器具;口腔器具　dental instruments

专门用于牙科的小手工工具。

5.018

牙科产品;口腔产品　dental product

专门制备和/或提供给牙科专业人员从事**牙科学**业务和/或与其有关的操作过程中所使用的一切产品。

5.019

牙科器械;口腔器械　dental device

专门制备和/或提供给牙科专业人员从事**牙科学**业务和/或与其有关的操作过程中所使用的除**牙科**

材料、牙科设备部件、个别病人特备装置以外的一切物品、器具或用具。

5.020

牙科药物材料;口腔药物材料　dental pharmacological materials

能够影响局部或全身组织的正常生理活动、影响组织的病理变化、改变细胞或侵入的微生物的正常代谢的牙科材料(此药理作用也可能是某些牙科材料的次要功能)。

5.021

(公称)压应力　compressive stress (nominal)

压缩试验中,任意时刻试样单位面积(原横截面积)所承受的压力。其单位为 MPa[即牛每平方毫米(N/mm^2)]。[4]

5.022

抗压强度　compressive strength

压缩试验中,试样所承受的最大压应力。最大压应力可出现在试样断裂时刻或断裂前其他时刻。其单位为 MPa[即牛每平方毫米(N/mm^2)]。[4]

5.023

最大极限负荷　F_m　maximum force, F_m

试验中,试样承受的最大的加荷力。[5]

5.024

应力　stress

试验中,任意时刻负荷除以试样的原横截面积 S_0 所得的商。[5]

5.025

压缩永久应变　compression set

在规定的条件下,试样被压缩,以试样原长的百分比表示其永久应变。

5.026

抗拉强度　R_m　tensile strength, R_m

拉伸试验中,试样所承受的最大拉应力。[5]

5.027

拉伸永久应变　tension set

在规定的条件下,试样被拉伸,以试样原长的百分比表示其永久形变。

5.028

屈服应力　yield stress

金属材料出现塑性形变而应力不增加的现象称为屈服,此时的应力为屈服应力。[5]

5.029

上屈服点应力　R_{eH}　upper yield stress, R_{eH}

屈服阶段中力开始降低时的应力值。[5]

5.030

下屈服点应力　R_{eL}　lower yield stress, R_{eL}

瞬间效应除外,塑性屈服阶段中的最低应力值。[5]

5.031

规定非比例延伸应力　R_P　proof stress of non-proportional elongation, R_P

非比例延伸率等于规定的原始标距(原长 L_0)百分率时的应力。使用的符号应附以下角注说明所

4)　源自 ISO 604:1973《塑料　压缩性能的测定》。

5)　源自 ISO 6892:1984《金属材料　拉伸试验》。

规定的原始标距的百分率。例如：$R_{P0.2}$表示产生 0.2%的非正比例应变值所需的应力。[5)]

5.032

规定总延伸应力　R_t　proof stress;total elongation　R_t

总应变(弹性应变和塑性应变之和)等于规定的原始标距(原长 L_0)百分率时的应力。使用的符号应附以下角注说明所规定的原始标距的百分率。例如：$R_{t0.5}$表示产生 0.5%总应变值所需的应力。[5)]

5.033

挠曲强度　flexural strength

物体在产生永久形变或断裂前所能承受的最大挠曲应力。

5.034

挠曲应力　flexural stress

受力弯曲的物体内部产生的应力。

5.035

挠曲应变　flexural strain

物体在挠曲应力作用下的瞬时形变。

5.036

挠性　flexibility

固体材料在较低或中等应力下表现的弹性变形的性质。

5.037

硬度　hardness

材料抵抗压入或刻划的能力。

注：不同的硬度评价方法，得到不同的数值，因每种方法测量的是材料的不同的量和特性。硬度值无绝对指标。因此对一种类型的硬度试验进行硬度定量表征，有其自己的硬度单位。

5.038

压痕硬度　indentation hardness

在一定的加荷条件下，特定的加荷压头在材料表面形成压痕，依据压痕的面积或深度来评定材料的硬度值。

5.039

稠度　consistency

特定条件下材料的黏度、塑性或重力流变性。

5.040

标准试验稠度　standard testing consistency

制备试样所规定的**稠度**。

5.041

退火　annealing

为使固体材料分子达到必要的稳定排列，以获得所需要的性能，所进行的热处理过程。

5.042

磨耗性能　abrasivity

一种材料与另一种材料摩擦，材料被磨损的特性。

5.043

黏度　viscosity

应力下抵抗流动的性能。

---

5)　源自 ISO 6892:1984《金属材料　拉伸试验》。

5.044

粒子污染　particulate contaminant

不需要的外来粒子进入材料中的现象。

5.045

色稳定性　colour stability

材料在特定环境中经一段时间能保持其颜色的性能。

5.046

贮存期　shelf life

从产品制成之日起，能保持其使用性能的时间。

5.047

贮存条件　storage conditions

能影响材料**贮存期**的各种因素。如包装、运输以及潮湿、热、光辐射等。

5.048

工作时间　working time

从调和开始至能进作**牙科材料**，而且能够保证材料的性能不受影响的这段时间。工作时间包括**调和时间**、**面团形成时间**和合适的**操作时间**。

5.049

调和时间　mixing time

工作时间的一部分。为了使材料各组分达到满意的混合所规定的或需要的时间。

5.050

面团形成时间　doughing time

工作时间的一部分。从调和结束到材料能进行使用操作的这段时间。

5.051

操作时间　manipulation time

工作时间的一部分。从调和结束后或**面团形成时间**后开始计算，能保证**牙科材料**的可操作性并对其性能不产生副作用的这段时间。

5.052

牙科水门汀的溶解值和分解值　solubility and disintegration(leachability)of a dental cement

将一定尺寸的水门汀试样放入针对各种材料的特定成分、温度的液体中，经过一定时间后，试样质量损失的百分比。

5.053

牙科水门汀的固化时间　setting time of a dental cement

在规定的指标和条件下，测得水门汀从调和开始至固化所需的时间。

注：从技术角度(如胶囊型材料)有时需要规定从调和结束时开始计算固化时间。

5.054

牙科银汞合金的压实　condensation of dental amalgam

将新调和的银汞合金压紧到牙齿窝洞或模型的操作，这样可挤出多余的汞以便于充填。

5.055

铸道　sprue-way

使铸造材料经包埋材料流入铸模进行铸造的管道。

5.056

铸口　sprue

用以进行浇注的铸道入口部位。

5.057

铸道成形器　sprue-former

包埋操作中,用以形成铸道的预制或非预制的模型。

5.058

牙型盒　(dental) flask

用来盛装形成和/或制作牙科聚合物修复体**模型**的可拆装的容器。

5.059

铸模　mould

经过注射、铸造或挤压使材料成为特定形状物体的成形器。

5.060

水口、浇口杯　sprue button

铸造后滞留在铸道的浇注漏斗处的金属团块。

5.061

铸造　to cast

将液态金属或其他材料浇注或注入模型内,固化后形成所需铸件的操作。

5.062

抛光　to burnish

用硬而光滑的器械摩擦金属表面,以使其被磨光和增加硬度。对修复体则是改进其边缘密合性。

5.063

焊缝,焊接接头　weld (joint)

用焊接方法形成的接头。

5.064

硬钎焊接头　brazed joint

用硬钎焊方法连接的接头。

5.065

钎焊焊缝,钎焊接头　brazed weld

用钎焊方法连接的接头。

5.066

钎料,填充金属　filler metal

进行硬钎焊、软钎焊和熔焊时,用来形成焊接接头的填充金属。

5.067

焊接　welding

通过加热或加压、或两者并用,并且用或不用与母材熔点相同的填充金属,使被焊接的两部分或更多部分连为一体的操作方法。[6)]

5.068

硬钎焊　brazing;hard soldering

将熔点高于 450 ℃而低于被焊件(母材)的**填充金属**加热熔化,通过毛细管虹吸作用进入拟焊接的紧密相邻的焊件表面之间,使焊件连接起来的方法。[6)]

5.069

软钎焊　soldering;soft soldering

将熔点低于 450 ℃也低于被焊件的**填充金属**加热熔化,使焊件(母材)润湿,焊件并不熔化,使焊件

---

6)　源自 ISO 857:1973《焊接过程》的定义。

连接起来的过程。[6)]

注：上述定义是相对于钎焊的。在牙科，通常软焊填充金属熔点低于450 ℃，硬焊填充金属熔点多高于450 ℃。

5.070

钎焊接　soudobrasage; braze welding (including bronze welding)

采用熔点450 ℃以上的**填充金属**和类似**熔焊**的操作技术，对开口型的接口分步焊接的一种硬钎焊方法。[6)]

5.071

酸洗　pickling

金属在酸(通常是热酸)中浸渍，以去除表面的氧化层或其他污染物的过程。

5.072

装盒　to flask

在**牙型盒**中进行包埋的操作过程。

5.073

出盒　to deflask

从**牙型盒**中取出修复体的操作过程。

5.074

包埋　to invest

在包埋材料中包裹或埋置的操作。

5.075

金属和合金的热处理　heat treatment of metals and alloys

固态金属或合金为获得所需的状态和性质所进行的受控下的反复加热和冷却过程(此术语不包括单纯热加工)。

目的是通过扩散和/或晶核化和/或沉积以及结晶生长使材料的物理机械性质均匀或提高。

5.076

腐蚀　corrosion

金属或合金与其环境之间的物理化学作用，造成金属部分或全部的毁坏，或使其性能发生变化。

5.077

抗腐蚀性　corrosion resistance

特定条件下的抗**腐蚀**能力。

5.078

(合金体系的)状态平衡图　equilibrium temperature diagram (of an alloy system)

说明合金体系物理状态变化的图象。在二元合金体系中，纵坐标表示温度，横坐标表示合金的成分。

5.079

液相线　liquidus

在组成或状态平衡图中，同一体系组分含量不同的各种物质，放热开始凝固，吸热完全熔化的温度点的轨迹。

5.080

固相线　solidus

在组成或状态平衡图中，同一体系组分含量不同的各种物质，放热完全凝固，吸热开始熔化的温度点的轨迹。

---

6) 源自ISO 857:1973《焊接过程》的定义。

5.081

线热膨胀　linear thermal expansion

固体上两点间的距离随温度变化而变化的量。

5.082

线热膨胀系数　linear thermal expansion coefficient

温度升高或降低 1 ℃时,固体单位长度的变化值。

5.083

不透明性　opacification

材料部分或全部没有透明性。

5.084

塑料微裂　crazing(relating to plastics)

塑料表层或表层下的微细裂纹。

5.085

蠕变　creep

与时间有关的材料流变,瞬时应变除外。

5.086

流变　flow

一些材料在特定条件下,受力作用产生塑性形变。

5.087

冷流变　cold flow

室温下的塑性形变。

5.088

孔隙　porosity

材料表面或内部存在的许多小孔洞。

5.089

粘接　bonding

两个或两个以上部件通过其界面间的原子变换使其成为整体的过程。

汉语拼音索引

英 文 索 引

A

B

C

D

R

S

T

U

V

W

Y

ICS 77.140.35
H 40

中华人民共和国国家标准

GB/T 9943—2008
代替 GB/T 4462—1984,GB/T 9942—1988,GB/T 9943—1988

高速工具钢

High-speed tool steels

(ISO 4957:1999,NEQ)

2008-05-13 发布　　　　2008-11-01 实施

中华人民共和国国家质量监督检验检疫总局
中国国家标准化管理委员会　发布

前　言

本标准与 ISO 4957:1999《工具钢》的一致性程度为非等效。

本标准代替 GB/T 4462—1984《高速工具钢大块碳化物评级图》、GB/T 9942—1988《高速工具钢大截面锻制钢棒技术条件》和 GB/T 9943—1988《高速工具钢棒技术条件》。

本标准与 GB/T 9943—1988 相比主要变化如下：

——标准名称修改为《高速工具钢》；

——增加了“订货内容”条款(见第 3 章)；

——增加了“分类”条款(见第 4 章)；

——尺寸、外形、重量及允许偏差执行相应国家标准的规定，具体精度组别不作专门规定，并增加了双方协商内容(1988 版的第 3 章，本版的第 5 章)；

——删除牌号 W18Cr4VCo5 和 W18Cr4V2Co8 及相关要求；增加牌号 W3Mo3Cr4V2、W4Mo3Cr4VSi、W2Mo8Cr4V、W6Mo6Cr4V2、W6Mo5Cr4V4、W6Mo5Cr4V3Co8、W10Mo4Cr4V3Co10 共 7 个牌号及相关要求(1988 版的第 4 章，本版的第 6 章)；

——对 W18Cr4V、W2Mo9Cr4V2、CW6Mo5Cr4V2、W6Mo5Cr4V3、CW6Mo5Cr4V3、W6Mo5Cr4V2Co5、W6Mo5Cr4V2Al 牌号部分元素的化学成分进行修改(1988 版的表 3，本版的表 1)；

——调整了在高速工具钢中钨钼二者关系，即对钼含量超过 0.30% 的部分，将“每 1% 的钼代替 2.0% 的钨，……”修改为“每 1% 的钼代替 1.8% 的钨，……”(1988 版的表 3 注④，本版的表 1 中的段)；

——冶炼方法由“钢应采用电炉或其它适宜方法”修改为“钢应采用电炉或电渣重熔方法冶炼”(1988 版的第 4.2 条，本版的第 6.2 条)；

——修改了部分牌号硬度指标、热处理制度，取消其他加工方法硬度值，增加试样淬回火硬度供方若能保证可不检验的规定(1988 版的表 5，本版的表 3)；

——共晶碳化物不均匀度检验引用 GB/T 14979 标准规定，并取消原 GB/T 9943—1988 和 GB/T 9942—1988 标准中共晶碳化物不均匀度评级图片(1988 版的第 4.6 条和第一、二级别图，本版的第 6.6 条)；

——增加关于盘条表面质量的规定(见 6.8.3)；

——增加电渣钢的组批规则及取样数量和取样部位的规定(见 8.2)；

——增加“共晶碳化物不均匀度和非金属夹杂物的检验结果允许以坯代材、以大代小”规定(见 8.4.2)；

——将 GB/T 4462—1984《高速工具钢大块碳化物评级图》作为本标准附录 A，并删除有关钢丝字样，钼系改为钨钼系(见附录 A)；

——增加高速工具钢基本要求(见附录 B)。

本标准附录 A 为规范性附录，附录 B 为资料性附录。

本标准由中国钢铁工业协会提出。

本标准由全国钢标准化技术委员会归口。

本标准主要起草单位：东北特殊钢集团有限责任公司、河冶科技股份有限公司、重庆东华特殊钢有限公司、冶金工业信息标准研究院。

本标准主要起草人：康戈、吴立志、栾燕、真娟、谢静红、张占普、谷强、刘宝石。

本标准所代替标准的历次版本发布情况：

——GB/T 4462—1984；

——GB/T 9942—1988；

——GB/T 9943—1988。

高速工具钢

1 范围

本标准规定了高速工具钢的订货内容、分类、尺寸、外形及其允许偏差、技术要求、试验方法、检验规则、包装、标志及质量证明书等。

本标准适用于截面尺寸(直径、边长、厚度或对边距离)不大于250 mm的热轧、锻制、冷拉等高速工具钢棒(圆钢、方钢、扁钢、六角钢等的总称,以下简称钢棒)、盘条及银亮钢棒,其化学成分同样适用于锭、坯。

2 规范性引用文件

下列文件中的条款通过本标准的引用而成为本标准的条款。凡是注日期的引用文件,其随后所有的修改单(不包括勘误的内容)或修订版均不适用于本标准,然而,鼓励根据本标准达成协议的各方研究是否可使用这些文件的最新版本。凡是不注日期的引用文件,其最新版本适用于本标准。

GB/T 223.5 钢铁及合金化学分析方法 还原型钼酸盐光度法测定酸溶硅含量

GB/T 223.8 钢铁及合金化学分析方法 氟化钠分离-EDTA容量法测定铝量

GB/T 223.11 钢铁及合金化学分析方法 过硫酸铵氧化容量法测定铬量

GB/T 223.13 钢铁及合金化学分析方法 硫酸亚铁铵滴定法测定钒含量

GB/T 223.19 钢铁及合金化学分析方法 新亚铜灵-三氯甲烷萃取光度法测定铜量

GB/T 223.20 钢铁及合金化学分析方法 电位滴定法测定钴量

GB/T 223.22 钢铁及合金化学分析方法 亚硝基R盐分光光度法测定钴量

GB/T 223.23 钢铁及合金 镍含量的测定 丁二酮肟分光光度法

GB/T 223.26 钢铁及合金 钼含量的测定 硫氰酸盐分光光度法

GB/T 223.28 钢铁及合金化学分析方法 α-安息香肟重量法测定钼量

GB/T 223.43 钢铁及合金 钨含量的测定 重量法和分光光度法

GB/T 223.53 钢铁及合金化学分析方法 火焰原子吸收分光光度法测定铜量

GB/T 223.54 钢铁及合金化学分析方法 火焰原子吸收分光光度法测定镍量

GB/T 223.58 钢铁及合金化学分析方法 亚砷酸钠-亚硝酸钠滴定法测定锰量

GB/T 223.59 钢铁及合金化学分析方法 锑磷钼蓝光度法测定磷量

GB/T 223.60 钢铁及合金化学分析方法 高氯酸脱水重量法测定硅含量

GB/T 223.62 钢铁及合金化学分析方法 乙酸丁酯萃取法测定磷含量

GB/T 223.63 钢铁及合金化学分析方法 高碘酸钠(钾)光度法测定锰量

GB/T 223.64 钢铁 锰含量的测定 火焰原子吸收光谱法

GB/T 223.65 钢铁及合金化学分析方法 火焰原子吸收光谱法测定钴量

GB/T 223.66 钢铁及合金化学分析方法 硫氰酸盐-盐酸氯丙嗪-三氯甲烷萃取光度法测定钨量

GB/T 223.67 钢铁及合金 硫含量的测定 次甲基蓝分光光度法

GB/T 223.68 钢铁及合金化学分析方法 管式炉内燃烧后碘酸钾滴定法测定硫含量

GB/T 223.69 钢铁及合金 碳含量的测定 管式炉内燃烧后气体容量法

GB/T 223.72 钢铁及合金 硫含量的测定 重量法

GB/T 223.76 钢铁及合金化学分析方法 火焰原子吸收光谱法测定钒量

GB/T 224 钢的脱碳层深度测定法(GB/T 224—1987,eqv ISO 3887:1976)

GB/T 226 钢的低倍组织及缺陷酸蚀检验法(GB/T 226—1991，eqv ISO 4969:1980 Steel Macroscopic examination by etching with strong mineral acids)

GB/T 230.1 金属洛氏硬度试验 第1部分:试验方法(A、B、C、D、E、F、G、H、K、N、T标尺)(GB/T 230.1—2004，ISO 6508-1:1999,MOD)

GB/T 231.1 金属布氏硬度试验 第1部分:试验方法 (GB/T 231.1—2002,eqv ISO 6506-1:1999)

GB/T 702 热轧钢棒尺寸、外形、重量及允许偏差(GB/T 702—2004,ISO 1035-1:1980 Hot-rolled steel bars—Part 1: Dimensions of round bars,ISO 1035-2:1980 Hot-rolled steel bars—Part 2: Dimensions of square bars,ISO 1035-4:1982 Hot -rolled steel bars—Part 4: Tolerances,MOD)

GB/T 905 冷拉圆钢、方钢、六角钢尺寸、外形、重量及允许偏差

GB/T 908 锻制圆钢、方钢和扁钢尺寸、外形、重量及允许偏差

GB/T 1979 结构钢低倍组织缺陷评级图

GB/T 1814 钢材断口检验法

GB/T 2101 型钢验收、包装、标志及质量证明书的一般规定

GB/T 3207 银亮钢

GB/T 6394 金属平均晶粒度测定方法

GB/T 10561 钢中非金属夹杂物含量的测定 标准评级图显微检验法(GB/T 10561—2005,ISO 4967:1998,IDT)

GB/T 13298 金属显微组织检验方法

GB/T 14979—1994 钢的共晶碳化物不均匀度评定法

GB/T 14981 热轧盘条尺寸、外形、重量及允许偏差(GB/T 14981—2004,ISO/DIS 16124,MOD)

GB/T 17505 钢及钢产品交货一般技术条件(GB/T 17505—1998,eqv ISO 404:1992)

GB/T 20066 钢和铁 化学成分测定用试样的取样和制样方法(GB/T 20066—2006,ISO 14284:1996,IDT)

GB/T 20123 钢铁 总碳硫含量的测定 高频感应炉燃烧后红外吸收法(常规方法)(GB/T 20124—2006,ISO 15350:2000,IDT)

3 订货内容

按本标准订货的合同或订单应包括下列内容:

a) 标准编号;

b) 产品名称;

c) 牌号;

d) 截面形状(圆、方、扁、六角等);

e) 尺寸与外形(见第5章);

f) 重量(或数量);

g) 交货状态(见6.3);

h) 特殊要求(见6.8)。

4 分类

4.1 高速工具钢按化学成分分类,可分为两种基本系列,即

a) 钨系高速工具钢;

b) 钨钼系高速工具钢。

4.2 高速工具钢按性能分类,可分为三种基本系列,即

a) 低合金高速工具钢(HSS-L);

b) 普通高速工具钢(HSS);

c) 高性能高速工具钢(HSS-E)。

注：具体分类方法参见附录B。

5 尺寸、外形及允许偏差

5.1 热轧钢棒的尺寸、外形及允许偏差应符合GB/T 702的有关规定。

5.2 盘条的尺寸、外形及允许偏差应符合GB/T 14981的有关规定。

5.3 锻制圆钢、方钢和扁钢的尺寸、外形及允许偏差应符合GB/T 908的有关规定。

5.4 冷拉圆钢、方钢、六角钢尺寸、外形及允许偏差应符合GB/T 905的规定。

5.5 银亮钢尺寸、外形及允许偏差应符合GB/T 3207的规定。

5.6 钢棒的尺寸、外形及允许偏差组别合同中注明。根据需方要求，经双方协商并在合同注明，可供应特殊尺寸精度要求的钢棒。

6 技术要求

6.1 牌号及化学成分

6.1.1 钢的牌号及化学成分(熔炼分析)应符合表1的规定。

表 1

序号	统一数字代号	牌号[a]	化学成分(质量分数)/%									
			C	Mn	Si[b]	S[c]	P	Cr	V	W	Mo	Co
1	T63342	W3Mo3Cr4V2	0.95～1.03	≤0.40	≤0.45	≤0.030	≤0.030	3.80～4.50	2.20～2.50	2.70～3.00	2.50～2.90	—
2	T64340	W4Mo3Cr4VSi	0.83～0.93	0.20～0.40	0.70～1.00	≤0.030	≤0.030	3.80～4.40	1.20～1.80	3.50～4.50	2.50～3.50	—
3	T51841	W18Cr4V	0.73～0.83	0.10～0.40	0.20～0.40	≤0.030	≤0.030	3.80～4.50	1.00～1.20	17.20～18.70	—	—
4	T62841	W2Mo8Cr4V	0.77～0.87	≤0.40	≤0.70	≤0.030	≤0.030	3.50～4.50	1.00～1.40	1.40～2.00	8.00～9.00	—
5	T62942	W2Mo9Cr4V2	0.95～1.05	0.15～0.40	≤0.70	≤0.030	≤0.030	3.50～4.50	1.75～2.20	1.50～2.10	8.20～9.20	—
6	T66541	W6Mo5Cr4V2	0.80～0.90	0.15～0.40	0.20～0.45	≤0.030	≤0.030	3.80～4.40	1.75～2.20	5.50～6.75	4.50～5.50	—
7	T66542	CW6Mo5Cr4V2	0.86～0.94	0.15～0.40	0.20～0.45	≤0.030	≤0.030	3.80～4.50	1.75～2.10	5.90～6.70	4.70～5.20	—
8	T66642	W6Mo6Cr4V2	1.00～1.10	≤0.40	≤0.45	≤0.030	≤0.030	3.80～4.50	2.30～2.60	5.90～6.70	5.50～6.50	—
9	T69341	W9Mo3Cr4V	0.77～0.87	0.20～0.40	0.20～0.40	≤0.030	≤0.030	3.80～4.40	1.30～1.70	8.50～9.50	2.70～3.30	—
10	T66543	W6Mo5Cr4V3	1.15～1.25	0.15～0.40	0.20～0.45	≤0.030	≤0.030	3.80～4.50	2.70～3.20	5.90～6.70	4.70～5.20	—
11	T66545	CW6Mo5Cr4V3	1.25～1.32	0.15～0.40	≤0.70	≤0.030	≤0.030	3.75～4.50	2.70～3.20	5.90～6.70	4.70～5.20	—

表 1（续）

序号	统一数字代号	牌号[a]	化学成分(质量分数)/ %									
			C	Mn	Si[b]	S[c]	P	Cr	V	W	Mo	Co
12	T66544	W6Mo5Cr4V4	1.25～1.40	≤0.40	≤0.45	≤0.030	≤0.030	3.80～4.50	3.70～4.20	5.20～6.00	4.20～5.00	—
13	T66546	W6Mo5Cr4V2Al	1.05～1.15	0.15～0.40	0.20～0.60	≤0.030	≤0.030	3.80～4.40	1.75～2.20	5.50～6.75	4.50～5.50	Al:0.80～1.20
14	T71245	W12Cr4V5Co5	1.50～1.60	0.15～0.40	0.15～0.40	≤0.030	≤0.030	3.75～5.00	4.50～5.25	11.75～13.00	—	4.75～5.25
15	T76545	W6Mo5Cr4V2Co5	0.87～0.95	0.15～0.40	0.20～0.45	≤0.030	≤0.030	3.80～4.50	1.70～2.10	5.90～6.70	4.70～5.20	4.50～5.00
16	T76438	W6Mo5Cr4V3Co8	1.23～1.33	≤0.40	≤0.70	≤0.030	≤0.030	3.80～4.50	2.70～3.20	5.90～6.70	4.70～5.30	8.00～8.80
17	T77445	W7Mo4Cr4V2Co5	1.05～1.15	0.20～0.60	0.15～0.50	≤0.030	≤0.030	3.75～4.50	1.75～2.25	6.25～7.00	3.25～4.25	4.75～5.75
18	T72948	W2Mo9Cr4VCo8	1.05～1.15	0.15～0.40	0.15～0.65	≤0.030	≤0.030	3.50～4.25	0.95～1.35	1.15～1.85	9.00～10.00	7.75～8.75
19	T71010	W10Mo4Cr4V3Co10	1.20～1.35	≤0.40	≤0.45	≤0.030	≤0.030	3.80～4.50	3.00～3.50	9.00～10.00	3.20～3.90	9.50～10.50

[a] 表 1 中牌号 W18Cr4V、W12Cr4V5Co5 为钨系高速工具钢，其他牌号为钨钼系高速工具钢。

[b] 电渣钢的硅含量下限不限。

[c] 根据需方要求，为改善钢的切削加工性能，其硫含量可规定为 0.06%～0.15%。

6.1.2 钢棒的化学成分允许偏差应符合表 2 的规定。

表 2

质量分数，%

元　素	规定化学成分上限值	允 许 偏 差
C	—	±0.01
Cr	—	±0.05
W	≤10	±0.10
	>10	±0.20
V	≤2.5	±0.05
	>2.5	±0.10
Mo	≤6	±0.05
	>6	±0.10
Co	—	±0.15
Si	—	±0.05
Mn	—	+0.04

6.1.3 钢中残余铜含量应不大于 0.25%，残余镍含量应不大于 0.30%。

6.1.4 在钨系高速钢中，钼含量允许到 1.0%。钨钼二者关系，当钼含量超过 0.30% 时，钨含量应减少，在钼含量超过 0.30% 的部分，每 1% 的钼代替 1.8% 的钨，在这种情况下，在牌号的后面加上“Mo”。

6.2 冶炼方法

钢应采用电炉或电渣重熔方法冶炼。冶炼方法要求应在合同注明，未注明时由供方选择。

6.3 交货状态

钢棒以退火状态交货，或退火后再经其他加工方法加工后交货，具体要求应在合同注明。

6.4 硬度

交货状态钢棒的硬度及试样淬回火硬度应符合表 3 的规定。

表 3

序号	牌　　号	交货硬度[a]（退火态）/HBW 不大于	试样热处理制度及淬回火硬度					
			预热温度/℃	淬火温度/℃		淬火介质	回火温度[b]/℃	硬度[c]/HRC 不小于
				盐浴炉	箱式炉			
1	W3Mo3Cr4V2	255	800～900	1 180～1 120	1 180～1 120	油或盐浴	540～560	63
2	W4Mo3Cr4VSi	255		1 170～1 190	1 170～1 190		540～560	63
3	W18Cr4V	255		1 250～1 270	1 260～1 280		550～570	63
4	W2Mo8Cr4V	255		1 180～1 120	1 180～1 120		550～570	63
5	W2Mo9Cr4V2	255		1 190～1 210	1 200～1 220		540～560	64
6	W6Mo5Cr4V2	255		1 200～1 220	1 210～1 230		540～560	64
7	CW6Mo5Cr4V2	255		1 190～1 210	1 200～1 220		540～560	64
8	W6Mo6Cr4V2	262		1 190～1 210	1 190～1 210		550～570	64
9	W9Mo3Cr4V	255		1 200～1 220	1 220～1 240		540～560	64
10	W6Mo5Cr4V3	262		1 190～1 210	1 200～1 220		540～560	64
11	CW6Mo5Cr4V3	262		1 180～1 200	1 190～1 210		540～560	64
12	W6Mo5Cr4V4	269		1 200～1 220	1 200～1 220		550～570	64
13	W6Mo5Cr4V2Al	269		1 200～1 220	1 230～1 240		550～570	65
14	W12Cr4V5Co5	277		1 220～1 240	1 230～1 250		540～560	65
15	W6Mo5Cr4V2Co5	269		1 190～1 210	1 200～1 220		540～560	64
16	W6Mo5Cr4V3Co8	285		1 170～1 190	1 170～1 190		550～570	65
17	W7Mo4Cr4V2Co5	269		1 180～1 200	1 190～1 210		540～560	66
18	W2Mo9Cr4VCo8	269		1 170～1 190	1 180～1 200		540～560	66
19	W10Mo4Cr4V3Co10	285		1 220～1 240	1 220～1 240		550～570	66

a 退火＋冷拉态的硬度，允许比退火态指标增加 50 HBW。

b 回火温度为 550℃～570℃时，回火 2 次，每次 1 h；回火温度为 540℃～560℃时，回火 2 次，每次 2 h。

c 试样淬回火硬度供方若能保证可不检验。

6.5 宏观组织

6.5.1 低倍组织

钢棒的低倍组织应按 GB/T 1979 检验并评级。在钢棒横向酸浸低倍试片上不允许有目视可见的缩孔、气泡、翻皮、内裂和夹杂；中心疏松、一般疏松和锭型偏析的合格级别应符合表 4 的规定。

表 4

截面尺寸（直径、边长、厚度或对边距离）/mm	中心疏松		一般疏松		锭型偏析	
	电炉	电渣	电炉	电渣	电炉	电渣
	合格级别/级，不大于					
≤120	1	1	1	1	1	1
>120～150	1.5	1	1.5	1	1.5	1
>150～200	双方协商	1.5	双方协商	1.5	1.5	1.5
>200～250	双方协商	2	双方协商	2	2	2

6.5.2 **断口**

钢棒不允许有萘状断口，供方若能保证无萘状断口可不作检验。

6.6 **显微组织**

6.6.1 **共晶碳化物不均匀度**

钢中共晶碳化物不均匀度应按 GB/T 14979—1994 检验并评级：

a) 尺寸不大于 120 mm 的钢棒，钨系牌号按第一级别图，钨钼系牌号按第二级别图，其合格级别应符合表 5 的规定，且不应有不变形或少变形的共晶碳化物存在。

b) 尺寸大于 120 mm 的钢棒，W6Mo5Cr4V2 和 W9Mo3Cr4V 钢按第三级别图评定，合格级别应符合表 5 的规定，其他牌号钢棒的共晶碳化物不均匀度由供需双方协商确定。

表 5

截面尺寸（直径、边长、厚度或对边距离）/mm	共晶碳化物不均匀度合格级别/级，不大于
≤40	3
>40～60	4
>60～80	5
>80～100	6
>100～120	7
>120～160	6A、5B
>160～200	7A、6B
>200～250	8A、7B

6.6.2 **脱碳**

钢棒表面的总脱碳层（铁素体＋过渡层）深度从钢棒实际尺寸算起应符合表 6 的规定。

表 6

分　类	脱碳层深度[a]/mm，不大于	
	钨系	钨钼系[b]
热轧、锻制棒材，盘条	0.30＋1％D	0.40＋1.3％D
冷拉	1.0％D	1.3％D
银亮	无	无

注：D 为圆钢公称直径或方钢公称边长。

[a] 热轧、锻制扁钢的脱碳层深度按其相同面积方钢的边长计算。扁钢脱碳层深度在宽面检查。

[b] W9Mo3Cr4V 钢的脱碳层深度为 0.35＋1.1％D。

6.7 表面质量

6.7.1 供压力加工用的钢棒，表面不允许有目视可见的裂纹、折叠、结疤和夹杂。如有上述缺陷必须清除，清除深度从钢棒实际尺寸算起应符合表7的规定，清除宽度不小于深度的5倍，深度在公差之半范围内的其他轻微表面缺陷可不清除。

表7

单位为毫米

钢棒截面尺寸	同截面允许清除深度
<80	公差之半
80～250	公差

6.7.2 供切削加工用的热轧和锻制钢棒，表面允许有从钢棒公称尺寸算起深度不大于表8规定的局部缺陷，但缺陷深度应不使钢棒小于允许的最小尺寸。

表8

单位为毫米

钢棒截面尺寸	同截面允许深度
<80	公差之半
80～250	公差

6.7.3 盘条表面应光滑，不允许有裂纹、折叠、耳子、结疤、分层及夹杂，允许有压痕及局部的凸块、划痕、麻面，其深度或高度(从实际尺寸算起)B、C级精度不得大于0.10 mm，其他级精度不得大于0.20 mm。

6.7.4 冷拉钢棒表面应洁净、光滑，不允许有裂纹、折叠、结疤、发纹、夹杂和氧化铁皮。经退火的冷拉钢棒表面允许有氧化色或轻微氧化层，钢棒表面允许有深度不大于从实际尺寸算起的该尺寸公差的麻点、个别划痕、凹面、黑斑和润滑剂痕迹等轻微表面缺陷。

6.7.5 银亮钢表面不允许有目视可见的任何影响使用的缺陷。

6.8 特殊要求

根据需方要求，可进行晶粒度、大块角状碳化物和非金属夹杂物等项检验。

7 试验方法

钢棒各项检验项目的取样部位、取样数量及试验方法应符合表9的规定。

表9

序号	检验项目	取样数量	取样部位	试验方法
1	化学成分	1/炉	GB/T 20066	GB/T 223、GB/T 20123
2	脱碳层	3	不同支钢棒	GB/T 224
3	退火硬度	3	不同支钢棒	GB/T 231.1
4	试样淬回火硬度	2	不同支钢棒	GB/T 230.1
5	低倍组织	2	相当于钢锭头部不同支钢棒或钢坯	GB/T 226、GB/T 1979
6	断口[a]	2	不同支钢棒	GB/T 1814
7	共晶碳化物不均匀度	2	不同支钢棒	GB/T 14979—1994
8	大块碳化物	2	不同支钢棒	附录A
9	晶粒度	1	任一支钢棒	GB/T 6394
10	非金属夹杂物	2	不同支钢棒	GB/T 10561
11	尺寸	逐支	整根钢棒	卡尺、千分尺
12	表面	逐支	整根钢棒	目视

[a] 检验钢棒断口应按表3规定的温度淬火后进行。

8 检验规则

8.1 检查和验收

8.1.1 钢棒的检查和验收由供方质量监督部门进行。

8.1.2 供方必须保证交货的钢棒符合本标准或合同的规定，必要时，需方有权对本标准或合同所规定的任一检验项目进行检查和验收。

8.2 组批规则

钢棒按批进行检查和验收，每批钢棒应由同一牌号、同一炉号、同一加工方法、同一尺寸、同一热处理炉次的钢棒组成。采用电渣重熔冶炼的钢，在工艺稳定且能保证本标准各项要求的条件下，允许以自耗电极的熔炼母炉号组批交货，但含 Al 钢只按电渣炉号组批。

8.3 取样数量及取样部位

8.3.1 电炉钢，每批钢棒的取样数量及取样部位应符合表 9 的规定。

8.3.2 电渣钢按熔炼母炉号组批时，每个电渣炉化学成分合格时，任取一个电渣锭化学成分报出，代表整个母炉化学成分（含 Al 钢除外），其他项目取样数量和取样部位按表 9 规定。

8.3.3 电渣钢按电渣炉号组批时，化学成分按每个电渣炉号取 1 个试样，其他项目按母炉组批，取样数量及取样部位应符合表 9 的规定。

8.4 复验和判定

8.4.1 钢棒的复验与判定规则按 GB/T 17505 的规定。

8.4.2 供方若能保证钢棒合格时，对同一炉号钢棒的低倍组织、共晶碳化物不均匀度和非金属夹杂物的检验结果允许以坯代材、以大代小。

9 包装、标志及质量证明书

钢棒的包装、标志和质量证明书应符合 GB/T 2101 的规定。

附　录　A
（规范性附录）
高速工具钢大块碳化物评级图[1)]

A.1　范围

本评级图适用于评定钨系高速工具钢热轧、锻制或冷拉条钢的大块角状碳化物及钨钼系高速工具钢的大颗粒碳化物。根据有关标准或供需双方协议，本评级图也可用于评定高速工具钢板、钢带等其他钢棒的大块碳化物。

大块角状碳化物和大颗粒碳化物统称大块碳化物。

A.2　分类及特征

评级图分为钨系和钨钼系两类评级图（见图 A.1 和图 A.2）。

A.2.1　钨系高速工具钢大块角状碳化物评级图

A 列：分散系列。大块角状碳化物呈分散分布（见图 A.1 中 A 列）。各级别的大块角状碳化物最大尺寸应符合表 A.1 的规定。

表 A.1

级　别	1	2	3	4
大块角状碳化物最大尺寸/μm	18	21	23	25

B 列：集中系列。大块角状碳化物呈集中分布（见图 A.1 中 B 列）。各级别大块角状碳化物最大尺寸应符合表 A.2 的规定。

表 A.2

级　别	1	2	3	4
大块角状碳化物最大尺寸/μm	16	18	21	23

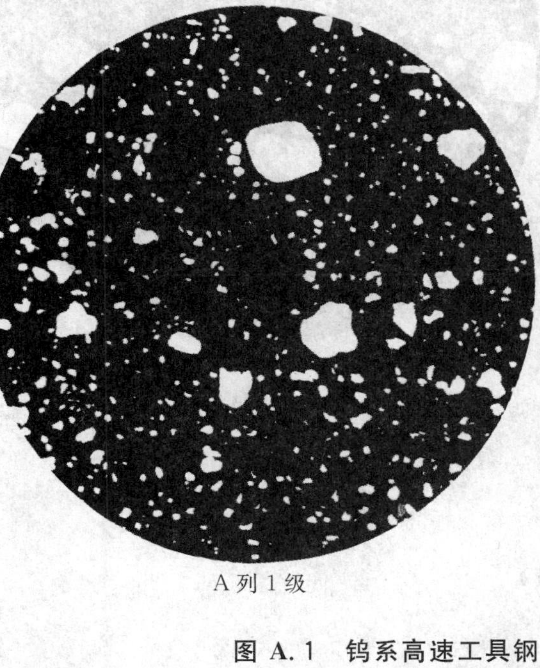
A 列 1 级

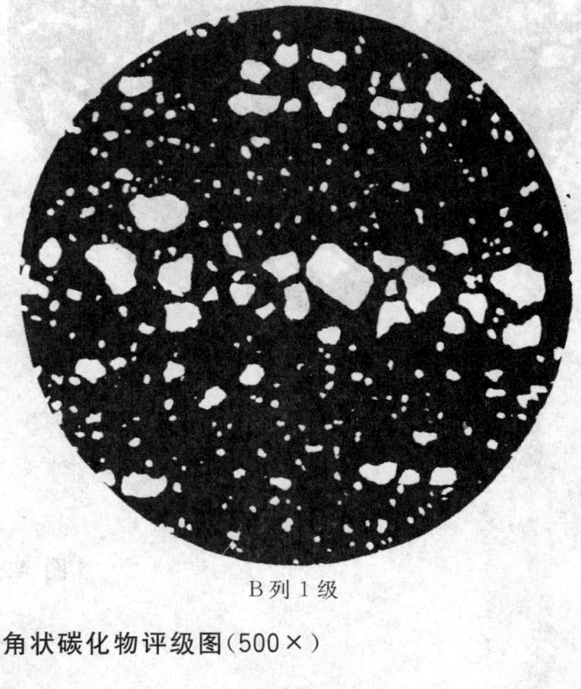
B 列 1 级

图 A.1　钨系高速工具钢大块角状碳化物评级图（500×）

1）　本标准所使用的标准评级图片请与冶金工业信息标准研究院联系，电话：010-65252815。

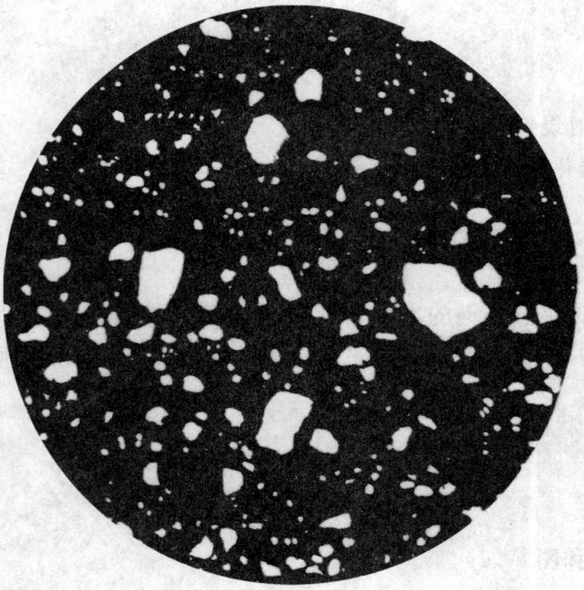

A 列 2 级

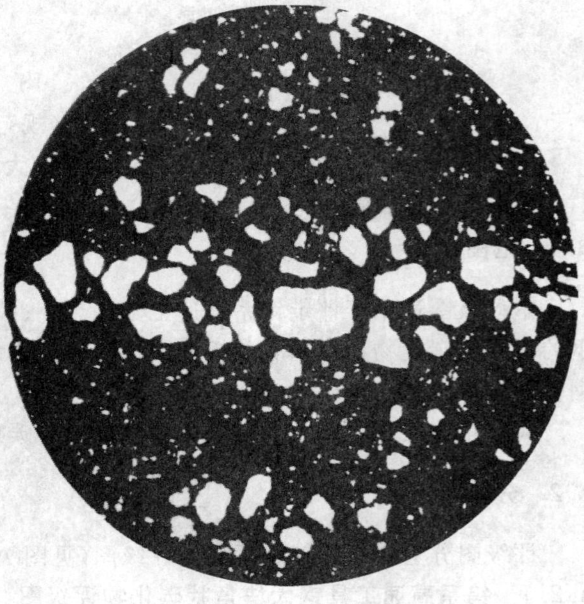

B 列 2 级

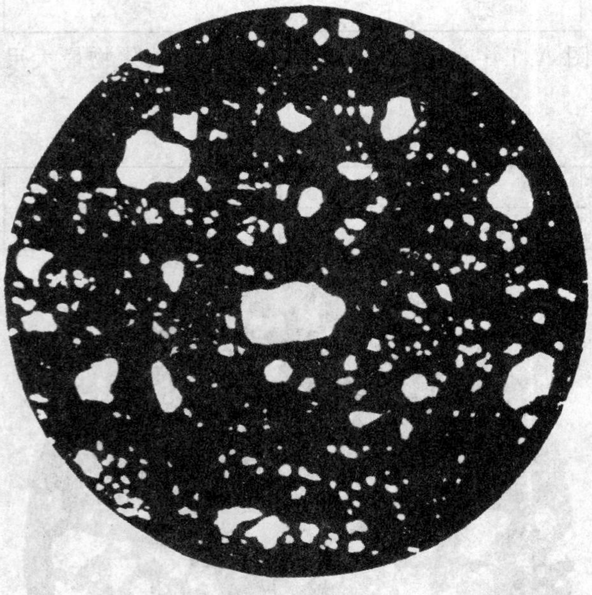

A 列 3 级

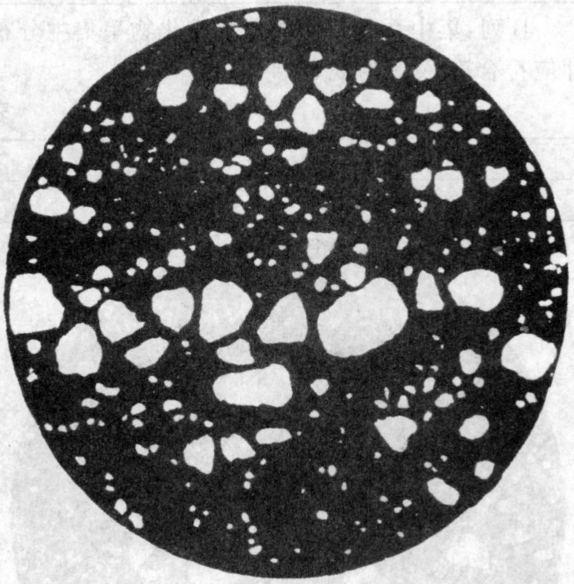

B 列 3 级

图 A.1（续）

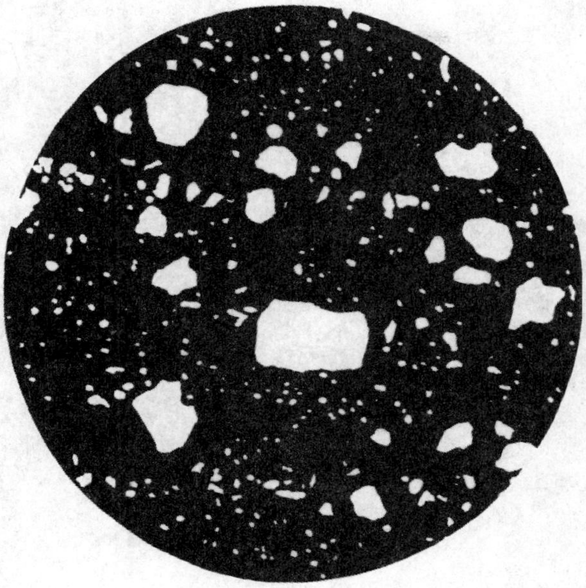

A列4级

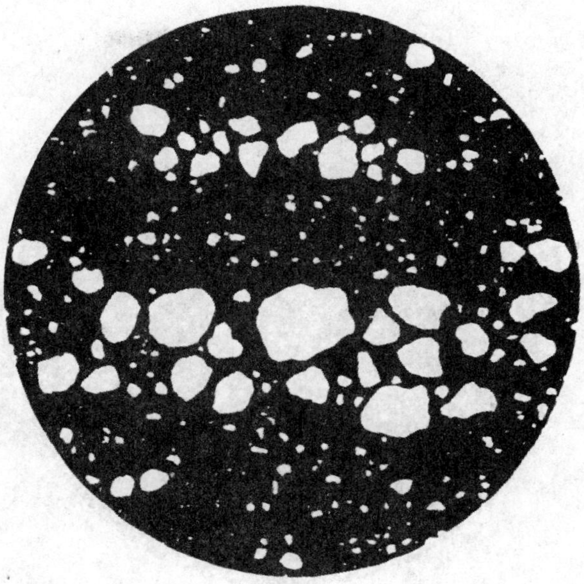

B列4级

图 A.1（续）

A.2.2 钨钼系高速工具钢大颗粒碳化物评级图

在均匀、细小的碳化物基体上分散分布着大颗粒碳化物(见图 A.2)。各级别大颗粒碳化物的最大尺寸应符合表 A.3 的规定。

表 A.3

级　　别	1	2	3	4	5	6
大颗粒碳化物最大尺寸/μm	—	6.1	8.3	12.5	15.6	22.1

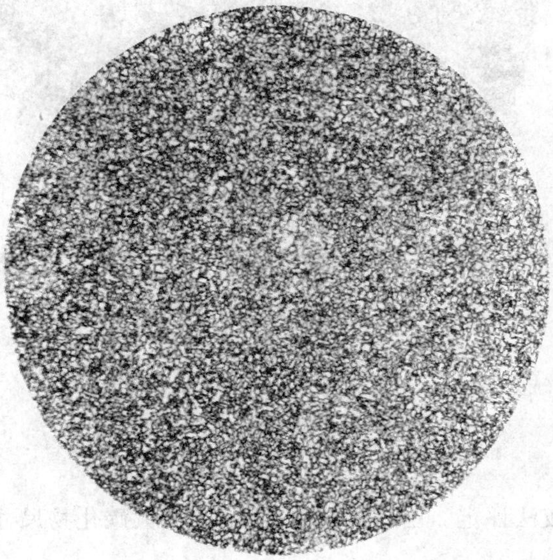

1级

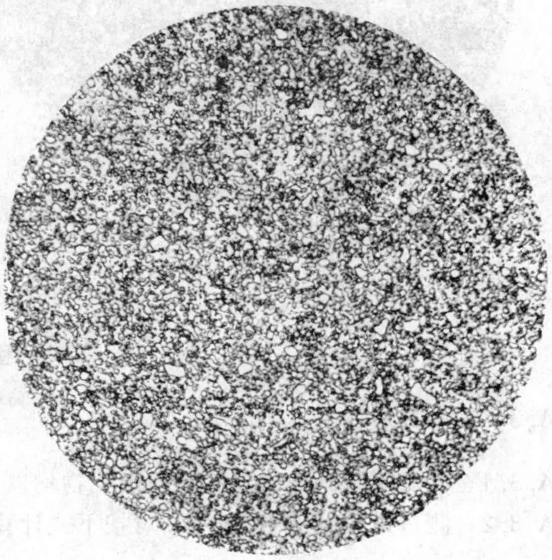

2级

图 A.2　钨钼系高速工具钢大颗粒碳化物评级图(500×)

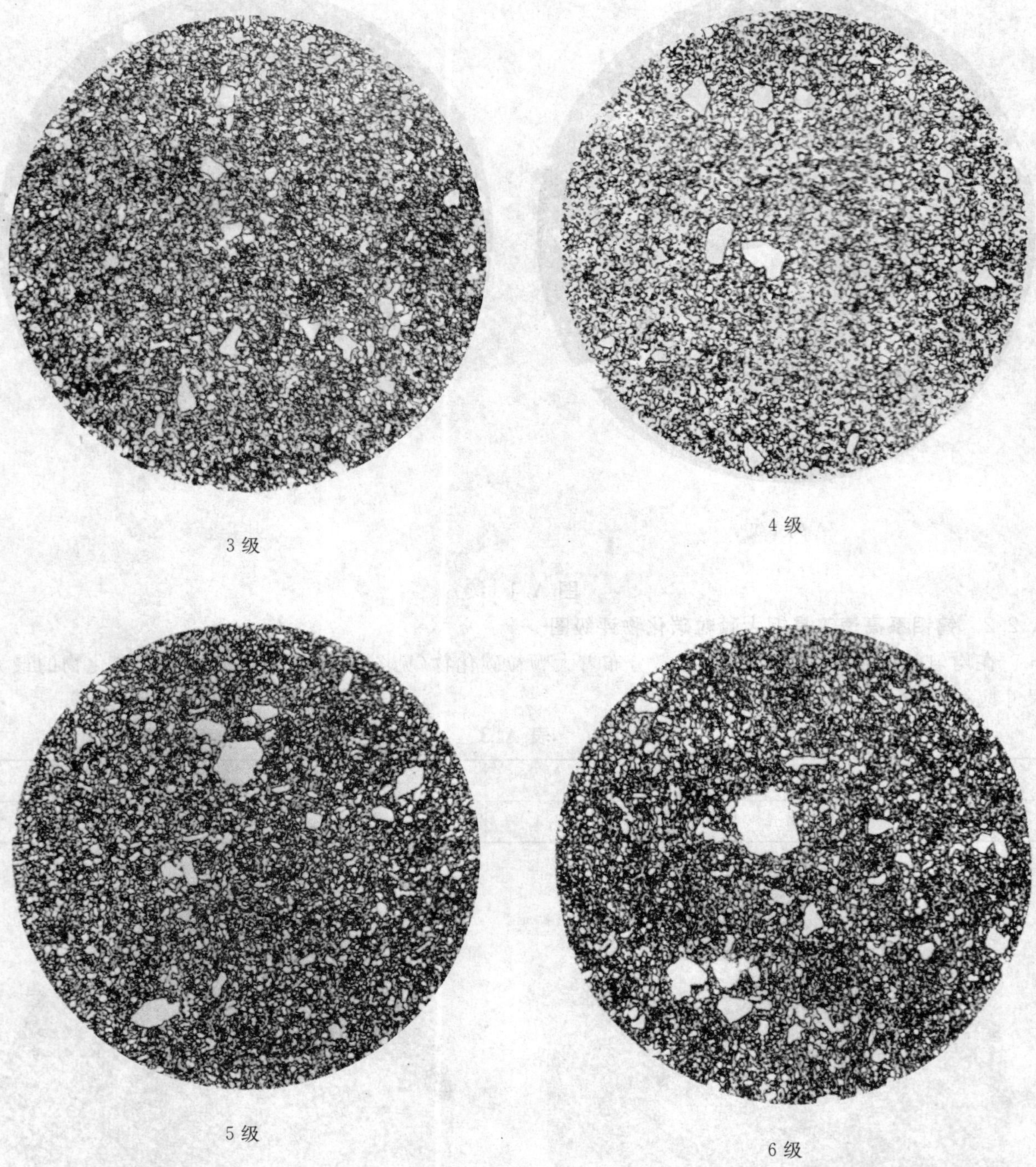

3 级

4 级

5 级

6 级

图 A.2（续）

A.3 试验方法

A.3.1 大块角状碳化物及大颗粒碳化物均以金相比较法评定。当有争议时，可测定最大碳化物尺寸。

A.3.2 测量最大碳化物尺寸时，可按下式计算：

$$碳化物尺寸(\mu m) = \frac{a+b}{2}$$

式中：

a——任意方向碳化物最大长度（长轴尺寸），单位为微米（μm）；

b——垂直于 a 方向的碳化物最大长度（短轴尺寸），单位为微米（μm）。

A.3.3 检验大块角状碳化物应在试样直径或对角线的1/4处的纵向截面上进行。以视场中最严重处与第一级别图对比评定。试样厚度为10 mm～12 mm。试样按相应标准规定的热处理工艺淬火后于680℃～700℃回火1 h～2 h。放大倍率500倍。

A.3.4 检验大颗粒碳化物应在退火状态的钢棒横向试样上进行。以视场中最严重处与第二级别图对比评定。放大倍率500倍。

A.3.5 金相试样的制备应符合GB/T 13298的规定。

A.4 合格级别

A.4.1 按图A.1评定钨系高速工具钢大块角状碳化物，其合格级别应符合表A.4的规定。允许每支试样有一个视场中的大块角状碳化物最大尺寸比界限尺寸大4 μm。

表 A.4

钢棒尺寸/mm	合格级别，不大于
≤15	1
>15～40	2
>40～80	3
>80～120	4
>120	双方协议

A.4.2 按图A.2评定钨钼系高速工具钢大颗粒碳化物，对于钨钼系高速工具钢不得大于4级，其他钢棒应在相应技术条件中规定。

附 录 B
(资料性附录)
高速工具钢基本要求

B.1 概述

高速工具钢是工具钢之一，是含有碳、钨、钼、铬、钒的铁基合金，有的还含有相当数量的钴。碳和合金含量平衡配置，以获得工业切削所需的高淬硬性、高耐磨性、高红硬性和良好的韧性。高速工具钢在工具钢中具有最高的高温硬度和红硬性。

B.2 要求

表 B.1 列出了不同系列高速工具钢的基本要求。

表 B.1

项目		要求		
		低合金高速钢 HSS-L	普通高速钢 HSS	高性能高速钢 HSS-E
主要合金元素含量(质量分数)/%	C	≥0.70	≥0.65	≥0.85
	W+1.8Mo	≥6.50	≥11.75	≥11.75
	Cr	≥3.25	≥3.50	≥3.50
	V	≥0.80	0.80～2.50	V>2.50 或 Co≥4.50 或 Al:0.80～1.20
	Co	<4.50	<4.50	
按表 3 淬火回火后硬度/HRC		≥61	≥63	≥64

B.3 高速工具钢的分类及代号

本标准所列高速工具钢牌号分类及代号见表 B.2。

表 B.2

序号	牌 号	ISO 4957:1999 牌号	类 别	代 号
1	W3Mo3Cr4V2	HS3-3-2	低合金高速钢	HSS-L
2	W4Mo3Cr4VSi	—		
3	W18Cr4V	HS18-0-1	普通高速钢	HSS
4	W2Mo8Cr4V	HS1-8-1		
5	W2Mo9Cr4V2	HS2-9-2		
6	W6Mo5Cr4V2	HS6-5-2		
7	CW6Mo5Cr4V2	HS6-5-2C		
8	W6Mo6Cr4V2	HS6-6-2		
9	W9Mo3Cr4V	—		

表 B.2(续)

序号	牌　号	ISO 4957:1999 牌号	类　别	代　号
10	W6Mo5Cr4V3	HS6-5-3	高性能高速钢	HSS-E
11	CW6Mo5Cr4V3	HS6-5-3C		
12	W6Mo5Cr4V4	HS6-5-4		
13	W6Mo5Cr4V2Al	—		
14	W12Cr4V5Co5	—		
15	W6Mo5Cr4V2Co5	HS6-5-2-5		
16	W6Mo5Cr4V3Co8	HS6-5-3-8		
17	W7Mo4Cr4V2Co5	—		
18	W2Mo9Cr4VCo8	HS2-9-1-8		
19	W10Mo4Cr4V3Co10	HS10-4-3-10		

ICS 35.100
L 79

中华人民共和国国家标准

GB/T 9950—2008/ISO 4902:1989
代替 GB/T 9950—1988

信息技术　数据通信　37 插针 DTE/DCE 接口连接器和接触件编号分配

Information technology—Data communication—37-pole DTE/DCE interface connector and contact number assignments

(ISO 4902:1989,IDT)

2008-07-28 发布　　　　2009-01-01 实施

中华人民共和国国家质量监督检验检疫总局
中国国家标准化管理委员会　发布

前　言

本标准等同采用国际标准 ISO/IEC 4902:1989《信息技术　数据通信　37 插针 DTE/DCE 接口连接器和插针分配》(英文版)。

本标准代替了 GB/T 9950—1988《数据通信　37 插针及 9 插针　DTE/DCE 接口连接器和插针分配》。

本标准与 GB/T 9950—1988 相比主要变化如下：

——本标准没有考虑 9 插针 DTE/DCE 接口连接器和插针分配；

——本标准添加了关于连接器及其相关部件定义的技术内容；

——本标准给出了连接器的连接方法；

——本标准增加了资料性附录 A。

本标准的附录 A、附录 B、附录 C 为资料性附录。

本标准由全国信息技术标准化技术委员会提出并归口。

本标准起草单位：中国电子标准化研究所、北京声讯电子有限公司。

本标准主要起草人：卓兰、聂荣、张翠、张国林、黄家英、毛媛媛。

本标准所代替标准的历次版本发布情况为：

——GB/T 9950—1988。

信息技术 数据通信 37插针DTE/DCE接口连接器和接触件编号分配

1 范围

本标准规定了在数据终端设备(DTE)和数据电路终接设备(DCE)之间接口处的37插针连接器和接触件编号分配,此接口适用于符合GB/T 3454、GB/T 7618和GB/T 7619的设备。

本标准额外提供了连接器外壳的尺寸,并建议提供锁定装置(锁定部件)和连接器屏蔽体的手段。

2 规范性引用文件

下列文件中的条款通过本标准的引用而成为本标准的条款。凡是注日期的引用文件,其随后所有的修改单(不包括勘误的内容)或修订版均不适用于本标准。然而,鼓励根据本标准达成协议的各方研究是否可使用这些文件的最新版本。凡是不注日期的引用文件,其最新版本适用于本标准。

GB/T 193 普通螺纹 直径与螺距系列(GB/T 193—2003,ISO 261:1998,MOD)

GB/T 3454 数据终端设备(DTE)和数据电路终接设备(DCE)之间的接口电路定义表(GB/T 3454—1982,idt CCITT建议V.28)

GB/T 3455 非平衡双流接口电路的电特性(GB/T 3455—1982,idt CCITT建议V.28)

GB/T 7618 在数据通信领域中通常同集成电路设备一起使用的非平衡双流接口电路的电气特性(GB/T 7618—1987,eqv CCITT建议X.26或V.10:1984)

GB/T 7619 在数据通信领域中通常同集成电路设备一起使用的平衡双流接口电路的电气特性(GB/T 7619—1987,eqv CCITT建议X.27或V.11:1984)

GB/T 9412 用于60～108 kHz基群电路的48 kbit/s的数据传输的调制解调器(GB/T 9412—1988,eqv ITU-T建议V.36:1988)

GB/T 9952—2008 数据通信 15插针DTE/DCE接口连接器和插针分配(ISO 4903:1989,IDT)

GB/T 15125—1994 数据通信 25插针DTE/DCE接口连接器和插针分配(idt ISO 2110:1989)

CCITT建议V.37:1989 使用60 kHz～108 kHz基群电路以高于72 kbit/s的数据传信速率进行同步数据

IEC 60050(581):1978 国际电工词汇 第581部分:电子设备用机电元件

IEC 60807-2:1985 频率低于3 MHz的矩形连接器 第2部分:具有梯形金属外壳和圆形锡焊型接触件的有质量评定要求的系列连接器详细规范 固定锡焊型(IEC出版物807-2)

3 术语和定义

下面的术语和定义来源于IEC 60050-581:1978。

3.1

电缆适配器 cable adaptor

连接器的一部分,或者由固定外壳组成的附件,作为与连接器主体的连接件。它可以包括提供的电缆夹或密封的终接屏蔽体,它还可以提供对电干扰的屏蔽。它可以是直的,或者是有角度的。

3.2

连接器外壳 connector housing

连接器的一部分,其中装有插入件和接触件。

3.3

接触件安排　contact arrangement

在连接器中接触件的数目、间距和配置。

3.4

阴接触件　female contact

用来在其外表面形成电联结并可接纳阳接触件的一种接触件。

3.5

可互配的连接器　intermateable connectors

两个连接器是可互配合的,条件是不管这两个连接器的性能如何以及是否可以互换安装,只要它们在电气上和机械上能够连接起来。

3.6

锁定装置　locking device

包含在某一元器件内并对其配合部分提供机械固定的一种部件。

3.7

阳接触件　male contact

用来在其外表面形成电联结并可接纳阴接触件的一种接触件。

3.8

***n*-插针连接器　(*n*-pole)connector**

对适合的匹配器件提供连接和断开的终端连接元件。

4　连接器

图1～图5示出了37插针连接器。这些图中仅示出了配合的主要尺寸。

图1示出了在一个连接器外壳内具有37阳接触件的DTE连接器。图2示出了在一个连接器外壳内具有37阴接触件的DCE连接器。所选定的在DCE连接器上的连接器外壳尺寸是为了装配在DTE连接器上的连接器外壳内部(见图1和图2)。在图1和图2中规定了接触件编号。图3示出了接触件间距的尺寸。图4和图5分别示出了阳接触件和阴接触件的尺寸。

DCE连接器应装配有图2中规定的由两个锁定部件组成的锁定装置。由于锁定部件具有能起螺母作用的螺纹孔,所以DTE连接器可以备有将这两个锁定部件锁定在DCE连接器上的旋转杆装置,或者备有装入锁定部件内螺纹孔的螺杆。

锁定部件的螺纹应是图2中规定的M3。在本标准中提供了足够的连接器尺寸,以便确保可互配的连接器。这些连接器与IEC 60807-2:1985的详细连接器规范相一致。

在附录A中,给出了手指间隙区的图,以便对设备设计者提供指南。图A.1示出了DTE连接器的最大外形尺寸,包括锁定这两个锁定部件的所有手段在内。图A.2示出了当使用多接口排列时DCE连接器间距的最小尺寸。

5　接触件编号分配

在表1中给出了在GB/T 3454中规定的所选互换电路的接触件编号分配,这些互换电路可以利用遵循CCITT建议V.37:1989和GB/T 9412的调制解调器来实现。虽然表1提供了所有上述列出的国家标准和CCITT建议中的调制解调器所指明的互换电路的总清单,但是对特定设备仅需要实现所要求的那些互换电路。表2示出了可供国家使用的优选电路分配。表3给出了在表1和表2中所使用的使用互换电路清单及其描述。另外,表1提供了可供国家使用的某些可选互换电路的优选接触件编号分配。

6 连接器屏蔽

连接器屏蔽是可选的。例如，由于国家规定等而要使用屏蔽，该屏蔽应通过在 DTE 连接器和 DCE 连接器上使用金属连接器外壳来完成。

7 混合使用 GB/T 7618、GB/T 7619 和 GB/T 3455 电气特性的互连配置

在 GB/T 7618 和 GB/T 7619 的附录 A 的 A.1 中给出了在该接口某一侧实现 GB/T 7618 的设备与在该接口另一侧实现 GB/T 7619 的设备互通的考虑。另外，在 GB/T 7618 中提供了类别 1 和类别 2 接收器配置的定义。

在附录 B 中提供了关于适用于 GB/T 3455 接口的可能互连配置的指南。

在附录 C 中给出了当需要实现 GB/T 7618 特性的 DTE 或 DCE 与实现 GB/T 3455 电器特性的 DCE 或 DTE 进行互通时关于必要适配的指南。为了完成与 GB/T 3455 和 GB/T 15125—1994 互通所要求的任何适配器应具备有满足本标准的要求的设备。在使用 GB/T 3455 电气特性的现有设备中应不要求修订或修改。

在 GB/T 9412 和 CCITT 建议 V.37:1989 中不要求附录 C 在 GB/T 7618 和 GB/T 3455 特性之间的互通。

表 1 接触件编号分配

第一段分配[b]			第二段分配[b]			接收器类别[d]	指向	
接触件编号	电路编号	互换点[c]	接触件编号	电路编号	互换点		DTE	DCE
1	a)					—	—	—
2	N	A—A′	20	102b	C—B′	2	X	
3	N	A—A′	21	N	B/ C—B′	1	X	
4	103	A—A′	22	103	B/ C—B′	1		X
5	114	A—A′	23	114	B/ C—B′	1	X	
6	104	A—A′	24	104	B/ C—B′	1	X	
7	105	A—A′	25	105	B/ C—B′	1		X
8	115	A—A′	26	115	B/ C—B′	1	X	
9	106	A—A′	27	106	B/ C—B′	1	X	
10	141	A—A′	28	N	A—A′	2		X
11	107	A—A′	29	107	B/ C—B′	1	X	
12	108*	A—A′	30	108*	B/ C—B′	1	X	
13	109	A—A′	31	109	B/ C—B′	1	X	
14	140	A—A′	32	N	A—A′	2		X
15	N	A—A′	33	N	A—A′	2	X	
16	111	A—A′	34	N	A—A′	2		X
17	113	A—A′	35	113	B/ C—B′	1		X
18	142	A—A′	36	N	A—A′	2	X	

表 1（续）

第一段分配[b]			第二段分配[b]			接收器类别[d]	指向	
接触件编号	电路编号	互换点[c]	接触件编号	电路编号	互换点		DTE	DCE
19	102	C—C′	37	102a	C—B′			X

符号说明：

N——为国家用途永久备用的接触件；

*——电路 108/1 或 108/2(如果提供它们之一)。

a：分配接触件 1 用于连接屏蔽接口电缆串接段间的屏蔽体。根据国家的有关规定，屏蔽体可以连接到 DTE 或者 DCE，或者 DTE 和 DCE 两者的保护地或信号地。

根据国家的安全规定，信号地可以进一步连接到保护地。这样做时，应防止建立携带大电流的地环路。

b：为了确定配对和多对互连电缆的连接，已经排列好每部分接触件分配。表的每一行分别表示配对接触件，即 2 和 20、3 和 21 等。

c：A，A′，B，B′，C 和 C′指示按 GB/T 7818 和 GB/T 7819 图 2 中所指定的关联互换点。在表 1 中指示的 B/C，其 B 仅适用于采用 GB/T 7819 发生器的场合。C 仅适用于采用 GB/T 7818 的场合(见附录 B)。

d：接收器类别按 GB/T 7818 规定。在 1 类接收器适用的场合，既可以使用 GB/T 7818 发生器，也可以使用 GB/T 7819 发生器。对于 103、104、113、114、115 电路，只能使用 GB/T 7819 发生器。在 2 类接收器适用的场合，可以使用 GB/T 7818 发生器。

表 2　为国家用途优先分配的电路接触件编号

接触件编号	电路编号	描述
2	112	数据信号速率选择器(DCE 源)
15	125	呼叫指示器
33	110	数据信号质量检测器
34	136	新信号
3/21	128	接收信号码元定时(DCE 源)

表 3　互换电路清单

电路编号	描　　述
102	信号地或公共回线
102a	DTE 公共回线
102b	DCE 公共回线
103	发送数据
104	接收数据
105	请求发送
106	发送准备好
107	数据设备准备好
108/1	把数据设备连接到线路
108/2	数据终端准备好
109	接收数据信道线路信号检测器
110	数据信号质量检测器
111	数据信号速率选择器　(DTE 源)
112	数据信号速率选择器　(DCE 源)
113	发送器信号码元定时　(DTE 源)
114	发送器信号码元定时　(DCE 源)
115	接收器信号码元定时　(DCE 源)
125	呼叫指示器
128	接收器信号码元定时　(DTE 源)
136	新的信号
140	环回/维护测试
141	本地环回
142	测试指示器

单位为毫米

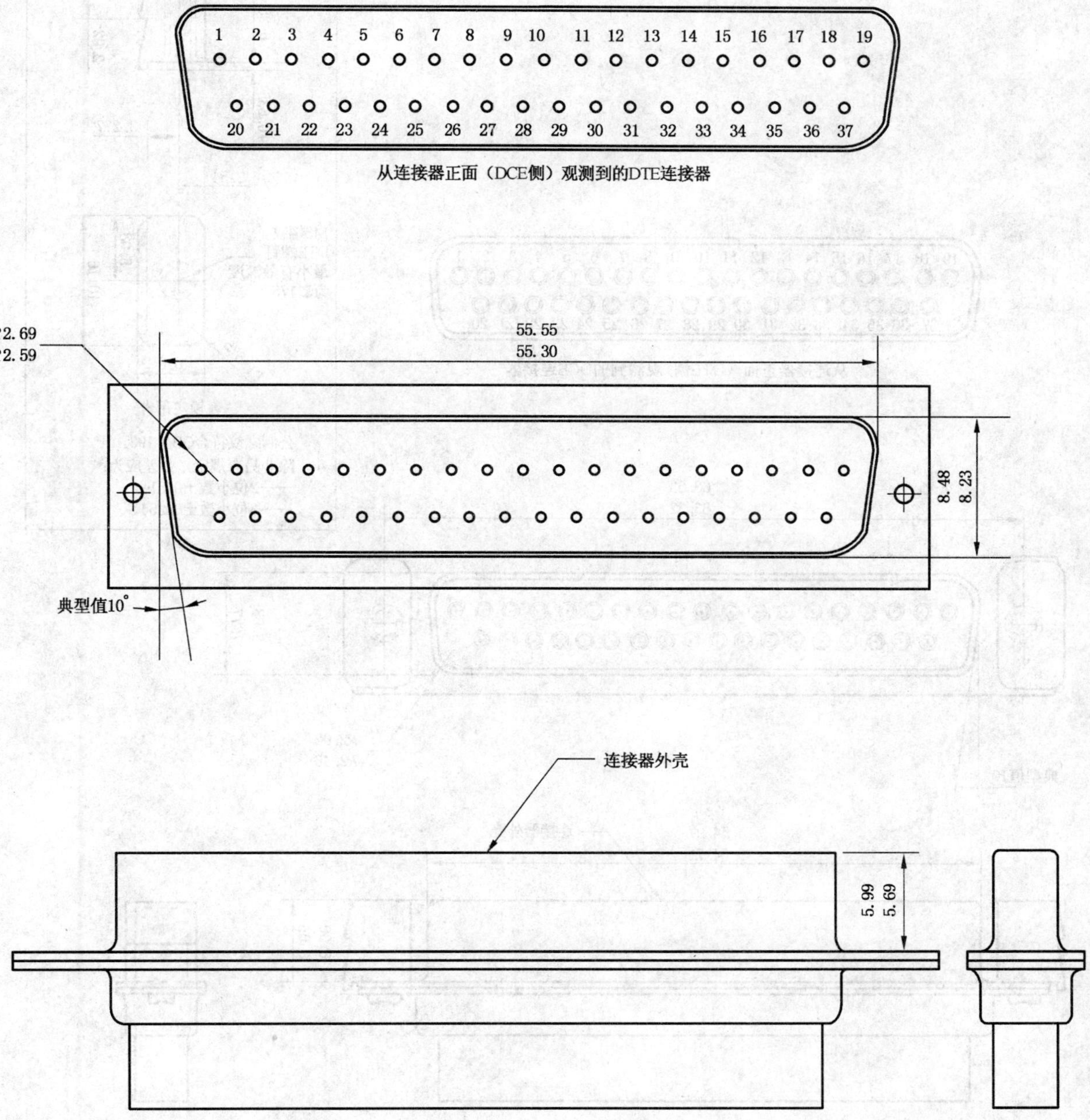

图 1 DTE 连接器

单位为毫米

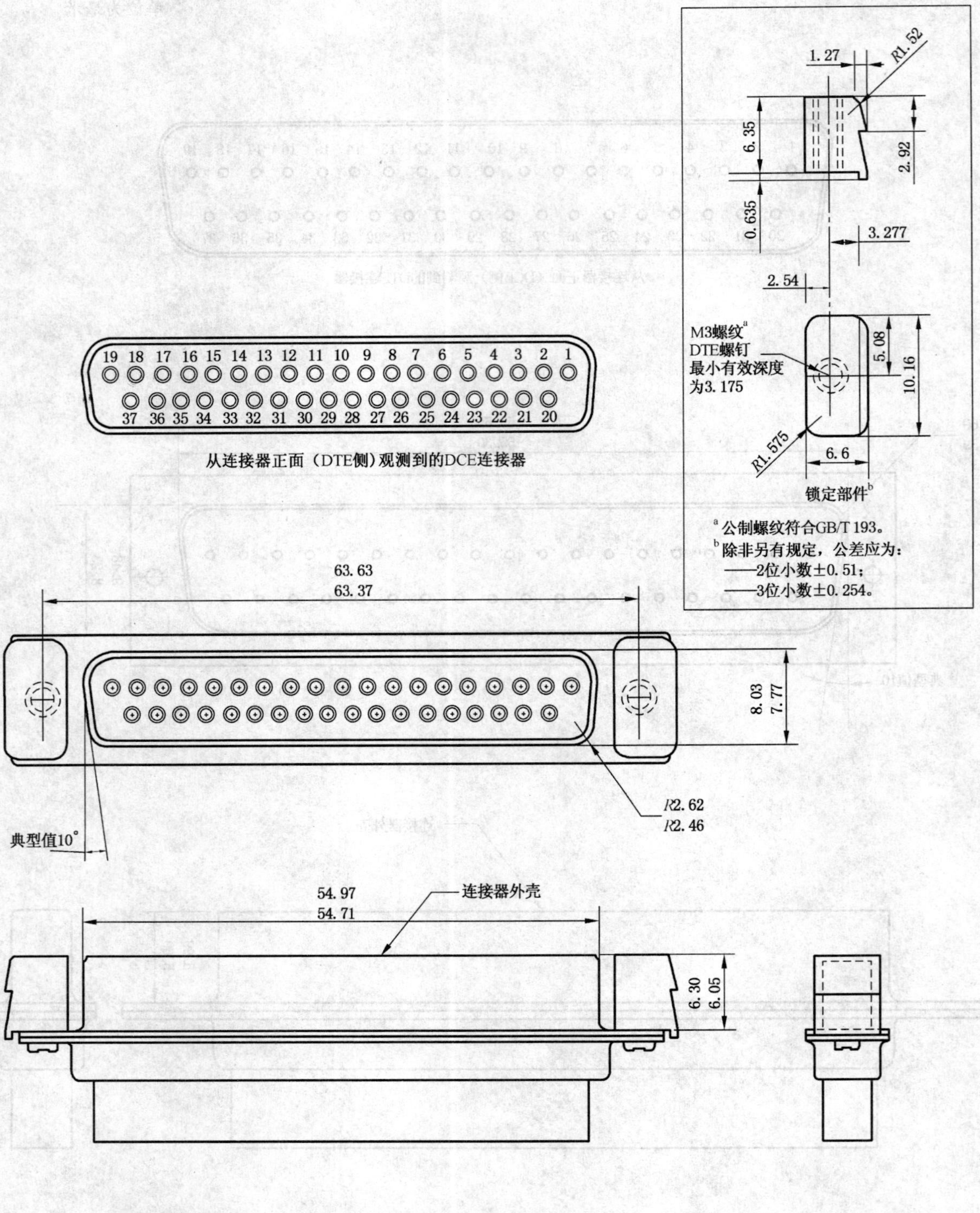

图 2　DCE 连接器

单位为毫米

图 3 接触件间距尺寸

单位为毫米

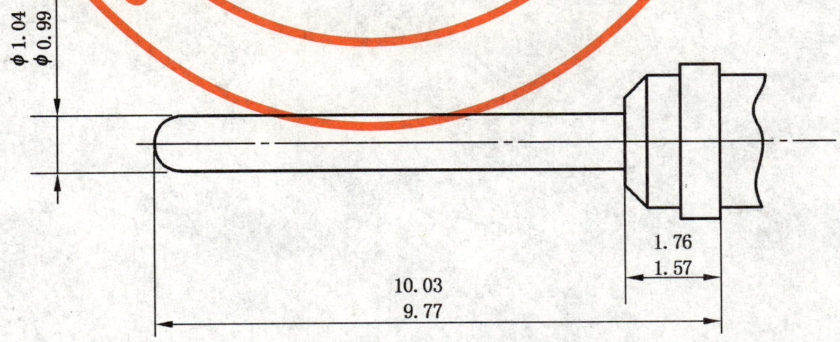

图 4 阳接触件

单位为毫米

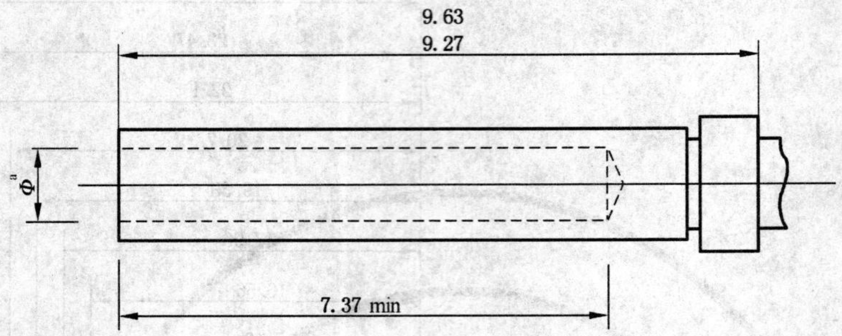

[a] 当阳接触件与阴接触件配合时，应对阴接触件施加足够的压力，以确保良好的电接触。

图 5　阴接触件

附 录 A
（资料性附录）
手指间隙图

本附录为设备设计者提供了关于手指间隙的指南。

图 A.1 示出了 DTE 连接器的最大外形尺寸。

图 A.2 示出了建议的在多 DTE 连接器之间的最大尺寸，以便考虑 DTE 连接器的不同锁定装置，多 DCE 连接器之间所需的最小尺寸。

单位为毫米

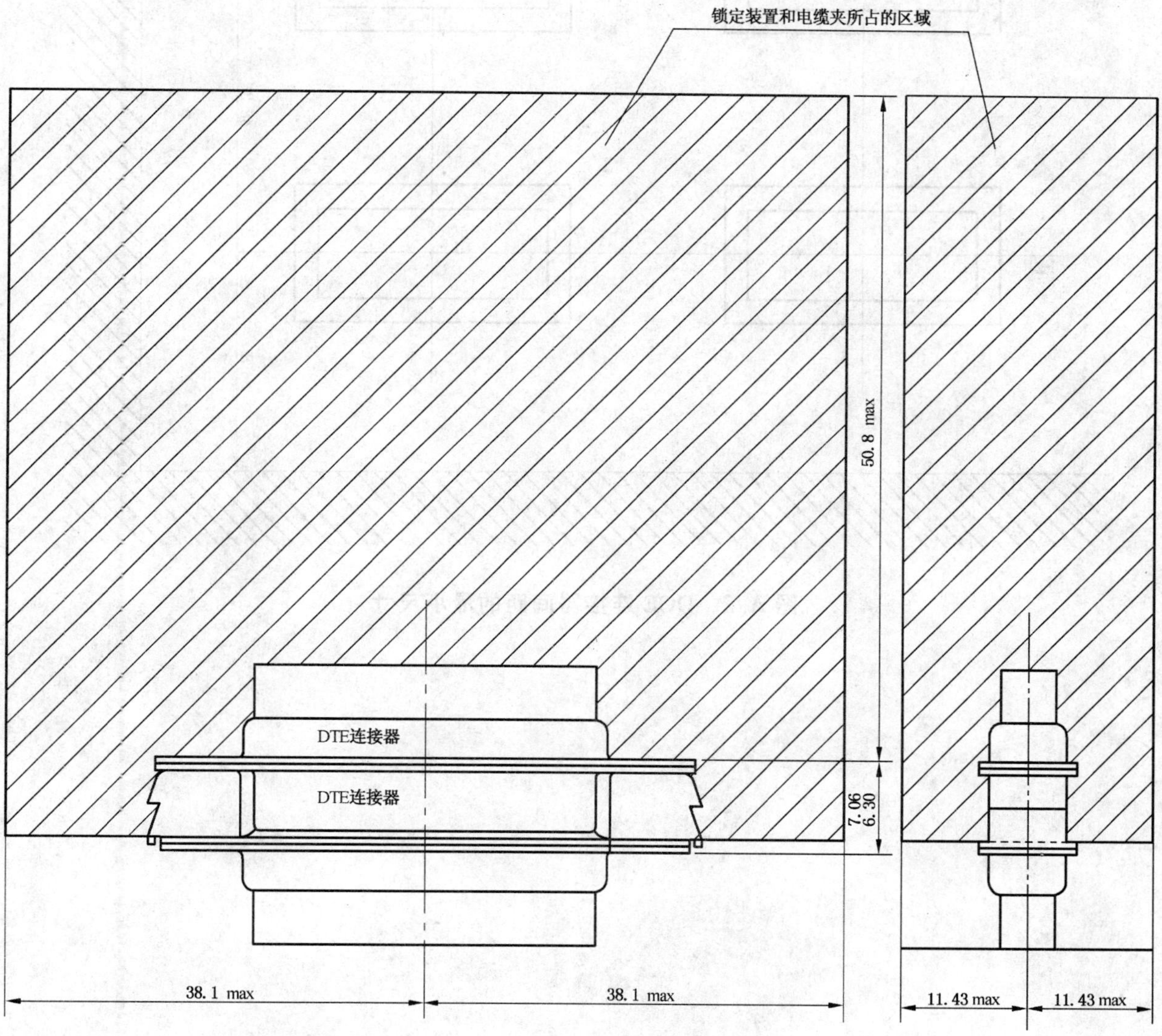

图 A.1 DTE 连接器的最大外形尺寸

单位为毫米

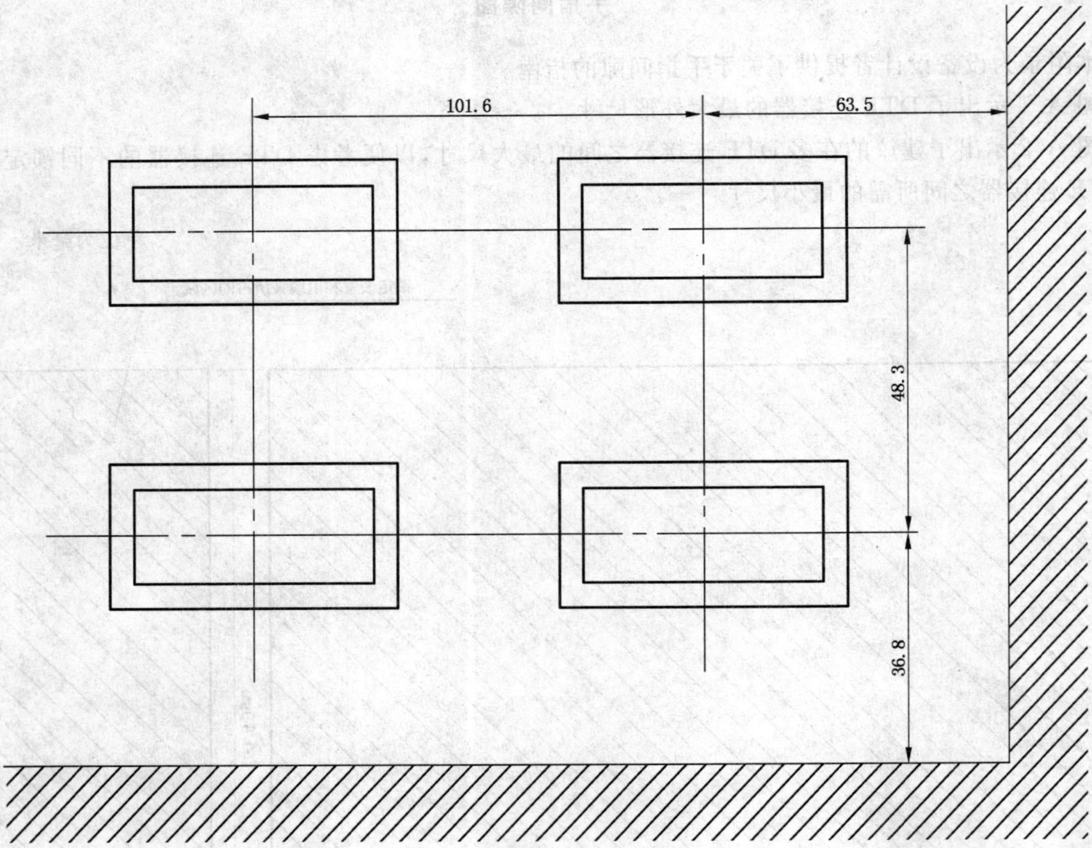

图 A.2 DCE 连接器间距的最小尺寸

附 录 B
（资料性附录）
发生器/接收器的互连配置

GB/T 7618 规定两种基本的接收器配置。1 类接收器通过接口连接器可以使用 A′和 B′两个互换点。2 类接收器通过接口连接器仅可以使用单独的 A′互换点，而全部 B′点在设备内部连接在一起并经接口连接器形成一个公共回路。1 类接收器的配置可以与平衡的 GB/T 7619 发生器互连，或与不平衡的 GB/T 7618 发生器互连。2 类接收器的配置只用于与 GB/T 7618 发生器互连。图 B.1 说明了可以应用的三种可能的互连配置。

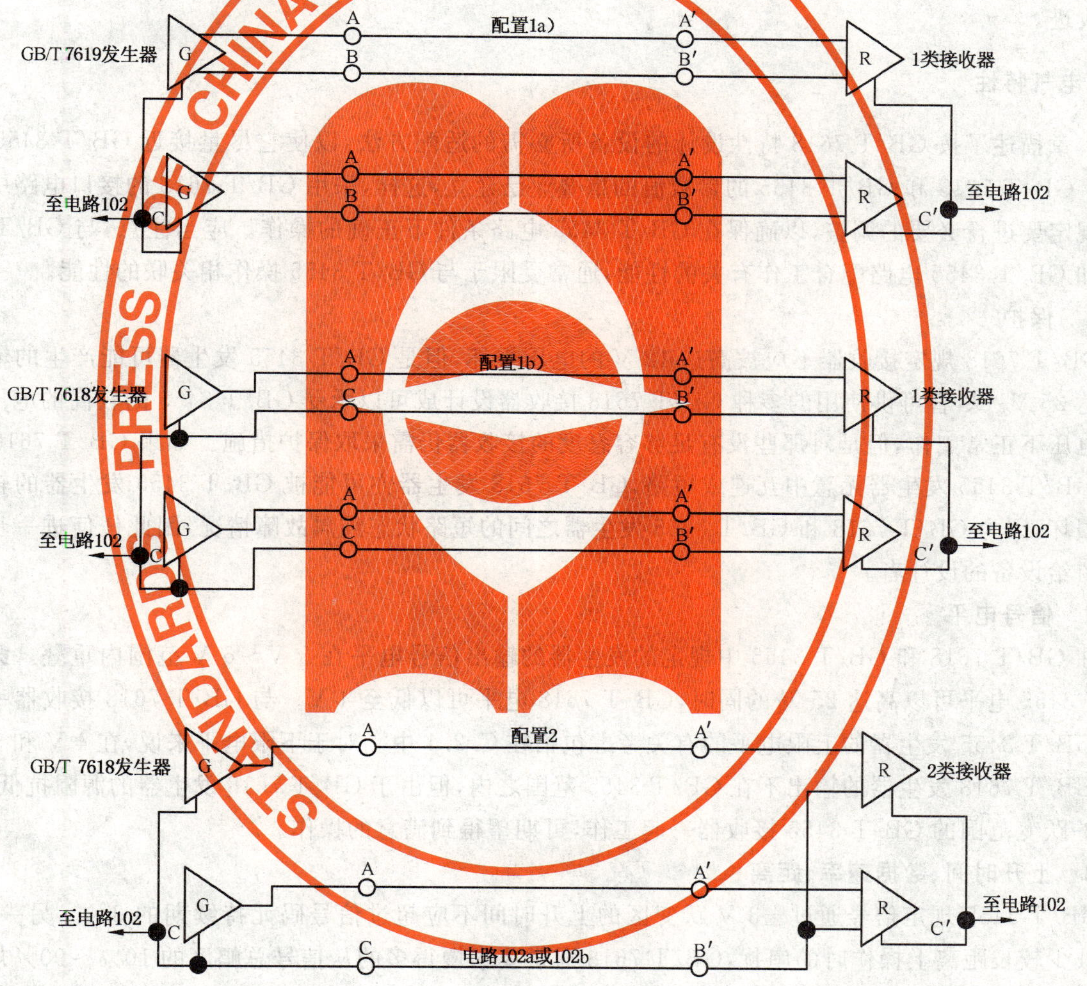

图 B.1 发生器/接收器互连配置

附 录 C
（资料性附录）
与 GB/T 3455 电路互通工作的要求

C.1 适用范围

本附录适用于在全部接口电路上实现 GB/T 3455 电气特性的 DTE 和 DCE。为了提供 GB/T 7618 及本标准的设备与 GB/T 3455、GB/T 15125 的设备互通的兼容性，它描述了必需的适配方法。这种适配只与 GB/T 7618 和本标准的设备有关，所以对于 GB/T 3455 和 GB/T 15125 的设备根本不需要任何修改和改进。

C.2 电气特性

本章描述了按 GB/T 7618 特性设计的设备所必需的适配方法，以使它尽量接近 GB/T 3455 电气特性。GB/T 7618 和 GB/T 3455 的参数值的重叠业已建立，这样，采用 GB/T 7618 的接口电路中已附加的规定要进行必要的调整，以确保在 GB/T 3455 电路条件下正确的操作。应当注意，与 GB/T 7618 电路和 GB/T 3455 电路配合工作有关的性能，通常受限于与 GB/T 3455 操作相关联的性能。

C.2.1 保护

GB/T 7618 规定接收器不应被高达 12 V 的电压损坏，但是 GB/T 3455 发生器可能产生的输出电压高达 25 V。尽管可供使用的多种 GB/T 7618 接收器设计成可以承受 GB/T 3455 的较高的电压并能在该电压下正常工作，但是对那些没有足够容忍度的接收器仍需采取保护措施。如果 GB/T 7618 发生器和 GB/T 3455 发生器无意中互连或短路，GB/T 7618 发生器亦可能被 GB/T 3455 发生器的较高的电压损坏，因为 GB/T 7618 和 GB/T 3455 发生器之间的短路状态纯属故障情况，因此任何进一步的考虑将留给设备的设计者。

C.2.2 信号电平

在 GB/T 7618 和 GB/T 3455 中规定的发生器的输出信号电平在 5 V～6 V 范围内重叠。此外在 GB/T 3455 电平可以高达 25 V 的同时，GB/T 7618 电平可以低至 4 V。与 GB/T 7618 接收器一起操作的 GB/T 3455 发生器的上限电平的有关考虑包括在 C.2.1 中。对于下限电平来说，在 4 V 和 5 V 之间的 GB/T 7618 发生器的输出不在 GB/T 3455 范围之内，但由于 GB/T 7618 发生器的源阻抗低，与具有 3 V 跃变范围的 GB/T 3455 接收器一起工作，可期望得到满意的操作。

C.2.3 上升时间、数据速率、距离

GB/T 3455 规定信号通过±3 V 跃变区的上升时间不应超过信号码元持续期的 3%。另一方面，为了减少较长距离上操作时的串扰，GB/T 7618 通常要求慢得多的从信号总幅度的 10%～90%规定的上升时间。通过在 GB/T 7618 设备中适当地选择发生器的波形整形，对适用于 GB/T 3455 的数据信号速率(高达 20 kbit/s)同时满足 GB/T 7618 和 GB/T 3455 的要求是可能的。

在 GB/T 7618 中，提供了数据信号速率和电缆长度的关系曲线图。在图 C.1 中对该图已进行了转换，以示出上升时间与数据信号速率和电缆长度之间的关系。因此，图 C.1 清楚地示出这些参数之间的相互作用，图 C.1 也说明了与指数波形相对比时与线性波形有关的性能改善。可以预期，更典型的实现将使用线性波形。图 C.1 的横坐标是 GB/T 7618 发生器的信号上升时间。往上读取电缆长度曲线，又读取左边的纵坐标刻度，就可以决定对应的最大电缆长度。往上读取数据信号速率曲线，又读取右边的纵坐标刻度，就可以决定有关的最大数据信号速率。这样，相对于任一特定的上升时间值，就可以决定最大电缆长度和最大数据信号速率。这些值将确保近端串扰电平在 1 V(峰值)以下。

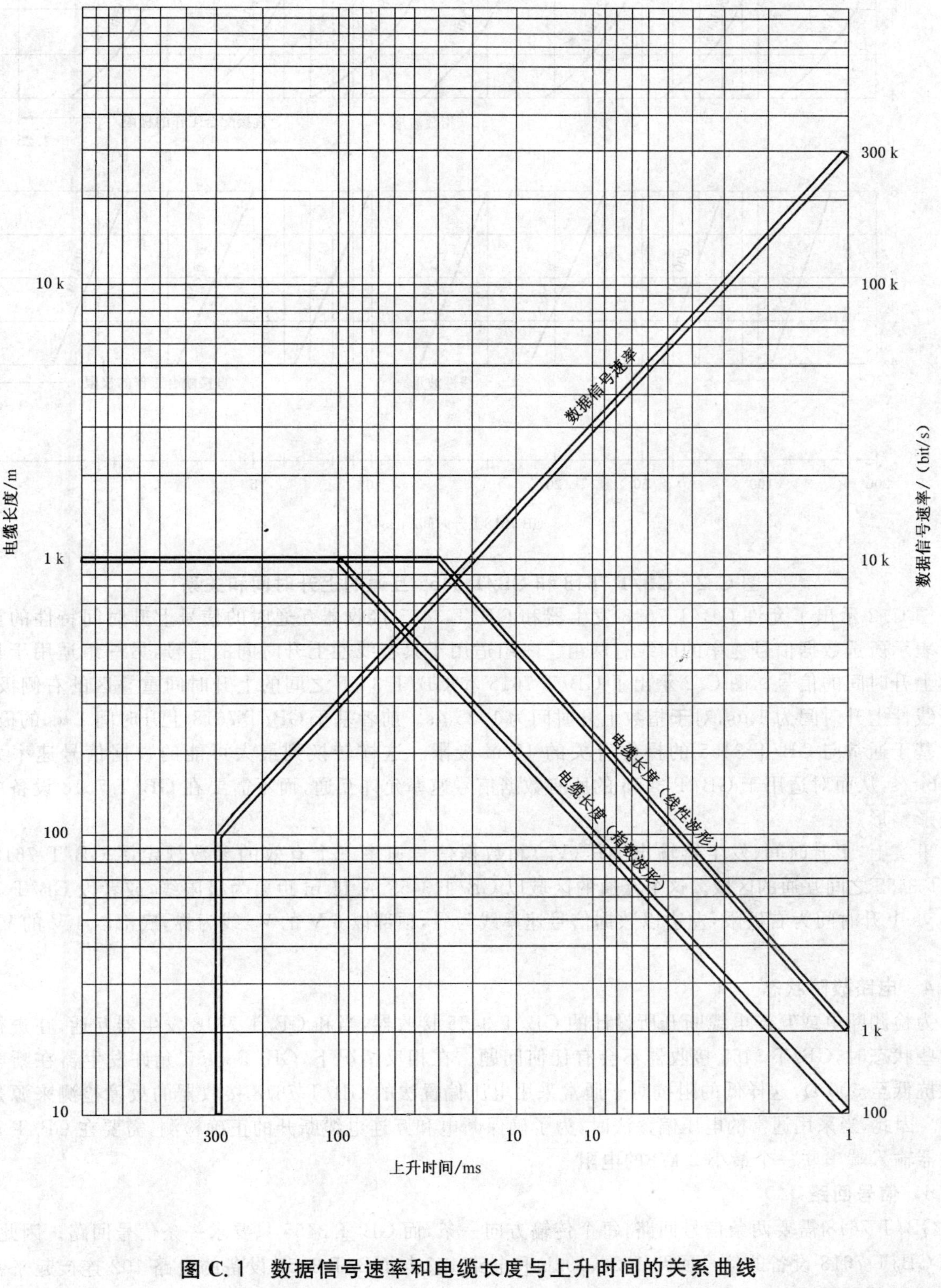

图 C.1 数据信号速率和电缆长度与上升时间的关系曲线

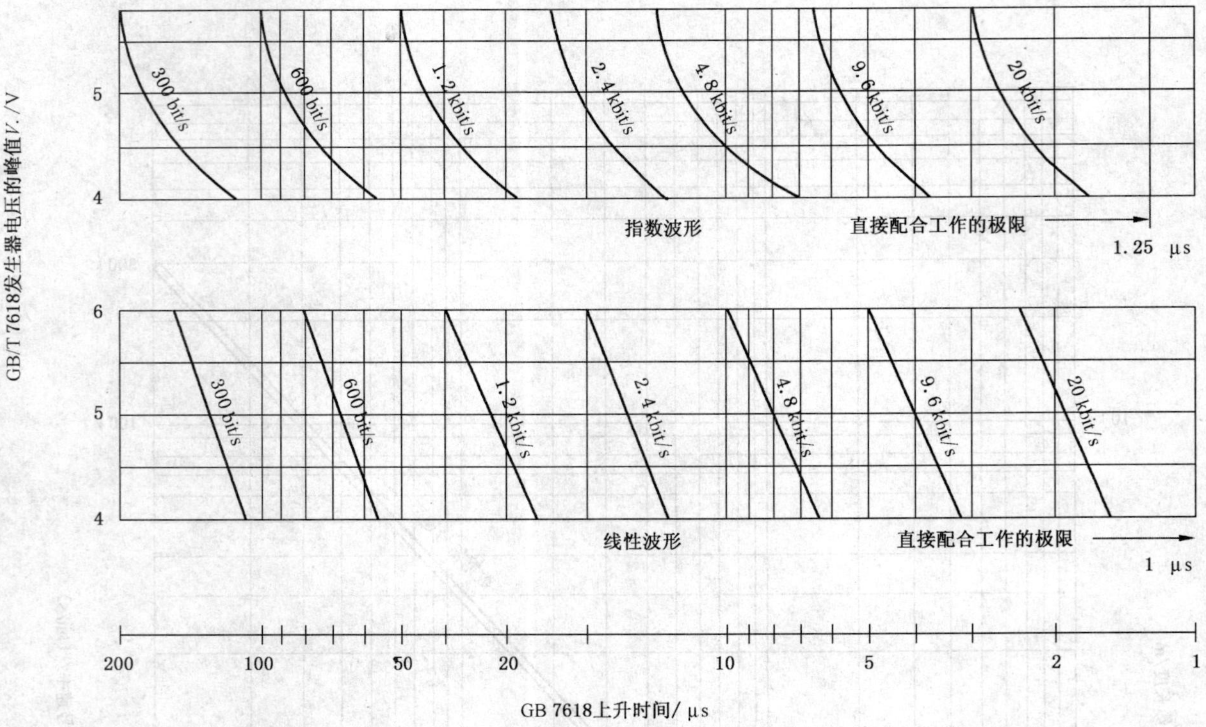

图 C.2 GB/T 7618 和 GB/T 3455 互通的上升时间和关系

图 C.2 示出了允许 GB/T 7618 发生器和 GB/T 3455 接收器互通时的信号上升时间特性的重叠区。表示所选数据信号速率的曲线有两组。一组适用于具有线性上升时间的信号，另一组适用于具有指数上升时间的信号。图 C.2 示出了 GB/T 7618 和 GB/T 3455 之间的上升时间重叠区的右侧极限，对于线性上升时间为 1 μs，对于指数上升时间为 1.25 μs。前者基于 GB/T 7618 上升时间 1 μs 的极限，后者基于通常与 GB/T 3455 的操作有关的 15 m 极限。这样转换到最大可能的数据信号速率大于 20 kbit/s，从而对适用于 GB/T 3455 的所有数据信号速率允许互通，而不需要在 GB/T 7618 设备中进行波形整形。

事实上，上升时间、发生器输出电压(V_0)和数据信号速率三个有效的参数规定了 GB/T 7618 和 GB/T 3455 之间互通的区域。这个互通的区域以 GB/T 3455 的 15 m 距离为极限线，或者以 GB/T 7618 的 1 μs 上升时间为右极限，左边以数据信号速率线为界，顶部以 6 V 的 V_0 线为界，底部以 4 V 的 V_0 线为界。

C.2.4 电路故障状态

为检测断电或互连电缆断开所设计的 GB/T 3455 接收器，当和 GB/T 7618 发生器互通，在进行检测这些状态时，GB/T 3455 接收器不会有任何问题。在相反情况下，GB/T 3455 允许发生器在断电时的阻抗低至 300 Ω，这样低的阻抗对于通常采用电压偏置法的 GB/T 7618 接收器的故障检测来源是太低了。因此，当采用通常的电压偏置法时，为了确保断电和互连电缆断开的正确检测，需要在 GB/T 7618 接收器输入端串联一个最小 2 kΩ 的电阻。

C.2.5 信号回路

GB/T 7618 需要两条信号回路，每个传输方向一条，而 GB/T 3455 只要求一条信号回路。因此，需要把 GB/T 7618 设备的信号回路 102a、102b 和电路 102 与 GB/T 3455 设备的电路 102 连接起来。另外，2 类接收器的全部 B′互换点亦必须连接到 GB/T 3455 设备的电路 102。

C.3 机械特性

GB/T 15125—1994 规定了用于 GB/T 3455 设备的 25 插针 DTE/DCE 接口连接器和插针分配。

符合本标准的 GB/T 7618 设备使用与 25 插针连接器属于同一连接器系列的 37 插针 DTE/DCE 接口连接器。因此，为了 GB/T 7618 设备和 GB/T 3455 设备互通，机械特性的适配是必需的。37/25 插针的布置适用于所有上述类型设备的互连。

C.4 建议的实现

可能存在许多创新的途径，所以满足 C.2 和 C.3 所概述的实际实现方法并未标准化。因此，当希望按特定的性能 GB/T 7618 设备与 GB/T 3455 设备互通时，就需要把所需的一些特殊要求在 GB/T 7618 的接口设计中加以规定，这一工作留给满足所需要求的 GB/T 7618 接口的设计者。不应认为满足本标准和使用 GB/T 7618 发生器的任何设备都可以同 GB/T 3455 设备互通，除非进行满足配合工作要求的具体论证。

已经制订了满足 C.2 和 C.3 中所述要求的一种方法，本章所提供的是实现 GB/T 7618 的接口特性的指南，当其与 GB/T 3455 设备能互通是非常重要的。

C.4.1 GB/T 7618 接收器的保护

尽管 GB/T 7618 声明了接收器仅需承受 12 V 电压而被损坏，可供使用的许多集成电路可以承受并能在 GB/T 3455 发生器的较高电压下工作。但是，当 GB/T 7618 接收器不具有足够的承受能力时，则需要采取保护措施。该保护可在图 C.3 所示的 GB/T 7618 接收器输入端之前加一个 L 型衰减器来完成。由 2 kΩ 串联电阻和 3.3 kΩ 并联电阻构成的 L 型衰减器具有高阻抗源的附加作用。为了确保相邻电路的近端串扰不至于达到不可接受的电平（峰值 1 V），L 型衰减器距 GB/T 7618 接收器的输入端的电缆长度不应大于 3 m。

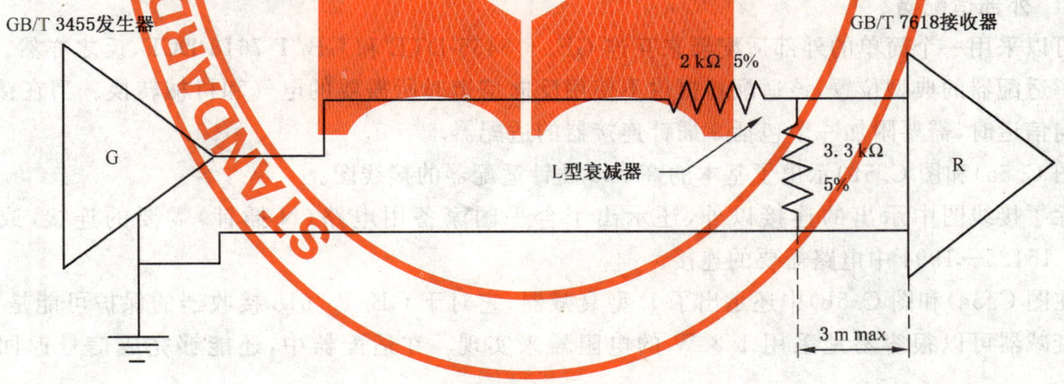

图 C.3 保护 GB/T 7618 接收器的 L 型衰减器

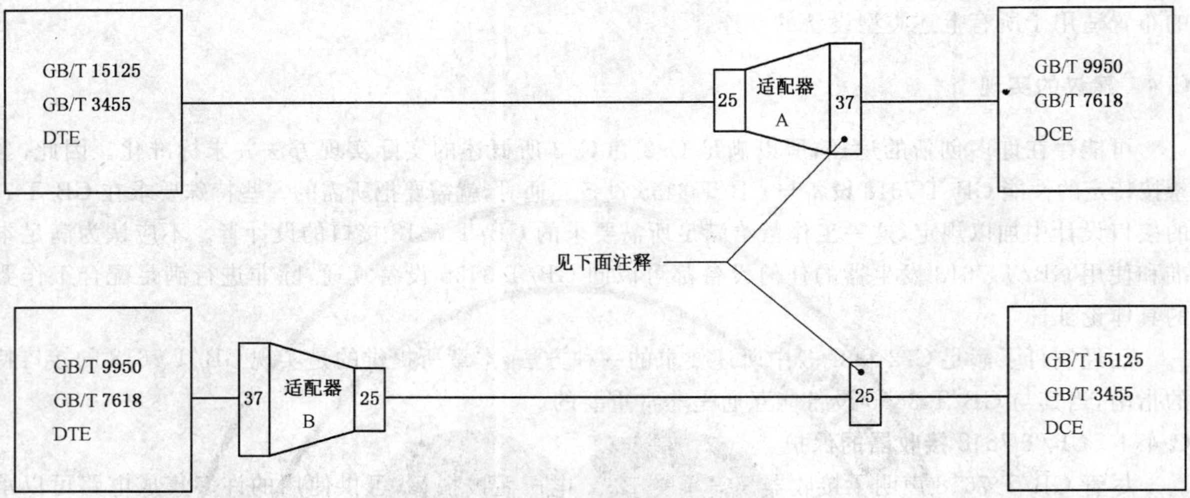

注：GB/T 3454 指出连接器不一定物理上隶属于 DCE。

图 C.4 基本的 37/25 插针适配器的典型互连配置

C.4.2 发生器输出信号

GB/T 7618 发生器信号的上升时间和输出电压必须处于图 C.2 所规定的配合工作区域内。

C.4.3 故障检测措施

如先前已规定的，如果接收器使用电压偏置方法时，为了检测断电状态，需要在 GB/T 7618 接收器输入端串联一个最小 2 kΩ 的电阻。但是，如果接收器的保护包括 L 型衰减器或者为了保护采用其他方法时，则不需要这个附加电阻。

C.4.4 外部适配器

可以采用一个简单的外部适配器来互连 GB/T 3455 DTE 和 GB/T 7618 DCE，反之亦然。图 C.4 示出了适配器的典型位置，该适配器提供不使用反向信道时所需要的电气和机械转换。当在接口中实现反向信道时，需要附加一个包括 9 插针连接器的适配器。

图 C.5a)和图 C.5b)示出了基本的 37/25 插针适配器的接线图。

除了接线图中示出的连接以外，还示出了合乎国家备用电路（N 插针）需要的连接，或者合乎 GB/T 15125—1994 中电路需要的连接。

在图 C.5a)和图 C.5b)中还示出了 L 型衰减器，它对于 GB/T 7618 接收器的保护可能是需要的。这些衰减器可以很容易地采用 1/8 W 的电阻器来实现。在适配器中，还能够完成信号返回引线的连接。

如先前指出的，为了避免过强的近端串扰，L 型衰减器必须置于距 GB/T 7618 接收器 3 m 电缆长度以内。

在 GB/T 3455 DTE 和 GB/T 7618 DCE 配置的情况下，因为通常地把连接器放置在 DCE，所以根本不存在问题。在另一种配置中，即 GB/T 7618 DTE 和 GB/T 3455 DCE 的配置中，适配器放置在 DCE 是不能接受的。因此，如果需要，在 GB/T 7618 DTE 实现 37 插针连接器，使适配器置于距 GB/T 7618 DTE 3 m电缆长度以内可能是需要的。

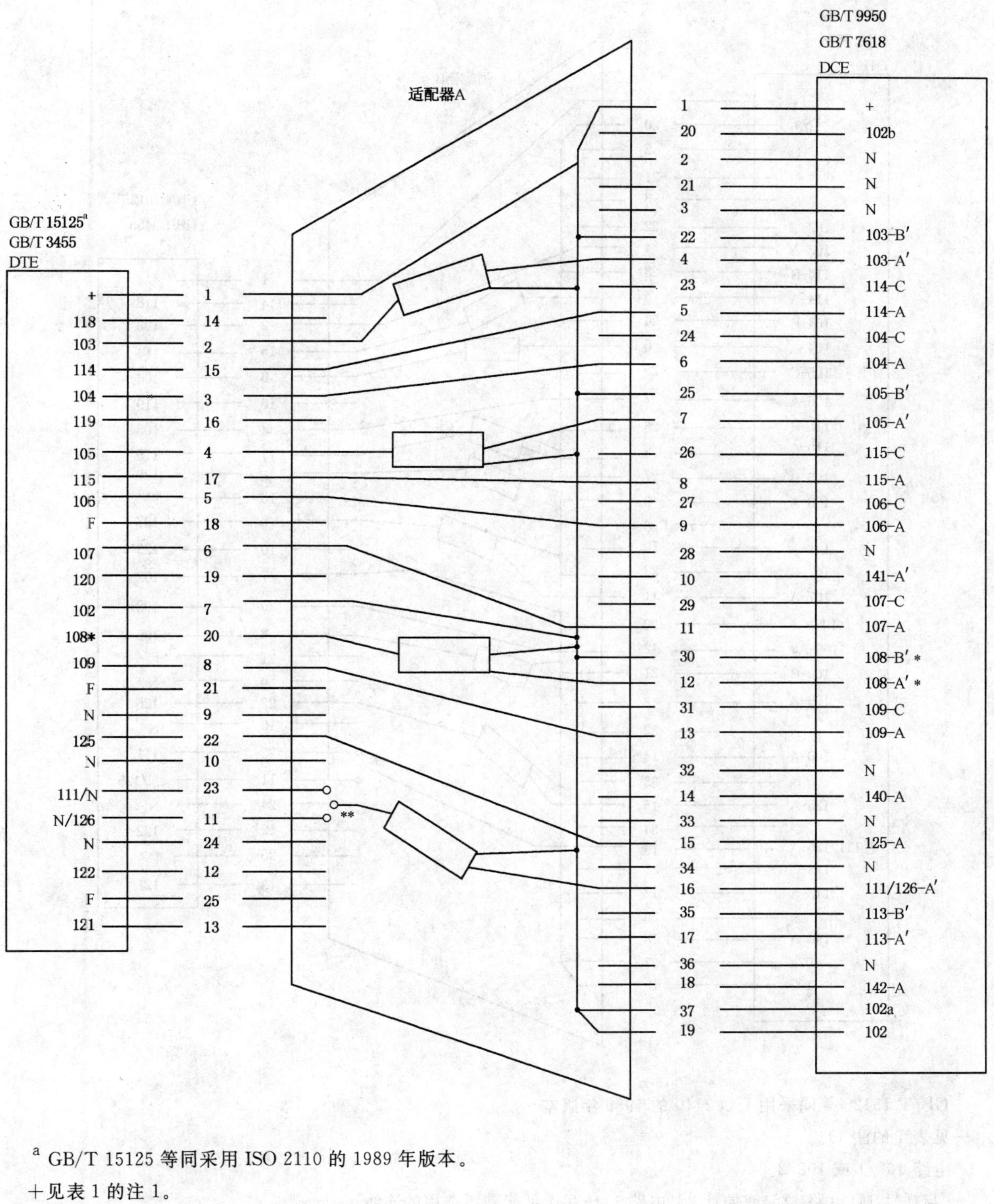

[a] GB/T 15125 等同采用 ISO 2110 的 1989 年版本。

+见表 1 的注 1。

* 电路 108/1 或 108/2。

** 与接触件 11(电路 126)或接触件 23(电路 111)互连可能需要选用的连线。

图 C.5a) 37/25 插针适配器 A 的基本配置

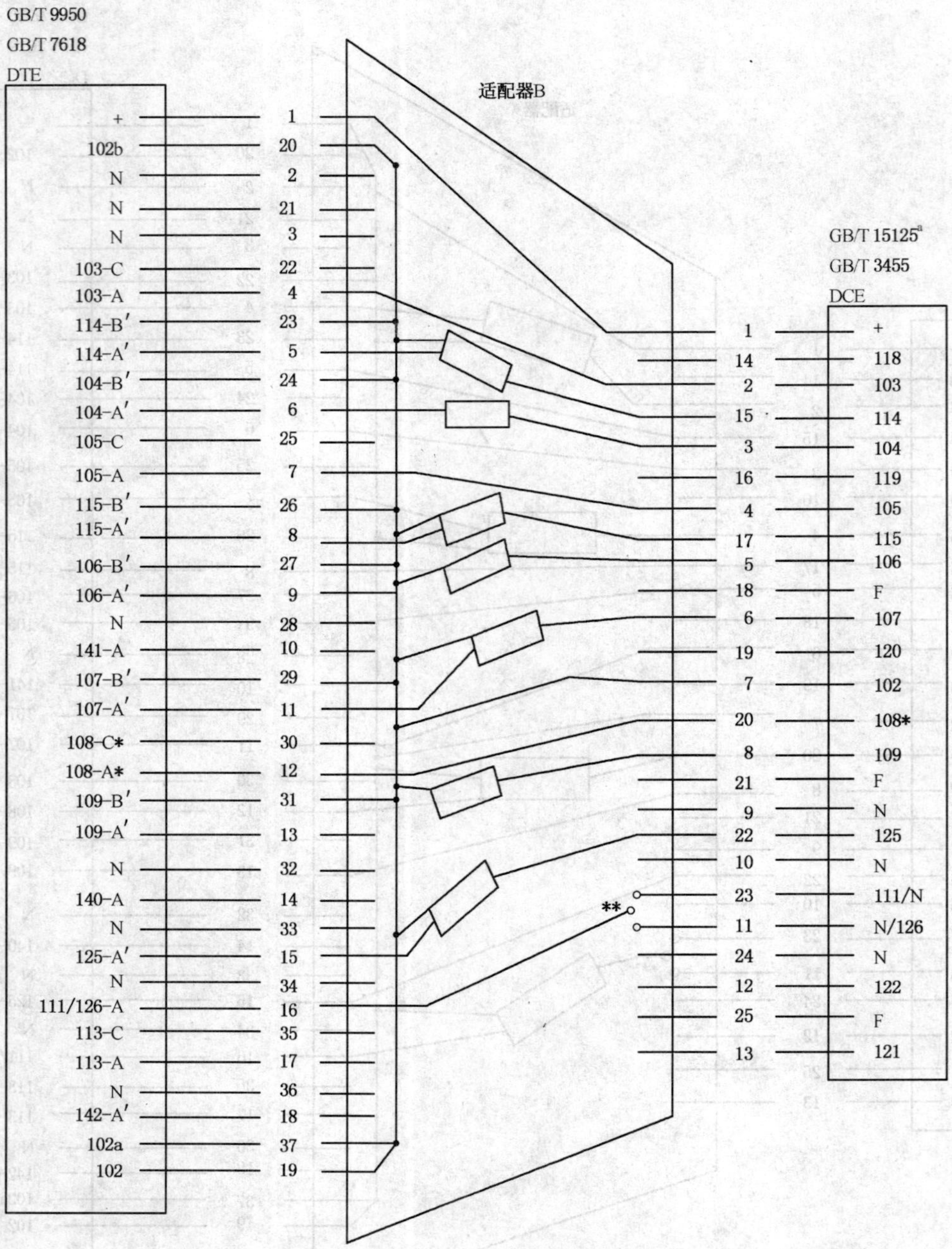

[a] GB/T 15125 等同采用 ISO 2110 的 1989 年版本。

十见表 1 的注 1)。

* 电路 108/1 或 108/2。

** 与插针 11(电路 126)或插针 23(电路 111)互连可能需要选用的连线。

图 C.5b）37/25 插针适配器 B 的基本配置

C.4.5 GB/T 7618 设备建议内容概要

a) 25/37 插针基本的机械适配器；

b) 按照 GB/T 7618 实现的发生器；

c) 在图 C.2 中规定的互通区域内所选择的 GB/T 7618 发生器信号上升时间和输出电压；

d) 当需要时，置于适配器中的适当电路上的 L 型衰减器；

e) 在适配器中，把来自 GB/T 7618 设备的出现在接口处的信号公共回路 102a 和 102b 以及电路 102 和接收器 B′引线连接在一起，并把它们连接到来自 GB/T 3455 设备的 102 电路上；

f) 当为了保护 GB/T 7618 接收器而使用 L 型衰减器时，适配器安装应使得它和 GB/T 7618 设备之间的电缆长度不超过 3 m；

g) GB/T 7618 设备和 GB/T 3455 设备之间的电缆总长度应限制为与 GB/T 3455 操作正常相关联的长度。

ICS 35.100
L 79

中华人民共和国国家标准

GB/T 9951—2008/ISO/IEC 2593:2000
代替 GB/T 9951—1988

信息技术　系统间远程通信和信息交换 34插针DTE/DCE接口连接器的配合性尺寸和接触件编号分配

Information technology—Telecommunication and information exchange between systems—34 pin DTE/DCE interface connector mateability dimensions and contact number assignments

(ISO/IEC 2593:2000, IDT)

2008-07-28 发布　　　　2009-01-01 实施

中华人民共和国国家质量监督检验检疫总局
中国国家标准化管理委员会　发布

前 言

本标准等同采用国际标准 ISO/IEC 2593:2000《信息技术 系统间远程通信和信息交换 34 插针 DTE/DCE 接口连接器的配合尺寸和插针分配》(英文版)。

本标准代替 GB/T 9951-1988《数据通信 34 插针 DTE/DCE 接口连接器和插针分配》。

本标准与 GB/T 9951—1988 相比主要变化如下:

——添加了关于连接器及其相关部件定义的技术内容;

——给出了连接器的连接方法;

——增加了资料性附录 A。

本标准的附录 A 为资料性附录。

本标准由全国信息技术标准化技术委员会提出并归口。

本标准起草单位:中国电子技术标准化研究所、北京声迅电子有限公司。

本标准主要起草人:卓兰、刘川平、张翠、楚林、黄家英、余和初。

本标准所代替标准的历次版本发布情况为:

——GB/T 9951—1988。

信息技术 系统间远程通信和信息交换 34 插针 DTE/DCE 接口连接器的配合性尺寸和接触件编号分配

1 范围

本标准规定了在数据终端设备(DTE)和数据电路终接设备(DCE)之间的接口处 34 插针连接器和接触件编号分配,该接口适用于符合 GB/T 9412 或 GB/T 11599 以及 ITU-T 建议 V.10 和 V.11 的设备。

注:按照 GB/T 9412 以及 ITU-T 建议 V.11 中定义的电气特性所设计的接口之间可能在有限程度内具备互操作性。这可以通过下列方法来达到,该方法是分别使用按照 GB/T 9951 和 GB/T 9950 或 GB/T 9952 连接该接口连接器的无源适配器。

本标准规定了连接器外壳的尺寸并给出了锁定装置(推拉螺旋机构)和连接器屏蔽的建议。

2 规范性引用文件

下列文件中的条款通过本标准的引用而成为本标准的条款。凡是注日期的引用文件,其随后所有的修改单(不包括勘误的内容)或修订版均不适用于本标准,然而,鼓励根据本标准达成协议的各方研究是否可使用这些文件的最新版本。凡是不注日期的引用文件,其最新版本适用于本标准。

GB/T 193 普通螺纹 直径与螺距系列(GB/T 193—2003 ISO 261:1998,MOD)

GB/T 3455 非平衡双流接口电路的电特性(GB/T 3455—1982,idt ITU-T 建议 V.28)

GB/T 9412 用于 60~108 kHz 基群电路的 48 kbit/s 的数据传输的调制解调器(GB/T 9412—1988,idt ITU-T 建议 V.36)

GB/T 9950—2008 信息技术 数据通信 37 插针 DTE/DCE 接口连接器和接触件编号分配(ISO 4902:1989,IDT)

GB/T 9952—2008 信息技术 数据通信 15 插针 DTE/DCE 接口连接器和接触件编号分配(ISO 4903:1989,IDT)

GB/T 11593—2001 公用数据网上同步工作的数据终端设备(DTE)和数据电路终接设备(DCE)间的接口(eqv ITU-T 建议 X.21:1992)

GB/T 11599 与同步 V 系列调制解调器接口的数据终端设备(DTE)在公用数据网上的用法(GB/T 11599—1989,eqv ITU-T 建议 X.21bis:1984)

IEC 60050(581):1978 国际电工词汇 第 581 部分:电子设备用机电元件

IEC 60807-6:1988 频率低于 3 MHz 的矩形连接器 第 6 部分:一系列矩形连接器的详细规范 连接器具有标明极性的尺寸 20(7.5A)的圆触点 固定锡焊接触点形式

ITU-T 建议 V.10:1993 工作在最高速率 100 Mbit/s 的数据信令上的平衡双流接口电路的电特性

ITU-T 建议 V.11:1996 工作在最高速率 10 Mbit/s 的数据信令上的平衡双流接口电路的电特性

3 术语和定义

针对本标准,在 IEC 60050-581:1978 中所给出的定义同样适用。为方便使用该标准,以下定义是重复的。

3.1

电缆适配器　cable adaptor

连接器的一部分,或者由固定外壳组成的附件,作为与连接器主体的连接件。它可以包括提供的电缆夹或密封的终接屏蔽体,它还可以提供对电干扰的屏蔽。它可以是直的,或者是有角度的。

3.2

连接器外壳　connector housing

连接器的一部分,其中装有插入件和接触件。

3.3

接触件安排　contact arrangement

在连接器中接触件的数目、间距和配置。

3.4

阴接触件　female contact

用来在其外表面形成电联结并可接纳阳接触件的一种接触件。

3.5

可互配的连接器　intermateable connectors

两个连接器是可互配合的,条件是不管这两个连接器的性能如何以及是否可以互换安装,只要它们在电气上和机械上能够连接起来。

3.6

推拉螺旋机构　jack-screw system

由连接螺杆和螺母组成的用来连接和断开配合元件的一种机构。它也可以是一个定位机构。

3.7

锁定装置　locking device

包含在某一元器件内并对其配合部分提供机械固定的一种部件。

3.8

阳接触件　male contact

用来在其外表面形成电联结并可接纳阴接触件的一种接触件。

3.9

安装凸缘　mounting flange

一个构件上的突出物,用来将这个构件固定到一刚性表面。

3.10

(n-插针)连接器　(n-pole)connector

对适合的匹配器件提供连接和断开的终端连接元件。

3.11

定位性　polarization

在配合元件上防止错误配合的特性。

4　连接器规范

对 DTE/DCE 接口应提供 34 插针连接器。

图 1～图 5 示出了在连接器外壳内具有 34 阳接触件的 DTE 连接器。图 1 示出了在连接器外壳内具有 34 阳接触件的 DTE 连接器。图 2 示出了在连接器外壳内具有 34 阴接触件的 DCE 连接器。所选定的在 DTE 连接器上的连接器外壳尺寸是为装配在 DCE 连接器上的连接器外壳内部(见图 1 和

图 2)。图 1 和图 2 还规定了接触件标识字母。在图 1 和图 2 中分别示出了使用的屏蔽体和安装凸缘。因为屏蔽体和安装凸缘的形状和尺寸对配合来说不是主要的,所以使用与所图示出的那些屏蔽体和安装凸缘不同的形状和尺寸并不影响与本标准的一致性。

图 3 示出了接触件间距和尺寸。

图 4 和图 5 分别示出了阳接触件和阴接触件的尺寸。

图 8 和图 9 示出了连接器安装。

连接器应备有推拉螺旋机构(见图 6 和图 7 以及表 2 和表 3)。在 DTE 连接器上,阴推拉螺旋(螺母)应位于阳接触件字母 A 靠近的位置,并且阳推拉螺旋(螺杆)应位于与阳接触件字母 MM 靠近的位置。DTE 连接器的两个推拉螺旋应该是可旋转的。在 DCE 连接器上,阴推拉螺旋(螺母)应位于与阴接触件字母 A 靠近的位置,并且阳推拉螺旋(螺杆)应位于与阴接触件字母 A 靠近的位置。DCE 连接器的两个推拉螺旋应该是固定的,以防止旋转。

连接器应使用按照现有 IEC 60807-6:1988 规范的 6-32 UNC 螺纹,或者如果国家规定或相互用户协定要求,应使用 GB/T 193 中规定的 M3。

当在采购使用 34 接触件连接器的设备时,用户应当规定按照国家要求的螺纹类型。

注 1:标称接触件直径为 1.6 mm 系指 IEC 60807-7:1991 的规格 16。

注 2:本标准的第 1 版未规定为了确保机械兼容性而要求的连接器所有尺寸。因此,带有标称直径为 1 mm 和 1.6 mm 的接触件和两种不同排列的阳外壳和阴外壳以及不同尺寸的推拉螺旋当今正在用于不同的场合。本标准规定了 1.6 mm 接触件以及上述特定排列的阳外壳和阴外壳;与本版不符合的排列出现的场合,适配器是必要的。

注 3:本标准中规定的阳外壳不包含在 IEC 60807-6:1988 中定义的可选定位槽。

5 接触件字母分配

在表 1 中给出了接触件字母分配。

表 1 接触件编号分配

接触件	功能[a]	ITU-T 电路编号	方向
A	见注 1		
B	信号地或公共回路	102	公共
C	请求发送	105	从 DTE
D	准备好发送	106	至 DTE
E	数据设备准备好	107	至 DTE
F	数据信道接收线路信号检测器	109	至 DTE
H	把数据设备连接至线路(见注 2) 数据终端准备好(见注 2)	108/1 108/2	从 DTE 从 DTE
J	呼叫指示器(见注 2)	125	至 DTE
K	F_1		
L	本地环回(见注 2)	141	从 DTE
M	F_1		
N	环回/维修测试	140	从 DTE

表 1(续)

接触件	功　能[a]	ITU-T 电路编号	方向
R	接收数据 A 线	104	从 DTE
T	接收数据 B 线	104	从 DTE
V	接收器信号码元定时(DCE 源)A 线	115	至 DTE
X	接收器信号码元定时(DCE 源)B 线	115	至 DTE
Y	发送器信号码元定时(DCE 源)A 线	114	至 DTE
AA	发送信号码元定时(DCE 源)B 线	114	至 DTE
P	发送数据 A 线	103	从 DTE
S	发送数据 B 线	103	从 DTE
U	发送器信号码元定时(DTE 源)A 线(见注 2)	113	从 DTE
Z	F_2	—	—
W	发送器信号码元定时(DTE 源)B 线(见注 2)	113	从 DTE
BB	F_2	—	—
CC	F_3	—	—
DD	F_4	—	—
EE	F_3	—	—
FF	F_4	—	—
HH	N_1	—	—
JJ	N_2	—	—
KK	N_1	—	—
LL	N_2	—	—
MM	F	—	—
NN	检测指示器(见注 2)	142	至 DTE

注 1：分配接触件 A 用于链接屏蔽接口电缆串接段的屏蔽体，按照国家规定，屏蔽层可连接到 DTE 或 DCE，或 DTE 和 DCE 两者的保护地或信号地。按照国家的安全规定，可进一步把信号地连接到保护地，这样做时，应小心操作防止产生携带大电流的地环路。

注 2：这些功能未包括 GB/T 9412 中，但在可选的基础上实现这些功能时，宜使用所分配的接触件。

[a] 说明：

N＝永久保留供国家使用的接触件。

F＝保留以供未来标准化目的使用并且不宜用于国家用途。

下标指示的接触件，它可以形成相关配对；例如，接触件 K 和 M 上的 F_1 形成一对。

6　连接器屏蔽

连接器屏蔽是可选的。例如，由于国家规定等而要使用屏蔽，它应该通过使用下列内容来完成：

——带有 DTE 连接器的连同连接器外壳和电缆适配器一起的金属阳外壳；或

——带有 DCE 连接器的金属阴外壳。

在阳外壳上，应不使用定位性接触件。

单位为毫米

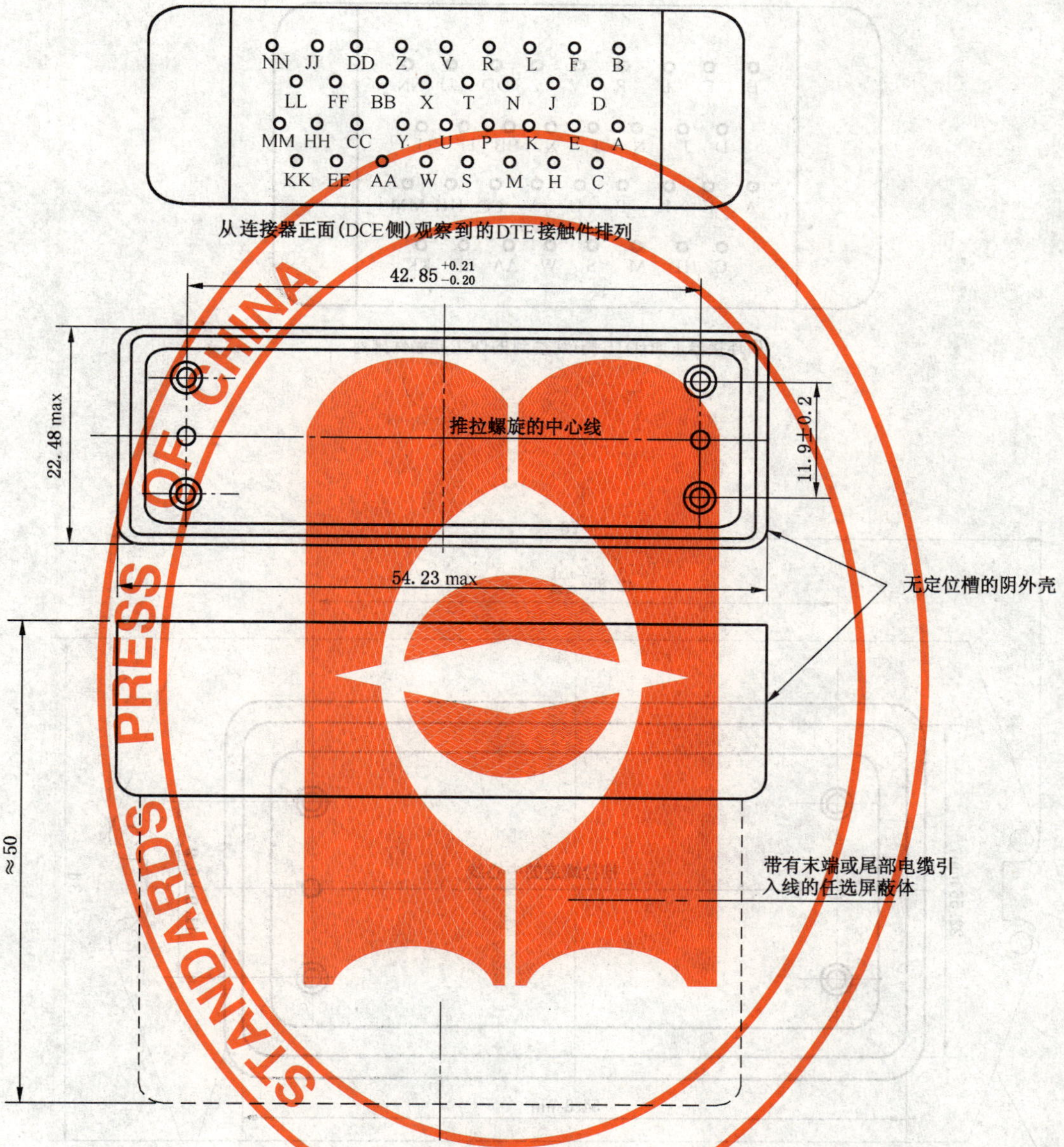

图 1 **DTE** 连接器

单位为毫米

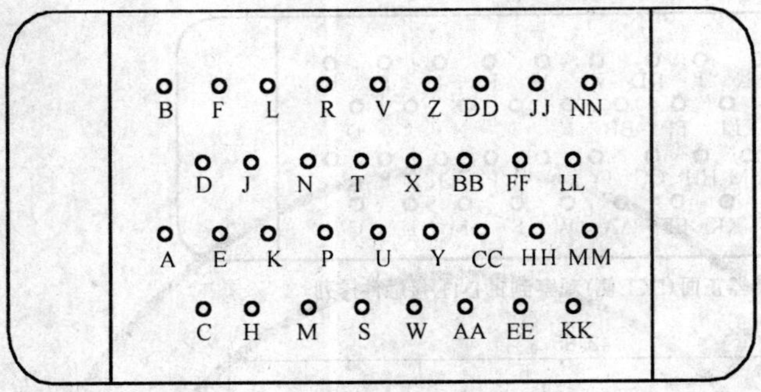

从连接器正面(DTE侧)观察到的DCE接触件排列

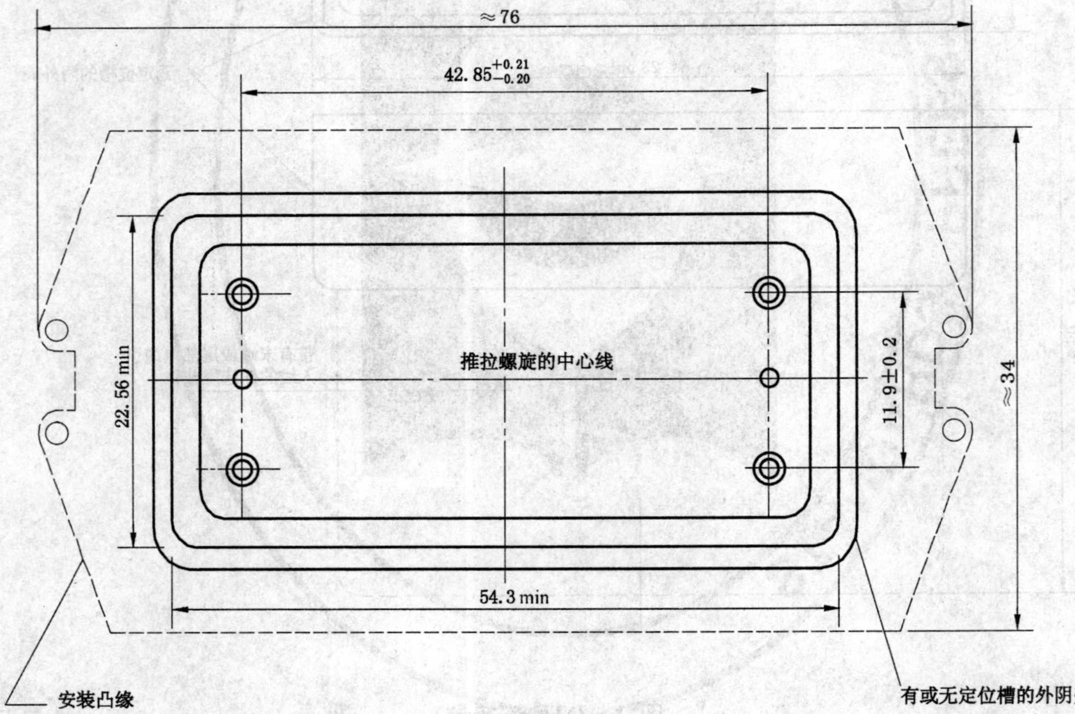

图 2　DCE 连接器

单位为毫米

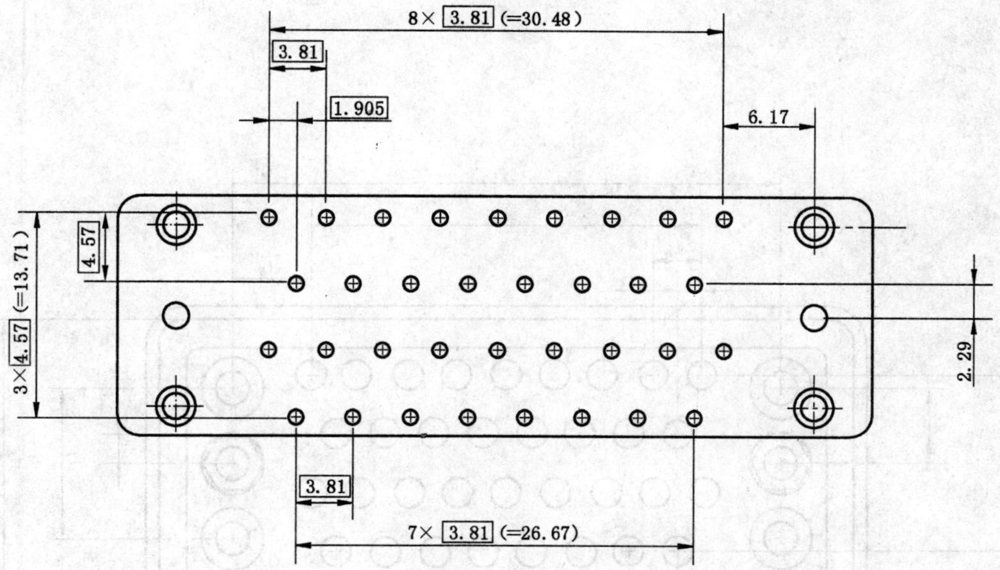

图 3　绝缘安装板的孔位排列

单位为毫米

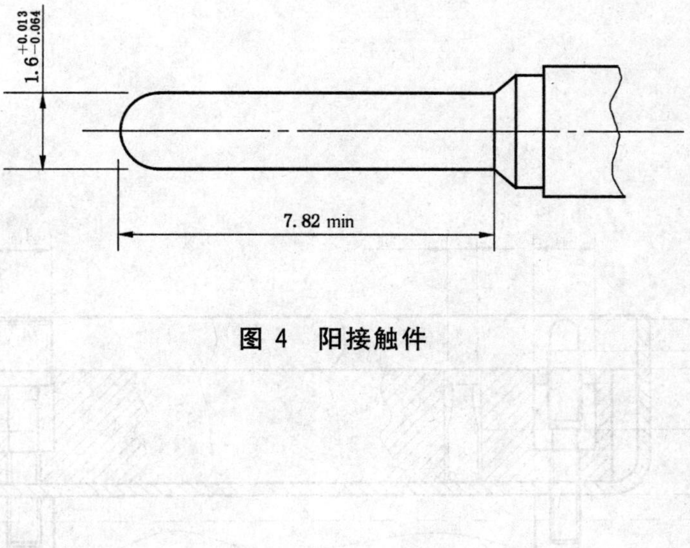

图 4　阳接触件

单位为毫米

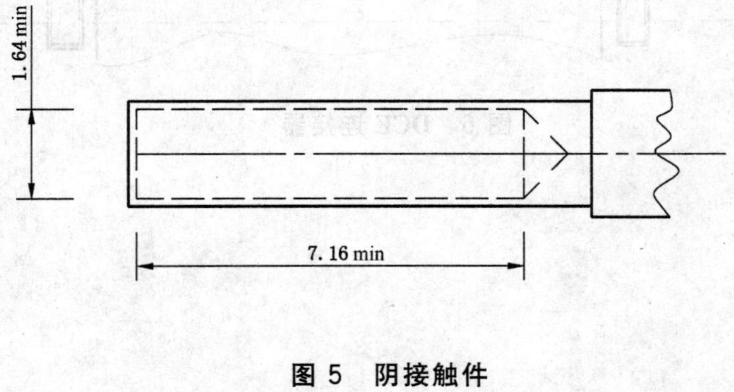

图 5　阴接触件

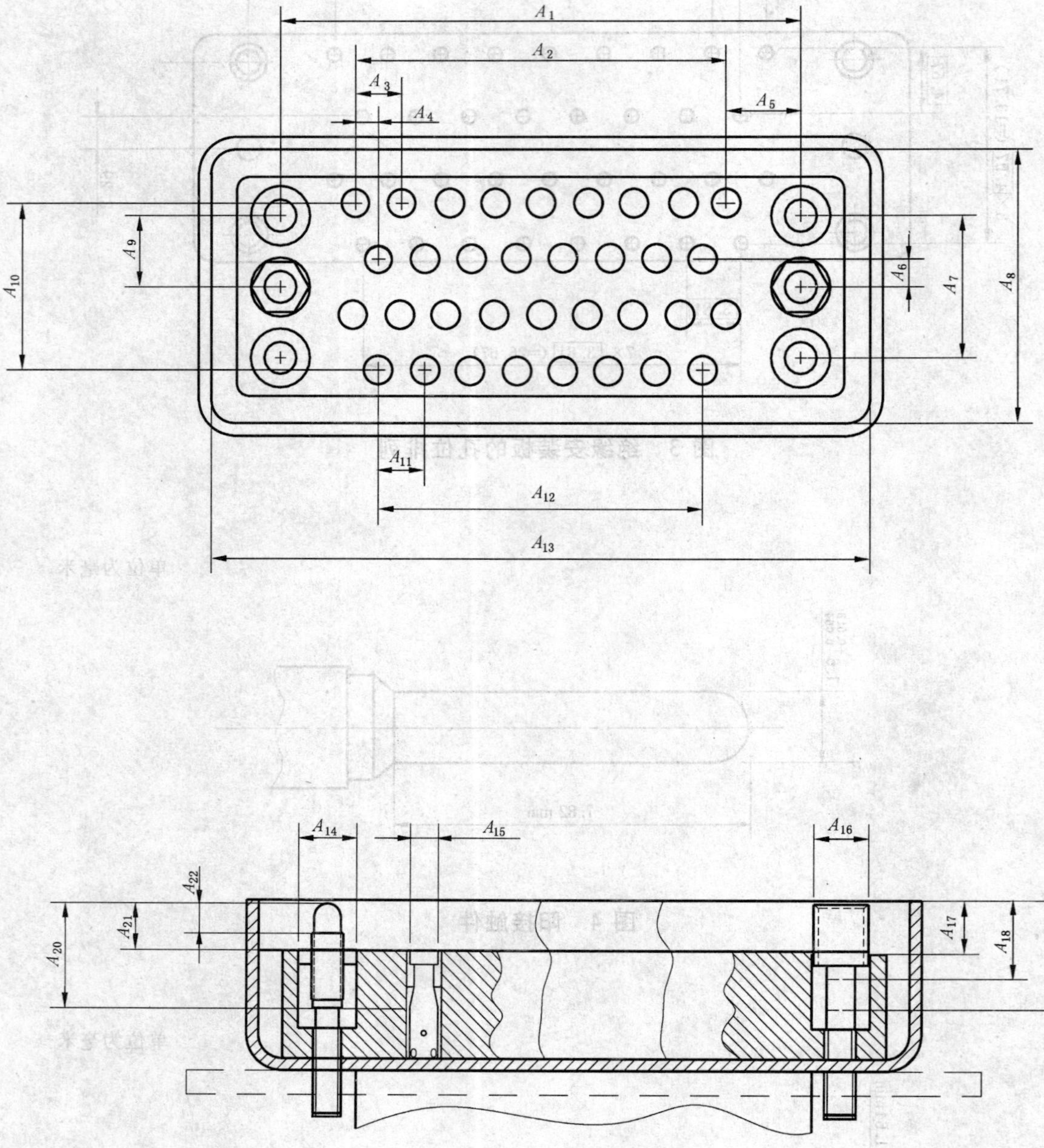
A_1
A_2
A_3
A_4
A_5
A_6
A_7
A_8
A_9
A_{10}
A_{11}
A_{12}
A_{13}
A_{14}
A_{15}
A_{16}
A_{17}
A_{18}
A_{19}
A_{20}
A_{21}
A_{22}

图 6　DCE 连接器

表 2 34 插针 DCE 连接器

尺 寸	毫米(mm)		英寸(in)	
	最小	最大	最小	最大
A_1	42.62	43.03	1.678	1.694
A_2	30.48		1.200	
A_3	3.81		0.150	
A_4	1.905		0.075	
A_5	6.17		0.243	
A_6	2.29		0.090	
A_7	11.70	12.10	0.460	0.476
A_8	22.56	—	0.888	—
A_9	4.57		0.180	
A_{10}	13.71		0.540	
A_{11}	3.81		0.150	
A_{12}	26.67		1.050	
A_{13}	54.30	—	2.138	—
A_{14}^{a}	4.85	5.10	0.191	0.201
A_{15}	参考图 5			
A_{15}深度	参考图 5			
A_{16}	4.57		0.180	
A_{17}	4.44	4.96	0.175	0.195
A_{18}	6.50	—	0.256	—
A_{19}	9.00	—	0.354	—
A_{20}	8.70	—	0.342	—
A_{21}	3.93	4.45	0.155	0.175
A_{22}	—	2.50	—	0.098

a 写在铭牌上的直径。

单位为毫米

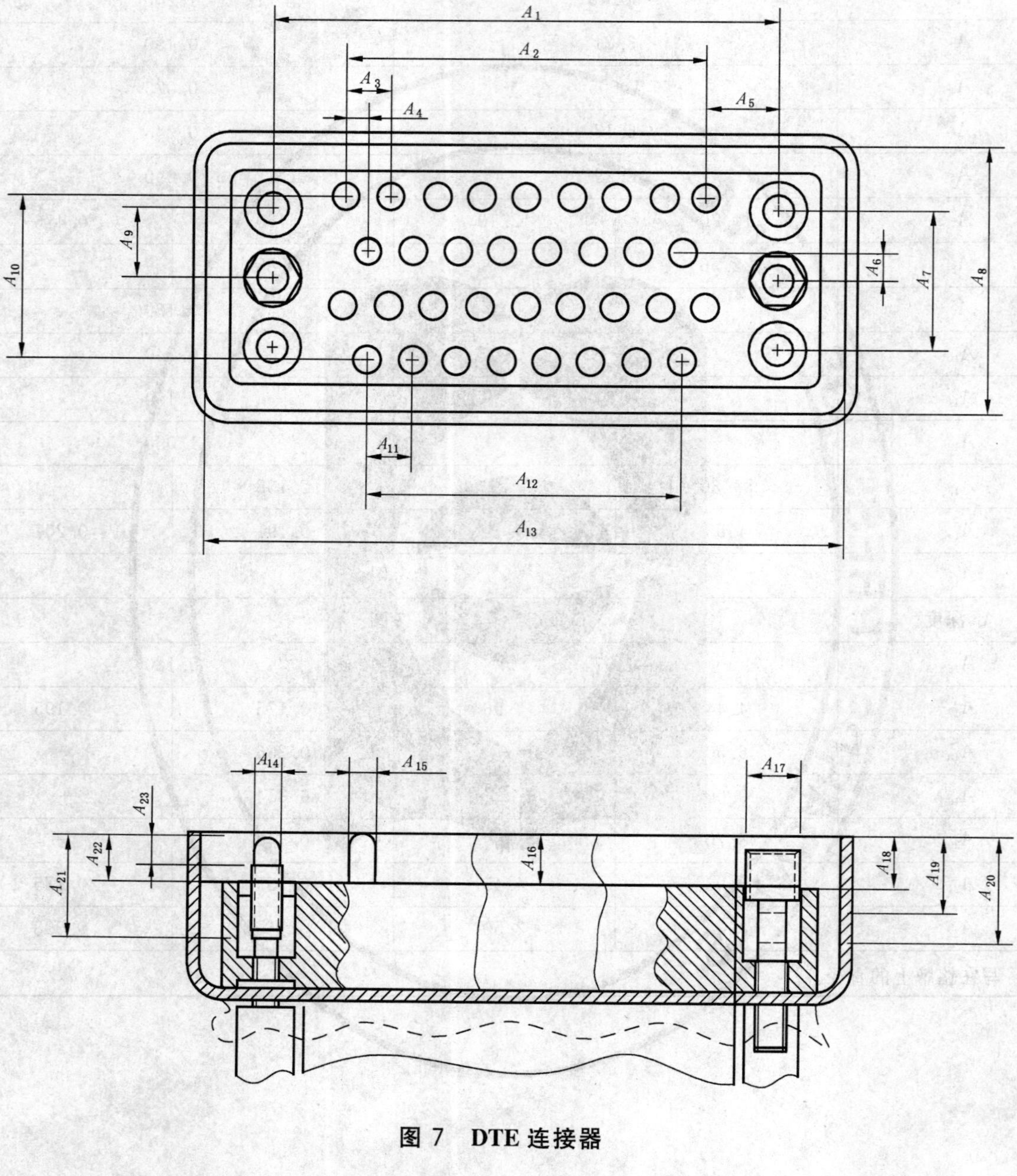

图 7　DTE 连接器

表 3　34 插针 DTE 连接器

尺　寸	毫米(mm)		英寸(in)	
	最小	最大	最小	最大
A_1	42.62	43.03	1.678	1.694
A_2	30.48		1.200	
A_3	3.81		0.150	
A_4	1.905		0.075	
A_5	6.17		0.243	
A_6	2.29		0.090	
A_7	11.70	12.10	0.460	0.476
A_8	—	22.48	—	0.885
A_9	4.57		0.180	
A_{10}	13.71		0.540	
A_{11}	3.81		0.150	
A_{12}	26.67		1.050	
A_{13}	—	54.23	—	2.135
A_{14}	4.85	5.10	0.191	0.201
A_{15}	参考图 4			
A_{16}	参考图 4			
A_{17}	4.57		0.180	
A_{18}	4.44	4.96	0.175	0.195
A_{19}	6.50	—	0.256	—
A_{20}	9.00	—	0.354	—
A_{21}	8.70	—	0.342	—
A_{22}	3.93	4.45	0.155	0.175
A_{23}	—	2.50	—	0.098

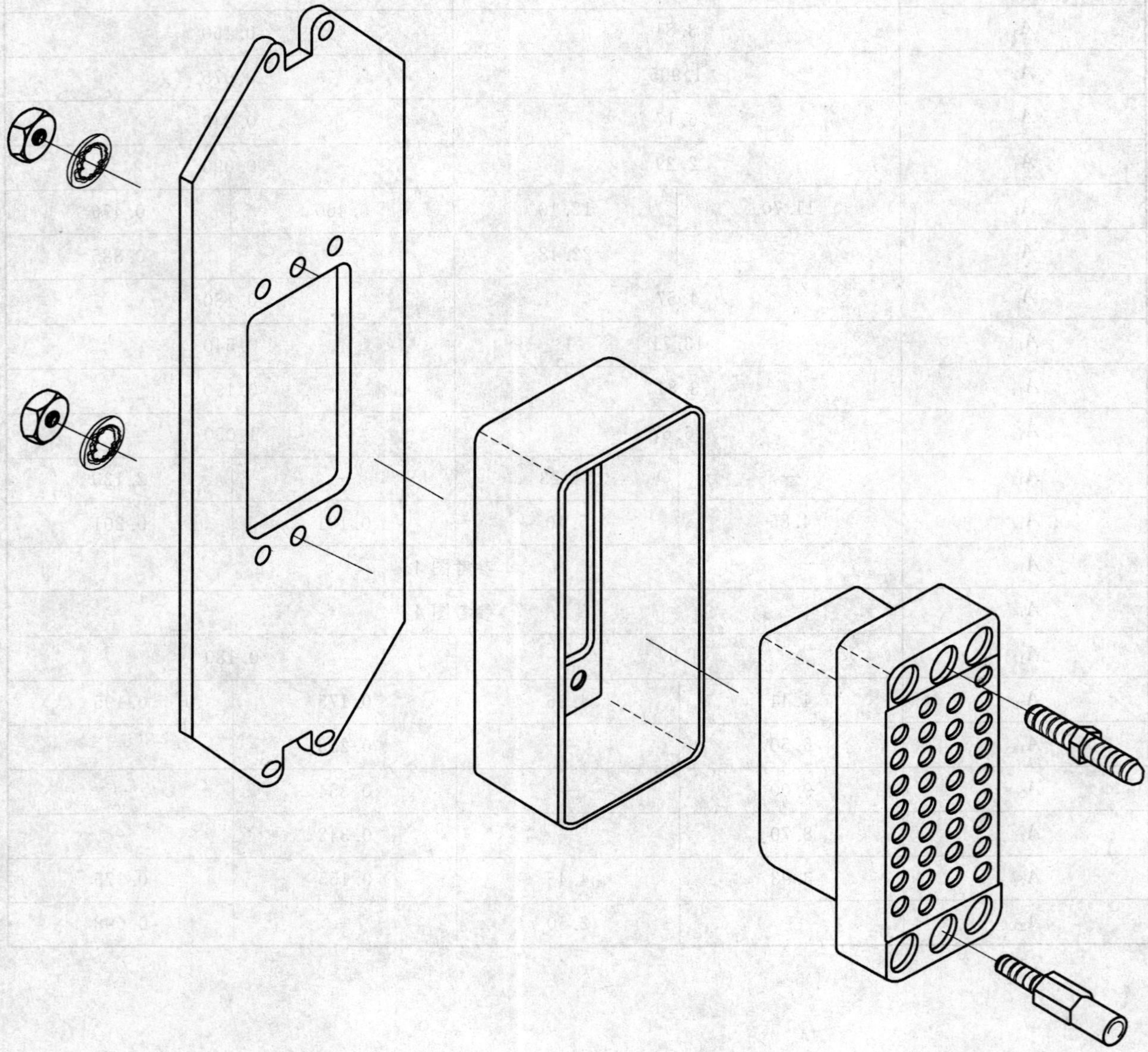

图 8　DCE 连接器安装图示

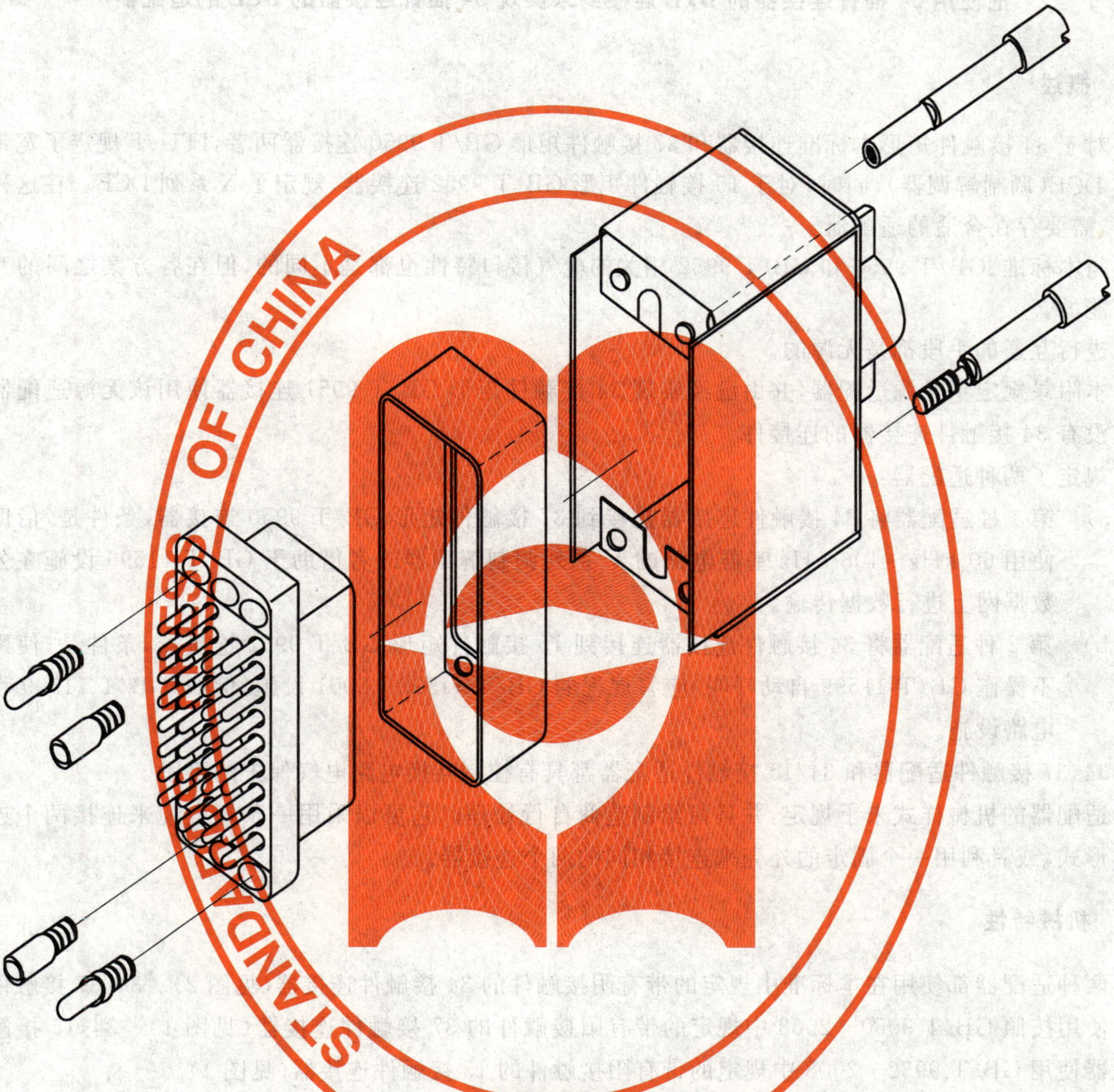

图 9　DTE 连接器安装图示

附 录 A
（资料性附录）
把使用34插针连接器的DTE连接到未实现34插针连接器的DCE的适配器

A.1 概述

对于34接触件矩形本标准连接器和37接触件矩形GB/T 9950连接器两者，ITU-T规定了宽带V系列DCE（调制解调器），同时，对于15接触件矩形GB/T 9952连接器，规定了X系列DCE。在这种情况下，需要存在合适的适配器。

与本标准、GB/T 9950和GB/T 9952相关的电气接口特性也都是不同的，但在各方案之间的互通是可能的。

进行互通的手段都是无源的。

本附录规定了无源适配器，并由已经实现34接触件矩形GB/T 9951连接器使用该无源适配器作为与没有34接触件连接器的连接件。

规定了两种适配器：

a） 第1种适配器将34接触件连接器连接到37接触件矩形GB/T 9950连接器，条件是，借助于使用60 kHz～108 kHz基群电路的V系列调制解调器或者借助于GB/T 11599设施在公用数据网上进行数据传输。

b） 第2种适配器将34接触件连接器连接到15接触件矩形GB/T 9952连接器，条件是，使用了不操作GB/T 11599自动呼叫/应答规程的GB/T 11593—2001设施，例如，GB/T 11599租用电路设施。

34/37接触件适配器和34/15接触件适配器都具有控制互换电路电气保护的手段。

适配器的机械样式未予规定，并且留给制造商自行处理。它可以采用一条短电缆来连接两个连接器的形式，或者利用一个固定的外壳来连接相同的两个连接器。

A.2 机械特性

两种适配器都使用在本标准中规定的带有阴接触件的34接触件连接器（见图2）。34/37接触件适配器使用按照GB/T 9950—2008中规定的带有阳接触件的37接触件连接器（见图1）。34/15接触件适配器使用GB/T 9952—2008中规定的带有阳接触件的15接触件连接器（见图1）。

A.3 电气特性

所有宽带V系列DCE都是标准化的，以便使用数据和定时互换电路上的平衡双流电气特性和使用控制互换电路上的不平衡双流电气特性。作为GB/T 11599中进一步的定义，与等价的公共数据网络设施使用相同的定义。

如果接口电缆短（例如：10 m），在平衡情况下互通是可能的。在不平衡情况互工作要求保护V.10互换电路接收器的手段。这些手段在GB/T 9950—2008附录C和GB/T 9952—2008附录C中描述，并且都被本标准采纳了。

A.4 互通规范

为了确保在DTE中的V.28发生器和在DCE中的V.10/V.11接收器（V.10的接收器是与V.11的接收器完全相同的）之间的互通，应将一些规定制作在DTE/DCE接口中。

A.4.1 信号回路

该接口拥有两条信号回路，电路102(a)和电路102(b)，每个传输方向一条。它还可能拥有与方向无关的电路102。所有这些接地线应按表A.1和表A.2中所示在适配器内互连起来。

A.4.2 信号电平

在V.10和V.28中规定的信号电平在5 V～6 V范围内重叠。然而，V.10电平可以低至4 V，它超出V.28规范。在使用V.28接收器的情况可以期望得到满意的操作，因为该接收器具有3V跃变范围，还因为V.10发生器的源阻抗很低。

不规定适配器设计的实际方法。在本标准中，除了对锁定装置进行标准化外，还应使用GB/T 9950—2008和GB/T 9952—2008。

A.5 连接排列

34/37插针和34/15插针适配器的连接排列应分别按表A.1和表A.2的规定。

表A.1 34/37插针连接器的各接触件连接

阴接触件	ITU-T编号	互换点	阳接触件	电气特性
A	屏蔽体	—	1	—
B	102(a)(b)	C,C′	19[a],20[a],37[a]	—
J	125	A	15	V.10
N	140	A′	14	V.10
L	141	A′	10	V.10
NN	142	A	18	V.10
C	105	A′	7	V.10/V.11
		B′	25[a]	—
D	106	A	9	V.10/V.11
		B	27[a]	—
E	107	A	11	V.10/V.11
		B	29[a]	—
H	108	A′	12	V.10/V.11
		B′	30[a]	—
F	109	A	13	V.10/V.11
		B	31[a]	—
P	103-A	A′	4	V.11
S	103-B	B′	22	—
R	104-A	A	6	V.11
T	104-B	B	24	—
U	113-A	A′	17	V.11
W	113-B	B′	35	—
Y	114-A	A	5	V.11
AA	114-B	B	23	—
V	115-A	A	8	V.11
X	115-B	B	26	—

[a] 接触件19、20、25、27、29、30、31和37应在适配器内绑定在一起。

表 A.2　34/15 插针适配器的各接触件连接

阴接触件	ITU-T 编号	互换点	阳接触件	电气特性
A	屏蔽体		—	—
B	102(a)(b)	C,C′	8[a]	—
D	106	A	5	见注 1
		B	12[a]	—
E	107	A	5	见注 1
		B	12[a]	—
H	108	A′	3	见注 2
		B′	10[a]	—
P	103-A	A′	2	—
S	103-B	B′	9	—
R	104-A	A	4	—
T	104-B	B	11	—
Y	114-A	A	6	见注 3
AA	114-B	B	13	—
V	115-A	A	6	见注 3
X	115-B	B	13	—

注 1：电路 106 和 107 携带相同信号。

注 2：受限使用。无电路 125,呼叫指示器。

注 3：电路 114 和 115 携带相同信号。

[a] 接触件 8、10 和 12 应在适配器内绑定在一起。

参 考 文 献

［1］ IEC 60807-7:1991 频率低于3 MHz的矩形连接器 第7部分:具有定位导向件或插拔锁紧螺杆和16号(13A)圆形接触件的系列连接器详细规范 有质量评定要求、具有封闭式接筒的后插/后松的可拆卸压接型

［2］ ITU-T建议V.37:1988 使用60 kHz～108 kHz基群电路以高于72 kbit/s的数据传信速率进行同步数据